四川盆地及周缘志留系页岩典型剖面地质特征

王玉满　李新景　董大忠　王红岩　金　旭　沈均均　邱　振　等著

石油工业出版社

内容提要

本书以四川盆地及周缘志留系页岩21个典型露头剖面、盆地内最新研究成果为基础，精选大量野外露头区的宏观与微观照片，揭示南方海相页岩气地质研究最新成果，探讨重点探区龙马溪组海相富有机质页岩沉积模式、构造沉积响应和优质页岩发育的主控因素，建立"甜点层"评价方法，揭示页岩气富集主控因素。

本书可供从事沉积储层与页岩气地质研究的科研人员、管理人员参考阅读。

图书在版编目（CIP）数据

四川盆地及周缘志留系页岩典型剖面地质特征 / 王玉满等著 . —北京：石油工业出版社，2021.9

ISBN 978-7-5183-4604-2

Ⅰ . ① 四… Ⅱ . ① 王… Ⅲ . ① 四川盆地 – 志留纪 – 页岩 – 地层剖面 – 研究 Ⅳ . ① P535.271

中国版本图书馆 CIP 数据核字（2021）第 094672 号

出版发行：石油工业出版社

（北京安定门外安华里 2 区 1 号　100011）

网　　址：www.petropub.com

编辑部：（010）64253017　　图书营销中心：（010）64523633

经　　销：全国新华书店

印　　刷：北京中石油彩色印刷有限责任公司

2021 年 9 月第 1 版　2021 年 9 月第 1 次印刷

889 × 1194 毫米　开本：1/16　印张：20.5

字数：500 千字

定价：200.00 元

（如出现印装质量问题，我社图书营销中心负责调换）

《四川盆地及周缘志留系页岩典型剖面地质特征》
撰写人员

王玉满	李新景	董大忠	王红岩	金　旭
沈均均	邱　振	陈　波	王晓琦	张磊夫
刘晓丹	徐红军	李建明	王　皓	张　琴
黄金亮	王淑芳	蒋　珊	焦　航	

序一

认识地球、利用地球和开发地球，是地质研究人员的神圣职责。应用典型剖面是认识、利用和开发地球的重要手段和方法之一。典型剖面是所在层段地质时期生态环境、生物兴衰、资源类型和开发前景等大量数据的信息库。

下志留统龙马溪组（含上奥陶统五峰组）是受广西运动控制沉积形成并在中国扬子地区广泛分布的一套海相黑色笔石页岩，分布面积超过 $30 \times 10^4 km^2$。近十五年来，我国石油地质工作者对扬子地区下志留统页岩气资源投入极大热忱和大量勘探、研究工作，并在威远、长宁、涪陵、昭通和川南深层取得突破性进展，截至 2020 年底实现年产量 $200 \times 10^8 m^3$、累计探明储量 $2 \times 10^{12} m^3$。中国海相页岩气的勘探突破和大发展，得益于对四川盆地及周缘下志留统龙马溪组典型剖面的建立、地质条件认识的不断深化和勘探开发技术的进步。

《四川盆地及周缘志留系页岩典型剖面地质特征》一书，主要以川南、川东、湘鄂西、鄂西北和川东北—川北等五大探区露头剖面为研究对象，旨在探索揭示中上扬子重点探区下志留统优质页岩发育特征和沉积主控因素、页岩气富集关键地质条件。该书作者在大量野外露头剖面详测的基础上，应用先进的勘测、实验分析测试等技术，结合重点井解剖，详细展示了重点探区龙马溪组地层、关键地质界面、电性、有机地球化学、沉积岩石学、优质页岩发育模式和主控因素、储层等主要地质特征和页岩气富集条件，取得诸多创新性成果和认识。

专著的作者精湛利用典型剖面信息库，实现了五峰组—龙马溪组优质页岩分布的有效预测；为页岩气战略选区和勘探评价提供了地质依据；建立了有机质炭化表征关键技术和评价标准，以及实现优质储集空间定量计算，揭示页岩气富集规律。

王玉满、李新景、董大忠和王红岩等作者，是一批年富力强、首批从事我国页岩气地质勘探并成功预测、研究和开发龙马溪组页岩气的闯将，重于实践、勇于探索、善于创新是他（她）们的科学秉性和涵养。该书以典型剖面为窗口，全面系统地介绍了我国南方主要探区志留系页岩地质特征和页岩气富集主控因素，内容十分丰富且极具特色，对从事页岩沉积储层研究的地质工作者会大有帮助，也将在我国海相页岩气勘探中发挥重要的指导作用。

《四川盆地及周缘志留系页岩典型剖面地质特征》专著，是一部基础与典型相接、开拓和预测相融、探索和创新相联的好书，她的出版是可喜可贺的，值得大家一读。

中国科学院院士

2021 年 7 月

序二

    典型剖面地质调查是油气资源战略选区、勘探评价和地质研究的基础工作。10 年前，国内首个海相页岩地层标准剖面——长宁双河五峰组—龙马溪组剖面的建立，为我国第一口具有商业价值页岩气井宁 201 井的部署、四川盆地页岩气勘探和地质理论发展打下坚实基础，彰显了典型剖面对页岩气勘探和地质研究的重要意义。

    随着页岩气勘探开发不断深入，地质钻井大量增多，多数研究者主要关注钻井资料，对野外露头关注较少。我国南方志留系页岩气勘探工作已持续近 10 年，仍面临有效资料点分布局限、勘探和认识区域差异大、重点探区关键界面识别难、地质特征和页岩气富集主控因素不清等突出问题。

    以王玉满博士为代表的中国石油勘探开发研究院页岩气研究团队，立足基础地质研究，长期关注野外露头剖面调查，经过近 13 年的耕耘，在四川盆地及周缘建立 20 多条志留系典型页岩露头剖面，覆盖川南、川东、湘鄂西、鄂西北和川东北—川北五大主要探区，撰写出版了《四川盆地及周缘志留系页岩典型剖面地质特征》一书。

    该书丰富了中国南方五峰组—龙马溪组基础地质资料，所编剖面资料详实、层次清楚、特色鲜明。同时，在斑脱岩研究、龙马溪组关键界面识别和表征、富有机质页岩识别、优质页岩发育主控因素与有效预测、优质储集空间定量表征、有机质炭化研究和高过成熟烃源岩有效性评价等方面，取得了创新性研究成果。该书的出版不仅对海相页岩细粒沉积学研究具有参考价值，也对我国页岩气战略选区、勘探评价和地质研究具有指导作用，值得相关研究人员参考与借鉴。

中国科学院院士

2021 年 4 月

前言 / PREFACE

中国南方下志留统龙马溪组（含上奥陶统五峰组）是页岩气勘探开发的主力层系，目前所有的页岩气探明储量和产量几乎全部来自该层系。随着勘探和评价工作的不断深入，对四川盆地及周缘下志留统页岩基本地质特征和页岩气富集高产主控因素的研究已成为业界关注的重点。

尽管页岩气勘探工作已持续十年，但龙马溪组研究仍面临有效资料点少且分布局限、勘探和认识程度区域差异大、在重点探区关键地质特征和页岩气富集主控因素不清等突出问题。当前页岩气钻探和研究工作主要集中在威远、长宁—昭通、涪陵和富顺—永川等页岩气示范区，在示范区以外有效的评价井和露头剖面点较少。龙马溪组地质评价仍面临优质页岩分布与预测难度大，烃源岩有效性评价可靠程度低，对优质储集空间发育特征、形成机制和分布规律认识不清等难点。

针对下志留统页岩气勘探面临的问题和难点，本书作者依托中国石油勘探与生产分公司课题"中国重点地区页岩气资源评价、战略选区与地质目标优选"和"四川盆地志留系和寒武系深海相页岩气评价"，以及国家专项课题"四川盆地及周缘重点层系优质页岩分布与地化特征"，先后开展了中上扬子地区下志留统页岩野外露头详测和重点井解剖，建立了一批重要的页岩地层标准剖面和区域大剖面，为海相页岩气地质评价和有利区带优选奠定了坚实的资料基础，并在此基础上取得一批标志性成果：（1）以下志留统龙马溪组关键界面识别和表征为重点，首次系统研究四川盆地五峰组—龙马溪组斑脱岩发育特征，并将斑脱岩密集段和笔石相结合，建立龙马溪组富有机质页岩识别的有效方法，揭示奥陶纪—志留纪之交中上扬子区构造沉积响应和优质页岩发育的主控因素；（2）建立海相富有机质页岩沉积模式和"甜点层"评价方法，实现优质页岩分布的有效预测；（3）创建双孔隙介质孔隙度解释模型，实现优质储集空间定量计算，揭示页岩气富集规律；（4）建立有机质炭化评价方法系列，揭示海相页岩有机质炭化的基本特征和热成熟度门限，并提出海相页岩气勘探禁区和针对性的勘探建议；（5）建立深层页岩气有利区评价关键参数和标准，确定了一批深层页岩气有利勘探区。

本书以详实的资料介绍四川盆地及周缘 21 个剖面的地质特征，并最大程度体现和介绍上述攻关成果。这既是一部页岩气地质研究资料库，也是一本全面展示重点探区龙马溪组主要地质特征和页岩气富集主控因素的参考书。根据剖面黑色页岩发育情况、资料丰富程度和地质特点，本书突出以下几点。

（1）突出主干剖面。将四川盆地及周缘划分为川南坳陷、川东坳陷、湘鄂西隆起、鄂西北坳陷、川东北—川北共5个沉积单元或地区，在每个地区建立至少1个主干剖面。针对每个主干剖面，将露头剖面研究和区内重点评价井解剖相结合，全面揭示剖面所在地区龙马溪组主要地质特征和页岩气富集主控因素。

（2）突出剖面关键地质特点。针对每个剖面突出介绍关键界面基本特点、富有机质页岩岩相组合、发育特征及其与邻区沉积主控因素的差异性，针对主干剖面突出有机质炭化程度、优质孔隙发育程度及其主控因素等成果和认识。

（3）突出地质评价方法。在关键剖面点，突出优质页岩的识别、评价与预测方法，烃源岩有效性评价方法，储集空间表征方法等。

本书是众多科研人员集体智慧的结晶，著者由沉积地质学、石油地质学、地球物理学和岩石物理学、材料化学等专业人员组成，撰写工作分工如下：前言由王玉满、李新景撰写；第一章由王玉满、李新景、沈均均、邱振、张磊夫、张琴撰写；第二章由董大忠、王玉满、李新景、邱振、陈波、黄金亮、王淑芳等撰写；第三章由王玉满、李新景、金旭、陈波、王晓琦、刘晓丹、李建明、王皓、蒋珊、焦航等撰写；第四章由李新景、陈波、王玉满、金旭、王晓琦、徐红军、王皓、焦航等撰写；第五章由王玉满、陈波、李新景、王晓琦、刘晓丹等撰写；第六章由王玉满、王红岩、沈均均、李新景、陈波等撰写。

本书是著者十多年开展中国南方海相页岩气地质研究的成果总结，由于认识和水平有限，难免有不足、不妥之处，敬请各位读者批评指正。

目录 / CONTENTS

第一章 概 况

上奥陶统五峰组—下志留统龙马溪组是中国南方下古生界重要的海相烃源岩（图 1-1），也是页岩气勘探开发主力层系，在中上扬子地区分布面积超过 $25 \times 10^4 km^2$，主要沉积区为四川盆地南部、

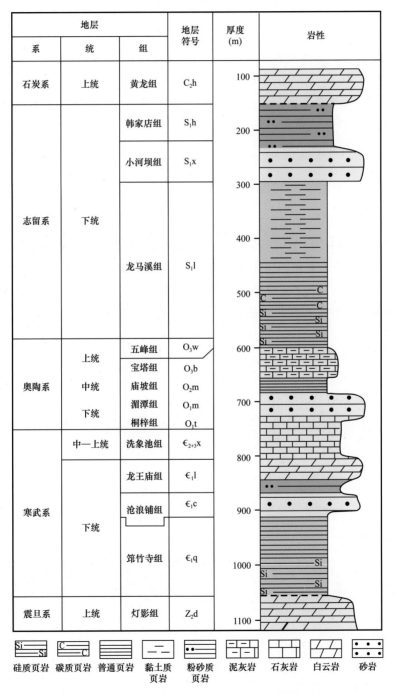

地层			地层符号	厚度(m)	岩性
系	统	组			
石炭系	上统	黄龙组	C_2h		
志留系	下统	韩家店组	S_1h		
		小河坝组	S_1x		
		龙马溪组	S_1l		
奥陶系	上统	五峰组	O_3w		
		宝塔组	O_3b		
	中统	庙坡组	O_2m		
	下统	湄潭组	O_1m		
		桐梓组	O_1t		
寒武系	中—上统	洗象池组	$\in_{2+3}x$		
	下统	龙王庙组	$\in_1l$		
		沧浪铺组	$\in_1c$		
		筇竹寺组	$\in_1q$		
震旦系	上统	灯影组	Z_2d		

硅质页岩　碳质页岩　普通页岩　黏土质页岩　粉砂质页岩　泥灰岩　石灰岩　白云岩　砂岩

图 1-1 中上扬子地区下古生界海相地层划分图

滇东—黔北、四川盆地东部、渝东南—湘鄂西、鄂西北、四川盆地北部—东北部。该页岩地层在四川盆地内部仅华蓥山地区有出露，在长宁—威远、昭通、涪陵、富顺—永川等气区有大量评价井揭示，沉积厚度一般为 80~600m，埋深一般为 1500~5000m，在盆外以露头揭示为主，钻井少且零星分布于当阳、巫溪、利川、彭水等向斜区，沉积厚度一般为 50~300m。

目前，五峰组—龙马溪组页岩气勘探已持续近十年并已进入规模建产期，截至 2020 年底累计探明页岩气地质储量超过 $2.0 \times 10^{12} m^3$，年产气量已达 $200 \times 10^8 m^3$ 以上。回首过去 10 年，龙马溪组地质研究和勘探评价始终面临有效资料点少且分布局限、勘探和认识程度区域差异大、在重点探区关键地质特征和页岩气富集主控因素不清等突出问题。主要的页岩气钻探和研究工作集中在威远、长宁—昭通、涪陵和富顺—永川等页岩气示范区，在示范区以外有效的评价井和露头剖面点较少。受有效资料点分布局限和评价方法不足等因素制约，龙马溪组地质评价和选区一直面临优质页岩分布与预测难度大，烃源岩有效性评价可靠程度低，对优质储集空间发育特征、形成机制和分布规律认识不清等突出问题。因此，在四川盆地及周缘五峰组—龙马溪组重点探区建立一批标准剖面，始终是勘探和科研人员常抓不懈的重点任务，也是中上扬子地区志留系页岩气战略选区与有利目标优选的基础性工作。

第一节　典型剖面分布

自 2010 年开始，以川南—黔北、川东—湘鄂西、川北—鄂西北志留系页岩为重点，通过野外踏勘和现场岩心观察，选择一批页岩地层出露完整、表层较新鲜、顶底界面清楚的露头或钻井，开展精细分层与描述、GR 全剖面扫描、采样分析测试、综合柱状剖面图编制等研究工作，建立包括电性、岩相组合、沉积环境、有机质地球化学、元素地球化学、岩石学、物性、脆性、含气性等关键地质参数的标准剖面，并在标准剖面基础上建立数条区域大剖面，为储层表征、区带评价和选区提供可靠的地质资料。

经过 10 年大规模野外地质勘查，在环四川盆地的川南—黔北、渝东南—湘鄂西、川北—鄂西北等下志留统黑色页岩分布区共详测露头剖面 32 条（表 1-1，图 1-2），建立长宁双河、綦江观音桥、华蓥三百梯、永善苏田、巫溪白鹿、巫溪田坝、城口明中、秭归新滩、保康歇马、利川毛坝、石柱漆辽、秀山大田坝、龙山红岩溪、道真沙坝共 14 条标准剖面和一批重要的参考剖面，确保在重点探区均有标准剖面，为志留系优质页岩识别和页岩气地质评价提供丰富的地质资料。

表 1-1　下志留统页岩野外露头详测剖面统计表

层系	标准剖面		参考剖面	
	基本特征	主要露头点	基本特征	主要露头点
上奥陶统—下志留统	（1）主要笔石带、关键界面出露完整，岩相组合清楚，且露头较新鲜；（2）GR 测点全覆盖；（3）薄片、地球化学、岩矿等测试资料齐全	长宁双河、綦江观音桥、华蓥三百梯、永善苏田、巫溪白鹿、巫溪田坝、城口明中、秭归新滩、保康歇马、利川毛坝、石柱漆辽、秀山大田坝、龙山红岩溪、道真沙坝共 14 个	（1）覆盖或风化较严重，但下部富有机质页岩段或重要岩相组合出露较完整；（2）GR 测点可覆盖并能识别富有机质页岩段或重要岩相组合；（3）只能针对部分重点层段开展采样分析测试	神龙架松柏、南漳李庙、旺苍石岗村、南江桥亭、远安娜姐、兴山麦仓村、巴东思阳桥、恩施太阳河、长阳邓家坳、鹤峰官屋、宣恩高罗、来凤三胡、武隆黄草、彭水鹿角、南川三泉、湄潭抄乐、习水良村、保康张家岭共 18 个

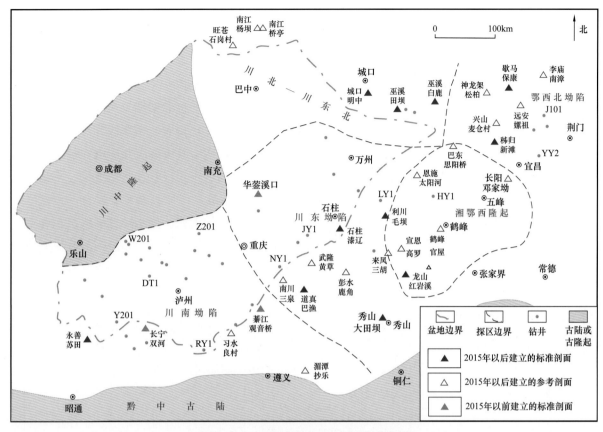

图 1-2 下志留统页岩重要剖面点分布图

第二节 建立典型剖面的科学意义和勘探价值

近 10 年来，以志留系页岩典型剖面地质特征研究为基础，结合重点探区典型井解剖，对四川盆地及周缘五峰组、观音桥段、鲁丹阶、埃隆阶和特列奇阶黑色页岩分布和关键地球化学指标进行系统编图和储层评价，基本形成了海相页岩气储层表征与选区关键技术和认识。研究成果基本反映了中上扬子地区五峰组—龙马溪组沉积环境研究、富有机质页岩分布预测、储层表征等最新进展，为页岩气勘探和选区提供了重要依据，彰显了四个方面的科学意义和勘探价值。

一、系统研究五峰组—龙马溪组斑脱岩发育特征和地质意义，并将斑脱岩密集段和笔石相结合，建立龙马溪组富有机质页岩沉积模式和"甜点层"评价方法，揭示奥陶纪—志留纪之交中上扬子区构造沉积响应和优质页岩发育的主控因素，实现优质页岩分布的有效预测

研究证实，在四川盆地及周缘五峰组—龙马溪组的 7 个笔石带共发现 8 个斑脱岩密集段（编号为①—⑧），主要赋存于 *Dicellograptus complexus* 带上部（编号①）、*Paraorthograptus pacificus* 带顶部（编号②）、*Coronograptus cyphus* 带底部（编号③）和中部（编号④）、*Demirastrites triangulatus* 带下部（编号⑤）、*Lituigrapatus convolutus* 带上部（编号⑥）、*Stimulograptus sedgwickii* 带底部（编号⑦）和 *Spirograptus guerichi* 带底部（编号⑧）（图 1-3）。大多数斑脱岩密集段显示出黏土矿物明显增加、自然伽马曲线出现峰值响应、火山灰与有机碳含量关系不明显等典型特征。龙马溪组斑

脱岩密集段在上扬子地区广泛分布，自然伽马曲线普遍显示尖峰特征，可以成为龙马溪组内部关键界面（鲁丹阶顶界、特列奇阶底界等）划分的重要参考界面。斑脱岩密集段属构造界面，是奥陶纪—志留纪之交扬子海盆强烈挠曲的重要沉积响应，反映扬子台盆区存在坳陷初期（*Dicellograptus complexus* 笔石带）、坳陷期（川南为 *Paraorthograptus pacificus* 笔石带—斑脱岩密集段③底界、川东为 *Paraorthograptus pacificus* 笔石带—斑脱岩密集段④底界）、前陆挠曲初期（川南为斑脱岩密集段③底界至斑脱岩密集段⑤出现以前、川东为斑脱岩密集段④底界至斑脱岩密集段⑤出现以前）和前陆挠曲发展期（斑脱岩密集段⑤出现以后）共四个盆地活动期次，其沉降沉积中心在前陆挠曲发展期至少发生过三次大规模向西、向北迁移（即密集段⑤形成期、密集段⑥和⑦形成期、密集段⑧形成期），导致特列奇阶沉降沉积中心与鲁丹阶、埃隆阶相距较远。优质页岩主要发育于台盆区的坳陷初期—坳陷中晚期和台地北缘的前陆期，并存在静水陆棚中心沉积、静水陆棚斜坡沉积和上升洋流相沉积共三种模式，前两种主要分布于扬子台盆区内部，是坳陷中心区和斜坡带五峰组—龙马溪组富有机质页岩的主要沉积模式，第三种主要发育于扬子台盆区北缘（城口、巫溪、神龙架、南漳等地区），是埃隆阶—特列奇阶富有机质页岩重要沉积模式。

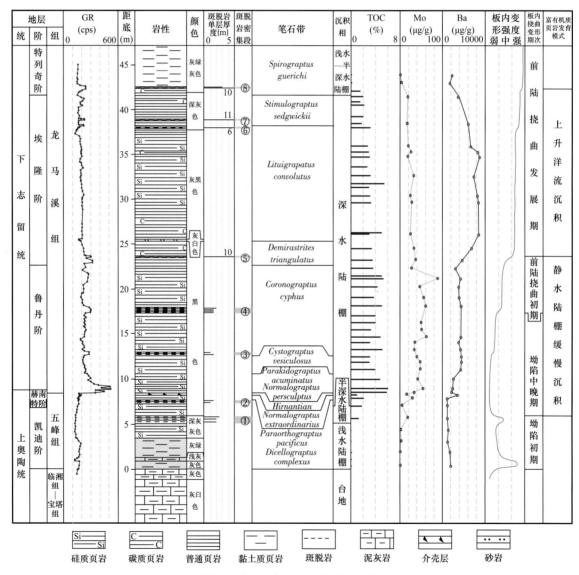

图 1-3　川东北五峰组—龙马溪组斑脱岩发育综合柱状图

关于五峰组—龙马溪组斑脱岩发育特征和地质意义、富有机质页岩沉积模式和优质页岩发育主控因素等详细内容，将在本书长宁双河、綦江观音桥、石柱漆辽、城口明中和巫溪白鹿等典型剖面章节介绍。这里重点展示五峰组、观音桥段、龙马溪组（鲁丹阶、埃隆阶和特列奇阶）沉积环境与富有机质页岩区域分布特征。

1. 五峰组

五峰组为从湖北五峰引入的岩石地层单位，由孙云铸（1943）所创名的五峰页岩演变而来，命名剖面位于湖北省五峰县城东30km的渔洋关。按照最新划分方案，五峰组由下部的黑色含碳质硅质笔石页岩段及上部的观音桥段介壳层组成，包含了 *Dicellograptus complanatus* 至 *Nomalograptus extraordinarius* 等笔石带，时限为晚奥陶世凯迪晚期—赫南特期，大体和英国传统的 Ashgill 中晚期相当。在中上扬子大部分地区，五峰组厚度总体为1.5～10m，局部超过10m（图1-4），含大量笔石，可识别出 *Dicellograptus complexus*、*Paraorthograptus pacificus*（包括下部亚带和 *Tangyagraptus typicus* 亚带）和 *Normalograptus extraordinarius* 共3个笔石带。五峰组顶部见厚度为0.09～1.0m的深灰色泥灰岩、黑色硅质页岩，见大量介壳化石，即为观音桥段。

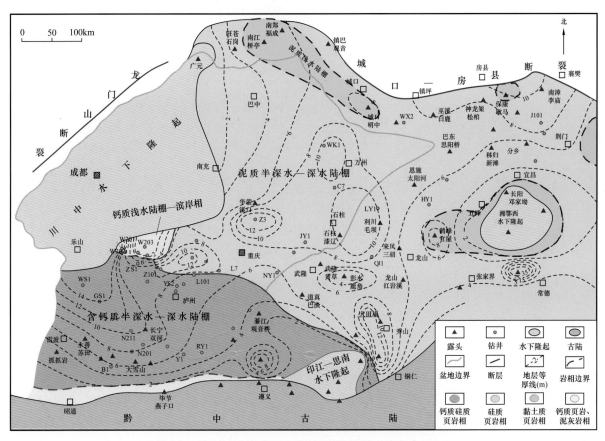

图1-4 中上扬子地区上奥陶统五峰组厚度与岩相古地理图

在五峰组笔石页岩沉积期（凯迪间冰期），区域构造运动和缓，上扬子地区主体为三隆（川中、黔中和雪峰三个古隆起）夹一坳（即川南—川东坳陷）、开口向秦岭洋的"V"形深水海湾（图1-4），气候温暖湿润，海平面上升至高位，海底地势平缓且封闭性弱，SiO_2、P等营养物质主要来源于秦岭洋方向，表层水体营养丰富，藻类、放射虫、叉笔石等浮游生物出现高生产（图1-4），生物碎屑颗粒、有机质和黏土矿物等复合体以"海洋雪"方式缓慢沉降，沉积速率为

0.69～3.2m/Ma。川南坳陷主体为水深100～200m的含钙质深水陆棚（图1-4），沉积硅质页岩、钙质硅质混合页岩和黏土质硅质混合页岩三种优质岩相，TOC为2.0%～4.6%，TOC＞2%页岩厚为5～14m。川东坳陷为水深100～200m的泥质深水陆棚（图1-4），主要沉积硅质页岩相，TOC为1.9%～5.6%，TOC＞2%页岩一般厚5～10m。在黔中古陆北坡出现水深60～100m的半深水陆棚和水深浅于60m的浅水陆棚—滨岸相，在川中威远地区则为水深浅于60m的台地—台洼相，沉积TOC＜2.0%的钙质页岩和泥灰岩（图1-4）。在湘鄂西地区的长阳以南出现水下隆起（五峰组整体缺失），在其周缘为浅水相沉积。在扬子地台北缘间断出现多个浅水区，如南江—城口、保康、京山等浅水陆棚区块。

2. 观音桥段

盛莘夫（1974）基于綦江观音桥等地上奥陶统五峰组笔石页岩与下志留统龙马溪组之间存在着一层暗灰色、冷水腕足类化石丰富的泥质灰岩，且与邻区 Dalmanitina 层位同一时期沉积，提出了"观音桥段"，并将其归为五峰组。此介壳层在川南—川东坳陷区较厚，一般为0.2～1.0m，在坳陷斜坡区减薄至0.2m及以下，在湘鄂西隆起（宜昌上升区）广泛缺失（图1-5）。

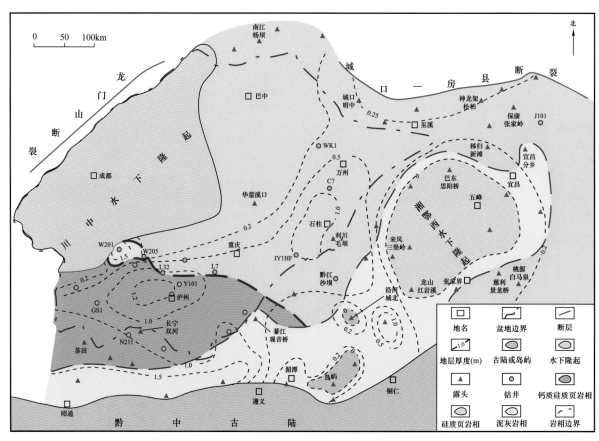

图1-5 中上扬子地区上奥陶统五峰组观音桥段厚度与岩相分布图

在赫南特冰期，海平面快速下降（降幅为50～100m）和海水温度降低是环境变化的主旋律，深水域缩小至川南—川东坳陷区和中扬子坳陷北部。海水中SiO₂、P等营养物质浓度剧增，以浮游生物为食物的笔石大量灭绝，表层浮游生物爆发，古生产力达到高峰。该期沉积速率为0.96～2.01m/Ma，在川南—川东坳陷区沉积硅质页岩、钙质硅质混合页岩两种优质岩相，TOC为

2.7%～11%，厚 0.2～1.2m，在黔北、渝东等浅水区沉积钙质页岩和泥灰岩（图 1-5），TOC 一般低于 1%。湘鄂西水下隆起范围扩大至巴东、建始、来凤和龙山一带。

3. 龙马溪组

源于李四光、赵亚曾（1924）在峡东所创的"龙马溪页岩"，命名剖面位于湖北秭归县新滩东南 1km 的龙马溪（尹赞勋，1949）。该组主要出现于中上扬子区的川、渝、鄂、陕南、滇北、黔北、湘西北等地区，厚度多变，在鄂西北地区一般为 80～150m，在川东—川南—黔北厚 160～600m，在陕南仅为 20～50m。在多数地区，龙马溪组与下伏五峰组观音桥段整合接触，但也在不少地区（湘鄂西隆起、黔北隆起北缘和南江地区等），龙马溪组底部有不同程度的缺失，下伏地层五峰组也存在不同程度的缺失，甚至全部缺失，龙马溪组与下伏地层即为假整合接触（陈旭等，2001，2017，2018；戎嘉余等，2011，2018）。

龙马溪组包含 *Normalograptus persculptus*、*Akidograptus ascensus*、*Parakidograptus acuminatus*、*Cystograptus vesiculosus*、*Coronograptus cyphus*、*Demirastrites triangularis*、*Lituigraptus convolutus*、*Stimulograptus sedgwickii*、*Spirograptus guerichi* 共 9 个笔石带（陈旭等，2017，2018；戎嘉余等，2011，2018）。由于新的赫南特阶（Hirnantian）包含了原来志留系最底部的 *N.persculptus* 带，其顶界即 *A. ascensus* 笔石带的首现面（FAD），被厘定为志留系的开始（陈旭等，2006）。因此，在整个扬子区，奥陶系—志留系界线实际上是从当前的龙马溪组底部黑色笔石页岩中穿过的，一般高于壳相的观音桥段数十厘米（陈旭等，2006），即整个龙马溪组包含了赫南特阶顶部（*Normalograptus persculptus* 带）以及鲁丹阶（Rhuddanian）、埃隆阶（Aeronian）和特列奇阶（Telychian）底部，鲁丹阶和埃隆阶广泛分布于扬子地台大部分地区，特列奇阶黑色页岩仅在川中、川北和川东北地区沉积。鲁丹阶包括四个笔石带，自下而上分别为 *Akidograptus ascensus*、*Parakidograptus acuminatus*、*Cystograptus vesiculosus* 和 *Coronograptus cyphus* 带；埃隆阶包括三个笔石带，自下而上分别为 *Demirastrites trian-gulatus*、*Lituigraptus convolutus* 和 *Stimulograptus sedgwickii* 带；特列奇阶仅包括 *Spirograptus guerichi*、*Spirograptus turiculatus* 2 个笔石带。

在鲁丹期，中上扬子地区基本保持五峰组沉积时期的沉积格局，海底开始出现坳隆相间的古地形（图 1-6），海平面升降和海域封闭性变化是该时期环境变化的主控因素。在鲁丹早期，区域构造运动总体和缓，气候变暖，海平面快速上升并接近五峰组沉积早期的高水位，川南、川东和中扬子北部等坳陷区再次出现水深接近 200m 的深水陆棚，坳陷斜坡带出现水深 60～100m 的半深水陆棚，海底出现大面积缺氧环境，表层浮游生物再次出现大辐射，沉积速率为 0.75～3.98m/Ma，TOC 为 3.4%～9.4%，在川南深水区沉积硅质页岩、钙质硅质混合页岩 2 种优质岩相，在川东—中扬子北部则主要沉积硅质页岩；在鲁丹晚期，海平面开始下降，随着扬子地台板内挠曲变形开始加强和沉降沉积中心逐渐向西北迁移，川中隆起东坡逐渐沉降为半深水陆棚，川南海域封闭性开始增强，黏土含量增多，沉积速度加快，沉积速率为 0.75（华蓥）～33.75m/Ma（长宁），TOC 含量长宁为 1.03%～1.86%、綦江为 1.01%～1.3%、华蓥为 4.2% 以上、威远为 2.3%～4.1%，川东—中扬子北部封闭性仍然较弱，沉积速度加快时间较川南晚，黏土质增较川南少，TOC 含量石柱为 1.48%～4.21%、巫溪为 1.69%～5.10%、秭归为 2.52%～3.31%。在鲁丹期，黑色页岩沉积厚度一般为 5～40m（其中 TOC>2% 页岩厚度一般为 3～28m），在川南—川东—中扬子坳陷腹部一般为 10～40m，在坳陷斜坡区一般为 2～10m，在湘鄂西隆起腹部一般低于 5m，在川北大部分地区总体缺失（图 1-6）。

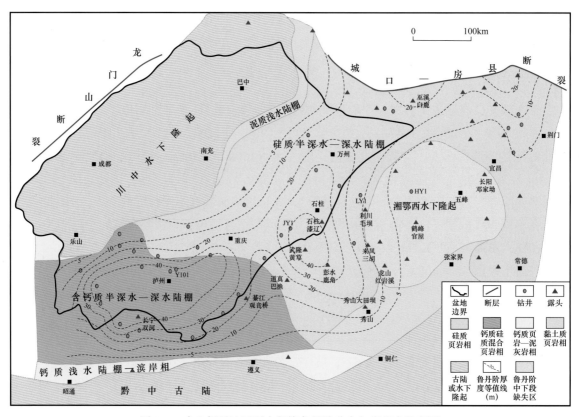

图 1-6 中上扬子地区下志留统鲁丹阶分布与岩相古地理图

在埃隆期，扬子与周边地块的碰撞拼合作用进入强烈活动期，台盆区进入前陆挠曲发展期，川南—川东坳陷挠曲幅度剧增，沉降沉积中心在初期和晚期向西北迁移，在中期保持稳定，海平面下降至中高水位，四川盆地及邻区主体转为半深水陆棚，川南海域逐渐由半封闭变为强封闭，川东—川东北—中扬子北部依然保持弱—半封闭状态，在台盆区北缘上升洋流趋于活跃。深水域大幅度缩小和迁移，主体位于川南—川东北—中扬子坳陷腹部（图 1-7）。沉积速率显著加快，并出现西北低、东南高的差异化特征，在威远地区为 9.5～15.2m/Ma，在华蓥地区为 2.8～53.3m/Ma，在綦江—长宁地区则为 58.46～384.4m/Ma。岩相组合呈现区域显著差异，在川南坳陷大部分地区以黏土质页岩和钙质黏土质混合页岩为主（局部含钙质结核体），黏土矿物含量为 45%～68%，TOC 为 0.4%～1.9%（长宁），在川中隆起东坡出现黏土质硅质混合页岩、钙质硅质混合页岩两种岩相，黏土矿物低于 45%，TOC 一般为 1.6%～2.7%，在川东坳陷以黏土质硅质混合页岩和黏土质页岩为主（局部含钙质、硅质结核体），黏土矿物含量为 40%～58%，TOC 一般为 1.5%～2.1%，在川东北—鄂西北则主要为上升洋流相页岩（富含有机质、钡元素的黏土质硅质混合页岩、硅质页岩和高 GR 砂岩，TOC 为 1.87%～3.16%）。川南—川东埃隆期坳陷为龙马溪组沉积时期最大沉积中心，页岩地层厚度一般为 200～450m，但 TOC>2% 页岩厚度仅为 15～20m，且主要分布于川中—川东北—鄂西北地区。

在特列奇期，扬子与周边地块的碰撞拼合作用持续加剧，沉降沉积中心在初期迁移至川中、川东北和川北地区，海平面大幅度下降，四川盆地及邻区主体为半深水—浅水陆棚（图 1-8），沉积速度一般超过 100m/Ma，地层厚度超过 100m。深水域出现于特列奇早期，且仅分布于威远、巫溪和南江等局部地区（图 1-8），在威远地区主要沉积黏土质硅质混合页岩、钙质硅质混合页岩两种岩相，黏土矿物含量低于 50%，TOC 一般为 1.0%～2.7%，TOC>2% 页岩厚 5～15m，在巫溪和南江地区受上升洋流控制主体发育黏土质硅质混合页岩，黏土矿物含量为 38.0%～46.2%，TOC 一般为 1.0%～3.9%，TOC>2% 页岩厚 10m。

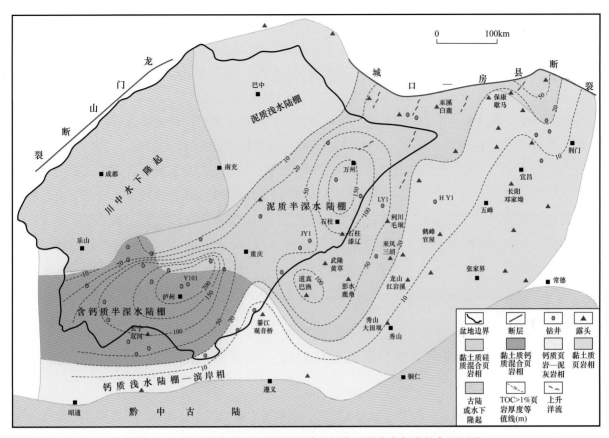

图 1-7　中上扬子地区下志留统埃隆阶黑色页岩分布与岩相古地理图

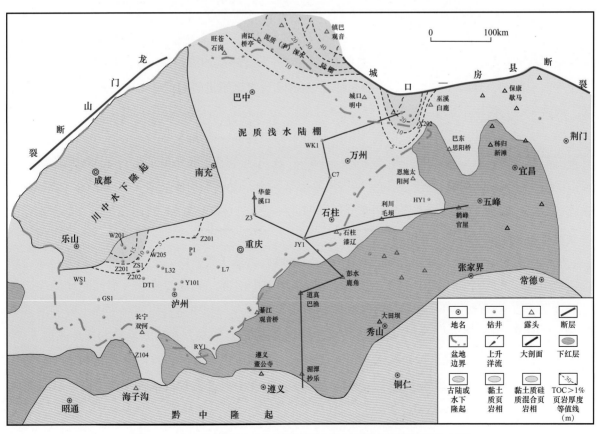

图 1-8　中上扬子地区下志留统特列奇阶沉积相与黑色页岩分布图

勘探和研究证实，在奥陶纪—志留纪之交，随着沉降沉积中心不断向西北迁移，海平面由高位逐渐下降，沉积速度逐渐加快，中上扬子地区富有机质页岩发育层段沉积时代变新，沉积规模变小，有机质丰度降低。川南—川东坳陷为五峰组沉积期—埃隆期沉积中心，并以埃隆期沉积为主；川中—川北为埃隆—特列奇期沉积中心，并以特列奇期沉积为主（图1-9、图1-10）。五峰组沉积期—鲁丹期为构造活动相对稳定、高海平面、高生产力和低沉积速率等有利沉积要素叠加时期，形成的富有机质页岩厚度一般为20~100m，分布面积超过 $18 \times 10^4 km^2$（图1-11），TOC含量一般为2.0%~11%，因而是优质页岩的主要形成期；埃隆期以后主体为台盆构造活动强烈的快速沉积期，仅在川中—川北和中扬子北部等局部稳定区和洋流活跃区出现深水缓慢沉积，形成的富有机质页岩厚度一般为10~50m，分布面积约为 $5 \times 10^4 km^2$，TOC含量一般为2.0%~5.2%，因此是优质页岩的次要形成期。受构造活动、沉积中心迁移、沉积速率差异化等因素控制，优质页岩（主力产层）在川南—川东坳陷主体为五峰组—鲁丹阶，在威远地区以鲁丹阶—埃隆阶为主，在川中—巫溪和中扬子北部地区以五峰组—埃隆阶为主，在川北南江—镇巴一带则以特列奇阶为主（图1-11）。

二、揭示关键地球化学指标区域变化特征，为页岩气战略选区和勘探评价提供地质依据

针对高—过成熟海相页岩气勘探和选区而言，黑色页岩有机质丰度和热成熟度等是地质评价的关键地球化学指标，经过对鲁丹阶、埃隆阶系统编图（图1-12、图1-13），基本揭示了四川盆地及周缘下志留统关键层段地球化学指标区域变化趋势。

鲁丹阶有机质丰度平均值在黑色页岩分布区整体呈南低、北高特征（图1-12）。在坳陷南斜坡和东南斜坡区（綦江、秀山等），受邻近黔中古陆、进入前陆期和沉积速度加快时间早、水体相对较浅等因素影响，TOC平均值一般低于2.0%，在古陆边缘区附近普遍低于1.0%。在湘鄂西隆起腹部，因缺失鲁丹阶中下优质页岩段且仅沉积鲁丹阶 *Coronograptus cyphus* 带上部，TOC平均值一般为1.0%~2.0%。在长宁、泸州、涪陵等川南—川东坳陷腹部，因水体深、*Coronograptus cyphus* 笔石带沉积厚度大，TOC平均值一般为2.0%~3.0%。在川南坳陷北部和川东北—鄂西北坳陷区，受构造稳定、进入前陆期晚、沉积速率长期缓慢等因素影响，TOC平均值呈现3.0%~5.0%的高水平，在威远地区一般为3.0%~3.5%，在川东北—鄂西北一般为3.0%~5.0%（其中在巫溪、神龙架、南漳等台盆区北缘达到4.0%~5.0%）。

埃隆阶有机质丰度平均值在黑色页岩分布区整体大大低于鲁丹阶，但区域变化趋势与后者相近，呈南低、北高特征（图1-13）。在川南—川东坳陷中南部、湘鄂西隆起、鄂西北坳陷中南部等探区，受海域封闭性强、黔中—雪峰物源黏土质大量输入、沉积速度快和海平面下降等因素影响，TOC平均值一般低于1.5%，在接近古陆边缘区普遍低于0.5%。在川南坳陷北部（威远），受水体加深、距离南部物源区远、构造稳定和沉积速率缓慢等因素影响，TOC平均值较高（一般为2.0%~3.0%）。在台盆区北缘（城口、巫溪、南漳等），受上升洋流控制，古生产力高，TOC平均值一般为2.5%~3.0%，局部超过3.0%。

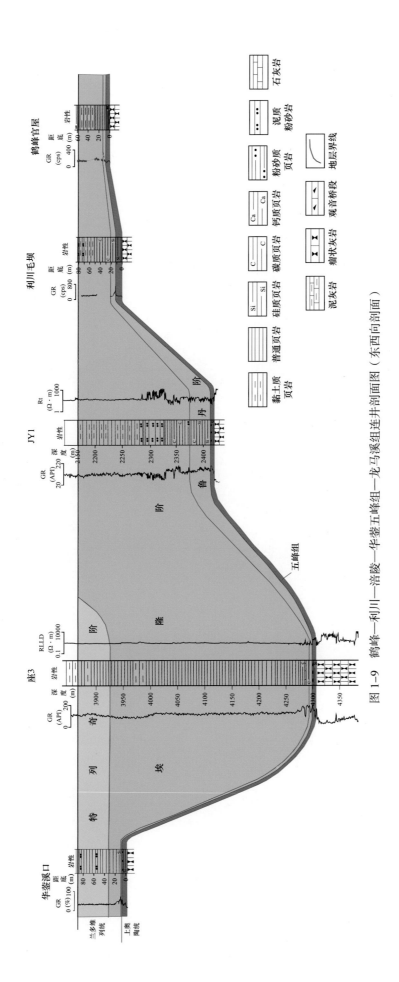

图 1-9　鹤峰—利川—涪陵—华莹五峰组—龙马溪组连井剖面图（东西向剖面）

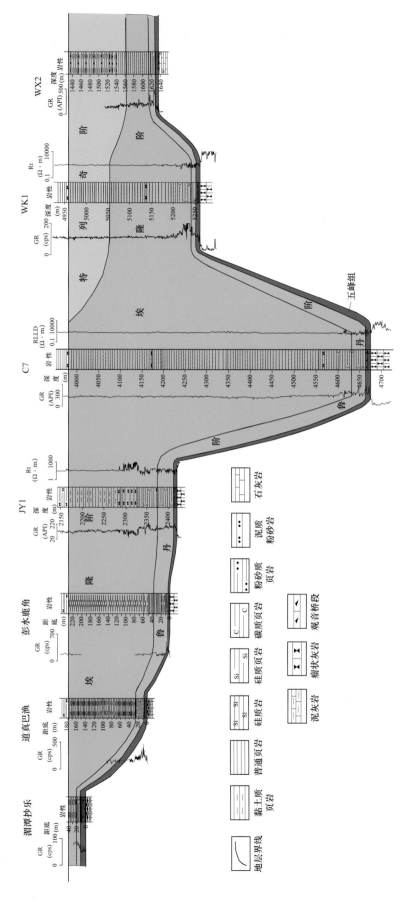

图 1-10　黔北—涪陵—石柱—巫溪五峰组—龙马溪组连井剖面图（南北向剖面）

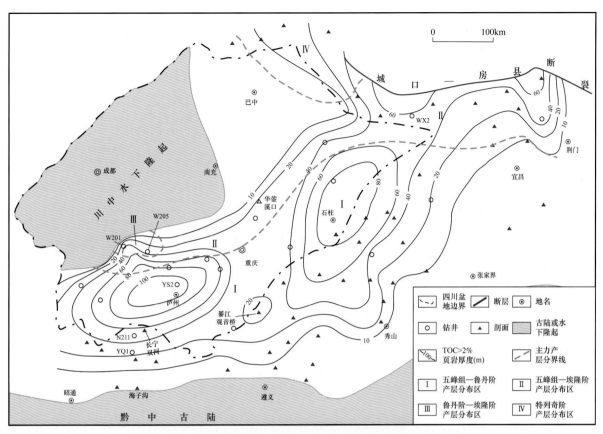

图 1-11 中上扬子地区五峰组—龙马溪组富有机质页岩分布图

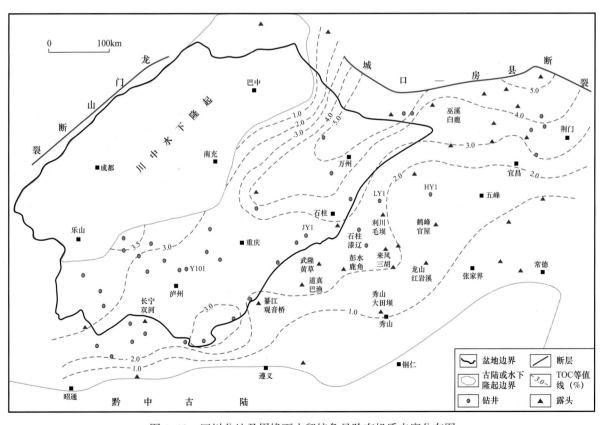

图 1-12 四川盆地及周缘下志留统鲁丹阶有机质丰度分布图

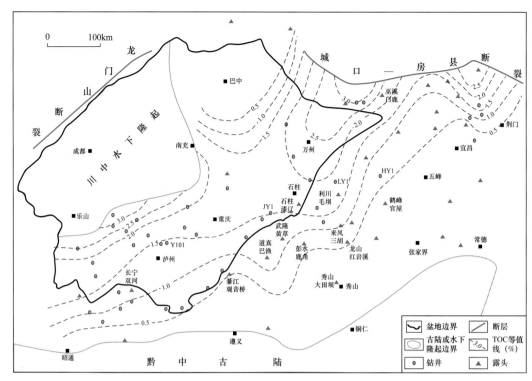

图 1-13　四川盆地及周缘下志留统埃隆阶有机质丰度分布图

三、建立了有机质炭化表征关键技术和评价标准，并确定海相页岩气勘探禁区，为勘探部署提供了科学依据

有机质炭化是指进入高—过成熟阶段的泥页岩经过有机质降解、裂解等过程，其固体有机质部分或全部转化为石墨或类石墨物质的地质现象或地质过程（有机质石墨化），进入炭化阶段的富有机质页岩普遍具有生烃能力衰竭、基质孔隙（包括有机质孔隙、黏土矿物晶间孔等）大幅度减少、岩石物理属性显示超低电阻率响应（图 1-14）、不含气或微气显示等显著特征（王玉满等，2018，2020；王宏坤等，2018；蒋珊等，2018）。勘探和研究证实，在四川盆地及周边下志留统页岩气勘探区，尚未发现一口有机质炭化井获工业气流（表 1-2），因此有机质炭化被认为是中国南方高—过成熟海相页岩气勘探面临的主要地质风险。

经过近 10 年的持续研究，本书作者依据大量钻井和典型剖面资料建立了海相页岩有机质炭化的常用识别技术及判识标准（表 1-3、表 1-4）。其中，电学识别法中的测井电阻率响应是对某一体积内地质体导电性的直接反应，其在石墨化页岩段的"细脖子型"特征与黏土矿物、高矿化度地层水、黄铁矿等导电介质关系不大（王玉满等，2014，2018；Piane C D 等，2018），仅与页岩中有机质含量负相关（与有机质石墨化具有唯一相关性），因此是判断高—过成熟海相页岩有机质炭化的金标准，方法和标准可靠；光学识别法中的激光拉曼谱一般对井下样品反应较为准确，在露头区受样品风化程度和观察点选择影响较大，对弱石墨化样品检测存在一定误差，但由于拉曼谱是计算高—过成熟海相页岩 R_o 值的有效方法（刘德汉等，2013；肖贤明等，2015；王民和 Li Zhongsheng，2016），因此必须大量使用。物性和含气性是页岩储层的两大基本属性，其品质差是受页岩高强度压实作用、高—过成岩作用、有机质炭化等多种地质作用的综合结果（王玉满等，2018；蒋珊等，2018；肖贤明等，2015），若使用其判识有机质炭化，则必须针对有机质炭化与岩石致密化在时限上同步的页岩地层（中国南方龙马溪组）。

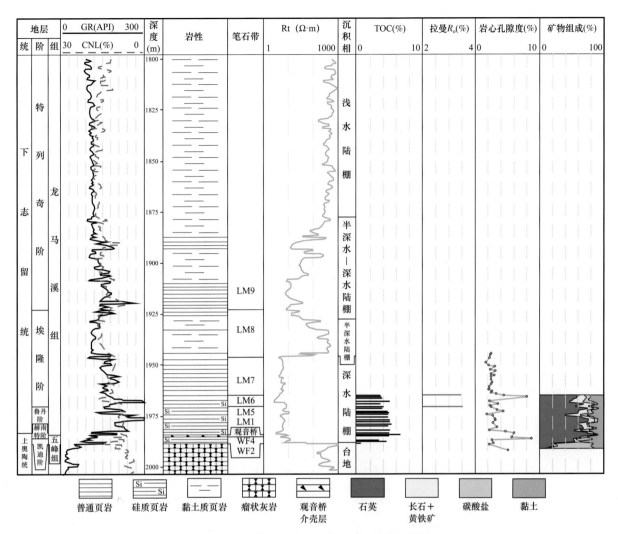

图1-14 川东北五峰组—龙马溪组综合柱状图

表1-2 四川盆地及周边重点地区龙马溪组有机质炭化点地质参数

井号或剖面	区块	埋深（m）	TOC（%）	拉曼R_o（%）	孔隙度（%）	自然伽马（API）	电阻率（Ω·m）	含气量（m^3/t）	有机质炭化程度	保存条件	参考文献
LY1	鄂西	2790～2830	1.1～6.0	3.56～3.73	1.90～4.77/2.76	150～270	0.1～0.9	0.13～0.48	严重炭化	盆外向斜区，保存条件较好	王玉满等，2018；王宏坤等，2018
HY1	鄂西	2142～2166	1.5～5.3	3.80～4.00		150～270	0.01～0.30/0.20	微气	严重炭化	盆外向斜区，保存条件较好	王玉满等，2018；郭彤楼，2016
X202	川东北	1965～1989	0.5～6.4	3.48～3.51	2.40～8.78/3.85	145～300	3～7	1.38～3.00，试产为微气	弱炭化	盆外褶皱带，龙马溪组具自封盖性，保存条件中等	王玉满等，2018
TY1	川东	>3900	2.0～5.0	3.50～3.55		150～350	2～6/4	微气，压力系数小于1	弱炭化	盆地内，保存条件好	王玉满等，2018；魏祥峰等，2017

井号或剖面	区块	埋深（m）	TOC（%）	拉曼 R_o（%）	孔隙度（%）	自然伽马（API）	电阻率（Ω·m）	含气量（m³/t）	有机质炭化程度	保存条件	参考文献
JS1	川东	4925～4975				73～223	3.2～10/7.3		弱炭化	盆地内，保存条件好	
B1	川南	<1500		3.50～3.60			0.8～8		弱炭化	盆外向斜区，保存条件较好	
YYY1	川南	2900～3070	1.9～9.0	3.60～3.90		120～250	0.12～0.30	<0.2	严重炭化	盆内向斜区，保存条件较好	
Y201	川南	3500～3660		3.60～3.80	1.2	160～300	0.6～2		严重炭化	位于盆地内，保存条件好	
RY1	川南	4030～4055	1.9～6.5	3.50～3.60	0.50～2.30/0.74	180～250	1.8～8.0	0.51	弱炭化	盆地内，保存条件好	郭彤楼，2016；魏祥峰等，2017
永善苏田	川南	露头	1.5～6.3	3.59～3.67		150～225			严重炭化	位于盆地外，保存条件差	
城口明中	川东北	露头			0.26～2.63/0.80	180～521			严重炭化	位于盆地外，保存条件差	
巫溪白鹿	川东北	露头			0.66～1.58/1.05	180～310			弱炭化	位于盆地外，保存条件差	
彭水鹿角	川东	露头	1.4～4.7	3.50～3.55		180～580			弱炭化	位于盆地外，保存条件差	
咸丰龙坪	鄂西	露头	2.0～4.8	3.56		190～300			弱炭化	位于盆地外，保存条件差	
石柱漆辽	川东	露头	1.9～11.2	3.50～3.54		150～480			弱炭化	位于盆地内，保存条件差	
南漳李庙	鄂西北	露头	3.4～8.5	3.80～3.90		180～350			严重炭化	位于盆地外，保存条件差	

表1-3 有机质炭化的常用识别技术和方法

序号	方法种类	表征内容	优点	缺点	方法可靠性评价
1	光学识别法	利用激光拉曼、扫描电镜等技术，对固体有机质进行光学成像，并依据特定光谱特征识别石墨或类石墨物质	直观发现石墨或类石墨物质，计算 R_o 值且可靠性高	受样品观察点影响大，对弱石墨化样品检测误差大	★★★★
2	电学识别法	基于固体有机质石墨化后具有良好导电性特点，采用测井、实验室干样测试等方法获得泥页岩电阻率响应值，并依据电阻率曲线形态和幅度值判断泥页岩有机质炭化程度	对处于不同有机质炭化阶段的泥页岩，均能有效识别且反应灵敏；超低阻特征与有机质石墨化具有唯一相关性；检测结果可直接用于勘探评价	难以准确计算有机质 R_o 值	★★★★★
3	物性分析法	基于固体有机质石墨化后有机质孔隙大量减少的显著特点，采用孔隙度实验测试、双孔隙介质解释模型等方法获得泥页岩基质孔隙度、有机质孔隙度等数据，并间接判断泥页岩有机质炭化程度	用于评价有机质炭化对页岩储层品质的影响	页岩致密化与有机质石墨化并不具有唯一相关性；受孔隙度实验测试方法影响大；无法计算有机质 R_o 值	★★★

表 1-4　海相页岩有机质炭化的基本特征和判识标准

序号	页岩地质属性	基本特征和判识标准	应用结果评价
1	测井电阻率响应	富有机质页岩段 Rt 曲线呈"细脖子型"特征 Rt 值<8Ω·m，且至少低于贫有机质页岩段 2 个数量级，并与 TOC 负相关；在严重炭化阶段普遍<2Ω·m，在弱炭化阶段一般为 2～8Ω·m	富有机质页岩超低电阻特征与有机质石墨化具有唯一相关性，方法和标准可靠
2	激光拉曼谱	拉曼谱异常在 G′ 峰位置出现石墨峰，D 峰与 G 峰峰高比普遍大于 0.63	是计算高过成熟海相页岩 R_o 值的有效方法；受样品风化程度和观察点选择影响较大，对弱石墨化样品检测存在误差，方法和标准的可靠性居中
3	物性和含气性	物性和含气性差基质孔隙度仅为正常水平 1/2 以下，或基质比表面积、吸附能力仅为正常水平 1/2 以下；不含气或微气显示	适用于有机质炭化与岩石致密化在时限上同步的页岩地层（中国南方志留系），对中国南方寒武系适用性较差

　　利用有机质炭化识别方法和判识标准，确定海相页岩有机质炭化热成熟度门限。首先，以大量钻井资料为基础建立四川盆地及周缘龙马溪组激光拉曼谱和电阻率响应演化序列（图 1-15—图 1-17）以及富有机质页岩孔隙度平均值与 R_o 关系图版（图 1-18）。从拉曼谱演化趋势看，随着 R_o 值由低到高，龙马溪组有机质出现石墨峰（即 G′ 峰位置出现尖峰）的 R_o 值下限在 3.5% 左右（图 1-15）。从电阻率曲线演化趋势看（图 1-16），随着 R_o 值由 2.6% 增加至 3.6% 以上，龙马溪组电阻率测井响应值在富有机质页岩段总体呈降低趋势，在贫有机质页岩段呈增大趋势，Rt 值与 TOC 值负相关关系趋于明显（图 1-16b），曲线形态呈现"钟型"或"弱钟型"—"扁平型"—"细脖子型"

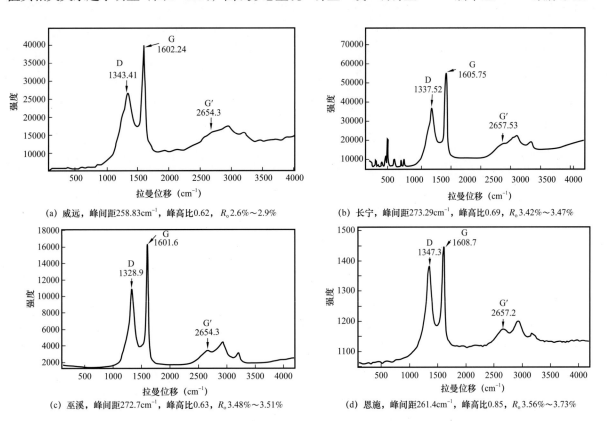

图 1-15　四川盆地及周缘龙马溪组有机质激光拉曼图谱

演化过程，在 R_o >3.5% 阶段主体为"细脖子型"（图 1-16a）。然后，在图 1-17 和图 1-18 两个图版中分别找到下古生界海相页岩电阻率和基质孔隙度由正常值完全降为异常低值的 R_o 拐点（均为 3.5%），因此确定 I—III$_1$ 型有机质炭化的热成熟度 R_o 门限值为 3.5%，此门限值远高于经典生烃模式的干气阶段（ R_o 值一般为 1.6%~3.0%）。

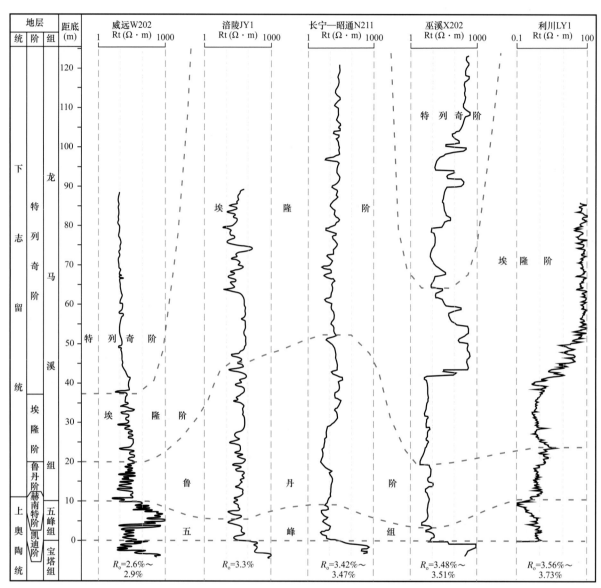

（a）处于不同热成熟阶段的黑色页岩电阻率曲线特征

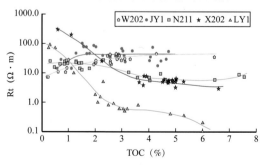

（b）处于不同热成熟阶段的黑色页岩Rt与TOC相关性

图 1-16　四川盆地及周缘龙马溪组电阻率响应演化趋势图

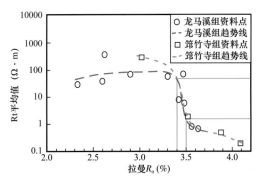

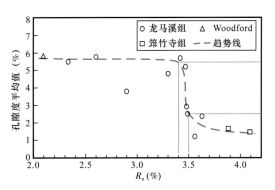

图 1-17　海相富有机质页岩段电阻率
平均值与 R_o 关系图版

图 1-18　海相富有机质页岩孔隙度
平均值与 R_o 关系图版

依据 Ⅰ—Ⅱ$_1$ 型有机质炭化判识标准和 R_o 门限值 3.5%，开展中上扬子地区龙马溪组有机质炭化区预测，结果显示（图 1-19）：有机质炭化区主要分布于川东—鄂西、鄂西北部、川南西部和长宁构造东侧等 4 个探区，面积超过 35000km^2，约占整个龙马溪组分布区的 15%～20%，R_o 普遍为 3.5%～3.9%；非炭化区面积约占龙马溪组沉积区的 80%～85%，R_o 普遍为 2.7%～3.4%（图 1-19、图 1-20）。在炭化区，川东—鄂西和川南西部两个探区已出现有机质炭化连片分布趋势，面积较大，R_o 一般为 3.5%～3.9%，显弱—严重炭化特征；在鄂西北部和长宁构造东侧 2 个探区，有机质炭化区面积相对较小，R_o 分别达到 3.7% 和 3.5% 以上，分别显示严重炭化和弱炭化特征（图 1-19、图 1-20，表 1-2）。上述 4 个炭化区为龙马溪组页岩气勘探禁区，也是页岩气资源评价和战略选区面临的高风险区。

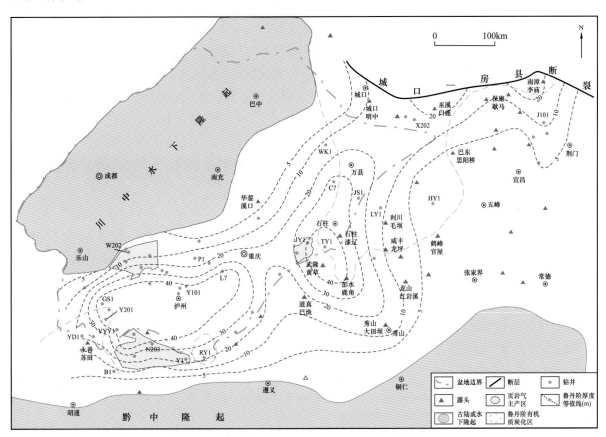

图 1-19　四川盆地及周缘鲁丹阶有机质炭化区分布图

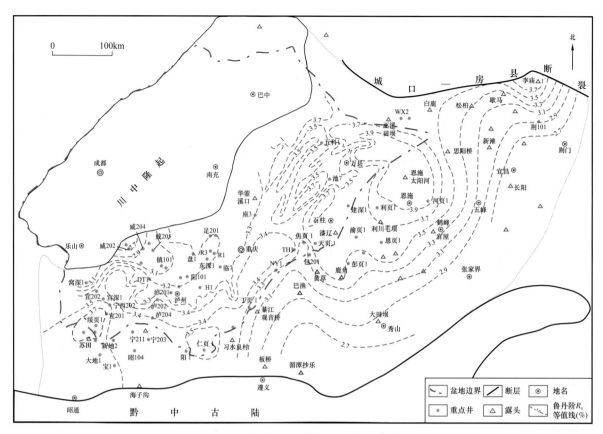

图 1-20　四川盆地及周缘鲁丹阶 R_o 分布图

鉴于有机质炭化对富有机质页岩的源储品质损害极大（王玉满等，2018），因此认为 Ⅰ—Ⅱ$_1$ 型固体有机质炭化的 R_o 值下限 3.5% 应成为古老海相地层页岩气勘探不可逾越的理论红线，有机质炭化区为页岩气勘探禁区。为此，本书针对中国南方海相页岩气勘探提出以下两点建议。

（1）在地质评价和选区中，以下寒武统和下志留统页岩为重点，加强探区烃源岩有效性评价，圈定有机质炭化区或层段。在富有机质页岩或"甜点层"分布研究基础上，重点开展具有低电阻率响应特征的探井和区块评价，加强目的层段激光拉曼、物性和干样电阻率等项目测试，结合埋藏史和热史分析，明确研究区目的层段是否出现有机质炭化、炭化程度如何、有机质炭化原因等，圈定炭化区范围，为页岩气潜力评价和勘探目标优选排除高风险区。

（2）在勘探开发过程中钻遇低电阻率目的层，应加强有机质炭化评价，及时调整部署方案。目前确定的下寒武统和下志留统有效勘探区，虽然其总体处于生气窗内（R_o 值一般为 2.5%～3.5%），但其中相当部分探区已处于有机质炭化的 R_o 下限附近（长宁、涪陵、巫溪等探区龙马溪组 R_o 值为 3.3%～3.52%）（图 1-20），在这些探区及周边钻遇低电阻率目的层是难以避免的，因此要及时开展有机质炭化评价。若评价结果证实所钻遇的电阻率响应异常段符合有机质炭化的 3 个基本特征，无论 R_o 值是否达到 3.5% 和钻探是否见气显示，均应以该井区出现有机质炭化风险而停止勘探，及时调整部署方案，以减少不必要的勘探工作量和投资。若评价结果发现所钻遇的低电阻率层段仅是个例且不符合有机质炭化的 3 个基本特征，通常表现为电阻率测井曲线呈"扁平型"，幅度值为 5～20Ω·m，孔隙度平均值在 4% 以上，可以继续实施勘探，但要加强单井地质评价和经济评价，了解该井及其周边低电阻率的原因和勘探潜力。

四、创建双孔隙介质孔隙度解释模型，实现优质储集空间定量计算，揭示页岩气富集规律

裂缝和孔隙是致密储层重要的储渗空间，对其识别、描述和定量评价也是页岩气储层评价的重点和难点。以长宁双河剖面龙马溪组页岩 SEM、岩矿、TOC、岩心孔隙度等地质资料为基础，建立了双孔隙介质孔隙度解释模型，并对长宁气区、川东—鄂西、巫溪等探区龙马溪组富有机质页岩段的裂缝孔隙进行了定量评价。根据裂缝孔隙定量表征结果判断，五峰组—龙马溪组发育基质孔隙＋裂缝型和基质孔隙型两种类型的页岩气藏：前者主要发育于特殊构造背景区，具有裂缝孔隙发育、含气量大、游离气含量高、产层厚、单井产量高等特点，主要分布于川东—鄂西等受寒武系膏盐滑脱控制区；而后者具有基质孔隙度较高、裂缝孔隙不发育、单井产量中高等特征，预计其在四川盆地及周缘海相页岩气分布区占据主导地位。

关于双孔隙介质孔隙度解释模型和重点探区优质储集空间定量评价结果，请参见本书长宁双河、利川毛坝、巫溪白鹿和秭归新滩等剖面章节。

第二章 川南坳陷志留系页岩典型剖面地质特征

川南地区位于上扬子台地西南缘，主要指大凉山以东、川中古隆起龙马溪组剥蚀线以南、黔中古陆龙马溪组边界线以北、重庆—南川—道真以西的区域（图1-2），面积约为 $4 \times 10^4 km^2$。该地区是志留系页岩的重要沉积区，在永善、盐津、长宁、习水、綦江和遵义一带发现大量露头剖面，本书重点介绍长宁双河、永善苏田和綦江观音桥共3个剖面。

第一节 长宁双河剖面

一、概况

长宁双河上奥陶统五峰组—下志留统龙马溪组页岩露头剖面（以下简称双河剖面）位于四川省宜宾市长宁县双河镇北，区域构造为川南低缓构造—娄山褶皱过渡带，局部构造为双河背斜（图2-1、图2-2）。

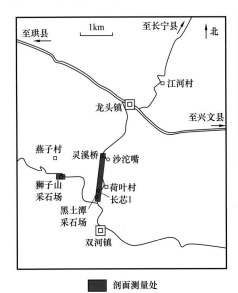

图2-1 长宁双河剖面地理和交通图　　　　图2-2 长宁双河构造地质简图

长宁地区五峰组—龙马溪组笔石带发育齐全（表2-1），出露完整，构造较简单。页岩地层主要围绕长宁背斜周缘分布，尤以西北翼的双河—龙头镇公路沿线出露最佳（图2-1、图2-2），层序清楚，化石丰富，交通便利，易于观察与测量。2008年中国石油勘探开发研究院钻探的长芯1井即位于该剖面。

双河剖面由两个测量点组成（图2-3、图2-4）：第一测量点位于双河镇北燕子村狮子山采石场（图2-3a、图2-4），重点测量上奥陶统宝塔组、五峰组及鲁丹阶下部地层；第二测量点为双河镇—龙头镇公路沿线西侧，南起双河镇铁门坎，经黑土潭采石场、长芯1井、致富桥、沙沱嘴，北至灵溪桥，重点测量鲁丹阶上部和埃隆阶（图2-3b、图2-4）。

表 2-1 长宁地区上奥陶统—下志留统与邻区地层对比表

系	统	阶	笔石带	笔石代号	长宁双河	綦江观音桥	秭归新滩	华蓥山溪口
志留系	兰多维列统（下统）	特列奇阶	*Monoclimacis crispus*		灵溪桥组	桥沟组	罗惹坪组	小河坝组
			Spirograptus turiculatus					
			Spirograptus guerichi	LM9				灰绿色页岩段
		埃隆阶	*Stimulograptus sedgwickii*	LM8	龙马溪组	龙马溪组 笔石页岩段	灰绿色页岩段	龙马溪组 黑色笔石页岩段
			Lituigrapatus convolutus	LM7			龙马溪组 黑色笔石页岩段	
			Demirastrites triangulatus	LM6				
		鲁丹阶	*Coronograptus cyphus*	LM5				
			Cystograptus vesiculosus	LM4				
			Parakidograptus acuminatus	LM3				
			Akidograptus ascensus	LM2				
		赫南特阶	*Normalograptus persculptus*	LM1				
奥陶系	上统		*Hirnantian–Dalmanitina*		五峰组	观音桥段	观音桥段	观音桥段
		凯迪阶	*Normalograptus extraordinarius*	WF4		五峰组 笔石页岩段	五峰组 笔石页岩段	五峰组 笔石页岩段
			Paraorthograptus pacificus	WF3				
			Dicellograptus complexus	WF2				
			Dicellograptus complanatus	WF1				
		艾家山阶	*Nankinolithus*		涧草沟组	临湘组	临湘组	临湘组
			Sinoceras chinense		宝塔组	宝塔组	宝塔组	宝塔组

(a) 燕子村狮子山采石场，五峰组和鲁丹阶下段

(b) 荷叶村黑土潭采石场，埃隆阶下段

图 2-3 长宁双河剖面主要露头点

在双河剖面的建立过程中，首次对页岩地层进行细分层（最小分层厚度 15cm）、观察、测量、描述和样品采集，并采用了伽马能谱仪、X 射线荧光光谱仪 [点／（0.5～1）m]、探地雷达、激光三维扫描等新技术。样品采集方案见表 2-2，共包括 13 大类 23 个小项，样品密度实现有分层即采样，薄层段 0.5～1.0m 间距 1 个样品，厚层段 1.0～2.0m 间距 1 个样品。

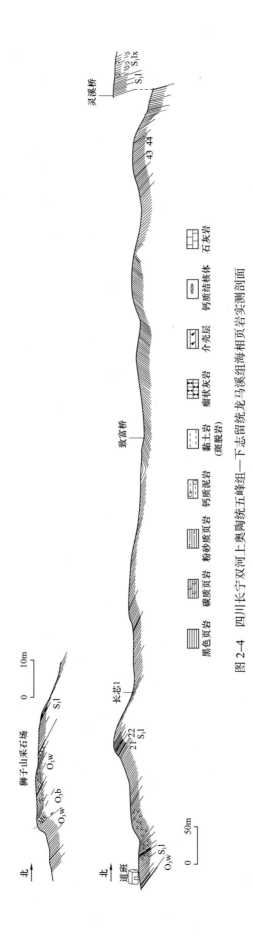

图 2-4 四川长宁双河上奥陶统五峰组—下志留统龙马溪组海相页岩实测剖面

黑色页岩　碳质页岩　粉砂质页岩　钙质泥岩　黏土岩（斑脱岩）　瘤状灰岩　介壳层　钙质结核体　石灰岩

表 2-2　长宁双河剖面样品采集方案表

序号	种类 项目	分析项目	采样间距	样品规格
1	陈列标本		一般页岩段 1 块 /20m，富有机质页岩段 1 块 /10m	3cm × 8cm × 10cm
2	岩性样品	岩性	一般页岩 1 块 /2m，富有机质页岩 1 块 /m	100～300g
3	地球化学样品	TOC	1 块 /m	300～500g
4		R_o	1 块 /20m	
5		干酪根类型	1 块 /20m	
6		碳、锶、钡同位素	每层 1 个	
7	岩矿样品	矿物组成	一般页岩 1 块 /2m，富有机质页岩 1 块 /m	300～500g
8		X 衍射		300～500g
9		元素分析		300～500g
10		SEM		>3cm × 4cm × 6cm
11		薄片		>3cm × 4cm × 6cm
12	古生物样品	宏古化石 微古化石	宏古化石见者采之；微古化石：一般为 1 块 /5m，富有机质段 1 块 /2m	50～100g
13	储层样品	孔隙度	1 块 /2m	6cm × 8cm × 8cm
14		孔隙微观结构		
15		等温吸附		
16		渗透率		
17	包裹体样品	包裹体	采集于页岩裂缝方解石充填处	50～100g
18	斑脱岩	锆石测年	根据产出程度，适度采样	100～200g
19	力学性质样品	机械性能、强度特性测试	200m 以内 5～7 块，300m 以内不超过 10 块	6cm × 8cm × 8cm
20	伽马能谱		1 个点 / （0.5～1）m	
21	X 射线荧光光谱		1 个点 / （0.5～1）m	
22	激光三维扫描		重点段及全剖面	重点段 2.5cm，全剖面 10～20cm
23	探地雷达		全剖面	0.5m 一个记录

双河剖面全长 1510.6m，五峰组厚 10.5m，龙马溪组厚 297.5m。伽马能谱共测量 394 个点、X 射线荧光光谱共测量 380 个点、探地雷达测量剖面 2000m、激光三维扫描实现无缝隙成像，共累计采集岩石样品 970 件。

二、地层特征

双河剖面由燕子村狮子山测量点、双河—灵溪桥测量点组成，自下而上分上奥陶统宝塔组、五峰组、下志留统龙马溪组和灵溪桥组，共发现凯迪阶、赫南特阶、鲁丹阶和埃隆阶 4 阶 12 个笔石带（表 2-1，图 2-5—图 2-7）。宝塔组和灵溪桥组分别为剖面的底界、顶界，五峰组和龙马溪组为测量重点层段。全剖面共分 62 个小层 12 个岩性段，其中五峰组可分为下部笔石页岩段和上部观音桥段，龙马溪组自下而上细分为 9 个岩性段。

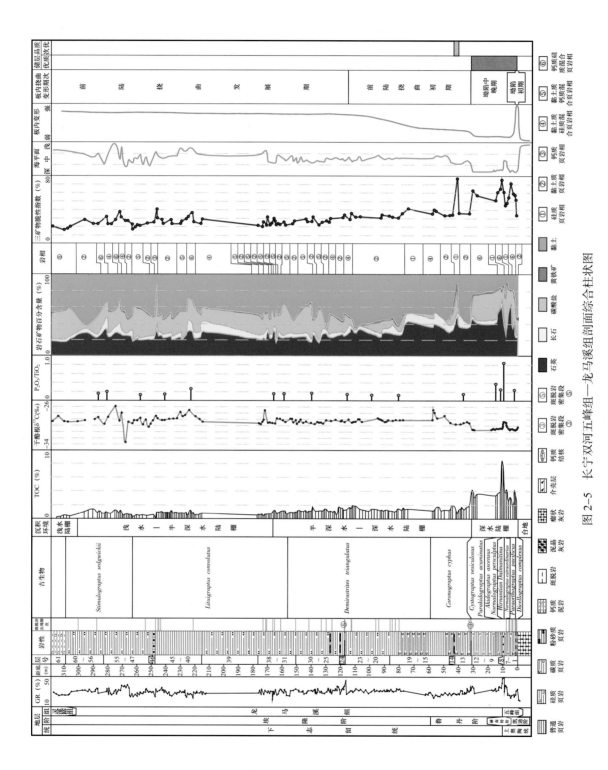

图 2-5 长宁双河五峰组—龙马溪组剖面综合柱状图

(a) 五峰组与宝塔组界限，红线以下为宝塔组，以上为五峰组

(b) 五峰组下部（1—2层），碳质页岩，夹多层斑脱岩（单层厚2~6cm）

(c) 五峰组中部（4—6层），中—厚层状含钙质硅质页岩

(d) 五峰组与龙马溪组界限，见观音桥段介壳层，厚0.95m

(e) 鲁丹阶下部（9—11层），钙质硅质混合页岩，中层状，表面粗糙，露头显粉砂质特征

(f) 鲁丹阶中部（12—13层），12层为厚层状硅质页岩，13层为碳质页岩夹多层斑脱岩，底部见厚8cm斑脱岩层（斑脱岩密集段③）

(g) 鲁丹阶上部，碳质页岩（15层）与结核层（14层，椭球状钙质结核体，长轴0.8m，短轴0.3m）

(h) 埃隆阶底部（18—19层），块状黏土质页岩，夹多层斑脱岩（单层厚0.5~3cm）

(i) 埃隆阶下部厚层斑脱岩（24层）厚40cm，银灰色，
呈橡皮泥状

(j) 埃隆阶下部块状黏土质页岩（27层）与椭球状结核体（26层，
长轴60cm，短轴30cm）

(k) 埃隆阶中下部（30—31层）钙质黏土质混合页岩，
厚层状，表面显球状风化特征

(l) 埃隆阶上部（45—47层），块状含钙质黏土质页岩（45层和
47层）夹重力流碳酸盐楔形体（46层，泥灰岩，厚0~15cm）

(m) 埃隆阶上部（51—52层），钙质黏土质混合页岩，块状，深灰色

(n) 埃隆阶顶部（60层），钙质页岩，块状，青灰色

图2-6　长宁双河剖面重点层段露头照片

1. 宝塔组（O₃b）

奥陶系宝塔组为剖面的底界地层，区域厚度超过40m，大于三峡地区的11.8m。在燕子村狮子山测量点的剖面长度为25m，出露厚度为10.8m，岩性为中—厚层状浅灰色泥晶灰岩夹深灰色瘤状灰岩，质地坚硬，"龟裂纹"发育，与上覆五峰组呈假整合接触，未见临湘组（图2-5、图2-6a）。

2. 五峰组笔石页岩段（O₃w）

在燕子村狮子山出露完整，小层序号1—7，剖面长27.3m，厚度为9.5m。下部1.4m为薄—中层状黑色碳质页岩夹多层斑脱岩（单层厚2~6cm），GR曲线显高峰响应，中部和上部分别为中层状硅质页岩和厚层状钙质硅质混合页岩，向上钙质含量增高，断面见大量黄铁矿呈星点状分布，显示水体向上逐渐变浅（图2-5、图2-6b—d）。五峰组见大量笔石化石及少量头足化石，中下部尤丰，并见深水相叉笔石（图2-7a、图2-7b）。受岩性和风化作用影响，该段地层中下部页理发育。

(a) 五峰组下部（2层）笔石，见大量WF1复杂叉笔石和尖笔石

(b) 五峰组上部WF3笔石，见大量棠垭笔石

(c) 观音桥段介壳（8层），见大量赫南特贝

(d) 观音桥段介壳（8层），见大量介壳和笔石化石

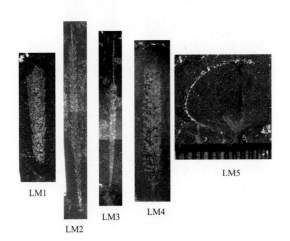

(e) 鲁丹阶笔石，LM1—LM3尖笔石，LM4轴囊笔石和LM5冠笔石

(f) 埃隆阶底部LM6笔石（21—22层），耙笔石和单笔石

(g) 埃隆阶下部LM6笔石（29—30层），
LM6耙笔石、单笔石、花瓣笔石和冠笔石

(h) 埃隆阶中部笔石（32层），
长单笔石，长度超过10cm

(i) 埃隆阶中上部LM7笔石（48层），盘旋喇嘛笔石

(j) 埃隆阶上部LM8笔石（56层），具刺笔石

图 2-7　长宁双河五峰组—龙马溪组古生物化石

3. 五峰组观音桥段

小层序号为8，厚度为1.0m（图2-5、图2-6d）。岩性为深灰色钙质页岩、黑色笔石页岩，滴酸起浓泡，显示钙质含量高。见大量笔石、赫南特腕足类化石（图2-7c、d）。从岩性和古生物特征看，观音桥段与上覆龙马溪组和下伏五峰组笔石页岩段呈整合接触，揭示了海平面在五峰组笔石页岩沉积时期较高，在观音桥段沉积期下降，在龙马溪组沉积早期升高的旋回过程。GR曲线在下段和中段出现192～209cps中高响应值，在上段20cm出现322～333cps的高峰值（图2-8a）。

4. 龙马溪组第1岩性段

在燕子村狮子山测量点和双河—灵溪桥测量点均有出露（*Normalograptus persculptus—Cystograptus vesiculosus* 带），小层序号9—12，厚度为20.8m（图2-5，图2-6e、f）。岩性主要为黑色钙质硅质混合页岩（局部呈球状体产出），中—厚层状，斑脱岩层少，见水平纹层，顶部含碳质，见大量尖笔石（图2-7e）。该剖面点观音桥段顶部—*Normalograptus persculptus* 带在GR曲线上显高峰响应，峰值达320～360cps（相当于凯迪阶的2～2.4倍）且为整个笔石页岩段最高峰，峰宽（以顶、底半幅点计）1.4m，因此该段 GR 响应亦称为赫南特阶伽马峰（图 2-8a），并在四川盆地及周缘五峰组—龙马溪组中普遍存在，是划分五峰组与龙马溪组的关键界面（通常将龙马溪组底界定在赫南特阶伽马峰的底部）。

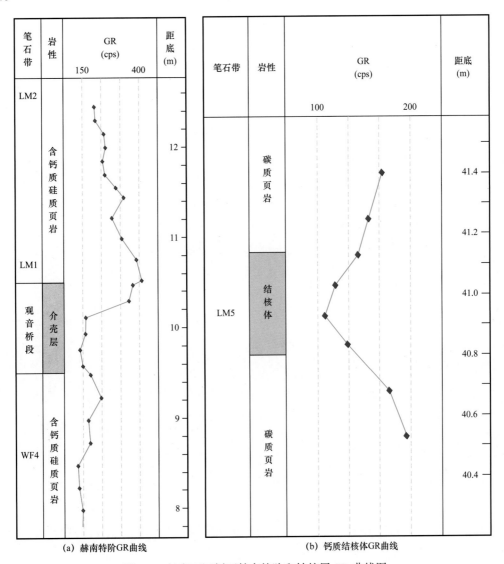

图 2-8　长宁双河剖面赫南特阶和结核层 GR 曲线图

5. 龙马溪组第 2 岩性段

在双河—灵溪桥测量点出露（*Coronograptus cyphus* 带至 *Demirastrites triangulatus* 带底部），小层序号 13—19，厚度为 53.0m（图 2-5、图 2-6h）。下部（*Coronograptus cyphus* 带，小层序号 13—17）为黑色碳质页岩与钙质结核体组合，夹 7 层斑脱岩（累计厚度为 16.4cm，单层厚 0.8～8.0cm，其中单层厚度达 8.0cm 的斑脱岩位于底部，即密集段③），染手、页理清晰，向上黏土质和钙质增加，镜下见大量水平纹层。其中 14 层为结核层，结核体呈透镜状、椭球状产出，岩相主体为钙质硅质混合页岩，核体中心区钙质含量高，断面细腻，颜色较浅，灰色，未见圈层结构，见水平纹层（单层厚 25～50μm，颗粒主要为次棱角状和椭球状放射虫、海绵骨针、石英等），向边部黏土质增加，颜色变深（图 2-5、图 2-6g）。上部（*Demirastrites triangulatus* 带底部，小层序号 18—19）

为黑色碳质页岩、黏土质页岩夹斑脱岩薄层、染手、风化后呈土黄色，页理发育，斑脱岩单层厚1～1.5cm（图2-5、图2-6h），见半耙笔石。与龙马溪组第1岩性段相比，该岩性段具有斑脱岩发育频次和速率显著增加，黏土质含量大幅度增高，有机质丰度普遍减少等显著特征。

6. 龙马溪组第3岩性段

在双河—灵溪桥测量点的黑土潭采石场—长芯1井井口处出露（*Demirastrites triangulatus* 带），小层序号20—30，剖面长121.0m，厚度为59.0m（图2-5、图2-6i～k）。下部为中厚层灰黑色、黑色粉砂质页岩，含碳、染手，见大量球状风化，页理和节理发育，见黄铁矿脉和方解石脉，向上出现厚25～40cm的灰白色、浅灰色斑脱岩层（24层，此斑脱岩在GR曲线呈尖峰响应，且在中上扬子地区广泛分布，是埃隆阶半耙笔石带内部重要的区域对比界面）；中部为中厚层粉砂质页岩夹钙质结核体及方解石脉，结核体呈椭球状产出，共3层，上下为碳质页岩围限且呈突变接触，尺度为长轴50～100cm、短轴25～30cm，岩相主体为钙质硅质混合页岩，钙质含量高，断面细腻，灰色，显均质层理；上部为厚层粉砂质页岩夹斑脱岩薄层。此岩性段笔石非常丰富，有单笔石、锯笔石、花瓣笔石、耙笔石等（图2-7f、g），自下而上钙质、粉砂质增加。

7. 龙马溪组第4岩性段

在双河—灵溪桥测量点的长芯1井北出露（*Demirastrites triangulatus* 带顶部—*Lituigrapatus convolutus* 带底部），小层序号31—38，剖面长27.0m，厚度为25.6m（图2-5、图2-6k）。岩性为中—厚层灰黑色粉砂质页岩、含钙质页岩夹斑脱岩薄层，局部含碳，笔石丰富且笔石长度显著增大（6～10cm），有耙笔石、锯笔石等（图2-7h）。页理清晰，见大型球状风化（单个弧形风化面长度超过2m），风化后呈土黄色。

8. 龙马溪组第5岩性段

该段（*Lituigrapatus convolutus* 带下段）整体覆盖严重，间断出露，但总体可把握页岩分布特征，为一低幅向斜构造及背斜构造，背斜北翼出露较好，小层序号39，剖面长724.0m，计算有效厚度为38.5m（图2-5）。岩性为黑色含钙碳质页岩，滴酸起泡、染手，并见风化成土黄色的斑脱岩，厚2.5cm。

9. 龙马溪组第6岩性段

在双河—灵溪桥Ⅳ号测点的沙沱嘴出露（*Lituigrapatus convolutus* 带中段），小层序号40—45，剖面长70.9m，厚度32.8m（图2-5、图2-6l）。岩性为中—厚层灰黑色粉砂质页岩、灰黑色含碳质页岩夹斑脱岩，见方解石脉及大型球状风化体。下段含钙较高，向上碳质增多，风化后页理明显，斑脱岩风化呈土黄色。化石较少，见耙笔石、锯笔石、单笔石等。

10. 龙马溪组第7岩性段

在双河—灵溪桥测量点的沙沱嘴出露，小层序号46，厚6～16cm。岩性为薄—中层灰色、深灰色泥晶灰岩，呈楔状，为重力流沉积（图2-5、图2-6l）。

11. 龙马溪组第8岩性段

在双河—灵溪桥测量点的沙沱嘴出露（*Lituigrapatus convolutus* 带上段和 *Stimulograptus sedgwickii* 带下段），小层序号47—55，剖面长43.5m，厚度为35.8m（图2-5，图2-6l、m）。岩性为中—厚层深灰色粉砂质页岩、深灰色页岩，钙质含量高，笔石变少，但种类较多，见盘旋喇嘛笔石、花瓣笔石、锯笔石及单笔石等（图2-7i）。49层中部见断裂，导致上覆地层变陡。

12. 龙马溪组第9岩性段

在双河—灵溪桥测量点的灵溪桥北出露（*Stimulograptus sedgwickii* 带上段），小层序号56—60，剖面长度为27.8m，厚度为27.3m（图2-5、图2-6n），多为植被覆盖且风化严重。底部为厚层黑—深灰色粉砂质页岩夹斑脱岩，含钙较高，笔石丰富，见锯笔石、单笔石、耙笔石、花瓣笔石等；中部为灰色中厚层页岩、粉砂质页岩夹斑脱岩，风化严重，风化后呈土黄色，见具刺笔石、花瓣笔石、锯笔石、单笔石等（图2-7j）；顶部为厚0.3m的薄层灰色页岩，见水平纹层，钙质含量高，质地坚硬，见单个小型单笔石、花瓣笔石。该段钙质含量总体较高，且自下而上粉砂含量增高，笔石减少，颜色变浅。

13. 灵溪桥组

在灵溪桥北出露，厚度超过100m，与龙马溪组整合接触（图2-5、图2-6n）。岩性为钙质泥岩，上部夹薄层介壳灰岩及石灰岩透镜体。本次对底部25m地层进行测量与描述，小层序号61，底部10m段为深灰色厚层—块状钙质泥页岩，距底10~25m段为灰色中厚层钙质泥岩，出现水平纹层并且向上逐渐增多。颜色由深灰色向上变为灰色，未见笔石。

三、有机地球化学特征

1. 有机质类型

长宁地区五峰组—龙马溪组黑色页岩主体为深水—半深水陆棚沉积（图2-5），有机显微组分以腐泥质和藻粒体为主，两者含量介于77.0%~86.2%（表2-3），干酪根 $\delta^{13}C$ 值一般介于 -30.9‰~-27.0‰，在凯迪阶—鲁丹阶下部（31m）总体偏轻，多介于 -30.9‰~-29.3‰（仅在赫南特阶下部和中部略显偏重，为 -29.7‰~-29.3‰），在鲁丹阶上部 *Coronograptus cyphus* 带开始偏重（-29.7‰~-29.3‰），在埃隆阶持续偏重，一般介于 -29.7‰~-27.0‰（平均 -29.0‰）（图2-5）。从有机显微组分和干酪根碳同位素指标看，长宁五峰组—龙马溪组干酪根类型为Ⅰ—Ⅱ₁型。

表2-3　长宁双河剖面长芯1井有机显微组分表

编号	深度（m）	层位	岩性	总有机质含量（%）	腐泥质（%）	藻粒体（%）	碳沥青（%）	微粒体（%）	动物体（%）	有机质类型
1	19.5	龙马溪组	黑色页岩	2.7	75.8	7.8	2.7	4.6	9.1	Ⅰ
2	40	龙马溪组	黑色页岩	3.1	74.4	10.2		4.7	10.7	Ⅰ

编号	深度（m）	层位	岩性	总有机质含量（%）	腐泥质（%）	藻粒体（%）	碳沥青（%）	微粒体（%）	动物体（%）	有机质类型
3	60	龙马溪组	灰黑色砂质页岩	2.5	68.7	8.3	4.9	6.5	11.6	I
4	80	龙马溪组	灰黑色砂质页岩	3.2	77.4	7.7	6.8	6	2.1	I
5	100	龙马溪组	黑色页岩	2.9	72.2	9.6	3.1	7.9	7.3	I
6	120	龙马溪组	黑色页岩	3.5	70.3	11	2.4	6.4	9.9	I
7	140	龙马溪组	黑色页岩	2.7	75.8	10.4		7.7	6.1	I
8	153	五峰组	黑色页岩	2.5	74	11.2		9.4	5.3	I

2. 有机质丰度

双河剖面308m页岩段TOC值一般为0.34%～8.36%，平均为1.31%（174个样品）（图2-5），且自下而上呈三段式变化特征。

下部32m（1—12层，即 *Dicellograptus complexus*—*Cystograptus vesiculosus* 带）为富有机质页岩（TOC值>2%）集中段，TOC值一般为2.00%～8.36%，平均为3.98%（17个样品），峰值出现在观音桥段顶部—*Normalograptus persculptus* 笔石带（7.55%～8.36%），相对低值段出现于五峰组底部（仅2.61%）（图2-5）。

中部135m（*Coronograptus cyphus*—*Lituigrapatus convolutus* 带底部）为中等有机质丰度页岩（TOC值介于1%～2%）集中段，TOC普遍下降至2.0%以下，一般为0.65%～1.98%，平均为1.25%（84个样品）（图2-5）。

上部141m（*Lituigrapatus convolutus* 带及以浅）为低有机质丰度（低于1.0%）页岩段，TOC一般为0.34%～1.37%，平均为0.76%（73个样品），其中TOC>1%页岩段仅出现在41层、43层、53层、54层、56层和57层等小层的局部，厚度不超过10m（图2-5）。

可见，在长宁双河地区，五峰组—龙马溪组TOC>2%的页岩段为 *Dicellograptus complexus*—*Cystograptus vesiculosus* 带（五峰组和鲁丹阶下段），总厚度约为32m，且呈连续分布；TOC>1%的页岩段主要为 *Dicellograptus complexus*—*Demirastrites triangulatus* 带，连续厚度约为167m（图2-5）。

3. 热成熟度

目前在利用笔石体、沥青体和镜质组等常规介质确定古老海相泥页岩反射率可靠性较差的条件下，利用激光拉曼检测法是确定五峰组—龙马溪组热成熟度的有效手段（赵文智等，2016；刘德汉等，2013；王玉满等，2018）。有机质激光拉曼光谱分析法不仅是检测泥页岩R_o值、判断烃源岩热演化程度的有效方法，其光谱中的 G′ 峰（石墨峰）也是识别固体有机质是否炭化的直接证据（刘德汉等，2013；王玉满等，2018）。根据长宁气田N203井有机质拉曼谱资料，该地区龙马溪组D峰与G峰峰间距和峰高比分别为273.29和0.69，在 G′ 峰位置已形成平台但尚未成峰（图2-9），

计算 R_o 值为 3.42%～3.47%。这说明，长宁地区龙马溪组热成熟度明显高于威远地区，但尚未出现石墨化，并已十分接近有机质炭化界限（R_o 值 ≥ 3.5%），即长宁龙马溪组仍处于有效生气窗内，且已接近生烃衰竭的 R_o 值下限（3.5%）。

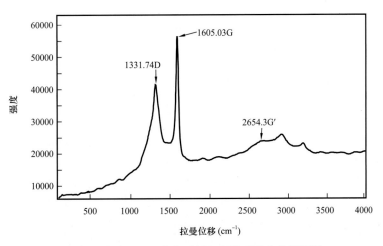

图 2-9　长宁 N203 井龙马溪组有机质激光拉曼图谱

四、岩相古地理与脆性特征

长宁双河剖面位于奥陶纪—志留纪之交的川南坳陷沉降沉积中心，岩相发育齐全，古生物化石十分丰富，沉积微相具有典型性和代表性。本书拟以该剖面为重点，通过开展典型层段（重点笔石带）岩相组合、沉积微相和脆性等关键地质要素精细解剖，建立扬子地区五峰组—龙马溪组岩相古地理识别标志和脆性评价标准，以指导其他地区海相页岩地质评价和页岩气勘探。

1. 岩相特征

1）岩相划分方案

海相页岩岩相划分一般包括岩相类型划分和岩相组合划分两部分（王玉满等，2016；于兴河等，2014）。川南五峰组—龙马溪组主要为弱水动力环境下的细粒沉积岩，沉积构造比较简单，其不同岩石相在矿物组成、基质组构、古生物、有机质富集程度、测井响应等方面显示出不同特征，某些岩相或某一岩相组合是某种沉积环境的特定产物或主要产物，也是形成页岩气"甜点层"的特有岩石类型（王玉满等，2015；董大忠等，2014）；另外，岩石学特征相同的页岩可以形成于不同沉积环境中，但其基质组构、地球化学、测井响应等地质特征在不同环境差异较大。

针对五峰组—龙马溪组的合理岩相划分需要重点考虑页岩岩石学、沉积环境（成因）等关键因素，并能反映该页岩地层主要的、典型的岩石类型及其组合，至于斑脱岩、钙质结核、介壳层、泥质粉砂岩夹层等少量的特殊岩层，因总厚度薄（一般低于 1m）、分布有限，则可以忽略不计。本书基于川南 W201 井、长宁双河剖面和綦江观音桥剖面共 3 个资料点，通过对五峰组—龙马溪组整个页岩段密集采样分析测试（采样间距为下段 0.2～2m、中上段 2～10m）（表 2-4），首先建立以石英 + 长石、黏土和碳酸盐三矿物法为基础的岩相类型定量划分标准，并确定五峰组—龙马溪组主要岩相类型，然后依据不同沉积微相识别该页岩段岩相组合，进而应用岩石薄片、高精度扫描电镜和测井资料对不同组合中的主要岩相进行地质特征精细描述。

表 2-4　川南五峰组—龙马溪组三个资料点基本信息

序号	资料点名称	页岩地层厚度（m）	分层数	TOC 含量＞1% 页岩段厚度（m）	全岩＋黏土矿物测试点数	备注
1	W201 井	175		51	53	下段采样间距 1～1.5m，中上段采样间距 10m
2	长宁双河	308	60	166	98	下段 0.2～2m、中上段 2～10m
3	綦江观音桥	147	44	25	93	下段 0.2～2m、中上段 2～10m

首先，根据五峰组—龙马溪组 3 个资料点 244 个全岩 X 衍射数据点（W201 井 53 个、长宁双河 98 个、綦江观音桥 93 个）的分布特征，建立由石英＋长石、方解石＋白云石和黏土矿物构成的三角图版（表 2-4，图 2-10），依据沉积岩石学分类标准将该地层划分为黏土岩、硅质岩、石灰岩（白云岩）和页岩 4 大岩石相区，并对页岩相区按照相同格局等概率原则划分为 6 个岩相区，重点将位于图版中央的混合页岩相区（五峰组—龙马溪组页岩的主要分布区）共分为 3 个相区，即形成硅质页岩（编号①）、黏土质页岩（编号②）、钙质页岩（编号③）和混合型页岩（包括黏土质硅质

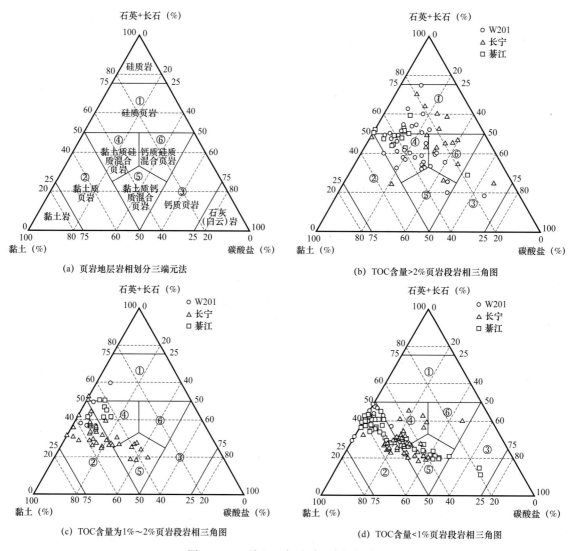

（a）页岩地层岩相划分三端元法

（b）TOC 含量＞2% 页岩段岩相三角图

（c）TOC 含量为 1%～2% 页岩段岩相三角图

（d）TOC 含量＜1% 页岩段岩相三角图

图 2-10　五峰组—龙马溪组岩相划分图

混合页岩、黏土质钙质混合页岩和钙质硅质混合页岩，编号分别为④、⑤、⑥）共 6 种岩相类型，划分标准详见图 2-10a 和表 2-5。鉴于增加基质组构、沉积构造等要素的辅助分类，会导致页岩岩相命名趋于复杂、繁多，建立测井响应难度较大，且对研究和生产应用指导意义不大，因此作者不赞成在上述 6 种岩相类型划分基础上再增加其他要素的辅助分类。

表 2-5　海相页岩岩相类型划分方案表

岩相类型		岩石矿物组成重量百分含量（%）		
		石英 + 长石	方解石 + 白云石	黏土
硅质页岩相		50～75	<30	10～50
黏土质页岩相		25～50	<30	50～75
钙质页岩相		<30	50～75	25～50
混合页岩相	黏土质硅质混合页岩相	30～50	<33	30～50
	黏土质钙质混合页岩相	<33	30～50	30～50
	钙质硅质混合页岩相	30～50	30～50	<33

　　然后，针对特定的沉积环境开展页岩岩相组合划分，以反映主要的或典型的沉积微相环境。在五峰组—龙马溪组沉积期，川南地区总体处于半封闭—封闭型海湾环境，水深、水化学性质、物源供给、气候变化、生物活动、古地貌、洋流活动强度等是重要的环境要素，其中构造活动和古地貌格局相对稳定，洋流不活跃，海平面变化（水深）则成为沉积环境中最重要的控制因素，并与 TOC 含量、干酪根同位素等地球化学指标有良好的一致性。受海平面升降旋回控制，川南地区在五峰组沉积期至龙马溪组沉积晚期经历了由深水陆棚（水深超过 100m）—半深水陆棚（水深 60～100m）—浅水陆棚（水深浅于 60m）的沉积演化过程（邹才能等，2015；王玉满等，2015；郑和荣等，2013）。为此，本书主要依据海平面变化分别对三个资料点的下段（深水陆棚，TOC 含量为 2%～8.4%）、中段（半深水陆棚为主，TOC 含量为 1%～2%）和上段（浅水陆棚为主，TOC 含量<1%）开展岩相组合划分，划分方案如图 2-10b—d 所示。

　　通过岩石矿物三端元法和环境因素相结合划分，川南五峰组—龙马溪组自下而上主要发育 3 种典型岩相组合。

　　（1）深水陆棚岩相组合：主要包括硅质页岩相、钙质硅质混合页岩相和黏土质硅质混合页岩相。

　　（2）半深水陆棚岩相组合：包括硅质页岩相、黏土质页岩相、黏土质硅质混合页岩相和黏土质钙质混合页岩相。

　　（3）浅水陆棚岩相组合：包括黏土质页岩相、黏土质硅质混合页岩相、黏土质钙质混合页岩相和钙质页岩相，其中钙质页岩相主要分布于綦江等局部地区。

　　可见，硅质页岩和钙质硅质混合页岩是深水沉积环境的特有岩相；黏土质页岩和黏土质钙质混合页岩是浅水陆棚的主要岩相；黏土质硅质混合页岩是浅水—深水沉积环境的共有岩相。这表明，上述岩相划分方案总体反映了川南五峰组—龙马溪组不同沉积环境下主要的和典型的页岩类型，对页岩气勘探评价和选区、选层具有指导意义。

2）岩相基本特征

与常规砂砾岩不同，五峰组—龙马溪组为源储一体的细粒碎屑岩，其某种岩相的地质特征主要表现在沉积岩石学、古生物学、地球化学等方面，因此不同成因岩相组合中的单一岩相通常具有不同的地质特征。针对此页岩地层开展岩心、露头、岩石薄片到高倍扫描电镜等多尺度观察，并结合古生物、地球化学和测井资料精细描述，是页岩岩相表征的重要手段。本书重点从基质组构、沉积构造、古生物（微体化石和宏体化石）、颜色、有机质富集程度、测井响应等方面对川南五峰组—龙马溪组 3 种组合的页岩岩相进行描述（表 2-6、图 2-11、图 2-12），以揭示其基本特征及成因。

（1）深水陆棚岩相组合。

该组合一般发育于水深在 100m 以下的深水陆棚区，主要包括硅质页岩、钙质硅质混合页岩和黏土质硅质混合页岩等三种岩相，富含有机质，古生物化石丰富（图 2-11d），见大量放射虫、海绵骨针、有孔虫、尖笔石等。

① 硅质页岩。在长宁双河、华蓥三百梯等露头剖面上显示为薄—中层状，黑色和灰黑色，质地硬而脆。镜下纹层不发育或总体较少，亮色颗粒物以浑圆型小球状体为主且呈分散状分布，主要包括石英、长石、硅质生物骨架颗粒（放射虫、海绵骨针等）、黏土质絮凝状颗粒等，粒径一般为 13～64μm，最大超过 110μm，暗色纹层主要为黏土和有机质（图 2-12a、b）。石英＋长石含量一般为 50%～75%，方解石和白云石含量一般小于 30%，黏土矿物含量一般为 10%～50%（其中伊利石占 90% 以上，绿泥石和云母占比低于 10%）。有机质丰富，主要以分散状分布于黏土矿物和颗粒物之间，局部呈层状，TOC 含量一般为 3.4%～11%（表 2-6）。

该类页岩广泛分布于扬子地区五峰组—鲁丹阶，富含硅质和有机质，具有高伽马、中高电阻、低 Th/U 和中低热中子等测井响应特征（W201 井区），自然伽马一般为 160～280API，Th/U 一般为 0.4～1.8，电阻率为 12～100Ω·m，热中子为 0.09～0.14 V/V。

② 钙质硅质混合页岩。主要分布于川南威远—泸州—綦江以南五峰组—鲁丹阶（邹才能等，2015；王玉满等，2015），在长宁双河剖面上显示为中—厚层状粉砂质页岩，灰黑色，质地硬（图 2-11a）。镜下纹层较少，亮色颗粒物以浑圆型小球状体为主且呈星点状分布，主要包括生物骨架颗粒、黏土质絮凝状颗粒、砂屑以及方解石、白云石颗粒等，粒径一般为 9～74μm，最大超过 200μm（图 2-11a、图 2-12c）。暗色纹层为黏土和有机质。石英＋长石含量一般为 30%～50%，方解石和白云石含量一般为 30%～50%，黏土矿物含量不超过 33%（伊利石占 90% 以上，绿泥石和云母占比低于 10%）。有机质丰富，主要以分散状分布于黏土矿物和颗粒物之间，局部呈层状，TOC 含量一般为 2%～7.5%（表 2-6）。

与硅质页岩相似，该页岩相具有高伽马、低 Th/U 和中高电阻等测井响应特征（W201 井区、N203 井区），自然伽马一般为 140～200API，Th/U 一般为 1.3～1.9，电阻率为 20～50Ω·m，热中子为 0.15～0.18V/V。

③ 黏土质硅质混合页岩。广泛分布于川南及其周边地区鲁丹阶上部—埃隆阶（王玉满等，2016），在长宁双河剖面上显示为厚层—块状碳质页岩，黑色，染手，质地硬而脆。镜下偶见毫米级水平纹层，单层厚 0.05～0.3mm。颗粒物多为分散状小球体，主要包括黏土质絮凝状颗粒、砂屑和生物骨架颗粒，粒径一般为 10～48μm（图 2-12d）。石英＋长石含量一般为 30%～50%，方解石和白云石含量低于 33%，黏土矿物含量为 30%～50%（伊利石占 90% 以上，绿泥石和云母占比低于 10%）。有机质丰富，TOC 含量一般为 2.6%～4.2%（表 2-6）。

表 2-6 川南五峰组—龙马溪组页岩主要岩相基本特征参数表

页岩岩相组合	基质组构 颗粒物	基质组构 黏土	基质组构 有机质	古生物	沉积构造	沉积环境	测井响应 自然伽马（API）	测井响应 Th/U	测井响应 电阻率（Ω·m）	测井响应 热中子（V/V）
深水陆棚岩相组合	包括生物骨架颗粒、黏土质絮凝状颗粒，砂屑等，多呈分散状小球体，粒径一般为13~64μm，最大超过110μm，局部聚集成纹层	伊利石为主，偶见绿泥石、云母	主要呈分散状，局部见层状，TOC含量为3.4%~11%	见大量放射虫，尖笔石	纹层不发育，多显均质层理	深水陆棚，水深在100m以下	160~280	0.4~1.8	12~100	0.09~0.14
深水陆棚岩相组合	主要包括生物骨架颗粒、黏土质絮凝状颗粒、白云石颗粒等，多呈分散状小球体，粒径一般为9~74μm，最大超过200μm，局部聚集成纹层	伊利石为主，偶见绿泥石、云母	分散状为主，局部见层状，TOC含量为2%~7.5%	见大量放射虫，有孔虫，尖笔石	纹层不发育或较少，层总体厚	深水陆棚，水深在100m以下	140~200	1.3~1.9	20~50	0.15~0.18
深水陆棚岩相组合	主要包括黏土质絮凝状颗粒，砂屑和生物骨架颗粒，多呈分散状小球体，粒径一般为10~48μm	伊利石为主，偶见绿泥石、云母	分散状为主，局部见层状，TOC含量为2.6%~4.2%	见大量放射虫和尖笔石	多显均质层理，偶见细纹层，单层厚0.05~0.3mm	深水陆棚，水深在100m以下	140~200	1.4~2.6	13~30	0.18~0.25
半深水陆棚岩相组合	包括砂屑，生物骨架颗粒，黏土质絮凝状颗粒等，多呈分散状小棱角状颗粒，粒径一般为12~68μm，局部聚集成纹层	以伊利石、绿泥石为主，偶见云母	呈分散状，TOC含量为1.11%~1.3%	见放射虫和大量单笔石	多呈块状，局部见0.1~0.4mm厚的水平纹层	半深水陆棚，水深60~100m	140~170	1.6~3.3	11~30	0.17~0.22
半深水陆棚岩相组合	包括砂屑，生物碎屑，黏土质絮凝颗粒等，其粒径一般分解方解石颗粒，次为小球状次棱角状颗粒，粒径一般为25~100μm，局部聚集成纹层	以伊利石、绿泥石为主，偶见云母	呈分散状，TOC含量为0.9%~1.2%	见放射虫和大量单笔石	纹层发育，单层厚0.2~0.6mm	半深水陆棚，水深60~100m	110~130	3.9~7.4	30~40	0.15~0.17

主要类型（按行）：硅质页岩；钙质硅质混合页岩；黏土质硅质混合页岩；硅质页岩；黏土质钙质混合页岩

页岩相组合	主要类型	基质组构		有机质	古生物	沉积构造	沉积环境	测井响应			
		颗粒物	黏土					自然伽马（API）	Th/U	电阻率（Ω·m）	热中子（V/V）
半深水陆棚岩相组合	黏土质硅质混合页岩	包括黏土质絮凝状颗粒、砂屑和硅质生物骨架颗粒，多呈次显状和棱角状，其次为小球状，粒径一般为12~66μm	以伊利石、绿泥石为主，偶见云母	呈分散状，TOC含量为1.0%~2.0%	见放射虫和大量直笔石	纹层发育，单层厚0.1~0.2mm	半深水陆棚，水深60~100m	140~160	3.9~4.5	25~50	0.15~0.19
	黏土质硅质页岩	包括黏土质絮凝状颗粒、砂屑和硅质生物骨架颗粒，多显次棱角状，其次为小球状，粒径一般为9~50μm	伊利石、绿泥石为主，直见云母，直径一般在1.5μm以下	呈分散状，TOC含量为1.0%~2.0%	见放射虫和大量直笔石	纹层发育，单层厚度一般0.15mm	半深水陆棚，水深60~100m	100~170	3.5~6.3	20~60	0.15~0.25
浅水陆棚岩相组合	钙质页岩	包括方解石、石英、长石等碎屑颗粒，多显次棱角状，粒径一般为7~49μm	伊利石为主，绿泥石，偶见云母	较少，TOC含量为0.2%~0.3%	偶见少量单笔石和腕足类	多呈块状，纹层发育	浅水钙质陆棚，水深20~60m	60~90	1.3~2.0	70~330	0.01~0.10
	黏土质钙质混合页岩	包括方解石、砂屑、生物碎屑等颗粒，多显次棱角状，粒径一般为6~63μm	伊利石为主，绿泥石，局部发育见云母	较少，TOC含量为0.2%~0.55%	偶见少量单笔石和腕足类	多呈块状，镜下纹层发育，单层厚度0.15~0.8mm	浅水陆棚，水深20~60m	100~120	5.5~8.5	30~40	0.14~0.16
	黏土质硅质混合页岩	包括石英、长石、方解石等碎屑颗粒，多显次棱角状，粒径一般为7~41μm	伊利石为主，绿泥石，局部发育见云母	较少，TOC含量为0.3%~1.0%	偶见少量单笔石和腕足类	多呈块状，镜下纹层发育，单层厚度为0.2~0.8mm	浅水陆棚，水深20~60m	80~110	3.0~8.8	40~80	0.11~0.15
	黏土质页岩	以石英、长石等碎屑颗粒为主，局部见方解石颗粒，多呈次棱角状，粒径一般为5~40μm	伊利石为主，绿泥石，局部发育见云母	较少，TOC含量为0.1%~0.9%	偶见少量单笔石和腕足类	多呈块状，同夹粉砂质条带，见毫米一厘米级水平纹层和交错层理	浅水泥质陆棚，水深20~60m	长宁为100~110，威远为145~155	2.0~10.0	长宁35~85，威远8~10	0.22~0.25

图 2-11　川南五峰组—龙马溪组主要岩相露头和岩心照片

（a）长宁双河露头 7 层，五峰组深水相钙质硅质混合页岩，薄—中层状，显毫米级纹层，单层厚 0.2～0.8mm，见黄铁矿结核；（b）长宁双河露头 30 层，龙马溪组半深水相黏土质钙质混合页岩，厚层—块状，显大型球状风化；（c）华蓥溪口露头 26 层，龙马溪组浅水相黏土质页岩，灰绿色，块状，显竹叶状风化；（d）N203 井 2393.19m，五峰组深水相页岩，见大量尖笔石；（e）W201 井 1512.33m，龙马溪组半深水相页岩，见大量单笔石；（f）綦江观音桥 44 层，龙马溪组浅水相页岩，见少量锯笔石、单笔石

　　与硅质页岩和钙质硅质混合页岩相比，该页岩相黏土矿物含量相对较高，有机质丰度略低，具有高伽马、低 Th/U、中高电阻和高热中子等测井响应特征（N201 井区），自然伽马一般为 140～200API，Th/U 一般为 1.4～2.6，电阻率为 13～30Ω·m，热中子为 0.18～0.25V/V（表 2-6）。

　　关于深水页岩相的形成，Macquaker 等（2015）提出"海洋雪"作用和藻类爆发是海相富有机质细粒沉积物的主要成因。研究证实，五峰组—龙马溪组深水相页岩存在大量放射虫、海绵骨针等微体化石，过量硅高达 40%～62.7%，硅质含量与 TOC 含量具有正相关关系，显示硅质主体为生物成因，指示页岩沉积环境为海平面处于高位的深水陆棚（图 2-5、图 2-13）。这表明，在龙马溪组沉积早期，随着气候变暖和全球海平面大幅度飙升，扬子台盆区出现水体分层、"海洋雪"作用以及藻类、放射虫、海绵骨针和有孔虫等浮游生物爆发，导致有机质和具有生物成因的球状颗粒物在深水页岩相中大量富集。

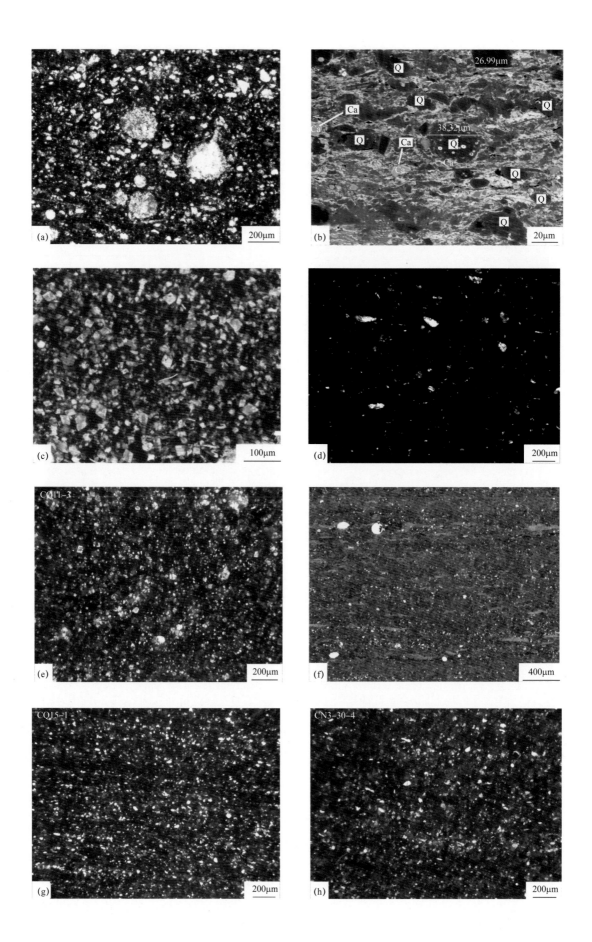

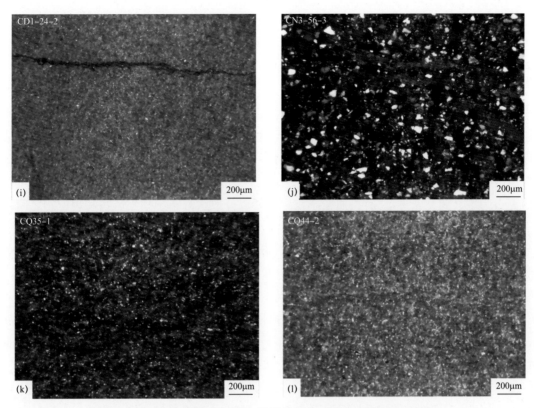

图 2-12　川南不同区块五峰—龙马溪组主要岩相显微特征对比图

（a）长宁剖面 14 层，龙马溪组深水相硅质页岩，亮色为放射虫（带刺球粒）、石英、长石、黏土质絮凝状颗粒（棕色）等球状颗粒；（b）W205 井 3699.72m，龙马溪组深水相硅质页岩，硅质（Q）、钙质（Ca）颗粒多显球状、似球状；（c）W201 井 1533.27m，龙马溪组钙质硅质混合页岩，颗粒物为方解石、白云石（菱形体）、石英、长石、黏土质絮凝颗粒等；（d）长宁剖面 3 层，五峰组深水相黏土质硅质混合页岩，亮色为石英、长石、放射虫、黏土质絮凝状颗粒等球状颗粒，暗色为黏土和有机质；（e）綦江剖面 11 层，龙马溪组半深水相硅质页岩，亮色为石英、长石、放射虫、黏土质絮凝状颗粒等，暗色为黏土和有机质；（f）W201 井 1508.53m，龙马溪组半深水相黏土质页岩，亮色为石英、长石、黄铁矿等颗粒，数量较少，无纹层结构；（g）綦江剖面 15 层，龙马溪组半深水相黏土质硅质混合页岩，亮色为石英、长石、黄铁矿、黏土质絮凝状颗粒等；（h）长宁剖面 30 层，龙马溪组半深水相黏土质钙质混合页岩，亮色为方解石、白云石、石英、长石、黏土质絮凝状颗粒等；（i）华蓥剖面 24 层，龙马溪组浅水相黏土质页岩，亮色为石英、长石等细小颗粒，数量稀少；（j）长宁剖面 56 层，龙马溪组浅水相黏土质硅质混合页岩，亮色为石英、长石等颗粒，次菱角状，呈星点状分布；（k）綦江剖面 35 层，龙马溪组浅水相黏土质钙质混合页岩，亮色为方解石、白云石、石英等颗粒，暗色为黏土矿物；（l）綦江剖面 44 层，龙马溪组浅水相钙质页岩，亮色为方解石、白云石颗粒

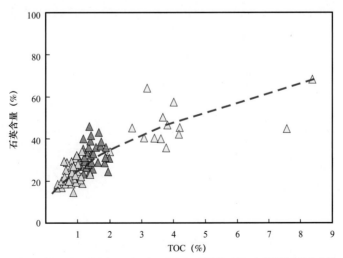

图 2-13　长宁双河五峰组—龙马溪组硅质含量与 TOC 关系图板

（2）半深水陆棚岩相组合。

该组合一般发育于水深60～100m的半深水陆棚区，主要包括硅质页岩、黏土质页岩、黏土质硅质混合页岩和黏土质钙质混合页岩等四种岩相，有机质和古生物化石较丰富（图2-11e），见放射虫、海绵骨针和大量单笔石。

① 硅质页岩。在露头剖面上显示为厚层—块状，灰黑色和深灰色，质地硬而脆。镜下偶见水平纹层，单层厚0.1～0.4mm。颗粒物包括砂屑、生物骨架颗粒、黏土质絮凝状颗粒等，多呈分散状小球体和次棱角状颗粒，粒径一般为12～68μm，局部聚集成纹层（图2-12e）。石英＋长石含量一般为50%～75%，方解石和白云石含量一般小于30%，黏土矿物含量一般为10%～50%（以伊利石、绿泥石为主，偶见云母）。有机质较丰富，主要以分散状分布于黏土矿物和颗粒物之间，TOC含量一般为1.1%～1.3%（表2-6）。

与深水相硅质页岩相比，该类页岩有机质含量明显降低，具有中高伽马、中低Th/U和中高电阻等测井响应特征（W205井区、N201井区），自然伽马一般为140～170API，Th/U一般为1.6～3.3，电阻率为11～30Ω·m，热中子为0.17～0.22V/V（表2-6）。

② 黏土质页岩。广泛分布于川南及周边埃隆阶，露头剖面上显示为厚层—块状，灰黑色和深灰色，易风化为土黄色。镜下水平纹层较多，单层厚度一般低于0.15mm。颗粒物包括黏土质絮凝状颗粒、砂屑和硅质生物骨架颗粒，多显次棱角状，其次为小球状和棱角状，粒径一般为9～50μm（图2-12f）。石英＋长石含量一般为25%～50%，方解石和白云石含量不足30%，黏土矿物含量为50%～75%（伊利石占74%～83%、绿泥石占17%～26%）。有机质较丰富，主要以分散状分布于黏土矿物和颗粒物之间，TOC含量一般为1.0%～2.0%（表2-6）。

该页岩黏土矿物含量高，放射虫、海绵骨针和有机质明显减少，普遍具有中高伽马、中高Th/U、中高电阻和高热中子等测井响应特征（N201井区），自然伽马一般为100～170API，Th/U一般为3.5～6.3，电阻率为20～60Ω·m，热中子为0.15～0.25V/V（表2-6）。

③ 黏土质硅质混合页岩。广泛分布于川南及周边埃隆阶，露头剖面上显示为块状，灰黑色和深灰色，质地硬而脆。镜下纹层发育，单层厚0.1～0.2mm。颗粒物包括黏土质絮凝状颗粒、砂屑和硅质生物骨架颗粒，多显次棱角状和棱角状，其次为小球状，粒径一般为12～66μm（图2-12g）。石英＋长石含量一般为30%～50%，方解石和白云石含量不足33%，黏土矿物含量30%～50%（伊利石占75%～86%、绿泥石占14%～25%）。有机质较丰富，主要以分散状分布于黏土矿物和颗粒物之间，TOC含量一般为1.0%～2.0%（表2-6）。

与深水相黏土质硅质混合页岩相比，该类页岩有机质含量明显降低，具有中高伽马、中低Th/U、中高电阻和中高热中子等响应特征（N201井区），自然伽马一般为140～160API，Th/U一般为3.9～4.5，电阻率为25～50Ω·m，热中子为0.15～0.19V/V（表2-6）。

④ 黏土质钙质混合页岩。主要分布于长宁及其周边埃隆阶。露头剖面上显示为块状粉砂质页岩，灰黑色和深灰色，含钙质，质地硬，显大型球状风化（图2-11b）。镜下纹层发育，单层厚0.2～0.6mm。颗粒物包括砂屑、生物碎屑、生物骨架颗粒、黏土质絮凝状颗粒和方解石等，多为分散的次棱角状颗粒，其次为小球状体，粒径一般为25～100μm，局部聚集成纹层（图2-12h）。石英＋长石含量一般不足33%，方解石和白云石含量为30%～50%，黏土矿物含量为30%～50%（伊利石占79%～89%、绿泥石占11%～21%）。有机质较丰富，主要以分散状分布于黏土矿物和颗粒物之间，TOC含量一般为0.9%～1.2%（表2-6）。

该类页岩具有中高伽马、中高Th/U、中高电阻和中高热中子等响应特征（N201井区），自然伽马一般为110~130API，Th/U一般为3.9~7.4，电阻率为30~40Ω·m，热中子为0.15~0.17V/V（表2-6）。

与深水相组合相比，半深水相页岩普遍具有黏土矿物含量增高，放射虫、海绵骨针和有机质丰度降低，脆性矿物含量和脆性指数降低等显著特征（图2-5），这些变化主要与水体变浅、陆源黏土物质增多、沉积速率加快和"海洋雪"作用弱化有关。

（3）浅水陆棚岩相组合。

该组合一般发育于龙马溪组上部水深20~60m的浅水陆棚区，主要包括黏土质页岩、黏土质硅质混合页岩、黏土质钙质混合页岩和钙质页岩等四种岩相（图2-5，表2-6），黏土质絮凝状颗粒、有机质和古生物化石较少，偶见少量单笔石（图2-11f）和腕足类。

① 黏土质页岩。广泛分布于龙马溪组沉积晚期川南及其周边浅水区。露头剖面上显示为块状，断面细腻，间夹粉砂质条带，偶见毫米—厘米级水平纹层和交错层理，浅灰色和灰绿色，显竹叶状风化特征（图2-11c）。镜下多显均质层理，偶见水平纹层，单层厚度一般小于0.15mm。颗粒物包括以石英、长石等碎屑颗粒为主，局部见方解石颗粒，多呈次棱角状，粒径一般为5~40μm（图2-12i）。石英+长石含量一般为25%~50%，方解石和白云石含量不足<30%，黏土矿物含量为50%~75%（伊利石占60%~80%、绿泥石占20%~40%）。有机质少，TOC含量一般为0.1%~0.9%（表2-6）。

该类页岩是浅水相主要岩石类型之一，主要分布于川南北区至川东、川北地区（王玉满等，2015，2016），颗粒物相对较少，黏土矿物含量高，有机质丰度较低，一般具有中高伽马、高Th/U和低电阻等测井响应特征（W201井区），自然伽马一般为100~110API，Th/U一般为2.0~10.0，电阻率为8.0~10.0Ω·m，热中子为0.22~0.25V/V（表2-6）。

② 黏土质硅质混合页岩。广泛分布于扬子台盆区埃隆阶及以上。露头剖面上显示为块状，浅灰色，质地脆。镜下纹层发育，单层厚度为0.2~0.8mm。颗粒物包括石英、长石、方解石等碎屑颗粒，多显次棱角状，粒径一般为7~41μm（图2-12j）。石英+长石含量一般为30%~50%，方解石和白云石含量不足<33%，黏土矿物含量为30%~50%（伊利石占60%~80%、绿泥石占20%~40%）。有机质较少，TOC含量一般为0.3%~1.0%（表2-6）。

该类页岩硅质颗粒主要来源于陆源碎屑，黏土含量较高，有机质丰度较低，普遍具有中低伽马、高Th/U和中高电阻等测井响应特征（N201井区），自然伽马一般为80~110API，Th/U一般为3.0~8.8，电阻率为40~80Ω·m，热中子为0.11~0.15V/V（表2-6）。

③ 黏土质钙质混合页岩。主要分布于川南南区，如长宁、綦江等区块。露头剖面上显示为块状粉砂质页岩，浅灰色和绿灰色，质地硬。镜下纹层发育，单层厚0.15~0.8mm。颗粒物包括方解石、砂屑、生物碎屑等颗粒，多显次棱角状，粒径一般为6~63μm（图2-12k）。石英+长石含量一般不足33%，方解石和白云石含量为30%~50%，黏土矿物含量为30%~50%（伊利石占68%~81%、绿泥石占19%~32%）。有机质少，TOC含量一般为0.20%~0.55%（表2-6）。

该类页岩因黏土含量较高和有机质丰度低，普遍具有中低伽马、高Th/U和中高电阻等测井响应特征（N201井区），自然伽马一般为100~120API，Th/U一般为5.5~8.5，电阻率为30~40Ω·m，热中子为0.14~0.16V/V（表2-6）。

④ 钙质页岩。主要分布于黔中古陆北缘—东北缘的局部地区埃隆阶及以上，如长宁、綦江等区块（图2-5）。露头剖面上显示为厚层—块状，纹层不发育，浅灰色和黄灰色，质地硬。颗粒物包括方解石、石英、长石等碎屑颗粒，多显次棱角状，粒径一般为7~49μm（图2-12l）。石英+长石含量不足30%，方解石和白云石含量为50%~75%，黏土矿物含量为25%~50%（伊利

石占69%～78%、绿泥石占22%～31%）。有机质少，TOC含量一般为0.2%～0.3%（表2-6）。此类页岩局部呈泥灰岩特征，钙质含量较高，有机质丰度低，一般具有低伽马、低Th/U和高电阻等测井响应特征（N201井区），自然伽马一般为60～90API，Th/U一般为1.3～2.0，电阻率为70～3300Ω·m，热中子为0.01～0.10V/V（表2-6）。

综上所述，深水陆棚、半深水陆棚、浅水陆棚等三种沉积微相的页岩岩相地质特征差异大。随着水体由深变浅、水动力条件逐渐增强以及陆源物质输入量增大，沉积速率加快，五峰组—龙马溪组岩石矿物成分、基质组构、有机质富集程度和测井响应特征均发生重大变化，总体表现为钙质和黏土矿物显著增多（其中绿泥石含量明显增高），黏土质絮凝状小球体和生物骨架颗粒大幅度减少，基质颗粒主体转为石英、长石、方解石等陆源碎屑颗粒，粒径变小，磨圆度变差（以次棱角状为主，其次为浑圆状和棱角状），有机质丰度降低；受上述因素影响，岩石自然伽马幅度明显降低，Th/U增高，电阻率变化大，热中子增高。

2. 沉积环境

作者根据岩相、沉积构造、古生物、古水深、钙质含量、测井响应、地球化学等指标，在川南及周边五峰组—龙马溪组共识别出4大亚相8种微相（表2-7）。

1）深水陆棚相

水深一般为100～200m（半耙笔石生活底界以下），尖笔石、栅笔石以及放射虫、有孔虫、海绵骨针等深水浮游生物繁盛，沉积物富含有机质和硅质（TOC一般在1.5%以上，硅质含量一般在40%以上）。目前已识别含钙质深水陆棚和泥质深水陆棚2种微相（图1-6）。前者主要发育钙质硅质混合页岩、硅质页岩与黏土质硅质混合页岩组合，普见水平层理、均质层理，局部见重力流沉积，钙质含量一般为10%～25%，电阻率一般为20～60Ω·m，分布于蜀南—滇东；后者发育硅质页岩和黏土质硅质混合页岩组合，钙质含量一般在10%以下，电阻率大多介于10～70Ω·m，主要分布于川中、川东—鄂西、川北和中扬子等广大地区。

2）半深水陆棚相

水深一般为60～100m（最大风暴浪基面至半耙笔石生活底界），耙笔石、螺旋笔石和单笔石丰富，见角石，TOC为0.5%～1.5%，包括钙质半深水陆棚和泥质半深水陆棚（图1-7）。前者发育（深）灰色黏土质钙质混合页岩、钙质页岩组合，发育水平层理、均质层理，局部见重力流沉积，钙质含量一般为25%～40%，电阻率一般为20～200Ω·m，主要分布于蜀南—滇东；后者主要为黏土质页岩沉积，钙质含量一般在10%以下，黏土质含量超过50%，电阻率一般为10～20Ω·m，主要分布于川东—鄂西、川南北部和川北。

3）浅水陆棚相

水深一般为20～60m（介于正常浪基面—最大风暴浪基面），多见结构简单的花瓣笔石以及腕足、珊瑚等底栖动物组合，TOC一般小于0.5%，包括钙质浅水陆棚和（砂）泥质浅水陆棚。前者以（浅）灰色钙质页岩、泥灰岩为主，局部含风暴成因的席状砂以及石灰岩薄层，钙质含量一般为40%～70%，电阻率一般为200～700Ω·m，主要分布于蜀南—滇东；后者主要为灰绿色、黄绿色黏土质页岩沉积，夹粉砂岩薄层，见沙纹层理、波状层理和交错层理，钙质含量一般低于10%（大多在5%以下），黏土质含量超过50%，电阻率一般在10Ω·m以下，大面积分布于川中、川东—鄂西、川北和中扬子等广大地区（图1-7、图1-8）。

表 2-7 四川盆地及周边龙马溪组沉积相相划分标志

相	亚相	水深	岩相组合	基质组构	沉积构造	古生物	钙质含量（%）	特殊矿物	自然伽马（API）	电阻率（Ω·m）	TOC（%）	典型地区
深水陆棚	含钙质陆棚	100~200m（半靶笔石生活底界以下）	钙质硅质混合页岩、硅质页岩和黏土质硅质混合页岩组合	颗粒物主体为絮凝状小球体和生物骨架颗粒，多呈浑圆状球粒，粒径一般为9~75μm，分散于黏土中	水平层理、均质层理，见重力流沉积	富含尖笔石和栅笔石，个体较小，见有孔虫、海绵骨针、放射虫等微体化石和角石	10~25	富含黄铁矿	150~300	20~60	>1.5	蜀南—滇东
	泥质陆棚		硅质页岩、黏土质硅质混合页岩				<10			10~70		川中，川东—鄂西、川北和中扬子
半深水陆棚	钙质陆棚	60~100m（最大风暴浪基面至半靶笔石生活底界）	（深）灰色黏土质钙质混合页岩、钙质页岩	颗粒物主体为砂屑、絮凝状小球体和生物骨架颗粒，多呈球粒，粒径一般为12~68μm，分散于黏土中	水平层理、均质层理，见重力流沉积	以靶笔石、螺旋笔石出现为特征，富含长直笔石和角石	25~40	含黄铁矿	120~150	20~200	0.5~1.5	蜀南—滇东
	泥质陆棚		黏土质页岩				<10		120~160	10~20		川东、川南北部和川北
浅水陆棚	钙质陆棚	20~60m（介于正常浪基面—最大风暴浪基面）	（浅）灰色钙质页岩、泥岩，局部含风暴成因席状砂及石灰岩薄层	颗粒物多为次棱角状，粒径一般为5~40μm，类型以石英、长石、分解石等砂屑颗粒为主，絮凝状小球体和生物骨架颗粒少	沙纹层理、波状层理、交错层理	以花瓣笔石为特征，见腕足类、珊瑚等底栖动物组合	40~70		<120	200~700	<0.5	蜀南—滇东
	（砂）泥质陆棚		灰绿色、黄绿色黏土质页岩，露头多呈竹叶状砂岩。局部发育粉砂化		交错层理		<10（大多小于5%）		50~150	<10		川中，川东—鄂西、川北和中扬子
陆棚边缘（滨岸）	灰（云）质滨岸	<20m（潮上—潮间）	石灰岩、白云岩		层状、块状	无	>70		<70	<10	<0.2	滇东
	砂泥质滨岸		灰绿色、黄绿色砂泥岩组合		交错层理	无	<10		<100			渝东南—黔北

– 47 –

4）陆棚边缘（滨岸）相

水深一般浅于20m（潮上—潮间带），TOC一般小于0.2%，主要包括灰（云）质滨岸和砂泥质滨岸2个微相。前者以层状或块状泥灰岩、白云岩和钙质页岩组合为主，目前残存较少，推测可能在滇东地区有出露；后者以灰绿色、黄绿色泥岩、泥质粉砂岩和粉砂岩为主，发育交错层理，见于渝东南—黔北的局部地区（图1-7）。

3.脆性特征

1）页岩脆性评价方法

为科学合理地界定脆性矿物，作者统计分析了海相页岩常见矿物组分的杨氏模量（E）和泊松比（v），见表2-8。研究发现，石英（$E=95.94$GPa，$v=0.07$）、白云石（$E=121$GPa，$v=0.24$）和黄铁矿（$E=305.32$GPa，$v=0.15$）3种矿物具有高杨氏模量和低泊松比的显著特征，脆性程度最高，符合北美主要产气页岩储层特征和我国页岩气储层评价标准（$E>30$GPa，$v<0.25$）（邹才能，2011）；黏土矿物则呈现低杨氏模量和高泊松比（$E=14.2$GPa，$v=0.30$）的特征，塑性相对较强；而通常被视为脆性矿物的长石（钾长石$E=39.62$GPa，$v=0.32$；斜长石$E=69.02$GPa，$v=0.35$）和方解石（$E=79.58$GPa，$v=0.31$）虽然杨氏模量大于30GPa，但是泊松比均大于0.3，脆性并不理想。

表2-8　页岩常见矿物组分的弹性参数统计

矿物组分	杨氏模量（GPa）	泊松比
石英	95.94	0.07
钾长石	39.62	0.32
斜长石	69.02	0.35
方解石	79.58	0.31
白云石	121	0.24
黄铁矿	305.32	0.15
黏土矿物	14.20	0.30
干酪根	6.26	0.14

因此，针对川南五峰组—龙马溪组页岩钙质含量偏高和黄铁矿发育的基本特征，并依据不同矿物组分的力学性质差异性，提出基于石英、白云石和黄铁矿三矿物的脆性指数计算模型：

$$BI_3 = \frac{W_{石英}+W_{白云石}+W_{黄铁矿}}{W_{总}} \qquad (2-1)$$

式中　BI_3——三矿物脆性指数，%；

W——各矿物组分的质量分数，%。

应用"石英+白云石+黄铁矿"三矿物脆性指数法［式（2-1）］对长宁双河剖面五峰组—龙马溪组富有机质页岩段进行脆性指数的定量计算和评价（图2-5）。结果显示：三矿物脆性指数整体呈现波动变化趋势，在凯迪阶—鲁丹阶下部普遍高于50%，在鲁丹阶中上部—埃隆阶则总体在40%以下，最高值位于鲁丹阶中部，达到90%，其次是鲁丹阶底部，接近80%。凯迪阶—鲁丹阶下部32m和鲁丹阶中部4m的两个层段脆性指数分别介于48%~80%和40%~90%，脆性特征最好（图2-5）。

2）储层品质分级标准

脆性指数是反映页岩储层压裂品质的重要参数，可以从可压裂性的角度帮助研究人员优选有利层段。但是在页岩气储层的综合评价中，地质工作者不仅需要关注储层的压裂品质，还要考虑页岩有机质丰度和典型测井响应等关键指标，为"甜点层"评价和预测提供依据。为此，本书以长宁、涪陵和威远3个气田储层的脆性指数、TOC和测井资料为基础，探索建立页岩储层品质分级标准和富有机质、高脆性页岩的常规测井响应识别图版。

根据长宁双河剖面富有机质页岩的脆性评价结果（图 2-5），受沉积环境和生物成因硅质的控制（王玉满等，2016；王淑芳等，2014），脆性指数与有机碳含量之间存在显著的相关性，脆性指数的峰值和变化趋势与有机碳含量的峰值和变化趋势大体一致。根据 W201 井、N203 井和长宁双河剖面的岩矿分析和有机碳含量测试资料建立脆性指数与 TOC 的关系图版（图 2-14），结果表明二者呈明显的正相关关系，相关系数为 0.6212，并且 TOC 在 1%、2% 和 3% 三点大致与脆性指数的 30%、40% 和 50% 三个特征值对应。实践证实，海相页岩气有利储层的 TOC 一般超过 2%，"甜点层"的 TOC 下限则为 3%（马新华等，2020）。基于 TOC 和脆性指数（BI）双指标，从有机质丰度和可压裂性两方面建立储层品质的分级标准如下（表 2-9）：

（1）I 类（优质储层，即"甜点层"）：TOC≥3% 且 BI≥50%；

（2）II 类（次优储层）：2%≤TOC<3% 且 40%≤BI<50%；

（3）III 类（差储层）：1%≤TOC<2% 且 30%≤BI<40%；

（4）IV 类（非储层）：TOC<1% 且 BI<30%。

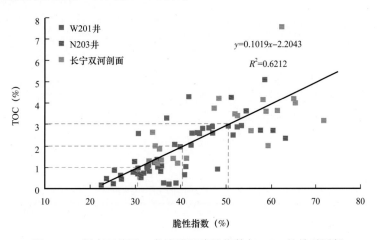

图 2-14　川南五峰组—龙马溪组脆性指数与 TOC 的关系图版

表 2-9　川南五峰组—龙马溪组储层品质的分级评价标准表

储层品质	TOC（%）	脆性指数（%）	测井响应			
			自然伽马 GR（API）	Th/U	热中子 CNL（V/V）	密度 DEN（g/cm³）
I 类（"甜点层"）	≥3	≥50	>180	<2	<0.18	<2.58
II 类（次优储层）	2～3	40～50	150～180	2～5	0.18～0.22	2.58～2.63
III 类（差储层）	1～2	30～40	120～150	5～11	0.22～0.25	2.63～2.68
IV 类（非储层）	<1	<30	<120	>11	>0.25	>2.68

为实现"甜点层"的有效预测，作者进一步探索脆性指数与常规测井响应之间的相关关系（图 2-15）。根据川南 W201 井和 N203 井的脆性评价结果与测井资料，在自然伽马、自然伽马能谱（钍、铀、钾）、体积密度、热中子和电阻率等一系列常规测井响应中，自然伽马、钍铀比和密度与页岩脆性指数之间的相关性最为显著，其中自然伽马（GR）与脆性指数间存在正相关关系，而钍铀比（Th/U）和密度（DEN）则与脆性指数负相关（图 2-15）。自然伽马、钍铀比和密度与脆性指数之间的相关关系是由沉积环境所控制的。五峰—龙马溪组沉积早期为深水陆棚沉积，气候变暖、全球海平面上升、海域水体分层、"海洋雪"作用以及藻类、放射虫、海绵骨针和有孔虫等浮游生物爆发等因素导致了有机质和硅质在五峰组—龙马溪组底部的大量富集，且硅质多为生物成因（王玉满等，2016；王淑芳等，2014）。富有机质、富硅质页岩通常是强还原环境的沉积产物，因此在测井响应上通常表现为高伽马、低 Th/U 和低密度等典型特征。

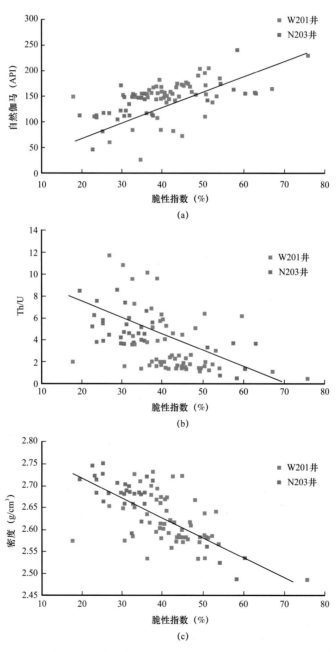

图 2-15　川南五峰组—龙马溪组脆性指数与测井响应的关系图版

为此，作者优选自然伽马、钍铀比和密度 3 种测井响应作为储层品质判别和预测的主要指标，并依据三者与脆性指数之间的相关关系图版，确定四类储层品质的测井评价标准如下（表 2-9）：

（1）Ⅰ类（"甜点层"）即 TOC>3% 且 BI>50%，GR>180API，Th/U<2，CNL<0.18 且 DEN<2.58g/cm³；

（2）Ⅱ类（次优储层）即 2%<TOC<3% 且 40%<BI<50%，150API<GR<180API，2.0<Th/U<5.0 且 2.58g/cm³<DEN<2.63g/cm³；

（3）Ⅲ类（差储层）即 1%<TOC<2% 且 30%<BI<40%，120API<GR<150API，5.0<Th/U<11.0 且 2.63g/cm³<DEN<2.68g/cm³；

（4）Ⅳ类（非储层）即 TOC<1% 且 BI<30%，GR<120API，Th/U>11.0 且 DEN>2.68g/cm³。

3）长宁地区储层分级评价

依据上述页岩储层分级评价标准以及双河剖面五峰组—龙马溪组脆性指数和有机碳含量资料，对长宁气田含气段的储层品质进行分级评价（图 2-5，表 2-10）。

表 2-10　长宁五峰组—龙马溪组页岩次优—优质储层地质参数

储层品质	层段	TOC（%）	脆性指数（%）	累计厚度（m）	总厚度（m）
优质	凯迪阶—鲁丹阶下部	2.0～8.0	48～80	32	36
次优	鲁丹阶中部	1.8～2.2	40～90	4	

在长宁气田，五峰组—龙马溪组优质储层（"甜点层"）和次优储层总厚度为 36m（图 2-5，表 2-10）。"甜点层"在凯迪阶—鲁丹阶下部，连续厚度为 32m，脆性指数为 48%～80%，TOC 为 2%～8%；次优储层在鲁丹阶中部，连续厚度约为 4m，脆性指数为 40%～90%，TOC 仅为 1.8～2.2%。

4. 主要岩相组合与脆性纵向变化特征

根据上述岩相古地理和脆性特征分析，长宁五峰组—龙马溪组主要岩相组合及其岩石矿物学与脆性等地质参数在纵向上大致具有三段式分布特征（图 2-5、图 2-16）。

下部 32m（1—12 层，即五峰组—*Cystograptus vesiculosus* 带）为含钙质深水陆棚相沉积的富有机质页岩（TOC>2%）集中段，岩相总体较均质，以钙质硅质混合页岩相和硅质页岩相为主，富含钙质和硅质，黏土质含量低，岩石矿物组成主体为石英 25.8%～63.6%、长石 0～4.9%、方解石 3.7%～43.4%、白云石 5.2%～24.3%、黄铁矿 1.2%～4.4%、黏土矿物 8.0%～29.1%；仅在底部 1.4m 出现黏土质页岩相，黏土质含量超过 50%，岩石矿物组成为石英 23.3%、长石 0.8%、方解石 13.2%、白云石 7.8%、黄铁矿 2.1%、黏土矿物 52.8%。镜下纹层不发育或偶见少量纹层，见大量放射虫、有孔虫、石英、方解石、白云石和黄铁矿呈星点状分布（图 2-16a—j）。石英 + 白云石 + 黄铁矿三矿物脆性指数为 45.3%～70.5%（平均为 59.0%），仅在底部黏土质页岩相为 33.2%。长宁地区观音桥段为赫南特冰期沉积的半深水—深水相钙质硅质混合页岩，厚 1m，TOC 呈现中段和下段低（1.26%～1.44%）、上段高（6.51%）的显著特征，Ni/Co 为 6.49%～17.00%，主要矿物含量为石英 30.5%～36.0%、长石 1.0%～3.5%、方解石 + 白云石 45.2%～53.4%、黄铁矿 0～5.2%、黏土矿物 8.4%～14.0%（表 2-11），这说明长宁地区在凯迪阶至鲁丹期为连续深水沉积，岩相组合基本不受赫南特冰期海平面变化影响。

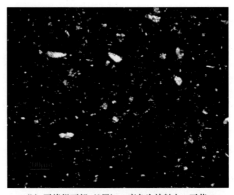

（a）五峰组下部（3层），钙质硅质混合页岩，　　（b）五峰组下部（3层），亮色为放射虫、石英、
见水平纹层（×1）　　　　　　　　　　　方解石和白云石颗粒（×10）

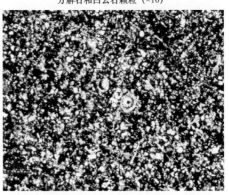

（c）五峰组上部（7层），钙质硅质混合页岩，　　（d）五峰组上部（7层），亮色为有孔虫、放射虫、
纹层不发育（×5）　　　　　　　　　　　　石英、方解石颗粒（×10）

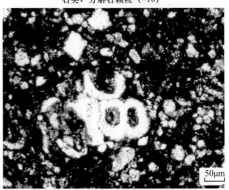

（e）观音桥段介壳层，钙质硅质混合页岩，　　　（f）观音桥段，亮色为有孔虫、放射虫、石英、
纹层不发育（×2）　　　　　　　　　　　　方解石和白云石（×20）

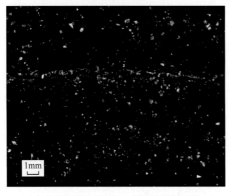

（g）鲁丹阶下部（10层），钙质硅质混合页岩，　　（h）鲁丹阶下部（10层），亮色为放射虫、石英、
纹层不发育（×1）　　　　　　　　　　　　方解石和白云石颗粒（×5）

(i) 鲁丹阶中部（12层），硅质页岩，
见少量水平纹层（×1）

(j) 鲁丹阶中部（12层），亮色为放射虫、石英、
方解石和白云石颗粒（×5）

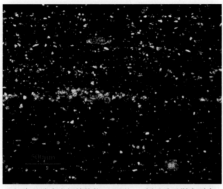

(k) 鲁丹阶中上部结核体（14层），钙质硅质混合页岩，
见少量水平纹层（×5）

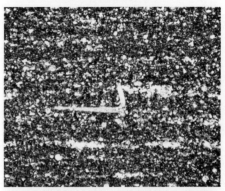

(l) 鲁丹阶结核体（14层），亮色为放射虫、海绵骨针、
石英、方解石和白云石颗粒（×5）

(m) 鲁丹阶上部（16层），碳质页岩，纹层发育（×1）

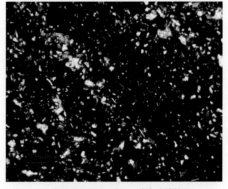

(n) 鲁丹阶上部（16层），亮色为放射虫、
石英、长石和云母（×10）

(o) 埃隆阶下部（21层），黏土质页岩，纹层发育（×5）

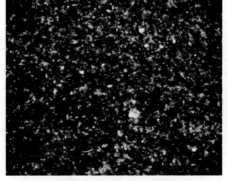

(p) 埃隆阶下部（21层），亮色为放射虫、
石英和方解石（×5）

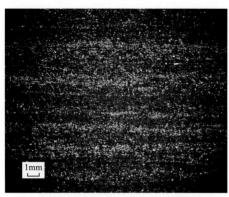 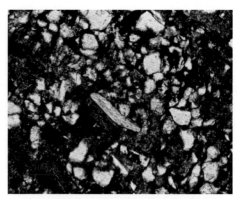

(q) 埃隆阶中部（40层），钙质黏土质混合页岩，纹层发育（×1）

(r) 埃隆阶中部（40层），亮色为石英、方解石和长石颗粒（×20）

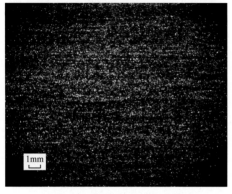 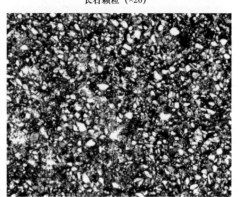

(s) 埃隆阶上部（56层），钙质黏土质混合页岩，纹层发育（×1）

(t) 埃隆阶上部（56层），亮色为石英、方解石和白云石颗粒（×20）

图 2-16　长宁双河剖面五峰组—龙马溪组主要岩相岩石薄片

表 2-11　长宁双河剖面观音桥段地质参数表

层段		下段	中段	上段
岩相		钙质硅质混合页岩相	钙质硅质混合页岩相	钙质硅质混合页岩相
TOC（%）		1.44	1.26	6.51
干酪根碳同位素（‰）		−29.3	−29.20	−29.70
岩石矿物百分含量（%）	石英	30.50	30.50	36
	钾长石	0.20	1	
	斜长石	3.30	1.60	1
	方解石	29.80	31.30	36.20
	白云石	15.40	21	17.20
	黄铁矿	5.20	3.60	
	石膏	1.60	2.60	
	黏土	14	8.40	9.60
主量元素含量（%）	TiO_2	0.32	0.27	0.15
	P_2O_5	0.11	0.11	0.15

层段		下段	中段	上段
微量元素含量（μg/g）	V	113	122	574
	Cr	97.20	90	120
	Co	13.60	13	8.47
	Ni	88.30	97.60	144
	Mo	6.06	27.20	78.40
	Ba	608	604	400
	Th	11.10	9.17	5.38
	U	4.21	4.71	30.70
P_2O_5/TiO_2		0.36	0.41	1.03
V/（V+Ni）		0.56	0.56	0.80
Ni/Co		6.49	7.51	17.00

中部 86.6m（13—24 层）钙质含量总体较少，黏土质含量较高，主要为黏土质页岩相和黏土质硅质混合页岩相，局部为硅质页岩相（图 2-5）。镜下纹层发育，见放射虫、石英和黄铁矿呈星点状分布（图 2-16k—p）。岩石矿物组成主要为石英 23.0%～45.2%、长石 2.4%～17.0%、方解石 0～11.9%、白云石 0～8.8%、黄铁矿 0～2.3%、黏土矿物 45.7%～64.7%。三矿物脆性指数远低于 1—12 层，普遍介于 28.2%～45.2%，平均为 34.1%。

上部 189.4m（25—60 层）钙质和黏土质含量较高，硅质含量相对较少，主要为黏土质页岩相、黏土质钙质混合页岩相，局部为黏土质硅质混合页岩相和钙质页岩相（图 2-5）。镜下纹层发育，见石英、方解石和白云石呈星点状分布，放射虫颗粒明显减少（图 2-16q—t）。岩石矿物组成为石英 14.5%～34.0%、长石 1.9%～14.7%、方解石 3.4%～44.7%、白云石 0～11.8%、黄铁矿 0～2.1%、黏土矿物 30.2%～67.9%。三矿物脆性指数低于下段和中段，普遍介于 17.1%～40.3%，平均为 26.5%。

可见，钙质硅质混合页岩相和硅质页岩相为优质页岩相。长宁双河五峰组—龙马溪组下部 32m 以钙质硅质混合页岩相和硅质页岩相为主，为富有机质、高脆性页岩集中段，是页岩气勘探开发主力层段；中段和上段以黏土质页岩相、黏土质钙质混合页岩相和黏土质硅质混合页岩相为主，为中—低有机质丰度、低脆性页岩段，是下伏产气页岩段的优质封盖层（图 2-5，表 2-12）。下段与中上段的岩相差异与天然配置使得长宁及周缘五峰组—龙马溪组含气系统具备良好的自封盖能力。

表 2-12　长宁气区五峰组—龙马溪组主要岩相的脆性和物性参数表

岩相	主要岩矿组成	岩石力学参数		三矿物脆性指数（%）	裂缝发育情况	物性		主要作用
		杨氏模量 E（GPa）	泊松比			孔隙度（%）	渗透率（mD）	
深水陆棚硅质页岩相	石英＋长石为 53%～73%，黏土为 27%～47%	37～54	0.20～0.25	64.4～75.1	发育构造缝、层理缝和微裂隙	4.1～6.9	0.0016～216.6	优质储层

岩相	主要岩矿组成	岩石力学参数		三矿物脆性指数（%）	裂缝发育情况	物性		主要作用
		杨氏模量 E（GPa）	泊松比			孔隙度（%）	渗透率（mD）	
深水陆棚钙质硅质混合页岩相	石英＋长石为40%～47%，钙质为32%～39%，黏土为23%～25%	27～43	0.14～0.19	51.3～66.8	发育构造缝、层理缝和微裂隙	4.5～7.5	0.00074～2.44	优质储层
深水陆棚黏土质硅质混合页岩相	石英＋长石为41%～49%，钙质为6%～15%，黏土为34%～45%	19～31	0.24～0.28	41.2～45.2	局部发育构造缝、层理缝和微裂隙	3.8～5.2	0.0033～1.3	次优储层
半深水陆棚黏土质页岩相	石英＋长石为42%～50%，黏土为50%～58%	21～28	0.30～0.34	29.2～3.4	天然裂缝欠发育	4.8～7.0	0.00068～0.00092	优质封盖层
浅水陆棚钙质黏土质混合页岩相	石英＋长石为20%～24%，钙质为33%～40%，黏土40%～42%	6～10	0.25～0.27	16.2～22.1	天然裂缝不发育	3.6～5.3	0.0000069～0.000081	优质封盖层
浅水陆棚黏土质页岩相	石英＋长石为33%～49%，黏土为51%～67%	20～28	0.31～0.38	23.1～28.1	天然裂缝不发育	5.2～8.0	0.0000056～0.00009	优质封盖层

5. 结核体发育特征

结核体是海相页岩中十分常见且又复杂的一类岩相，在揭示古地理、古环境、古生态、古物源和成岩作用等方面具有重要意义（刘万洙等，1997；孙庆峰，2006；张先进等，2013；Gaines R R 和 Vorhies J S，2016；Bojanowski M J 等，2014）。

长宁双河剖面至少发育 3 层结核体，分别位于鲁丹阶 *Coronograptus cyphus* 带中部（14 层）、埃隆阶 *Demirastrites triangulatus* 带中上部（图 2-5，图 2-6g、j，表 2-13）。*Coronograptus cyphus* 带结核体在斑脱岩密集段③之上产出，呈透镜状、椭球状产出，大小为 85cm×30cm，为碳质页岩围限且呈突变接触（图 2-6g），岩相主体为钙质硅质混合页岩，结核体中心区钙质含量高、GR 显低谷响应，断面细腻，灰色，未见圈层结构；镜下见水平纹层，单层厚度为 25～50μm，亮色颗粒主要为石英、放射虫、海绵骨针等，多为次棱角状和椭球状（图 2-16k、1），向边部黏土质增加，GR 响应值增高（图 2-8b）。实验测试显示，结核体岩石矿物中石英为 48.7%、斜长石为 4.2%、方解石为 8.9%、白云石为 16.9%、黄铁矿为 11.0%、黏土为 10.3%；TOC 为 0.76%；GR 为 124～147cps（表 2-13，图 2-8b），反映黏土质和有机质自核部向边缘增多的变化特征。

Demirastrites triangulatus 带结核体均在斑脱岩密集段⑤（24层）之上产出，其中中部结核体呈椭球状产出，为碳质页岩围限且呈突变接触，长50～100cm、宽25～30cm，岩相主体为钙质硅质混合页岩，钙质含量高，断面细腻，灰色，显均质层理，结核体岩石矿物中石英为56.0%、斜长石为3.3%、方解石为24.0%、黏土为16.7%，TOC为0.65%（表2-13）；上部结核体为椭球状，大小为60cm×30cm（图2-6j），为碳质页岩围限，岩相主体为钙质黏土质混合页岩相，核体中心区钙质含量较高，向边部黏土质增加，岩石矿物中石英为22.0%、斜长石为3.3%、方解石为15.9%、白云石为3.3%、黏土为55.5%，TOC为1.04%（表2-13）。埃隆阶结核体围岩TOC为1.1%～1.7%，岩石矿物中石英为21.5%～26.8%、长石为3.2%～5.3%、方解石为4.6%～18.0%、白云石为2.9%～5.3%、黏土为49.7%～67.9%（表2-13）。总体来看，长宁双河剖面下部两层结核体在岩石结构、岩相特征、矿物组成、TOC、GR等方面与围岩存在较大差别，上部结核体与围岩差异较小。

表2-13 长宁双河龙马溪组结核体地质参数表

小层号	笔石带	结核体特征					围岩特征		
		形态	尺度（cm）	岩性特征	TOC（%）	岩石矿物组成	沉积速率（m/Ma）	岩相	地质参数
14	*Coronograptus cyphus*	透镜状、椭球状	长85 宽30	钙质硅质混合页岩相，中心区钙质含量高，断面细腻，颜色较浅，灰色，显均质层理，向边部黏土质增加，颜色变深	0.76	石英48.7%、斜长石4.2%、方解石8.9%、白云石16.9%、黄铁矿11.0%、黏土10.3% GR：124～147cps	33.75	碳质页岩	TOC1.2%～2.0% 石英28.3%～42.4% 长石3.1%～17.0% 黏土45.7%～61.6%
25	*Demirastrites triangulatus*	椭球状	长50～100 宽25～30		0.65	石英56.0%、斜长石3.3%、方解石24.0%、黏土16.7%	31.41	碳质页岩	TOC1.1%～1.7% 石英21.5%～26.8% 长石3.2%～5.3% 方解石4.6%～18.0% 白云石2.9%～5.3% 黏土49.7%～67.9%
26	*Demirastrites triangulatus*	椭球状	长60 宽30	钙质黏土质混合页岩相，中心区钙质含量较高，向边部黏土质增加	1.04	石英22.0%、斜长石3.3%、方解石15.9%、白云石3.3%、黏土55.5%	31.41	碳质页岩	

长宁龙马溪组结核体普遍赋存于TOC为1.1%～2.0%、黏土含量超过40%、沉积速率为31.0～35.0m/Ma、脆性指数低于50%的碳质页岩和黏土质页岩中（图2-5，表2-13），说明川南坳陷南部龙马溪组结核体主要发育于深水快速沉积环境，基本不与富有机质页岩共生。另外，结核体在自然伽马曲线上多显低谷响应特征（图2-8b），与赫南特阶GR峰、*Coronograptus cyphus* 带底部斑脱岩密集段GR峰和半耙笔石带厚层斑脱岩GR峰形成鲜明反差（图2-5、图2-8）。因此，在川南坳陷龙马溪组地质评价工作中，将结核体与笔石、斑脱岩密集段相结合，对开展 *Coronograptus cyphus*、*Demirastrites triangulatus* 等笔石带分层和优质页岩分布研究具有重要的参考价值。

五、富有机质页岩沉积主控因素

长宁双河剖面位于奥陶纪—志留纪之交上扬子地台西南部和川南坳陷中心区，其五峰组—龙马溪组页岩沉积环境和主控因素在四川盆地南部具有典型性和代表性。因此，了解该资料点黑色页岩沉积要素对揭示川南坳陷五峰组—龙马溪组优质页岩形成主控因素具有重要地质意义。为此，本节重点介绍该资料点与优质页岩发育相关的5个关键要素，即奥陶纪—志留纪之交构造活动背景、海域封闭性、海平面变化、古生产力和沉积速率等。

1.奥陶纪—志留纪之交构造活动特点

鉴于五峰组—龙马溪组发育高频次钾质斑脱岩，且斑脱岩的发育频次和规模往往与板块俯冲及碰撞拼接等过程相联系，因此是反映扬子与周缘地块持续碰撞与拼合作用的重要证据。本节通过开展长宁双河五峰—龙马溪组斑脱岩发育期次和速率研究（图2-5，表2-14），探索了解川南坳陷及周缘构造活动规律。

在长宁双河剖面点，五峰组厚10.5m，出露较好，见斑脱岩9层，单层厚2.0～6.0cm，斑脱岩发育速率为4.6～45cm/Ma，其中 *Dicellograptus complexus* 笔石带（厚约1m）为斑脱岩密集发育段，发现斑脱岩6层累计厚度为27cm，斑脱岩发育速率达到45cm/Ma的峰值（表2-14）；鲁丹阶下段（*Normalograptus persculptus* 至 *Cystograptus vesiculosus* 笔石带）厚20.8m，其下部10m完全出露但未发现斑脱岩，上部10.8m受道班房屋遮盖未观察到斑脱岩；鲁丹阶上段 *Coronograptus cyphus* 笔石带厚27m，在其下部13m共观察到7层斑脱岩（累计厚度为16.4cm，单层厚0.8～8.0cm，平均为2.3cm），斑脱岩发育速率达到20.5cm/Ma的高值，且在底部发现斑脱岩密集段③（单层最大厚度达8.0cm）；在埃隆阶 *Demirastrites triangulatus* 带（厚度超过60m），发现超过10层斑脱岩，单层厚0.5～40cm，斑脱岩发育速率为33cm/Ma；埃隆阶中上段厚度为190m，植被覆盖严重，间断发现至少23层斑脱岩，单层厚0.2～3.5cm，斑脱岩发育速率为 *Lituigrapatus convolutus* 笔石带超过62.7cm/Ma、*Stimulograptus sedgwickii* 笔石带超过9.6cm/Ma。该剖面最厚斑脱岩层位于埃隆阶 *Demirastrites triangulatus* 带（斑脱岩密集段⑤），厚40cm，与綦江观音桥24层、石柱漆辽24层同层，但厚度远大于后者，反映物源可能主要来源于扬子地块西缘的火山喷发。这表明，川南长宁地区斑脱岩发育频次和速率在五峰组沉积初期、鲁丹晚期和埃隆期处于高水平，斑脱岩密集段出现在 *Dicellograptus complexus* 带、*Coronograptus cyphus* 带下部、*Demirastrites triangulatus* 带中下部和 *Lituigrapatus convolutus* 带上部（图2-5），埃隆阶 *Demirastrites triangulatus* 带厚层斑脱岩（编号⑤）代表奥陶纪—志留纪之交最强的构造活动和火山喷发。

高频次斑脱岩是反映扬子海盆挠曲活动强弱的重要沉积记录。根据斑脱岩发育频次和速率（尤其是斑脱岩密集段的出现）判断，在广西运动的阶段性（陈旭等，2014）推动下，扬子地台与周缘地块的碰撞和拼合作用在五峰组沉积初期强烈（持续时间0.6Ma），在五峰组沉积早中期—鲁丹中期较和缓，进入鲁丹晚期开始再次加强，在埃隆早期进入强烈活动期（图2-5）。受板块碰撞与拼合作用控制，川南挠曲坳陷在五峰组沉积期—鲁丹中期总体稳定，在鲁丹晚期开始加强，在埃隆期进入强烈活动期，即先后经历坳陷初期、坳陷中晚期、前陆挠曲初期和前陆挠曲发展期4个构造活动期次。

表2-14　长宁双河剖面五峰组—龙马溪组斑脱岩发育情况统计表

统	阶	组	笔石分层	沉积时间（Ma）	构造活动期	长宁双河						
						沉积速率（m/Ma）	岩相	TOC（%）	斑脱岩层数与累计厚度（cm）	斑脱岩单层厚度（cm）	斑脱岩发育速率（cm/Ma）	说明
下志留统	特列奇阶	龙马溪组	*Spirograptus guerichi*	0.36								风化严重
	埃隆阶		*Stimulograptus sedgwickii*	0.27	前陆挠曲发展期	103.70	钙质黏土质混合页岩	0.4~1.4	4层，2.6	0.5~0.8/0.7（4）	9.6	
			Lituigrapatus convolutus	0.45		384.40	钙质黏土质混合页岩	0.5~1.9	19层，28.2	0.5~3.5/1.5（19）	62.7	上部为植被覆盖
			Demirastrites triangulatus	1.56	前陆挠曲初期	31.41	钙质黏土质混合页岩、黏土质页岩	1.03~1.58	9层，51.5	0.5~40/5.7（9）	33.0	底为斑脱岩密集段⑤
	鲁丹阶		*Coronograptus cyphus*	0.80		33.75	黏土质硅质混合页岩	1.16~1.86	7层，16.4	0.8~8.0/2.3（7）	20.5	上部坍塌，底为斑脱岩密集段③
			Cystograptus vesiculosus	0.90			黏土质硅质混合页岩	3.39~4.18				
			Parakidograptus acuminatus	0.93		9.29	钙质硅质混合页岩、硅质页岩					
			Akidograptus ascensus	0.43	坳陷中晚期（大隆大坳形成期）	3.98	钙质硅质混合页岩	3.65~8.36				
			Normalograptus persculptus	0.60			钙质硅质页岩					
上奥陶统	赫南特阶	五峰组	*Hirmantian*	0.73		3.56	钙质硅质混合页岩	7.55				
			Normalograptus extraordinarius				钙质硅质混合页岩	3.75				
	凯迪阶		*Paraorthograptus pacificus*	1.86	坳陷初期（台地陆棚转换期）	3.23	钙质硅质混合页岩、硅质页岩	2.0~4.2	3层，8.5	2.0~3.5/2.8（3）	4.6	
			Dicellograptus complexus	0.60		2.33	碳质硅质岩	2.61	6层，27	3.0~6.0/4.5（6）	45	

注：表中数值区间表示为最小值～最大值/平均值（斑脱岩层数），笔石分层和沉积时间引自文献（陈旭等，2017）。

1）坳陷初期

即宝塔组沉积末期—五峰组沉积初期（主要为 *Dicellograptus complexus* 笔石带沉积期），为台地向陆棚转换时期，持续时间 0.6Ma，仅占五峰组沉积期的 1/5，构造活动剧烈，斑脱岩发育速率为 45cm/Ma，扬子地台中央—东南部快速挠曲下沉为深水陆棚，干酪根碳同位素突显负漂移，$\delta^{13}C$ 值为 $-30.7‰\sim-30.3‰$（图 2-5），区内沉积物由泥灰岩快速转为黑色笔石页岩（主要为富有机质、富黏土质的碳质页岩），在长宁地区厚度为 1.5m，占五峰组 10%～20%（最大不超过 2m），黏土矿物含量在 50% 以上（图 2-5）。因黑色页岩沉积厚度小，该构造活动期常被勘探和研究人员忽略。

2）坳陷中晚期

即五峰组沉积早期（*Paraorthograptus pacificus* 笔石带沉积期）—鲁丹阶沉积中期（*Cystograptus vesiculosus* 笔石带沉积期），为大隆大坳形成期（图 2-5，表 2-14），持续时间为 5.5Ma，斑脱岩发育速率一般为 0～4.6cm/Ma，标志着扬子地区构造运动和缓。在该构造活动期，因广西运动形成的古陆扩张和前陆挠曲活动主要位于雪峰山以东的湘桂地区（陈旭等，2014），中上扬子地区主体呈现三隆（川中水下隆起、黔中隆起、江南—雪峰古陆）夹一坳（川南—川东—中扬子北部坳陷）的"V"形海湾，同时在湘鄂西地区出现大型水下隆起（宜昌上升）（图 1-4、图 1-5、图 1-6）。受构造稳定影响，坳陷区距东南古陆较远，物源供给不足，沉积速率缓慢，一般为 3.23～9.29m/Ma，主要发育钙质硅质混合页岩相和硅质页岩相。

3）前陆挠曲初期

即鲁丹晚期（*Coronograptus cyphus* 笔石带沉积期）至埃隆阶半耙笔石带厚层斑脱岩（24 层）出现以前，持续时间超过 0.8Ma，斑脱岩发育速率达 20.5cm/Ma（图 2-5，表 2-14）。随着广西运动形成的区域隆升向西北扩张至雪峰山西侧以及湘桂前陆坳陷消失（陈旭等，2014），华夏古陆对扬子地块的碰撞作用开始加强，扬子地台东南部向下挠曲幅度逐渐加大，沉降沉积中心自东南向西北开始迁移，深水区面积减少。从东南物源区输入到川南海域的黏土物质显著增多，坳陷区沉积速率明显加快并升至 33.75m/Ma，主要沉积灰黑色黏土质页岩和黏土质硅质混合页岩组合，局部发育钙质结核层（长宁双河剖面 14 层）和硅质页岩相。

4）前陆挠曲发展期

即埃隆阶半耙笔石带厚层斑脱岩出现以后。斑脱岩发育速率上升至 33.0～62.7cm/Ma（表 2-14），标志着周边地块对扬子地台的碰撞和拼合作用进入强烈活动期。随着黔中古陆北扩和江南—雪峰古陆不断西扩（陈旭等，2014），扬子地台挠曲幅度剧增且沉降沉积中心大规模自东南向西、向北迁移，深水区面积大幅度减少（图 1-7、图 1-8）。川南坳陷为持续沉降沉积中心，来自黔中古陆的黏土质和钙质大量输入到川南坳陷，导致坳陷区沉积速率再次加快并升至 31.41～384.40m/Ma，泥页岩沉积规模以埃隆阶最大（在川南坳陷及周缘沉积厚度为 200～450m），特列奇阶较小（厚度一般为 50～100m，仅分布于川中及以北地区）。该期主要沉积灰黑色—深灰色黏土质页岩、钙质黏土质混合页岩和黏土质硅质混合页岩组合，局部发育含钙质结核体（长宁双河剖面 25 层、26 层）。可见，川南坳陷现今龙马溪组沉积中心主要为斑脱岩密集段⑤出现以后形成的，其中厚层斑脱岩和钙质结核体是川南坳陷进入前陆挠曲发展期的显著标志。

2. 海域封闭性

受构造活动控制，川南海域的封闭性发生显著变化。本书依据长宁地区 N211 井的 TOC、S/C、

Mo、P_2O_5/TiO_2 等地球化学资料（图 2-17），探索揭示长宁及周边海湾在奥陶纪—志留纪之交的封闭性变化规律。

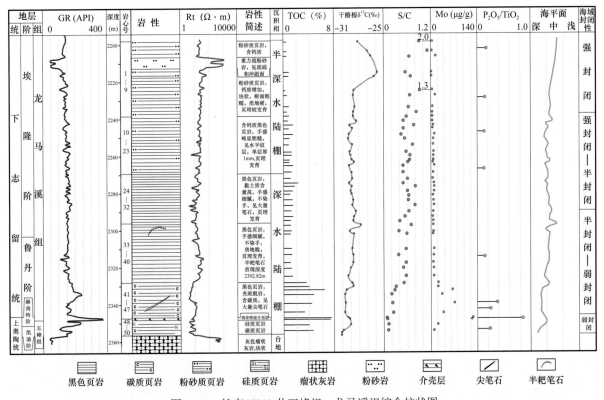

图 2-17　长宁 N211 井五峰组—龙马溪组综合柱状图

根据古海洋研究成果，可以利用 S/C 比值来反映海盆水体的盐度和封闭性（Berner R A，1983；王清晨等，2008），进而判断古地理环境。半封闭海湾和正常海水的 S/C 比值介于 0.2～0.6，而大于 0.6 的水体盐度较高，封闭性较强，小于 0.2 的水体盐度较低，封闭性较弱（王清晨等，2008）。在长宁地区，五峰组 S/C 比值在 0.09～0.12，反映古水体处于低盐度、弱封闭状态；鲁丹阶下段 S/C 比值在 0.08～0.51，显示古水体处于低—正常盐度和弱—半封闭状态；鲁丹阶上段 S/C 比值在 0.37～0.57，显示古水体逐渐转为正常盐度、半封闭状态；埃隆阶下段 S/C 比值介于 0.39～0.81，显示古水体已进入正常—高盐度、半封闭—强封闭状态；埃隆阶上段 S/C 比值在 0.65～1.99，显示古水体处于高盐度、强封闭状态（图 2-17）。

微量元素资料显示（图 2-17、图 2-18），长宁海域在五峰组—鲁丹阶中部具有较高 Mo 含量，显弱封闭—半封闭状态，在鲁丹阶上部—埃隆阶则具有低 Mo 含量，为半封闭—强封闭海湾。

可见，川南海域封闭性总体表现为坳陷期弱、前陆期强的显著特点，显示出构造活动是导致川南海域封闭性增强、盐度升高的主要控制因素。

3. 海平面变化

根据长宁地区剖面和钻井资料（图 2-5、图 2-17），在凯迪间冰期，海平面处于高位，干酪根 $\delta^{13}C$ 值发生负漂移；在赫南特冰期，海平面出现快速下降（降幅 50～100m），$\delta^{13}C$ 值开始发生小幅度正漂移，在观音桥段中部达 −29.3‰～−29.0‰；在鲁丹早中期，随着气候变暖，海平面大幅度飙升至高水位，$\delta^{13}C$ 值再次发生负漂移；进入鲁丹晚期—埃隆期，海平面开始持续下降，$\delta^{13}C$ 值基本

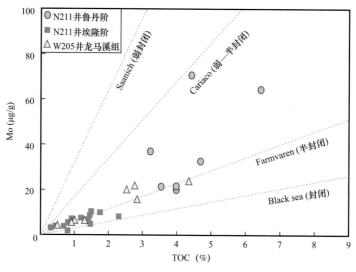

图 2-18　长宁龙马溪组 Mo—TOC 关系图版

保持正漂移。可见，受构造活动和全球海平面升降控制，川南海域在五峰组沉积期—鲁丹中期（坳陷期）处于高水位状态，在鲁丹晚期—埃隆中期下降至中高水位，在埃隆晚期持续下降至中—低水位。这表明，在五峰组—龙马溪组主要沉积时期（五峰组沉积期—埃隆中期），川南海域始终处于有利于有机质保存的中—高水位状态（贫氧—缺氧环境）。

4. 古生产力

鉴于 P_2O_5/TiO_2 比值（或 P/Ti 比值）是表征古海洋营养状况和古生产力的常用指标，通过对长宁双河剖面 P_2O_5/TiO_2 比值分析发现，在五峰组—龙马溪组沉积时期，川南海域营养物质浓度出现坳陷期高、前陆期下降的显著特征，导致该海域古生产力在奥陶纪—志留纪之交呈现早期高、晚期低的变化趋势，即 P_2O_5/TiO_2 比值在五峰组—鲁丹阶中段（*Dicellograptus complexus* 至 *Cystograptus vesiculosus* 笔石带）较高，一般为 0.24～0.84，峰值（大于 0.8）位于观音桥段，但在鲁丹阶上段—埃隆阶（*Coronograptus cyphus* 笔石带以浅）处于较低水平，一般为 0.12～0.16（仅个别点出现异常，可达到 0.20）（图 2-5）。另外，根据双河剖面和 N211 两个资料点的 TOC 含量和硅质含量资料（图 2-5、图 2-14、图 2-17），富有机质、富硅质页岩主要形成于五峰组—鲁丹阶中期（坳陷期弱—半封闭海湾环境），低有机质丰度（TOC 含量低于 2%）的黏土质页岩和钙质黏土质混合页岩则主要形成于鲁丹晚期—埃隆期（前陆期半封闭—强封闭海湾环境）。

这说明，在奥陶纪—志留纪之交，川南海域的营养物质（SiO_2、P 等）主要来源于北部的秦岭洋，其古生产力受气候变化影响较小，受构造活动和海域封闭性变化影响大，坳陷期弱—半封闭水体有助于海水交换和营养物质的充分补给，是笔石、放射虫、海绵骨针、藻类、菌类等表层浮游生物高生产的重要保障，也是形成富有机质、富生物硅质页岩的物质基础。受扬子板块挠曲变形早期和缓、晚期强烈影响，在五峰组沉积期—鲁丹中期（坳陷期），川南海域处于弱—半封闭状态，海水中 SiO_2、P 等营养物质较丰富，古生产力处于较高水平，浮游生物处于高生产，其中观音桥段沉积期为古生产力高峰期，这主要缘于海平面骤降，弱封闭的海水中营养物质浓度剧增并达到高峰；鲁丹晚期以后（前陆期），川南海域由半封闭逐渐转为强封闭，海水中营养物质减少，古生产力下降。由于秦岭洋是川南海湾营养物质的主要来源区，长宁海域营养物质丰富程度和古生产力应低于威远地区。

5. 沉积速率

沉积速率是反映沉积环境稳定性的重要指标，也是富有机质页岩形成的关键控制因素。通过对双河剖面五峰—龙马溪组主要笔石带沉积速率对比研究发现，川南沉积速率呈早期低、晚期高的变化趋势（表 2-14），即在 *Dicellograptus complexus—Cystograptus vesiculosus* 带沉积期（坳陷期），沉积速率低，一般为 2.33～9.29m/Ma；在 *Coronograptus cyphus—Demirastrites triangulatus* 带沉积期（前陆初期），沉积速率开始加快，一般为 31.41～33.75m/Ma；在埃隆中期以后（前陆发展期），沉积速率再次提速，在长宁地区达到 103.70～384.4m/Ma 高值。可见，稳定的构造背景是形成低沉积速率古环境的重要控制因素。受沉积速率控制，长宁地区五峰组—鲁丹阶下段有机质丰度高，一般为 2%～8.36%，鲁丹阶上段—埃隆阶有机质丰度较低，一般为 0.4%～1.86%。

这表明，在奥陶纪—志留纪之交，随着川南及周边地区由坳陷向前陆转换，沉降沉积中心自东南向西北迁移、海域封闭性逐渐增强和深水域面积缩小，自东南物源区注入上扬子海域的陆源黏土物质逐渐增多，导致川南及其周缘海域沉积速率呈现早期缓慢、晚期加快、西北缓慢、东南加快的显著特征。在长宁地区，五峰组沉积期—鲁丹中期（坳陷期）沉积缓慢，是形成富有机质页岩的主要时期，埃隆期尽管处于沉降沉积中心，但因沉积速率过快，黏土矿物稀释作用强，有机质丰度总体不高（一般低于 2%）。

6. 富有机质页岩发育模式

通过上述分析认为，长宁地区五峰组—龙马溪组富有机质页岩发育主要受坳陷期继承性深水陆棚中心缓慢沉积所控制（图 2-19），即深水陆棚中心区构造运动和缓，海底地形平坦且封闭性弱，海平面处于高位，气候温暖湿润，表层水体 SiO_2、P 等营养物质丰富，藻类、放射虫、叉笔石等浮游生物出现高生产，生物碎屑颗粒、有机质和黏土矿物等复合体以"海洋雪"方式缓慢沉降，沉积速率慢（低于 15m/Ma），富有机质、富生物硅质页岩沉积厚度大（一般超过 30m）。此模式为川南—川东坳陷区优质页岩的主要沉积模式。

长宁地区五峰组—龙马溪组沉积期富有机质、富硅质页岩的形成受缓慢沉降的稳定海盆、相对较高的海平面、弱—半封闭水体和低沉积速率等 4 大因素叠加控制，缺一不可。缓慢沉降的稳定海盆和相对较高的海平面是形成海水底层大面积缺氧、有机质和生物硅质有效保存的基本沉积条件；弱—半封闭水体有助于海水交换和营养物质的充分补给，是表层浮游生物高生产力的重要保障；低沉积速率（低于 15m/Ma）则是有机质和生物硅质高效聚集的有利条件。后 2 项因素受构造作用影响明显，显示出区域构造背景对优质页岩至关重要的控制作用。受上述 4 种要素共同作用控制，优质页岩在川南坳陷半深水—深水区呈多层连续沉积、大面积连片分布，主力勘探层系为五峰组—鲁丹阶中部（图 2-5、图 2-13、图 2-19）。

六、黑色页岩储集特征

1. 储集空间类型

海相页岩作为一种特殊类型的油气储层，具有特低孔渗、储集空间类型多样等特征。依据碎屑岩孔隙类型划分方案，海相页岩储集空间可归纳为基质孔隙和裂缝两大类。

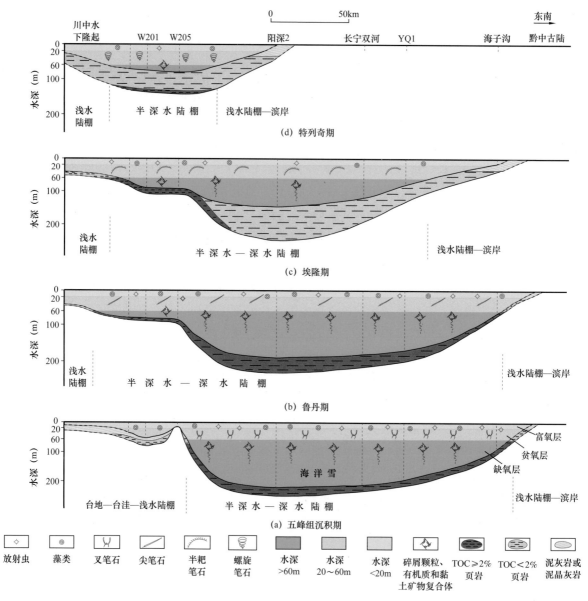

图 2-19 川南五峰组—龙马溪组富有机质页岩发育模式图

1）基质孔隙

研究证实（王玉满等，2012；邹才能等，2011），海相页岩基质孔隙包括残余原生孔隙、不稳定矿物粒内孔（溶蚀孔）、黏土矿物晶间孔和有机质孔隙共4种成因类型，其主要特征以及发育程度差别大（表2-15），其中黏土矿物晶间孔和有机质孔隙是页岩储集空间的特色和重要组成部分，这是页岩储层与常规砂岩储层的显著区别（王玉满等，2012）。

依据钻井和露头资料，在长宁地区五峰组—龙马溪组共观察发现原生粒间孔、黏土矿物晶间孔、不稳定矿物（白云石、方解石、长石、放射虫颗粒等）粒内孔（溶蚀孔）、有机质孔（固体沥青中有机质孔，显椭圆形，孔径为0.1~1.5μm；干酪根中有机质孔，显多边形、不规则形，孔径为50~300nm）和微裂缝（以水平缝、顺层缝为主）等多种储集空间（图2-20），其中不稳定矿物粒内孔、黏土矿物晶间孔和有机质孔隙较丰富，是该地区龙马溪组储集空间的特色和重要组成部分。

表 2-15 川南龙马溪组页岩基质孔隙成因类型

孔隙类型	地质成因	主要特征	发育程度
残余原生孔隙	脆性矿物颗粒支撑，颗粒间未被充填的原生孔；脆性矿物分散于片状黏土矿物，颗粒与黏土之间残余孔	在地质演化历史中，随压实和成岩作用增强而减少，直径为 1～3μm	很少
不稳定矿物粒内孔、溶蚀孔	钙质、长石、生物碎屑等不稳定矿物粒内孔、因溶解（或溶蚀）作用而形成的次生溶孔等	见于矿物颗粒间或粒内，孔径变化大（30～720nm），连通性差	发育
黏土矿物晶间孔	在成岩阶段，黏土矿物发生脱水转化而析出大量的结构水，在层间形成微裂隙	以伊利石、绿泥石层间缝为主，缝宽多为 50～300nm，连通性相对较好	发育
有机质孔隙	在高—过成熟阶段，有机质因热降解而发生大量生排烃，进而形成微孔	呈蜂窝状、线状、多边形、不规则形或串珠状孔，直径为 5～750nm，平均为 100nm	在未炭化有机质中发育，在炭化有机质中较少

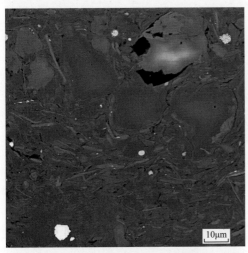

(a) 长芯1井龙马溪组，深度为99.6m，见少量粒间孔（缝）

(b) N203井龙马溪组，片状伊利石晶间孔，孔径为1～10μm

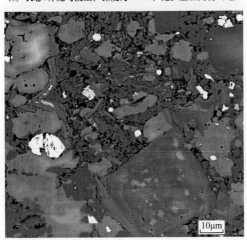

(c) 长芯1井龙马溪组，深度为139.8 m，白云石、方解石、长石等不稳定矿物粒内孔、溶蚀孔

(d) N201井龙马溪组，放射虫颗粒内体腔孔、溶蚀孔

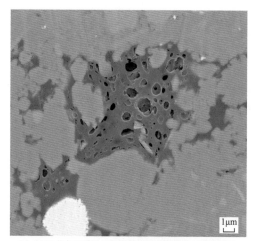

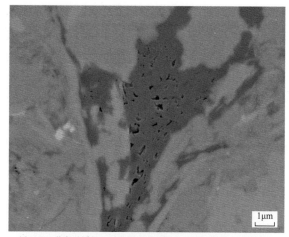

(e) N201井龙马溪组,固体沥青中有机质孔,显椭圆形,
边界清晰,孔径为0.1~1.5μm

(f) N201井龙马溪组,干酪根中有机质孔,显多边形、不规则形,
边界清晰,孔径为50~300nm

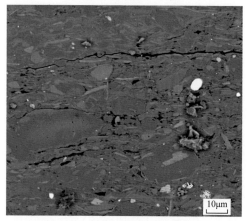

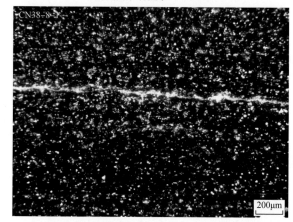

(g) N201井龙马溪组,微裂缝,缝宽为0.2~1.0μm

(h) 长宁双河剖面龙马溪组底部,见水平裂缝,为钙质充填,缝宽0.05mm

图2-20 长宁地区五峰组—龙马溪组页岩孔隙显微特征

2)裂缝

目前,页岩裂缝研究尚处于探索之中,表征的重要参数主要包括裂缝规模(长度和宽度)、产状、充填状况和裂缝密度等,其中裂缝规模和裂缝密度是判断裂缝发育程度的重要量化指标(Curtis,2002;丁文龙等,2011)。本书根据前人研究成果并结合生产实践(Curtis,2002;丁文龙等,2011),按照裂缝宽度将其分为五级,即微裂缝(缝宽小于0.1mm,图2-20g、h)、小裂缝(缝宽0.1~1mm)、中裂缝(缝宽1~10mm)、大裂缝(缝宽10~100mm)和巨裂缝(缝宽大于100mm)。其中,后四种缝通常叫宏观裂缝,可以用肉眼观察到。微裂缝是页岩中呈开启状的高角度缝、层理缝以及长度为几微米至几十微米(甚至以上)、连通性较好的微裂隙、粒间孔隙(镜下观察部分以粒间孔隙形式出现)(图2-20g),已证实为页岩气富集高产的优质储集空隙,也是裂缝孔隙表征的主要对象。在页岩裂缝孔隙发育段,岩石渗透性较好,渗透率一般在0.01mD以上,而在基质孔隙型页岩段,岩石渗透性普遍较差,渗透率一般在0.01mD以下,低于前者2~4个数量级(郭彤楼等,2013,2014)。裂缝孔隙成因包括构造活动、有机质生烃和成岩作用等,多以构造成因为主。

3)储集空间分布模式

根据孔隙赋存状态,长宁地区五峰组—龙马溪组储集空间进一步归纳为脆性矿物内微孔隙、有机质微孔隙、黏土矿物晶间微孔和裂缝四个组成部分。其中,脆性矿物内微孔隙即为残余原生孔隙和不稳定矿物粒内孔(溶蚀孔),主要包括赋存于石英、长石、碳酸盐岩、生物碎屑等脆性矿物颗粒间原生孔隙、溶蚀孔隙、自生矿物晶间孔、粒内孔。在不同岩相段中，龙马溪组页岩储集空间结构差异较大（图2-21），这种差异必定会影响页岩气的扩散和聚集，进而对页岩气的富集高产产生重要的控制作用。

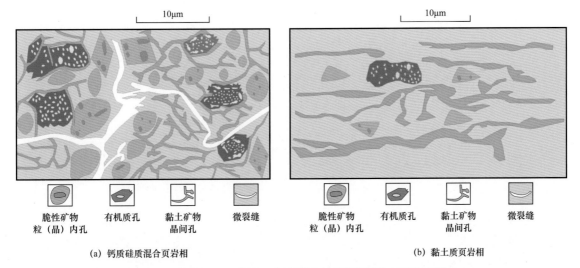

图 2-21　长宁地区五峰组—龙马溪组主要岩相储集空间分布模式

　　在长宁龙马溪组底部优质页岩段，页岩主体为钙质硅质混合页岩相和硅质页岩相，黏土质总体较少，富含有机质、硅质、白云质和生物碎屑等含孔介质，导致有机质孔、脆性矿物内微孔隙（多为碳酸盐岩、生物碎屑等颗粒粒内孔）发育。受强烈的生烃作用和构造活动改造，该页岩段微裂缝较发育。受多种含孔介质呈空间分散状分布控制，脆性矿物内微孔隙、有机质微孔隙、黏土矿物晶间微孔和裂缝共同构成具有一定连通性的孔缝系统，孔隙结构总体较复杂（图2-21a），渗透性相对较好，有利于页岩气产出。

　　在长宁龙马溪组上部贫有机质页岩段，页岩主体为黏土质页岩相、钙质黏土质混合页岩相，富含黏土质，有机质、生物碎屑等含孔介质贫乏，微裂缝不发育，导致有机质孔、脆性矿物内微孔隙不发育，储集空间以黏土矿物晶间孔为主且呈顺层状分布，孔隙结构总体较简单（图2-21b），渗透性相对较差，不利于页岩气储集和产出。

2. 储集空间构成

　　长宁地区五峰—龙马溪组总体为深水—半深水陆棚相沉积，TOC＞1%的黑色页岩连续厚度超过167m（图2-5），位于长宁剖面的长芯1井揭示五峰组—龙马溪组下部黑色页岩厚150.68m、富有机质页岩段厚43m，对开展该地区龙马溪组储层研究提供了丰富的资料信息。本文应用双孔隙介质孔隙度解释模型对该井100～153m段（五峰组—鲁丹阶富有机质页岩段，TOC一般为1.3%～5.4%，平均为3.3%）进行定量分析（图2-22），揭示长宁地区五峰组—龙马溪组基质孔隙构成和裂缝的发育特征。

　　双孔隙介质孔隙度解释模型是近几年发展起来的、定量计算页岩基质孔隙度构成及裂缝孔隙度的重要方法（王玉满等，2014，2015，2017），计算公式如下：

$$\phi_{Total} = \phi_{Matrix} + \phi_{Frac} \tag{2-2}$$

$$\phi_{Matrix} = \rho A_{Bri} V_{Bri} + \rho A_{Clay} V_{Clay} + \rho A_{TOC} V_{TOC} \tag{2-3}$$

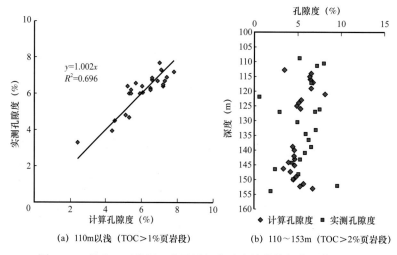

(a) 110m以浅（TOC>1%页岩段）　　　　（b) 110～153m（TOC>2%页岩段）

图 2-22　长芯 1 五峰组—龙马溪组孔隙度计算值与实测值对比图

式（2-2）为双孔隙介质孔隙度计算理论模型（王玉满，2015，2017），ϕ_{Total} 为页岩总孔隙度（%），一般通过氦气法、压汞法和核磁等实验测试获得；ϕ_{Matrix} 为页岩基质孔隙度（%），通过式（2-3）计算获得；ϕ_{Frac} 为页岩裂缝孔隙度（%），通过 $\phi_{Total}-\phi_{Matrix}$ 计算得到。因此，ϕ_{Matrix} 的计算是该模型的基础和关键。

式（2-3）为基质孔隙度计算模型（王玉满，2014），ρ 为页岩岩石密度（t/m³），A_{Bri}、A_{Clay} 和 A_{TOC} 分别为脆性矿物、黏土和有机质 3 种物质质量百分含量（%），V_{Bri}、V_{Clay} 和 V_{TOC} 分别为脆性矿物、黏土和有机质 3 种物质单位质量孔隙体积（m³/t）。其中，V_{Bri}、V_{Clay} 和 V_{TOC} 为 3 种物质单位质量对孔隙度的贡献，是模型中的关键参数，需要选择评价区内裂缝不发育的资料点进行刻度计算。

此方法的核心在于：首先，利用评价区可靠资料点对模型中的 V_{Bri}、V_{Clay} 和 V_{TOC} 3 个参数进行刻度计算；然后，依据 V_{Bri}、V_{Clay} 和 V_{TOC} 刻度值以及评价区目的层段的岩矿和 TOC 资料计算基质孔隙度构成（包括脆性矿物内孔隙度、有机质孔隙度和黏土矿物晶间孔隙度），并结合岩心测试总孔隙度数据（为岩心氦气法或压汞法检测结果）计算裂缝孔隙度（王玉满等，2014，2015，2017）。式（2-2）、式（2-3）主要参数取值与计算方法见文献（王玉满等，2014，2015，2017）。

首先，在长芯 1 井选择 34.5～34.8m、77.0～77.3m 和 149.8～150m 共 3 个深度点，对应 TOC 值分别为 0.78%、1.1% 和 2.71%，对模型中 V_{Bri}、V_{Clay} 和 V_{TOC} 进行刻度计算，确定 3 个参数值分别为 0.0079m³/t、0.039m³/t 和 0.138m³/t（表 2-16）。然后，根据 V_{Bri}、V_{Clay} 和 V_{TOC} 的计算结果，结合该井的岩石矿物含量、TOC 值和密度测井等地质资料，对 11～153m 的页岩段进行了进行基质孔隙度构成和裂缝孔隙度测算，计算结果见图 2-22、图 2-23 和表 2-17。

表 2-16　长芯 1 井五峰组—龙马溪组三个采样点参数表

基础数据						每吨岩石孔隙体积（m³/t）		
采样点深度（m）	石英＋长石＋钙质含量（%）	黏土矿物含量（%）	有机质含量（%）	总孔隙度（%）	岩石密度（g/cm³）	V_{Bri}	V_{Clay}	V_{TOC}
34.5～34.8	55	44.7	0.78	5.8	2.52			
77.0～77.3	50	48.9	1.1	6.2	2.51	0.0079	0.039	0.138
149.8～150	80	18.6	2.71	4.5	2.58			

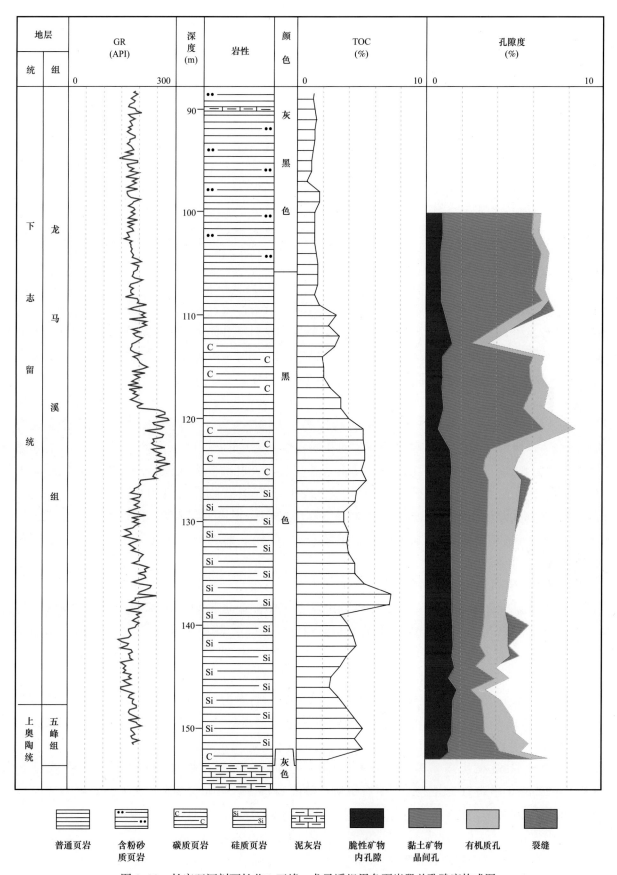

图 2-23　长宁双河剖面长芯 1 五峰—龙马溪组黑色页岩段总孔隙度构成图

表 2-17　长宁双河长芯 1 井五峰组与龙马溪组下段总孔隙度构成表

深度 （m）	TOC （%）	孔隙度（%）					总孔隙百分比构成（%）			
		脆性矿物 内孔隙	黏土矿物 晶间孔	有机质孔	裂缝	合计	脆性矿物 内孔隙	黏土矿物 晶间孔	有机质孔	裂缝
100～ 109	1.26～ 1.62/1.39	0.85～ 0.97/0.91	5.00～ 5.60/5.28	0.44～ 0.57/0.49	0	6.41～ 6.95/6.68	12.3～ 15.1/13.6	77.8～ 80.9/79.0	6.8～ 8.6/7.3	0
109～ 119	1.94～ 2.99/2.41	0.94～ 1.54/1.08	1.00～ 5.05/4.20	0.68～ 1.07/0.85	0～ 0.71/0.12	3.55～ 7.24/6.24	13.7～ 43.5/19.4	28.1～ 75.5/64.3	10.2～ 28.5/14.7	0～ 9.8/1.6
119～ 153	2.44～ 7.32/4.09	0.74～ 1.78/1.41	0.78～ 5.83/2.38	0.86～ 1.90/1.44	0～ 1.16/0.12	3.42～ 8.35/5.34	8.8～ 51.9/26.4	22.7～ 74.6/44.6	12.5～ 35.6/27.0	0～ 19.8/2.2

注：表中数值区间表示为最小值～最大值 / 平均值。

图 2-22 显示 110m 以浅（TOC>1% 页岩段 25 个深度点）和 110～153m（TOC>2% 页岩段 23 个深度点）两段基质孔隙度计算值与孔隙度实测值在大多数深度点差异不大，既反映 3 个刻度点以及 V_{Bri}、V_{Clay} 和 V_{TOC} 计算值符合长宁双河地区五峰组—龙马溪组页岩储集空间的实际地质状况，可以作为预测该地区基质孔隙度及其构成的有效地质依据，同时也说明该井储集空间在大多数深度点以基质孔隙为主，仅在少数深度点出现裂缝，裂缝孔隙总体欠发育。

图 2-23 显示长芯 1 井 100～153m 48 个深度点的总孔隙度构成。在 100～153m 页岩段，总孔隙度为 3.4%～8.4%（平均为 5.5%），基质孔隙度为 3.4%～8.2%（平均为 5.4%），裂缝孔隙度为 0～1.2%（平均为 0.1%）。在基质孔隙中，有机质孔隙度为 0.4%～1.9%（平均为 1.2%），在总孔隙度中占比为 6.8%～35.6%（平均为 21.5%）；黏土矿物晶间孔隙度为 0.8%～5.6%（平均为 3.0%），在总孔隙度中占比为 22.7%～80.9%（平均为 52.8%）；脆性矿物孔隙度为 0.7%～1.7%（平均为 1.2%），在总孔隙度中占比为 8.8%～51.9%（平均为 24.1%）。裂缝孔隙仅分布于 109.5m、126m、140m 和 143m 共 4 个深度点，即在五峰组顶部—龙马溪组底部（126～143m 段）相对较发育，在其他深度点基本不发育。

为了解富有机质页岩段储集空间的纵向变化特征，现自下而上按 TOC 由高到低分三段进行重点说明（表 2-17）。在 119～153m 优质页岩段，TOC 普遍大于 3%（一般为 2.44%～7.32%，平均为 4.09%），总孔隙度为 3.42%～8.35%（平均为 5.34%），其中有机质孔隙度 0.86%～1.90%（平均为 1.44%），在总孔隙度中占比为 12.5%～35.6%（平均为 27.0%），裂缝孔隙度为 0～1.16%（平均为 0.12%），在总孔隙度中占比为 0～19.8%（平均为 2.2%），脆性矿物孔隙度为 0.74%～1.78%（平均为 1.41%），在总孔隙度中占比为 8.8%～51.9%（平均为 26.4%），黏土矿物晶间孔隙度为 0.78%～5.83%（平均为 2.38%），在总孔隙度中占比为 22.7%～74.6%（平均为 44.6%）（图 2-23，表 2-17）。

在 109～119m 次优质页岩段，TOC 普遍为 1.94%～2.99%（平均为 2.41%），总孔隙度为 3.55%～7.24%（平均为 6.24%），其中有机质孔隙度为 0.68%～1.07%（平均为 0.85%），在总孔隙度中占比 10.2%～28.5%（平均为 14.7%），裂缝孔隙度为 0～0.71%（平均为 0.12%），在总孔隙度中占比为 0～9.8%（平均为 1.6%），脆性矿物孔隙度 0.94%～1.54%（平均为 1.08%），在总孔隙度中占比 13.7%～43.5%（平均为 19.4%），黏土矿物晶间孔隙度 1.00%～5.05%（平均为 4.20%），在总孔隙度中占比为 28.1%～75.5%（平均为 64.3%）（图 2-23，表 2-17）。

在 100～109m 普通页岩段，TOC 普遍为 1.26%～1.62%（平均为 1.39%），总孔隙度为 6.41%～6.95%（平均为 6.68%），其中有机质孔隙度为 0.44%～0.57%（平均为 0.49%），在总孔隙度中占比为 6.8%～8.6%（平均为 7.3%），裂缝孔隙度为 0，脆性矿物孔隙度 0.85%～0.97%（平均为 0.91%），在总孔隙度中占比为 12.3%～15.1%（平均为 13.6%），黏土矿物晶间孔隙度为 5.00%～5.60%（平均为 5.28%），在总孔隙度中占比为 77.8%～80.9%（平均为 79.0%）（图 2-23、表 2-17）。

可见，在长宁构造斜坡区，五峰组—龙马溪组裂缝孔隙总体不发育，孔隙类型以基质孔隙为主；有机质孔、脆性矿物内孔隙和裂缝三种孔隙度及其占比在优质页岩段较高，在贫有机质页岩段较低，而黏土矿物晶间孔隙度及其占比在优质页岩段相对较低，在贫有机质页岩段则较高。这说明，沉积环境、有机质生烃和构造活动对页岩优质储集空间发育具有至关重要的控制作用。

第二节　永善苏田剖面

永善苏田五峰组—龙马溪组剖面位于云南省永善县苏田村（图 1-2），海拔 430m。出露厚度超过 100m，但只有埃隆阶 LM6 笔石带出露完整（图 2-24），是了解川南坳陷 LM6 笔石带岩相组合和沉积特征的重要剖面。

图 2-24　永善苏田五峰组—龙溪组剖面全景

一、页岩地层特征

永善苏田剖面五峰组—龙马溪组厚度超过 200m，其中五峰组—鲁丹阶（小层编号为 1—3）厚 24.5m，因坍塌和风化严重、界限不清，已无法开展有效勘测；埃隆阶（4 层及以浅）厚度超过 150m，仅 *Demirastrites triangulatus* 带（小层编号为 4—20）出露完整且顶底界清楚，厚度为 53m，*Lituigrapatus convolutus* 带及以浅（小层编号为 21—26）仅少量出露（图 2-25）。本节重点对埃隆阶进行描述（图 2-25、图 2-26、图 2-27）。

1. 五峰组—鲁丹阶

实测厚度为24.5m。中下部23.59m位于坍塌区，黑色含钙质页岩，经风化后呈书页状，页理十分发育（图2-26a）。上部0.9m（3层）为中层状硅质页岩，含钙质（滴酸起泡），见尖笔石、冠笔石。

2. 埃隆阶

实测厚度为128.8m，自下而上沉积由深水相向浅水相缓慢过渡的岩相组合（图2-25—图2-28）。下部54m（*Demirastrites triangulatus* 带）为灰黑色黏土质硅质混合页岩、含钙质黏土质页岩和碳质页岩，夹多层钙质结核层和斑脱岩，中部（*Lituigrapatus convolutus* 带）为深灰色黏土质页岩，位于坍塌区，上部为灰色、灰绿色黏土质页岩，植被覆盖严重。

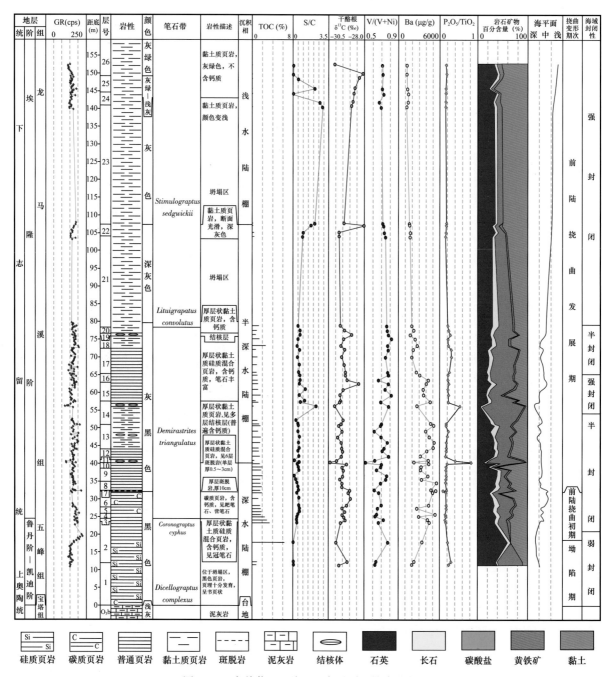

图2-25 永善苏田五峰组—龙马溪组综合柱状图

(a) 五峰组—鲁丹阶，坍塌区，风化严重

(b) 半耙笔石带底部（4—6层），碳质页岩

(c) 半耙笔石带下部厚层斑脱岩（7层），厚10cm

(d) 半耙笔石带下部（8—10层），厚层状黏土质页岩，含钙质

(e) 半耙笔石带下部钙质结核层（11层），结核体显面包状

(f) 半耙笔石带中部（14层），含钙质黏土质页岩与结核体

(g) 半耙笔石带中上部（17层），厚层状含钙质黏土质页岩

(h) 半耙笔石带上部（18—20层），钙质页岩与黏土质页岩

(i) 埃隆阶中上部（21—23层），块状黏土质页岩，深灰色　　　　(j) 埃隆阶上部（25层），块状黏土质页岩，灰绿色

图 2-26　永善苏田五峰组—龙马溪组露头照片

(a) 6层顶部笔石，冠笔石和耙笔石　　　　　　(b) 21层底部笔石，*Lituigrapatus convolutus*笔石

图 2-27　永善苏田五峰组—龙马溪组化石照片

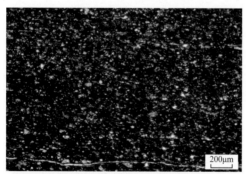
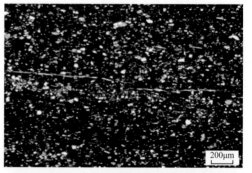

(a) 2层黏土质硅质混合页岩，纹层不发育　　　　(b) 4层碳质页岩，隐约可见纹层，亮色颗粒主要为石英，
　　　　　　　　　　　　　　　　　　　　　　　其次为方解石、黄铁矿

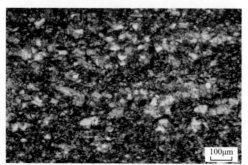

(c) 11层钙质结核，泥晶灰岩，亮色颗粒为方解石，其次为石英　　(d) 14层钙质结核，泥晶灰岩，亮色颗粒主要为方解石，
　　　　　　　　　　　　　　　　　　　　　　　　　　　　　　其次为石英

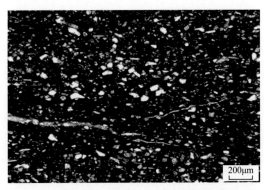
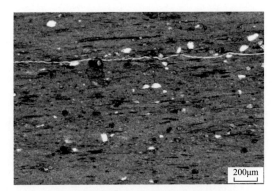

(e) 17层钙质硅质混合页岩，隐约可见纹层，亮色颗粒主要为方解石，其次为石英

(f) 22层黏土质页岩，显纤维结构，纹层发育，亮色颗粒主要为石英

图 2-28　永善苏田五峰组—龙马溪组岩石薄片

二、电性特征

五峰组—鲁丹阶因位于滑塌区，地层界限不清且风化严重，电性特征不能反映页岩地层真实状态，本节就不对其进行详细描述，仅对埃隆阶（主要是 *Demirastrites triangulatus* 带）进行说明。

根据剖面 GR 检测资料（图 2-25、图 2-29），埃隆阶 GR 响应值一般为 117～219cps（多数层段介于 138～200cps）。在 *Demirastrites triangulatus* 带，岩性主要为含钙质碳质页岩、黏土质页岩与钙质结核体组合，GR 响应值介于 117～219cps 且显示多峰多谷特征，基值普遍介于 150～200cps，最高值出现在厚层斑脱岩（7 层），次级峰值出现于黏土质页岩和碳质页岩段，低谷响应则主要出现于该笔石带下部和中部的钙质结核体发育段（11 层、13 层和 14 层等）；在 *Lituigraptus convolutus* 带及以浅，随着水体变浅和黏土质显著增多，结核体消失，GR 响应值减小至 137～170cps。

三、有机地球化学特征

在永善地区，凯迪阶—埃隆阶中部为连续深水沉积，干酪根类型为 I—II₁ 型，总体处于有机质过成熟阶段。

1. 有机质类型

永善埃隆阶黑色页岩段干酪根 $\delta^{13}C$ 值普遍为 –30.4‰～ –27.9‰，在 *Demirastrites triangulatus* 带和 *Lituigraptus convolutus* 带下部总体较稳定（普遍为 –30.1‰～–28.9‰），在埃隆阶上部灰色、灰绿色页岩段偏重（–28.9‰～–28.1‰）（图 2-25）。另据长宁双河长芯 1 井干酪根显微组分检测结果显示，川南南部五峰组—龙马溪组有机质主要为腐泥质和藻粒体（两者占 77%～86.2%）。这表明，位于川南西南部的永善地区五峰组—龙马溪组干酪根属 I—II₁ 型。

图 2-29　永善苏田 *Demirastrites triangulatus* 带厚层斑脱岩和钙质结核体 GR 响应图

2. 有机质丰度

根据苏田剖面地球化学资料（图2-25），永善埃隆阶TOC值一般为0.1%～2.5%，平均为1.1%（55个样品）（图2-25），其中 *Demirastrites triangulatus* 带和 *Lituigraptus convolutus* 带底部TOC值较稳定，一般为0.2%～2.5%，平均为1.4%，其中TOC＞2%的高值段位于 *Demirastrites triangulatus* 带底部，厚度不超过2m；*Lituigraptus convolutus* 带中部及以上TOC值低，一般为0.1%～0.4%（平均为0.2%）。这说明，*Demirastrites triangulatus* 带和 *Lituigraptus convolutus* 带底部为深水沉积，TOC＞1%的黑色页岩段超过55m，但埃隆阶基本不发育TOC＞2%的富有机质页岩。

根据川南长宁双河剖面资料推测，该区五峰组—鲁丹阶应为TOC＞2%的富有机质页岩，连续厚度应为24.5m，若考虑埃隆阶黑色页岩段，永善地区五峰组—龙马溪组TOC＞1%的黑色页岩段超过80m，其中TOC＞2%的富有机质页岩在25m左右。

3. 热成熟度

根据有机质激光拉曼光谱检测结果（图2-30），永善龙马溪组 R_o 为3.59%～3.67%，D峰与G峰峰间距和峰高比分别为271.07～275.32cm^{-1}和0.71～0.78，在G′峰位置（对应拉曼位移2653.1cm^{-1}）出现中等幅度石墨峰。

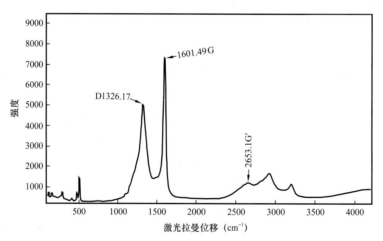

图2-30　永善苏田龙马溪组有机质激光拉曼图谱

根据氩离子抛光+SEM检测结果（图2-31），永善地区龙马溪组镜下有机质孔较少，面孔率仅为5.8%，与长宁地区筇竹寺组面孔率为4.6%～10.6%水平相当（王玉满等，2013，2014），远低于长宁气田龙马溪组面孔率为11.9%～23.9%的水平（王玉满等，2013，2014），同样显示出有机质炭化特征。

另据永善地区YYY1井测井资料（图2-32、图2-33），在五峰组—龙马溪组黑色页岩段（2922～3067m），测井电阻率Rt曲线呈明显的"细脖子型"特征，即底部86m富有机质页岩段Rt值一般为0.2～1.0Ω·m（平均为0.5Ω·m，低于巫溪龙马溪组1个数量级，略高于宾夕法尼亚州东北部高过成熟的Marcellus页岩，与利川LY1龙马溪组相当），且至少低于上部贫有机质页岩段2个数量级，并与TOC负相关。另外，区内页岩气钻井已超过5口，且在龙马溪组下部富有机质页岩段均发现测井电阻率曲线普遍显"细脖子型"特征（图2-33），其中YYY1—Y201井区富有机质页岩段电阻率小于2Ω·m且低于贫有机质页岩段2个数量级，显示出有机质严重炭化特征，推测

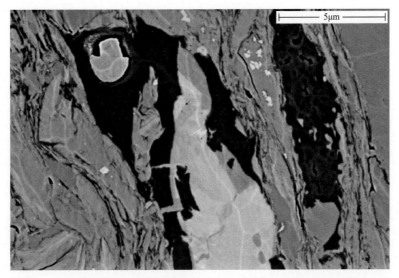

图2-31　永善苏田龙马溪组氩离子抛光+SEM照片（有机质面孔率为5.8%）

该区域为炭化中心区（R_o值为3.6%～3.8%）（图2-33）；B1井富有机质页岩段电阻率小于8Ω·m且低于贫有机质页岩段2个数量级，显示出有机质弱炭化特征（与巫溪地区相当），推测该井区R_o值为3.50%～3.55%；向北至GS1井区，电阻率曲线显示正常（富有机质页岩段电阻率一般在20Ω·m以上），说明龙马溪组未出现有机质炭化特征。根据电阻率剖面判断，龙马溪组有机质炭化区东界位于B1井东侧附近，北界则位于Y201井与GS1井区之间（天宫堂构造中南部）（图1-19、图2-33）。

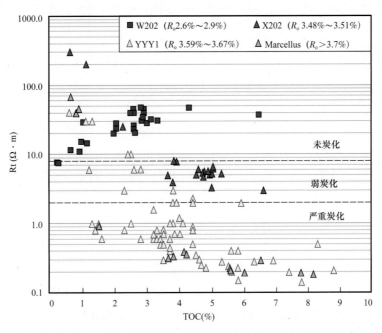

图2-32　云永页1（YYY1）井五峰组—龙马溪组有机质丰度与测井电阻率关系图版

　　从拉曼和电阻率响应特征看，永善地区龙马溪组有机质炭化区分布面积约为5000km²（图1-19），其中永善苏田—Y201井一带为炭化区腹部（严重炭化区），热演化程度明显高于长宁和巫溪探区，与利川探区相当，即已进入有机质炭化的超无烟煤阶段（刘德汉等，2013）；向东、向北则炭化程度减弱，并进入有机质非炭化区。

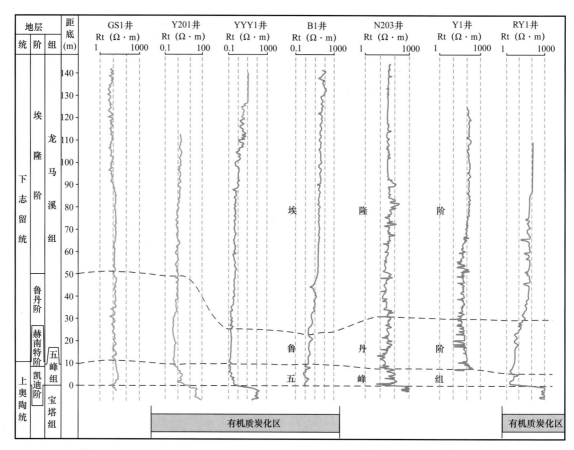

图 2-33　RY1—Y1—N203—B1—YYY1—Y201—GS1 井龙马溪组电阻率曲线对比

四、沉积特征

1. 岩相与岩石学特征

永善苏田埃隆阶总体为下部富黏土质、钙质和有机质，中上部富黏土质、贫有机质的页岩地层，现分小层描述如下。

4 层厚 1.45m，碳质页岩，含钙质，页理发育（图 2-26b），见半耙笔石和营笔石，镜下隐约可见纹层（图 2-28b）。GR 响应为中高幅度值（175～195cps）。TOC 为 1.74%～2.49%，岩石矿物组成为石英 34.8%～37.4%、长石 8.0%～8.5%、方解石 9.8%～12.3%、白云石 12.0%～14.2%、黄铁矿 3.2%～3.6%、黏土矿物 27.0%～29.2%。

5—6 层厚 6.28m，碳质页岩，含钙质，页理发育（图 2-26b），见半耙笔石和冠笔石（图 2-27a）。GR 响应为中等幅度值（155～169cps）。TOC 为 1.24%～1.90%，岩石矿物组成为石英 23.8%～33.3%、长石 5.7%～11.6%、方解石 5.6%～15.8%、白云石 8.4%～18.5%、黄铁矿 1.3%～4.0%、石膏 0～0.6%、黏土矿物 21.7%～55.1%。

7 层厚 0.10m，半耙笔石带厚层斑脱岩（图 2-26c）。GR 响应为尖峰特征（181～219cps）。TOC 为 0.09%，岩石矿物组成为石英 3.5%、长石 6.5%、黄铁矿 4.1%、石膏 1.1%、黏土矿物 84.8%。

8 层厚 3.59m，厚层状黏土质页岩，含钙质（图 2-26d），中间和顶部见 2 层斑脱岩（单层 1～3cm）。GR 响应为中等幅度值（164～183cps）。TOC 为 1.56%～1.88%，岩石矿物组成为石英30.7%～36.9%、长石7.7%～10.5%、方解石3.3%～15.0%、白云石9.6%～18.2%、黄铁矿1.5%～3.3%、石膏0.2%～1.2%、黏土矿物22.6%～37.3%。

9层厚2.74m，厚层状黏土质页岩，含钙质（图2-26d），见4层斑脱岩（单层1～3cm）和少量结核体。GR响应为中等幅度值（153～173cps）。TOC为1.78%～2.06%，岩石矿物组成为石英39.1%～39.4%、长石7.5%～7.9%、方解石2.1%～8.7%、白云石4.5%～8.8%、黄铁矿2.9%～3.9%、石膏0.7%～3.3%、黏土矿物31.6%～39.6%。

10层厚1.56m，厚层状黏土质页岩，含钙质，局部出现球状结核体（30cm×50cm）（图2-26d）。GR响应为中等幅度值（163～179cps）。TOC为1.51%～2.08%，岩石矿物组成为石英21.3%～36.0%、长石4.1%～9.0%、方解石2.5%～5.1%、白云石3.5%～11.6%、黄铁矿1.6%～2.2%、石膏0.4%～0.7%、黏土矿物36.3%～65.7%。

11层厚0.77m，钙质结核层，单个结核体呈面包状（尺寸为40cm×150cm）（图2-26e），镜下见泥晶灰岩（图2-28c）。GR响应为低幅度值，且自边缘向结核体中心降低，一般为123～167cps，反映钙质自核部向边缘减少、黏土质向边缘增多的成分变化特征。TOC为0.17%～0.43%，结核体矿物组成为石英12.6%～21.2%、长石2.5%～3.8%、方解石64.0%～80.5%、白云石1.7%～2.2%、黄铁矿0.2%～1.5%、石膏0～0.2%、黏土矿物2.5%～7.2%。

12层厚3m，黏土质硅质混合页岩，块状，含钙质。GR响应为中等幅度值（158～180cps）。TOC为1.31%～1.52%，岩石矿物组成为石英32.4%～35.6%、长石6.6%～6.7%、方解石4.6%～7.6%、白云石14.6%～17.2%、黄铁矿3.1%～3.2%、石膏0.7%～1.0%、黏土矿物31.7%～35.0%。

13层厚6.96m，块状黏土质页岩，夹4层钙质结核层（单层厚25～35cm）。GR响应为中高幅度值（156～210cps）。TOC为1.14%～1.71%，岩石矿物组成为石英25.7%～33.7%、长石4.6%～13.7%、方解石9.4%～13.7%、白云石12.6%～25.6%、黄铁矿1.5%～3.9%、石膏0.2%～0.6%、黏土矿物21.1%～30.9%。

14层厚6.58m，块状黏土质页岩，见2层钙质结核层（单个结核体尺寸为35cm×50cm，镜下显泥晶灰岩）（图2-26f、图2-28d）。GR幅度值一般为117～182cps（结核层为117～139cps）。TOC为0.29%～1.35%，岩石矿物组成为石英5.7%～27.0%、长石3.1%～7.8%、方解石14.4%～77.5%、白云石8.6%～22.7%、黄铁矿1.6%～3.4%、石膏0～1.1%、黏土矿物3.5%～26.3%。

15层厚5.31m，中—厚层状黏土质硅质混合页岩，含钙质。GR幅度值一般为145～181cps。TOC为0.7%～1.66%，岩石矿物组成为石英16.7%～27.4%、长石4.5%～10.5%、方解石15.2%～20.0%、白云石11.8%～33.0%、黄铁矿1.9%～4.3%、石膏0～0.4%、黏土矿物16.1%～49.5%。

16层厚2.46m，中—厚层状黏土质硅质混合页岩，含钙质（滴酸起泡）。GR幅度值一般为155～189cps。TOC为1.02%～1.10%，岩石矿物组成为石英19.4%～20.5%、长石4.9%～7.4%、方解石28.5%～31.2%、白云石14.8%～16.3%、黄铁矿2.2%～2.3%、黏土矿物26.2%～26.3%。

17层厚7.14m，中—厚层状黏土质硅质混合页岩，含钙质（滴酸起泡）（图2-26g），镜下隐约可见纹层，亮色颗粒主要为方解石，其次为石英（图2-28e）。GR幅度值一般为138～181cps。TOC为0.72%～1.02%，岩石矿物组成为石英18.1%～22.9%、长石6.5%～9.2%、方解石23.8%～49.7%、白云石8.0%～25.0%、黄铁矿0.9%～3.3%、石膏0.1%～0.4%、黏土矿物15.5%～25.3%。

18层厚3.49m，厚层状黏土质页岩，含钙质（滴酸起泡）。GR响应为中高幅度值（173～204cps）。TOC为1.43%～2.64%，岩石矿物组成为石英28.0%～28.5%、长石6.9%～9.3%、方解石 17.5%～19.5%、白云石 6.6%～8.2%、黄铁矿 3.1%～4.4%、石膏 0～0.5%、黏土矿物 33.2%～34.3%。

19 层厚 0.69m，钙质页岩层，滴酸起浓泡，局部显结核体形态（图 2-26h）。GR 响应为中等幅度值（163～177cps）。TOC 为 0.68%，岩石矿物组成为石英 25.3%、长石 5.8%、方解石 39.3%、白云石 11.6%、黄铁矿 1.7%、黏土矿物 11.6%。

20 层厚 1.82m，厚层状含钙质黏土质页岩，局部见钙质结核体（单个结核体尺寸为 25cm×60cm）。GR 响应为中高幅度值（160～185cps）。TOC 为 0.91%，岩石矿物组成为石英 26.3%、长石 8.7%、方解石 22.9%、白云石 13.0%、黄铁矿 2.1%、石膏 0.1%、黏土矿物 26.9%。

21 层厚 25.7m，岩相纵向变化大。底部 1.5m 为含钙质黏土质页岩，见 *Lituigrapatus convolutus* 笔石（图 2-27b），GR 响应为中高幅度值（159～190cps）；中部 23.46m 为坍塌区；顶部为深灰色黏土质页岩，基本不含钙质，断面细腻，GR 响应为中等幅度值（151～163cps）。TOC 为 0.41%～1.34%，岩石矿物组成为石英 29.1%～29.9%、长石 4.8%～12.7%、方解石 11.3%～25.4%、白云石 3.0%～11.5%、黄铁矿 2.2%～2.8%、石膏 0～0.2%、黏土矿物 26.0%～41.1%。

22 层厚 3.29m，深灰色黏土质页岩，断面细腻、光滑，黏土质显著增加（图 2-26i），GR 响应为中等幅度值（152～184cps）。TOC 为 0.20%～0.39%，岩石矿物组成为石英 29.2%～35.7%、长石 4.7%～5.5%、方解石 3.8%～8.6%、白云石 5.1%～6.8%、黄铁矿 1.1%～6.1%、黏土矿物 42.3%～51.1%。

23 层厚 33.59m，底部为深灰色黏土质页岩，GR 响应为中高幅度值（183～186cps）；中部 31.95m 为植被覆盖；顶部为灰色黏土质页岩，不含钙质，GR 响应为中等幅度值（146～159cps）。TOC 为 0.09%～0.16%，岩石矿物组成为石英 33.7%～35.4%、长石 4.8%～5.6%、方解石 2.8%～8.0%、白云石 1.2%～6.7%、黄铁矿 0.3%～1.3%、黏土矿物 49.0%～51.2%。

24 层厚 3.69m，黏土质页岩，自下而上颜色由灰色逐渐变为浅灰色、灰绿色，GR 响应为中等幅度值（143～161cps）。TOC 为 0.08%，岩石矿物组成为石英 31.3%～37.7%、长石 3.6%～4.8%、方解石 4.8%～4.9%、白云石 0～4.9%、黄铁矿 0～0.6%、黏土矿物 52.6%～54.8%。

25—26 层厚 8.6m 以上，浅灰色、灰绿色黏土质页岩（图 2-26j），GR 响应为中等幅度值（137～171cps）。TOC 为 0.06%～0.07%，岩石矿物组成为石英 22.8%～39.4%、长石 3.2%～6.2%、方解石 3.5%～10.2%、白云石 0～4.0%、黄铁矿 0～0.3%、黏土矿物 47.1%～66.2%。

从 GR 响应、地球化学和岩石矿物学等特征看，1 层至 23 层下部为暗色页岩段，厚度约为 110m。半耙笔石带（*Demirastrites triangulatus* 带）为前陆期黑色页岩沉积主体，钙质含量普遍较高（方解石平均 20.5%、白云石平均 14.2%），岩相组合和电性特征在川南坳陷腹部具有典型性，可以与 DT1、Y101 井对比。

2. 钙质结核体分布特征及沉积环境意义

永善苏田剖面是研究川南坳陷及其周缘龙马溪组大型结核体（尤其是含钙质结核体）的典型剖面（图 2-34、图 2-35），该地区半耙笔石带（主要为厚层斑脱岩以上 50m）为钙质结核体集中发育段，至少发育 3 层钙质结核体，分别位于埃隆阶 LM6 带下部和中部（图 2-25，表 2-18）。下层结核体（11 层）位于厚层斑脱岩以上 7.8m 处，结核体呈面包状、椭球状，厚 40～80cm，为碳质页岩围限且呈突变接触，结核体中心区钙质含量高，见方解石晶体，颜色较浅，显均质层理，边缘颜色变深。受结核体内岩石矿物成分差异影响，GR 多表现为在核体中央区为低值响应

（123～167cps）、在核体边缘为中高值响应的显著特征，这反映了钙质、硅质等脆性矿物主要富集于结核体中心区，黏土质和有机质则富集于结核体边缘的分异特征（表2-18、图2-29）。围岩与结核体差异明显，围岩GR为170～185cps（表2-18、图2-25），反映黏土质和有机质含量较高。

表2-18　永善苏田龙马溪组结核体地质参数表

剖面位置	笔石带	结核体特征					围岩特征		
		形态	尺度（cm）	岩性特征	TOC（%）	地质参数	沉积速率（m/Ma）	岩相	地质参数
永善苏田	LM6	面包状椭球状	长轴：50～150 短轴：35～80	钙质页岩相，中心区钙质含量高，颜色较浅，灰色，向边缘黏土质增加，颜色变深	0.2～0.4	GR为123～153cps，石英含量为5.0%～20.0%，方解石＋白云石含量为67.0%～84.0%，黄铁矿含量为3.0%～5.0%，黏土含量为6.0%～10.0%	34.60	碳质页岩	GR为170～185cps，TOC为1.3%～2.1%，石英含量为30.0%～35.0%，方解石含量为10.0%～12.0%，白云石含量为0～5.0%，黄铁矿含量为2.0%，黏土含量为51.0%～52.0%

永善龙马溪组结核层普遍赋存于TOC为1.3%～2.1%、黏土含量超过40%、脆性指数低于50%的碳质页岩和黏土质页岩中（表2-18，图2-25），说明结核层主要出现在优质页岩沉积结束之后，基本不与优质页岩共生（图2-35）。另外，结核层在自然伽马曲线上多呈低谷响应特征，与赫南特阶GR峰、*Coronograptus cyphus*带底部斑脱岩密集段GR峰和半耙笔石带厚层斑脱岩GR峰形成鲜明反差（图2-25、图2-35）。因此，在川南地区龙马溪组地质评价工作中，将结核层与笔石、斑脱岩密集段相结合，对开展*Coronograptus cyphus*、*Demirastrites triangulatus*等笔石带分层和优质页岩分布研究具有重要的参考价值。

海相页岩中的结核体多为同沉积期—早成岩期结核（张先进等，2013；庞谦等，2017；Astin TR，1986；Alessandretti L等，2015）。其中，钙质结核体主要为成岩早期还原菌降解有机质形成，是成岩早期的微生物降解带（埋深一般几十米至数百米）中硫酸盐还原菌降解有机质并产生HCO_3^-，Mg^{2+}和Ca^{2+}与HCO_3^-结合，进而产生钙质沉淀（形成结核体）（张先进等，2013；庞谦等，2017；Mozley P S和Burns S J，1993；Bojanowski M J等，2014）；硅质结核体多为同沉积结核体，即富硅软泥在同生—成岩初期经差异压实和硅质沉淀而形成（张先进等，2013；金若谷，1989）。龙马溪组结核体多具水平纹层或均质层理，与围岩相互不切割层理且呈突变接触，不具圈层结构，为同沉积—成岩早期形成。

在奥陶纪和志留纪之交，扬子地台经历了台地陆棚转换期（五峰组沉积初期）、隆坳形成期（五峰组沉积早中期至*Coronograptus cyphus*带底部斑脱岩密集段出现之前）、前陆挠曲初期（*Coronograptus cyphus*带底斑脱岩密集段出现之后至半耙笔石带厚层斑脱岩出现之前）、前陆挠曲发展期（半耙笔石带厚层斑脱岩出现之后）共4个阶段（王玉满等，2018，2019）。从川南坳陷及周边结核体发育层位和空间展布特征看（图2-25、图2-34、图2-35），龙马溪组结核体形成于前陆挠曲初期和前陆挠曲发展期，且与TOC大于1.0%的黏土质页岩、碳质页岩相伴生，其分布区和形成环境具有3个显著特征：（1）处于前陆挠曲活跃期，华南板块与扬子板块碰撞、拼合作用强烈（王玉满等，2017，2018，2019；戎嘉余等，2018），物源输入稳定性变差，导致陆源碎屑供给常常发生阵发性、短暂性改变（由黏土质输入为主转为以碳酸盐、石英等脆性物质输入为主），确保短期内水体和沉积物中 Ca^{2+}、Mg^{2+}、石英富集；（2）水体较深（深水—半深水陆棚，水深超过60m）且较安静（王玉满等，2015，2017；邹才能等，2015），在海底形成还原环境（图2-34），有机质较富集，具有硫酸盐细菌还原有机质的物质基础；（3）上覆沉积物黏土质含量高（平均含量超过45%），沉积速度快（沉积速率平均为34.60m/Ma）（表2-18），确保结核层 Ca^{2+}、Mg^{2+}、石英、有机质等沉积物快速进入埋深几十米至数百米的微生物降解带（Mozley P S 和 Burns S J，1993；Bojanowski M J 等，2014），有利于硫酸盐细菌还原有机质，促进钙质、硅质在短期内规模沉淀（结核快速生长）。

永善地区龙马溪组大型结核体（尤其是含钙质结核体）为原位生长，仅在半耙笔石带产出且在厚层斑脱岩（7层）以浅出现，具有邻近黔中古陆、长于深水区、发育于前陆期的显著特征，是深水—半深水陆棚相快速沉积的产物（图2-34），也是前陆期物源输入稳定性变差和陆源碎屑物质发生突发性、短暂性改变的重要标志。这表明结核体一般不会在缓慢沉积的深水环境中产生，也不会在快速沉积的浅水环境中产生，缓慢沉积的深水环境中 Ca^{2+}、Mg^{2+} 和石英等陆源物质输入稳定、黏土质欠补偿，沉积物中岩石矿物分异较低，以硅质页岩、钙质硅质混合页岩等均质岩相沉积为主（五峰组和鲁丹阶下段；图2-25）；浅水环境中陆源物质输入量高、有机质丰度低，虽然 Ca^{2+}、Mg^{2+}、黏土等物源输入量大、沉积速度快、岩石矿物分异度高，但在成岩早期的微生物降解带，因缺少有机质微生物降解作用难以产生足够钙质沉淀的 HCO_3^-（埃隆阶上段；图2-25、图2-35）。可见，在川南坳陷区，龙马溪组不具备大型结核体与优质页岩共生的沉积背景，因为后者发育于构造稳定期深水缓慢沉积环境（沉积速率一般低于15m/Ma）（王玉满等，2017，2018，2019；邹才能等，2015）。

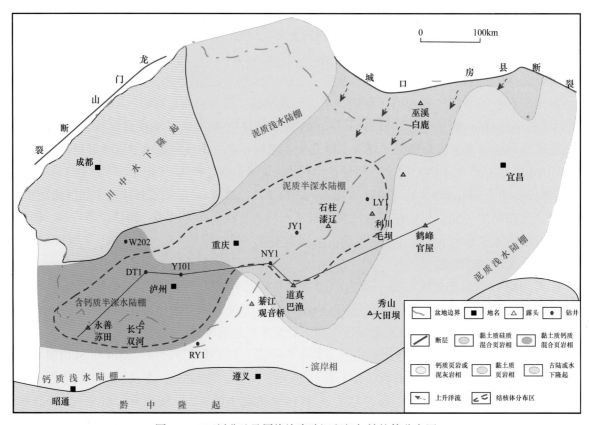

图 2-34　四川盆地及周缘埃隆阶沉积相与结核体分布图

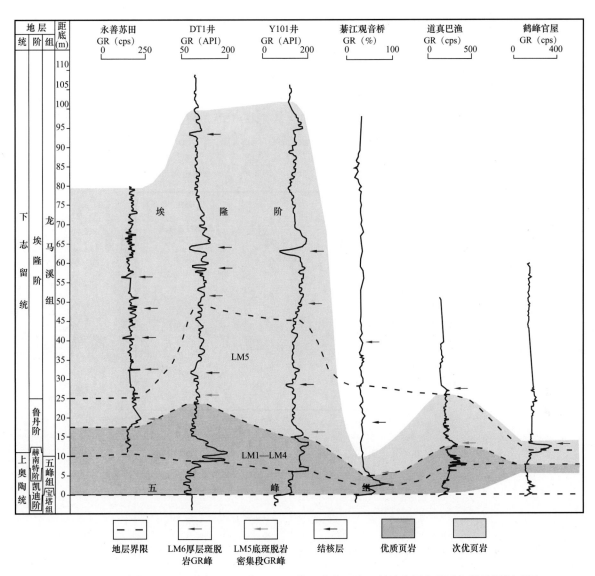

图 2-35　永善苏田—DT1 井—Y101 井—NY1 井—道真巴渔—鹤峰官屋龙马溪组结核层剖面图

3. 海平面

根据苏田剖面干酪根 $\delta^{13}C$ 资料，在埃隆早期（ *Demirastrites triangulatus* 带 ）和中期（ *Lituigraptus convolutus* 带下部），$\delta^{13}C$ 值主体为 –30.1‰～–29.1‰且基本保持稳定，显示永善海域海平面处于中高位；在埃隆晚期（22 层以上），$\delta^{13}C$ 值出现显著正漂移并介于 –28.9‰～–28.1‰，表明海平面已下降至中低水位（图 2-25）。这说明，在五峰组沉积期—埃隆期，永善海域始终处于有利于有机质保存的中—高水位状态，即海底持续为贫氧—缺氧环境。

4. 海域封闭性与古地理

永善地区在奥陶纪—志留纪之交处于川南坳陷腹部的西南区，与长宁双河相邻，海域封闭性与后者具有相似变化特征。根据苏田剖面有机地球化学资料（图 2-25），S/C 值在凯迪阶—鲁丹阶普遍为 0.01～0.39（平均为 0.17）低值，反映古水体处于低盐度、弱封闭状态；在埃隆阶 *Demirastrites triangulatus* 带，S/C 值升至中等水平，一般为 0.11～0.65（平均为 0.49），局部出现

0.57～2.26（平均为0.93）的高值水平，反映古水体主体处于正常盐度、半封闭状态，局部出现高盐度、强封闭状态；在 *Lituigraptus convolutus* 带及以上页岩段，S/C 比值继续升高至 0.54～2.89（平均为 1.57），反映古水体处于高盐度、强封闭状态（图 2-25）。

另据微量元素资料显示（图 2-36），永善海域在五峰组—埃隆阶下段具有较高 Mo 含量。在五峰组—鲁丹阶，Mo 值大多为 17.4～61.9μg/g，与巫溪地区相当，略高于威远（图 2-37），显弱封闭的缺氧环境。在埃隆阶 *Demirastrites triangulatus* 带，Mo 值介于 3.6～19μg/g（平均为 10.6μg/g），略高于威远（图 2-37），显半封闭的缺氧环境。

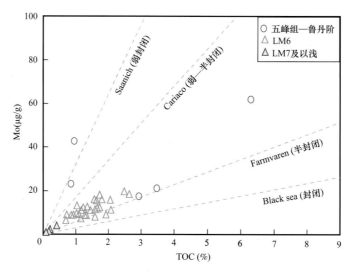

图 2-36　永善苏田五峰组—龙马溪组 Mo 与 TOC 关系图版

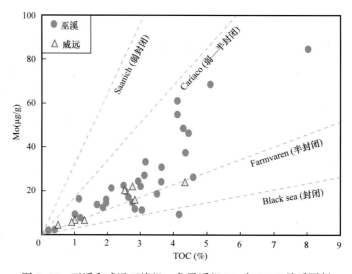

图 2-37　巫溪和威远五峰组—龙马溪组 Mo 与 TOC 关系图版

这说明，永善海域在五峰组沉积期—埃隆中期的较长时期内处于弱—半封闭环境，来源于外海的营养物质供给较充足。

5. 古生产力

在永善地区，古海洋 P、Ba 等营养物质含量丰富（图 2-25，表 2-19）。Ba 含量在五峰组—鲁丹阶、埃隆阶 *Demirastrites triangulatus* 带、*Lituigraptus convolutus* 带及以上分别为 1967～4499μg/g

（平均为3275μg/g）、1710～5514μg/g（平均为3703μg/g）和1172～1720μg/g（平均为1495μg/g）。与长宁、石柱、巫溪等地区相比，永善五峰组—鲁丹阶Ba含量总体高于正常水平，*Demirastrites triangulatus*带Ba含量则明显高于长宁、石柱地区，但低于巫溪和毛坝地区，*Lituigraptus convolutus*带及以上Ba含量与长宁相当（表2-19）。P_2O_5/TiO_2比值在龙马溪组沉积期总体保持在较高水平，一般介于0.15～0.40，局部可高达0.53～0.83，其中鲁丹阶P_2O_5/TiO_2比值为0.15～0.30且向上呈减小趋势，埃隆阶*Demirastrites triangulatus*带P_2O_5/TiO_2比值为0.15～0.83（平均为0.23）且自下而上缓慢增加，*Lituigraptus convolutus*带及以上P_2O_5/TiO_2比值则下降至0.15～0.17。

从P_2O_5/TiO_2比值和Ba含量变化趋势看，永善海域古生产力在五峰组沉积期—埃隆中期普遍较高，总体高于长宁、石柱等地区。

表2-19　永善及邻区五峰组—龙马溪组页岩Ba含量对比　　　　　　　单位：μg/g

序号	页岩段	永善苏田	长宁N211	石柱漆辽	巫溪田坝	利川毛坝
1	埃隆阶	LM7及以上：1172～1720/1495（8） LM6：1710～5514/3703（38）	1496～2503/1947（32）	1887～2943/2410（30）	2666～8470/4857（9）	2032～7057/4295（9）
2	鲁丹阶	1967～4499/3275（5）	1239～2054/1608（11）	1111～2173/1710（30）	1899～3194/2402（6）	1440～2440/1970（4）
3	五峰组		405～1092/892（5）	481～2480/990（22）	1054～4384/2292（4）	888～1991/1296（11）

注：表中数值区间表示为最小值～最大值/平均值，括号内为样品数。

6. 沉积速率

永善地区沉积速率在五峰组沉积期—鲁丹期（*Dicellograptus complexus*—*Coronograptus cyphus*带沉积期）总体较小，为3.58m/Ma（与巫溪五峰组沉积期—鲁丹期沉积速率相当），在埃隆早期（*Demirastrites triangulatus*带沉积期）开始加快，为34.62m/Ma，在埃隆晚期达到100m/Ma以上高值（表2-20）。与邻区相比，永善地区沉积速率变化趋势与利川、秭归相近，加快时间明显晚于川南南部—川东南地区（沉积速率加快期为鲁丹期*Coronograptus cyphus*带沉积期），但早于巫溪地区（沉积速率加快期为埃隆期*Lituigrapatus convolutus*带沉积期）。

表2-20　永善苏田五峰组—龙马溪组沉积速率统计表

统	阶	笔石带	沉积时间（Ma）	永善苏田			巫溪白鹿		
				厚度（m）	沉积速率（m/Ma）	TOC（%）	厚度（m）	沉积速率（m/Ma）	TOC（%）
下志留统	特列奇阶	*Spirograptus guerichi*	0.36				>25	>100	0.2～1.0
	埃隆阶	*Stimulograptus sedgwickii*	0.27	>75	>100	0.1～0.4/0.2	7.2	26.67	1.2～2.6
		Lituigrapatus convolutus	0.45				11.36	25.24	2.5～3.1
		Demirastrites triangulatus	1.56	54	34.62	0.2～2.5/1.4	2.46	1.58	2.1～3.2

统	阶	笔石带	沉积时间（Ma）	永善苏田			巫溪白鹿		
				厚度（m）	沉积速率（m/Ma）	TOC（%）	厚度（m）	沉积速率（m/Ma）	TOC（%）
下志留统	鲁丹阶	*Coronograptus cyphus*	0.80	24.5	3.58		27.77	7.59	1.7~5.1
		Cystograptus vesiculosus	0.90						
		Parakidograptus acuminatus	0.93						
		Akidograptus ascensus	0.43						
上奥陶统	赫南特阶	*Normalograptus persculptus*	0.60						
		Hirnantian					0.3	2.37	3
		Normalograptus extraordinarius	0.73				1.43		4.2~4.6
	凯迪阶	*Paraorthograptus pacificus*	1.86				6.57	2.67	8.02
		Dicellograptus complexus	0.60						

注：笔石带划分和沉积时间资料引自文献（邹才能等，2015；陈旭等，2017；樊隽轩等，2012）。

7. 氧化还原条件

根据微量元素资料，永善苏田剖面 V/（V+Ni）值与 TOC 相关性总体较好（图 2-25），是反映氧化还原条件的有效指标。研究认为，V/（V+Ni）低于 0.6 为氧化环境，介于 0.6~0.77 为贫氧环境，大于 0.77 为缺氧环境（邱振等，2017；Jones B 和 Manning David A C，1994）。永善地区 V/（V+Ni）值在五峰组—埃隆阶中段（1—21 层，厚约 80m）为 0.62~0.82，平均为 0.71（42 个样品）（图 2-25），在埃隆阶上段（22—26 层）受黏土质增加影响一般介于 0.71~0.75，显示数据可靠性降低。这说明，永善海域在五峰组沉积期—埃隆中期主体为深水—半深水的贫氧—缺氧环境，有利于有机质保存和富集。

第三节 綦江观音桥剖面

一、概述

綦江观音桥上奥陶统—下志留统页岩地层剖面位于重庆市綦江县安稳镇南 4km（图 1-2），构造位置为四川盆地东南部金佛山背斜的北翼。该剖面沿川黔公路自南向北展开，全长 1245m，五峰组—龙马溪组厚度为 147m，除局部植被覆盖、风化严重外，整体出露完整，关键界面清楚，化石丰富，交通便利，易于观察与测量。

綦江观音桥剖面发现于 1930 年，整个古生界为连续沉积，志留系是该地区标志性的海相地层剖面之一。2007 年以来，中国石油勘探开发研究院、西南油气田公司等单位对上奥陶统五峰组—

下志留统龙马溪组海相页岩做过多次观察及样品采集等工作，西南油气田公司 2009 年钻探的页岩地质浅井——安 1 井位于剖面的中下部，揭示龙马溪组视厚度为 118.25m。

二、地层与岩性特征

綦江观音桥剖面共发现凯迪阶—埃隆阶 10 个笔石带，共划分为 44 个小层 11 个岩性段，其中五峰组可分为下部笔石页岩段和上部观音桥段，龙马溪组自下而上细分为 6 个岩性段（图 2-38—图 2-40）。

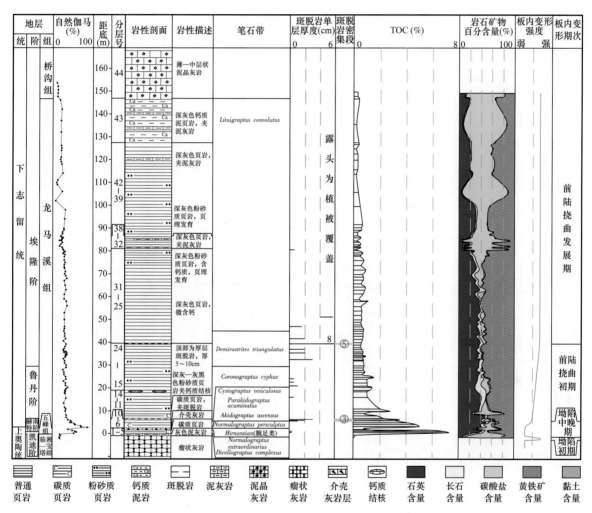

图 2-38 綦江观音桥五峰组—龙马溪组综合柱状图

1. 上奥陶统宝塔组

小层序号 0 层，测量厚度为 1m（图 2-39a）。本区宝塔组出露完好，岩性为灰色中厚—厚层状泥晶灰岩夹深灰色瘤状灰岩，质地坚硬，"龟裂纹"发育，在"龟裂纹"层面上见大量角石化石，个体长度一般为 10~25cm，内部结构清晰（图 2-40a）。宝塔组与上覆临湘组呈整合接触（图 2-39a）。

2. 上奥陶统临湘组

小层序号 1 层，厚度为 0.9m。岩性为灰色泥灰岩，见小型瘤状体。临湘组与上覆五峰组呈整合接触（图 2-38、图 2-39a）。

（a）宝塔组（O₃b）和临湘组（O₃l），两层整合接触

（b）五峰组（O₃w）碳质页岩夹斑脱岩，顶部为观音桥介壳灰岩

（c）鲁丹阶下部6—11层，含碳质硅质页岩，夹斑脱岩

（d）鲁丹阶中部14层，含钙质硅质结核层，结核体多呈面包状

（e）鲁丹阶上部15—16层，黏土质页岩

（f）埃隆阶下部20—22层，块状黏土质页岩夹多层斑脱岩

（g）埃隆阶厚层斑脱岩24层，厚5～10cm（平均为8cm）

（h）埃隆阶中下部25—26层，块状黏土质页岩夹斑脱岩层

(i) 埃隆阶中部30—31层，块状粉砂质页岩夹斑脱岩层

(j) 埃隆阶中部37—38层，粉砂质页岩夹泥晶灰岩薄层

(k) 埃隆阶上部39—40层，深灰色粉砂质页岩，含钙质

(l) 埃隆阶顶部43层，深灰色钙质页岩夹灰色泥晶灰岩

图2-39 綦江观音桥五峰组—龙马溪组主要层段露头照片

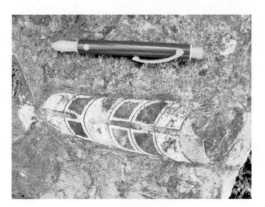

(a) 宝塔组角石

(b) 观音桥段赫南特贝

(c) 五峰组顶部WF4笔石

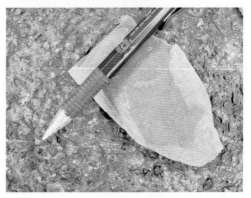

(d) 埃隆阶LM6半耙笔石

（e）埃隆阶中部（25—26层）角石　　　　　　　（f）埃隆阶上部（43层），单笔石、LM7笔石

图 2-40　綦江观音桥五峰组—龙马溪组古生物化石

3. 上奥陶统五峰组

五峰组厚 2.4m。其中笔石页岩段（小层序号 2—4 层），厚度为 1.7m（图 2-38、图 2-39b）。岩性为黑色碳质页岩，见叉笔石、双列笔石等。下部厚 1.0m，层内受构造作用影响，小型揉皱现象明显；中部黑色页岩厚 0.3m，见大量双列笔石，顶、底均为斑脱岩；上部厚 0.4m，见大量双列笔石（图 2-40c）。因风化严重，仅在中部和上部见厚 2~3mm 的薄层斑脱岩。

顶部为观音桥段（小层序号 5 层），厚度为 0.7m（图 2-38、图 2-39b），主要为深灰色泥晶生屑灰岩。下部厚 0.15m，岩性为深灰色钙质页岩，见大量腕足类（图 2-40b）和笔石化石；中部厚 0.4m，岩性为深灰色泥晶生屑灰岩；上部厚 0.15m，岩性为灰黑色笔石页岩，与上覆下志留统龙马溪组整合接触。

4. 下志留统龙马溪组

龙马溪组（6—43 层）厚 144.57m，共发现 *Normalograptus persculptus—Lituigrapatus convolutus* 7 个笔石带，自下而上可划分为 6 个岩性段。其中鲁丹阶（6—17 层）厚 27.06m，埃隆阶（18—43 层）厚 117.51m（图 2-38）。

1）龙马溪组第一岩性段（*Normalograptus persculptus* 带至 *Coronograptus cyphus* 带中部）

小层序号 6—14 层，厚度为 16.36m（图 2-38，图 2-39c、d）。下部（6—8 层）厚 3.3m，岩性为黑色碳质页岩，页理发育，见大量尖笔石、雕笔石。中部（9—10 层）为 3 层斑脱岩与中层状含碳质硅质页岩间互（即斑脱岩密集段③，与石柱漆辽剖面斑脱岩密集段③同层），厚 0.66m，斑脱岩位于 9 层碳质页岩的底部和顶部、10 层硅质页岩的顶部，累计厚度为 5~8cm，单层厚度为 2~4cm。此斑脱岩密集段的出现，标志着綦江及周缘进入前陆挠曲初期，上覆页岩黏土质含量明显增高，沉积速率加快，有机质丰度降低。上部（11—13 层）厚 11.6m，岩性为黑色碳质页岩夹斑脱岩，含钙质，页理发育，顶部显水平纹层，见大量冠笔石、雕笔石等。顶部为 14 层，厚 0.8m，岩性为黑色含钙质结核层，结核体呈面包状，为黏土质页岩围限，尺寸为长轴 80~150cm、短轴 30~50cm（图 2-39d），主体为黏土质硅质混合页岩相，含钙质，深灰色，与围岩颜色差异小，镜下见纹层，TOC 为 1.0%，岩石矿物组成为石英 34.6%、钾长石 1.9%、斜长石 13.4%、方解石 6.2%、黄铁矿 0.9%、黏土 43.0%，结核体与围岩在地球化学、岩石矿物等地质参数差异不大（表 2-21）。

表 2-21 綦江观音桥剖面鲁丹阶结核体地质参数表

结核体特征					围岩特征		
形态	尺度（cm）	岩性特征	TOC（%）	岩石矿物组成	沉积速率（m/Ma）	岩相	地质参数
面包状	长轴：80～150 短轴：30～50	黏土质硅质混合页岩相，含钙质，断面细腻，深灰色，镜下见纹层	1.03	石英34.6%、钾长石1.9%、斜长石13.4%、方解石6.2%、黄铁矿0.9%、黏土43.0%	30.00	黏土质页岩	TOC1.0%～1.2%、石英31.3%～42.3%、长石8.0%～18.0%、方解石0～5.1%、白云石0～3.2%、黄铁矿0.4%～2.4%、黏土40.0%～49.3%

2）龙马溪组第二岩性段（*Coronograptus cyphus* 带上部—*Demirastrites triangulatus* 带中部）

小层序号15—24层，厚度为20.89m（图2-38，图2-39e—g）。下部（15—17层）厚10.7m，岩性为灰黑色黏土质页岩，页理发育，见黄铁矿层及斑脱岩层，笔石丰富，见单笔石、锯笔石、栅笔石等。露头见小型球状风化面，表明含钙质。中部（18—23层）厚10.13m，岩性为深灰色黏土质页岩夹深灰色页岩，含钙质，页理发育，见单笔石、雕笔石等，在18层开始出现耙笔石、花瓣笔石等（进入埃隆阶）（图2-40d）。顶部（24层）为该剖面点半耙笔石带厚层斑脱岩（斑脱岩密集段⑤），厚8cm左右，风化后呈灰白色、灰色黏土层，区域上与长宁双河剖面24层、石柱漆辽剖面24层同层，但厚度减薄，反映斑脱岩物源可能主要来源于扬子地块西缘的火山喷发，标志着綦江及周缘进入前陆挠曲发展期。

3）龙马溪组第三岩性段（*Demirastrites triangulatus* 带上部—*Lituigrapatus convolutus* 带下部）

小层序号25—31层，厚度为41.45m（图2-38，图2-39h、i）。下部（25—28层）厚29.9m，为深灰色黏土质页岩夹斑脱岩层，粉砂含量较高，页理发育，见单笔石、锯笔石、耙笔石及角石化石（图2-40e、f），笔石个体较大。在部分层段见球形风化，表明钙质含量较高。中部（29—30层）厚10.0m，主要为深灰色页岩，含钙质及少量粉砂，29层笔石较丰富，30层笔石数量减少且个体变小，顶部见斑脱岩层，厚5mm左右。上部（31层）厚1.55m，主要为深灰色粉砂质页岩，页理发育，笔石有所增加，见锯笔石、耙笔石等。

4）龙马溪组第四岩性段（*Lituigrapatus convolutus* 带中部）

小层序号32—38层，厚度为5.77m（图2-38、图2-39j），岩性为深灰色粉砂质页岩夹5层灰色泥晶灰岩。其中，泥晶灰岩单层厚5～11cm，内见黄铁矿层及充填方解石的小裂缝；深灰色页岩含粉砂和钙质，见单笔石、锯笔石、耙笔石、花瓣笔石及角石等化石。

5）龙马溪组第五岩性段（*Lituigrapatus convolutus* 带上部）

小层序号39—42层，厚度为40.70m（图2-38、图2-39k），植被覆盖严重。下部（39—41层）厚28.6m，岩性为深灰色粉砂质页岩，页理发育，含钙质，风化严重，笔石数量少且个体小，见少量单笔石、锯笔石、花瓣笔石等；上部（42层）厚12.1m，主要为深灰色页岩夹泥质灰岩，页理发育，在中段见大量个体较小的腕足类以及单笔石、耙笔石等化石，在顶部钙质含量明显增高。

6）龙马溪组第六岩性段（*Lituigrapatus convolutus* 带顶部）

小层序号43层，厚度为19.4m。岩性为深灰色钙质页岩夹灰色泥晶灰岩（图2-38、图2-39l），页岩层中页理发育，且钙质含量高，见单笔石、*Lituigrapatus convolutus* 笔石等化石（图2-40f），个体小且数量少。

从岩相和化石发育特征看，在该剖面点未发现 *Stimulograptus sedgwickii* 笔石带，五峰组笔石页岩段和鲁丹阶总体为深水—半深水陆棚相沉积，观音桥段和埃隆阶分别为台地和浅水陆棚沉积。这说明，綦江海域海平面在凯迪期和鲁丹期总体处于中—高水位状态，在赫南特期和埃隆期下降幅度较大，总体处于低水位状态。

5. 下志留统桥沟组

为 44 层及以浅地层，灰色、深灰色泥质灰岩、瘤状灰岩与钙质页岩互层，厚度超过 190m，与下伏龙马溪组整合接触。仅对底部 17m 做了测量与描述，岩性为深灰色薄—中层状泥晶灰岩，岩石坚硬。

三、有机地球化学特征

1. 有机质类型

綦江观音桥五峰组—龙马溪组下部 17m 黑色页岩段干酪根 $\delta^{13}C$ 值普遍介于 $-30.7‰\sim-28.8‰$，仅在赫南特阶偏重（介于 $-29.8‰\sim-28.8‰$）（表 2-22）。干酪根显微组分检测显示（表 2-23），五峰组—龙马溪组壳质组无定形体含量一般为 84%～91%，少量低于 30%，显示干酪根类型主体为 II_2 型。根据干酪根 $\delta^{13}C$ 值和显微组分检测综合结果，五峰组—龙马溪组有机质类型主体为 II_1—II_2 型。

表 2-22　綦江观音桥五峰组—龙马溪组黑色页岩干酪根 $\delta^{13}C$ 测试结果表

序号	距底（m）	层位	岩性	干酪根 $\delta^{13}C$ V—PDB（‰）
1	1.8	观音桥段	页岩	-28.8
2	2	观音桥段	页岩	-29.2
3	2.3	观音桥段	页岩	-29.8
4	2.5	鲁丹阶	页岩	-30.7
5	2.8	鲁丹阶	页岩	-30.7
6	3.1	鲁丹阶	页岩	-30.3
7	3.5	鲁丹阶	页岩	-30.6
8	4	鲁丹阶	页岩	-30.7
9	4.5	鲁丹阶	页岩	-30.5
10	4.8	鲁丹阶	页岩	-30.3
11	5.1	鲁丹阶	页岩	-30.2
12	5.4	鲁丹阶	页岩	-30.2
13	5.6	鲁丹阶	页岩	-30
14	5.8	鲁丹阶	页岩	-30.4
15	6.2	鲁丹阶	页岩	-30.2
16	8	鲁丹阶	页岩	-30.2
17	10	鲁丹阶	页岩	-30.2
18	17	鲁丹阶	页岩	-29.3

表 2-23　綦江观音桥五峰组—龙马溪组黑色页岩干酪根显微组分表

小层号	层位	腐泥组含量（%）			壳质组（%）							镜质组（%）			惰性组	类型系数	有机质类型
		藻类体	腐泥无定形体	小计	角质体	木栓质体	树脂体	孢粉体	腐殖无定形体	壳质碎屑体	小计	正常镜质体	富氢镜质体	小计			
4	五峰组			0					91		91	7		7	2	38	II₂
7	龙马溪组			0					84	1	85	11		11	4	30	II₂
13	龙马溪组			0					89	1	90	8		8	2	37	II₂
22	龙马溪组			0					89	1	90	7		7	3	37	II₂
30	龙马溪组			0					87	1	88	9		9	3	34	II₂
42	龙马溪组			0					29	1	30			5	20	-43	III

2. 有机质丰度

五峰组—龙马溪组 TOC 值一般为 0.17%~7.26%，平均为 1.08%（91 个样品）（图 2-38），且自下而上总体呈递减趋势，即下部 11m（五峰组—鲁丹阶下部）为 TOC>2% 的富有机质页岩集中段，TOC 值一般为 0.86%~7.26%，平均为 3.67%（14 个样品），峰值出现在五峰组中下部和龙马溪组底部，观音桥段 TOC 值为 0.99%；鲁丹阶中部和上部 TOC 值下降至 0.63%~1.47%，平均为 1.01%（12 个样品）；埃隆阶主体为贫有机质页岩段，TOC 值一般为 0.17%~0.85%，平均为 0.54%（65 个样品）。从有机质丰度分析结果看，綦江五峰组—龙马溪组 TOC>1% 黑色页岩段总厚度为 25m，TOC>2% 富有机质页岩段厚 11m。

3. 热成熟度

根据镜质组反射率检测结果，綦江五峰组—龙马溪组 R_o 为 2.0%~2.4%（表 2-24），说明该区龙马溪组热成熟度相对较低，未进入有机质炭化阶段。

表 2-24　綦江观音桥五峰组—龙马溪组黑色页岩镜质组反射率检测结果表

序号	样品编号	层位	岩性	镜质组反射率（%）			标准离差	测点数	备注
				最小值	最大值	均值			
1	CQ-4-1	五峰组	页岩	2.20	2.54	2.35	0.10	20	
2	CQ-7-1	龙马溪组	页岩	2.18	2.45	2.28	0.09	10	
3	CQ-13-1	龙马溪组	页岩	2.10	2.42	2.28	0.10	15	
4	CQ-22-2	龙马溪组	页岩	2.04	2.33	2.18	0.09	15	
5	CQ-30-1	龙马溪组	页岩	2.16	2.27	2.20	0.06	15	
6	CQ-42-2	龙马溪组	页岩	1.95	2.18	2.05	0.06	20	

四、岩石学特征

受构造活动、海平面升降、沉积速率变化等沉积要素影响，綦江五峰组—龙马溪组岩性组合经历硅质页岩→黏土质硅质混合页岩→黏土质页岩→钙质页岩夹泥灰岩的演化过程，岩石矿物组成自下而上差异较大（图2-38、图2-41，表2-25），现描述如下。

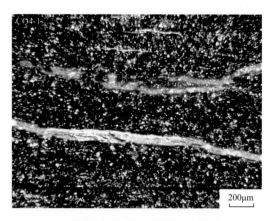

(a) 五峰组上部（4层），硅质页岩，见裂缝，
纹层不发育，放射虫呈星星点状分布（×5）

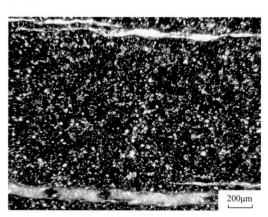

(b) 五峰组观音桥段（5层），泥灰岩，
纹层不发育（×5）

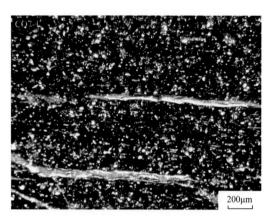

(c) 鲁丹阶下部（7层），硅质页岩，见裂缝，
纹层不发育（×5）

(d) 鲁丹阶中部（15层），黏土质硅质混合页岩相，
隐约见水平纹层（×5）

(e) 鲁丹阶上部（17层），黏土质页岩，
镜下水平纹层发育（×5），脆性颗粒显次棱角状

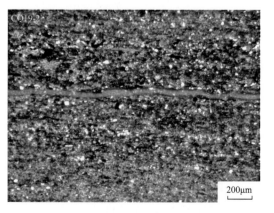

(f) 埃隆阶底部（19层），黏土质页岩，
见水平纹层（×5），脆性颗粒显次棱角状

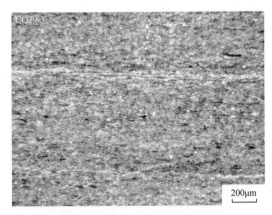
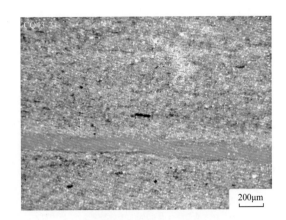

(g) 埃隆阶中部（29层），黏土质页岩，见纹层（×5）　　　（h）埃隆阶上部（43层），钙质页岩，亮色为方解石、石英等颗粒（×5）

图 2-41　綦江观音桥五峰组—龙马溪组纹层发育特征

表 2-25　綦江观音桥五峰组—龙马溪组沉积速率统计表

统	阶	笔石带	小层	厚度（m）	沉积速率（m/Ma）	岩性	TOC（%）
兰多维列统（下志留统）	埃隆阶	*Lituigrapatus convolutus*	30—43	117.5	58.46	深灰色粉砂质页岩	0.18～0.64/0.37
			26—29			深灰色粉砂质页岩	0.40～0.99/0.65
		Demirastrites triangulatus	25			深灰色粉砂质页岩	0.57～0.71/0.66
			18—23			深灰色粉砂质页岩	0.51～0.85/0.67
	鲁丹阶	*Coronograptus cyphus*	9—17	23.8	29.75	灰黑色粉砂质页岩	0.63～3.49/1.50
		Cystograptus vesiculosus	7—8	2.2	1.20	黑色硅质页岩	4.08～4.74
		Parakidograptus acuminatus					
		Akidograptus ascensus	6上	0.5	1.16	黑色硅质页岩	5.02
上奥陶统	赫南特阶	*Normalograptus persculptus*	6下	0.6	1.00	黑色碳质页岩	5.02
		Hirnantian—Dalmanitina	5	0.7	0.96	钙质页岩	0.99
		Normalograptus extraordinarius	2—4	1.7	0.69	黑色碳质页岩	5.91～7.26
	凯迪阶	*Paraorthograptus pacificus*					
		Dicellograptus complexus					

注：表中数值区间表示为最小值～最大值 / 平均值。

1. 宝塔组

以方解石和黏土为主，TOC 为 0.05%，矿物组成为石英 7.0%、长石 2.2%、方解石 68.4%、黏土矿物 22.4%。

2. 临湘组

以方解石、黏土和石英为主，TOC 为 0.14%，矿物组成为石英 15.5%、长石 5.2%、方解石 53.8%、白云石 10.5%、黏土矿物 15.0%。

3. 五峰组

中下部笔石页岩段为坳陷期深水相缓慢沉积的富有机质页岩，镜下纹层不发育，TOC 为 5.91%～7.26%，矿物组成为石英 39.0%～43.9%、长石 12.0%～13.5%、方解石 6.6%～7.9%、白云石 0～8.3%、黄铁矿 0～3.1%、黏土矿物 29.7%～42.8%（图 2-38、图 2-41a，表 2-25）。顶部观音桥段为深灰色泥灰岩，TOC 为 0.99%，矿物组成为石英 27.8%、长石 3.3%、方解石 19.3%、白云石 25.6%、黄铁矿 3.4%、黏土矿物 15.0%（图 2-38、图 2-41b）。

4. 鲁丹阶

底部（6—10 层）主要为坳陷期缓慢沉积的富硅质、富有机质页岩，镜下纹层不发育，见大量放射虫呈星点状分布，TOC 为 3.22%～5.02%，矿物组成为石英 39.7%～50.2%、长石 5.0%～7.6%、方解石 5.1%～8.5%、白云石 4.0%～9.1%、黄铁矿 4.1%～5.6%、黏土矿物 26.2%～38.1%（图 2-38、图 2-41c，表 2-25）；中部（11—16 层）为前陆初期沉积的黏土质硅质混合页岩相，镜下纹层发育，TOC 为 0.99%～2.71%，矿物组成为石英 29.4%～47.7%、长石 2.9%～18.0%、方解石 0～15.5%、白云石 0～9.8%、黄铁矿 0～2.7%、黏土矿物 36.2%～49.4%（图 2-38、图 2-41d，表 2-25）；上部（17 层）为有机质含量较低的黏土质页岩相，镜下纹层发育，颗粒呈次棱角状，TOC 为 0.63%～1.47%（平均为 0.88%），矿物组成为石英 33.3%～38.9%、长石 5.9%～9.0%、方解石 0～4.8%、黏土矿物 52.1%～56.5%（图 2-38、图 2-41e，表 2-25）。可见，自下而上，随着水体明显变浅和沉积速率加快，硅质、白云石、黄铁矿和有机质含量呈减少趋势，黏土质呈显著增加趋势。

5. 埃隆阶

下部（18—31 层）为前陆期快速沉积的富黏土、贫有机质、低钙质页岩，镜下纹层发育，TOC 为 0.34%～0.86%（平均为 0.65%），矿物组成为石英 18.8%～39.3%、长石 1.0%～12.1%、方解石 0～28.4%（平均为 6.76%）、黏土矿物 45.4%～62.5%（平均为 55.1%）（图 2-38，图 2-41f，g，表 2-25）；上部（32—43 层）为富钙质、贫有机质的钙质页岩相，TOC 为 0.17%～0.64%（平均为 0.35%），矿物组成为石英 2.6%～28.7%、长石 0～3.1%、方解石 20.9%～82.0%（平均为 46.5%）、黏土矿物 8.3%～48.6%（平均为 33.5%）（图 2-38、图 2-41h，表 2-25）。可见，自下而上，水体持续变浅，沉积速率较快，硅质、有机质含量显著减少，钙质含量显著增高（图 2-38，表 2-25）。

五、富有机质页岩沉积模式

根据上述剖面地质特征，綦江地区五峰组—鲁丹阶富有机质页岩受继承性静水陆棚斜坡沉积模式所控制（图 2-42，表 2-25），即富有机质页岩形成于缓慢沉降的黔中隆起北部斜坡区，海平面处于中—高水位，上升洋流不活跃，水体较安静，但半封闭环境确保古生产力保持较高水平，沉积速度在五峰组沉积期—鲁丹中期持续缓慢（一般低于 15m/Ma），沉积厚度为 10～20m。

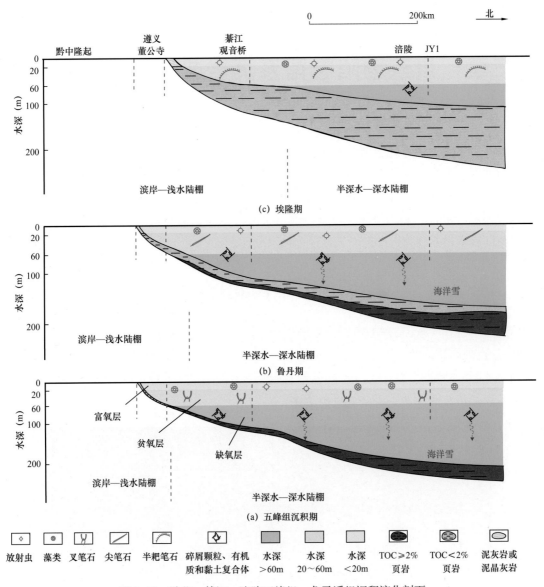

图 2-42 黔北—綦江—涪陵五峰组—龙马溪组沉积演化剖面

第三章 川东坳陷志留系页岩典型剖面地质特征

川东坳陷位于中上扬子区中央，主要指华蓥山及以东、万县以南、湘鄂西隆起鲁丹阶缺失线以西和渝东南地区，面积约为 $4 \times 10^4 km^2$，是志留系页岩的重要沉积区和页岩气勘探区（图 1-2）。五峰组—龙马溪组在华蓥、渝东南—黔东北、石柱、利川等地区广泛出露，不少露头剖面发育完整。本书重点介绍石柱漆辽、利川毛坝、道真巴渔、秀山大田坝、彭水鹿角和华蓥三百梯等 6 个剖面，其中石柱漆辽和利川毛坝为标准剖面，其他为参考剖面。

第一节 石柱漆辽剖面

石柱漆辽五峰组—龙马溪组剖面位于重庆市石柱县城东南 28km 的漆辽村（图 1-2、图 3-1），沿省道 S202 自南向北展开，出露厚度超过 130m，地层产状为倾向 320°～330°、倾角 30°～45°。页岩段共划分为 39 个小层，其中 1—12 层底在 S202 公路旁出露，12 层顶—25 层底在隧道口东北山谷中出露，25—39 层在道班上方的县道边出露。

图 3-1 石柱漆辽五峰组—龙马溪组底部剖面图

O_3w—五峰组；S_1rh—鲁丹阶

一、页岩地层特征

石柱漆辽剖面位于川东坳陷中心区，五峰组和龙马溪组发育齐全且连续沉积，黑色页岩出露厚度超过130m，笔石丰富且化石齐全，自下而上见凯迪阶、赫南特阶、鲁丹阶和埃隆阶共4阶11个笔石带（图3-2—图3-4）。

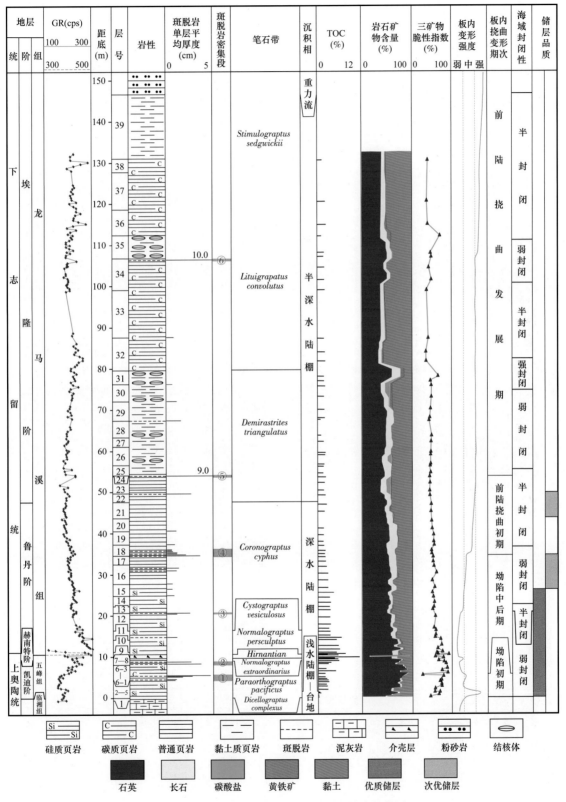

图 3-2 石柱漆辽五峰组—龙马溪组综合柱状图

(a) 五峰组底部，薄层状硅质页岩

(b) 五峰组中段，薄层状硅质页岩、碳质页岩，夹斑脱岩薄层

(c) 观音桥段，厚0.89m，中厚层状硅质页岩，见*Dalmanitina*化石

(d) 龙马溪组底部LM3—LM4笔石带，薄层硅质页岩

(e) 龙马溪组LM4笔石带，中厚层状硅质页岩

(f) 龙马溪组LM5笔石带底部，厚层状黏土质硅质混合页岩

(g) 龙马溪组LM5笔石带中部，厚层状黏土质硅质混合页岩

(h) 龙马溪组LM5笔石带顶部，厚层状黏土质硅质混合页岩

(i) 龙马溪组LM6笔石带底部，厚层状黏土质硅质混合页岩

(j) 龙马溪组LM6笔石带中部，块状黏土质页岩，见硅质结核体（长轴50 cm，短轴20 cm）

(k) 龙马溪组LM6笔石带上部，块状黏土质页岩，见结核体

(l) 龙马溪组LM7笔石带下部，块状碳质页岩，笔石丰富

(m) 龙马溪组LM7—LM8笔石带下部，块状碳质页岩，见结核体

(n) 龙马溪组LM8笔石带中部，块状黏土质页岩

图3-3　石柱漆辽五峰组—龙马溪组露头剖面

1. 五峰组

厚10.6m，下部为黑色、灰黑色薄层状硅质页岩，与临湘—宝塔组整合接触（图3-2、图3-3a），中部为碳质页岩与薄层状含放射虫硅质页岩互层夹5层斑脱岩（图3-2、图3-3b、图3-4e），上部为黑色薄—中层状含放射虫硅质页岩夹斑脱岩层（图3-2、图3-4f），顶部观音桥段为黑色含白云质硅质页岩，厚0.89m，见赫南特阶 *Dalmanitina* 虫、头足类、腹足类等宏古化石和大量的放射虫颗粒（图3-4a、f）。笔石丰富，见 *Dicellograptus complexus*、*Paraorthograptus pacificus*、*Normalograptus extraordinarius* 笔石。

(a) 观音桥段*Dalmanitina*化石

(b) 鲁丹阶 (11层) *Cystograptus vesiculosus*笔石

(c) 鲁丹阶 (12层底) *Coronograptus cyphus*笔石

(d) 埃隆阶 (32层) *Lituigrapatus convolutus*笔石

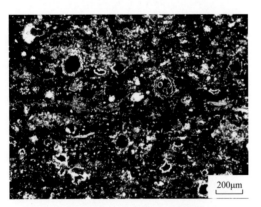

(e) 五峰组中段, 大量放射虫, 呈星点状分布

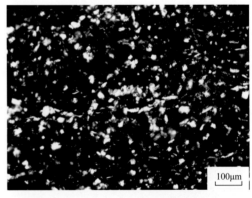

(f) 观音桥段 (9-1层) 上部, 见大量放射虫, 成层性较差

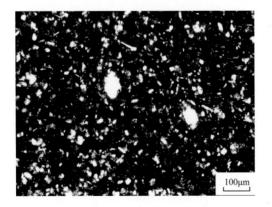

(g) 鲁丹阶底部 (10层) 硅质页岩, 见大量放射虫,
呈星点状分布

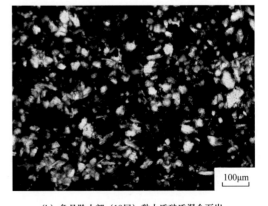

(h) 鲁丹阶上部 (19层) 黏土质硅质混合页岩,
见大量放射虫顺层分布

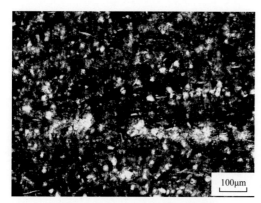 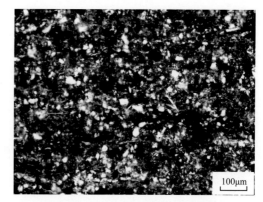

(i) 埃隆阶中部（32层）碳质页岩，见放射虫，局部呈层状分布

(j) 埃隆阶上部（36层）碳质页岩，见放射虫呈星点状分布

图 3-4　石柱漆辽五峰组—龙马溪组古生物化石

2. 鲁丹阶

厚 37.05m，主体为硅质页岩、黏土质硅质混合页岩组合，底部为黑色薄—中层状含放射虫硅质页岩，向上渐变为灰黑色中—厚层状含放射虫硅质页岩和厚层状黏土质硅质混合页岩，中段出现高频次斑脱岩（2.7m 页岩段见 8 层斑脱岩，单层厚 0.5～2cm）（图 3-2，图 3-3d—h，图 3-4g、h）。笔石较丰富，见 *Normalograptus persculptus*、*Akidograptus ascensus*、*Parakidograptus acuminatus*、*Cystograptus vesiculosus*、*Coronograptus cyphus* 笔石（图 3-2）。

3. 埃隆阶

自下而上可划分为黑色页岩、浅色粉砂岩和灰绿色黏土质页岩三个大的岩性段。其中黑色页岩段出露厚度超过 90m，其下部为厚层状黏土质硅质混合页岩、黏土质页岩和含钙质硅质结核体组合，在 *Demirastrites triangularis* 带见厚层斑脱岩（24 层），中部为块状碳质页岩，上部为黏土质页岩和黏土质硅质混合页岩组合（图 3-2、图 3-3i—n）。在黑色页岩段以上依次为厚度超过 10m 的灰白色厚层状粉砂岩层和厚度超过 50m 的灰绿色块状黏土质页岩（断面细腻，笔石少），植被覆盖严重，未开展详测。黑色页岩段下部化石丰富，中上部笔石较少，见 *Demirastrites triangularis*、*Lituigraptus convolutus* 笔石和放射虫（图 3-4d、i、j）。

二、电性特征

石柱地区五峰组—龙马溪组黑色页岩段 GR 曲线特征总体较简单，响应值一般为 150～480cps，在大部分层段介于 180～300cps（图 3-2），主要表现为。

（1）凯迪阶中下部 GR 幅度值相对较低，一般为 150～200cps；凯迪阶上部—赫南特阶幅度值显著增高，并在观音桥段顶部—*Normalograptus persculptus* 笔石带出现第 1 个 GR 峰（9 层），峰值为 274～481cps，为凯迪阶中下部 2～3 倍，峰宽（以顶、底半幅点计）为 0.85m，此峰为赫南特阶 GR 峰，可与长宁双河、秭归新滩、巫溪白鹿等剖面点对比，是五峰组顶界划分的重要标志。

（2）鲁丹阶 GR 幅度值一般为 177～300cps，自下而上呈现缓慢下降趋势。底部 5.2m（10—11 层，即 *Akidograptus ascensus — Cystograptus vesiculosus* 笔石带）为高伽马段，GR 值介于 226～340cps；中段（12—18 层，即 *Coronograptus cyphus* 笔石带下段）为中高伽马段，GR 值一般为 200～240cps；上段（19—21 层，即 *Coronograptus cyphus* 笔石带上段）为中等伽马段，GR 值一般为 178～200cps。

（3）埃隆阶 GR 值总体稳定，响应值一般为 180~250cps。*Demirastrites triangulatus* 笔石带显中等伽马响应，幅度值为 180~210cps，仅在 24 层厚层斑脱岩和 30 层顶部出现 210cps 以上的中高响应值。在 *Lituigraptus convolutus* 带及以浅（31—38 层碳质页岩层），普遍显示中高伽马响应特征，伽马幅度值一般介于 190~260cps，峰值出现在 32 层、36 层和 38 层。

三、有机地球化学特征

石柱地区五峰组—龙马溪组黑色页岩主体为深水陆棚相沉积的富有机质页岩段（图 3-2），干酪根类型为 Ⅰ—Ⅱ$_1$ 型，热成熟度高，总体处于无烟煤阶段。

1. 有机质类型

五峰组—龙马溪组黑色页岩段干酪根 δ^{13}C 值普遍介于 −30.9‰~−29.1‰，在凯迪阶—鲁丹阶下部总体偏轻，多介于 −30.9‰~−29.9‰（仅在赫南特阶顶部略偏重，达 −29.9‰），在鲁丹阶中部—埃隆阶偏重并出现波动，一般介于 −30.2‰~−29.1‰（图 3-2）。另据干酪根显微组分检测资料（表 3-1），该探区五峰组—龙马溪组生烃母质主要为壳质组无定形体（占 92%~96%）。这表明，石柱地区五峰组—龙马溪组干酪根主体为 Ⅰ—Ⅱ$_1$ 型。

表 3-1　石柱漆辽五峰组—龙马溪组黑色页岩干酪根显微组分表

样品序号	层位	腐泥组			壳质组							镜质组			惰性组	类型系数	有机质类型
		藻类体	无定形体	小计	角质体	木栓质体	树脂体	孢粉体	腐殖无定形体	壳质碎屑体	小计	正常镜质体	富氢镜质体	小计			
1	五峰组			0					93		93	5		5	2	41	Ⅱ$_1$
2	五峰组			0					92		92	6		6	2	40	Ⅱ$_1$
3	龙马溪组			0					95		95	4		4	1	44	Ⅱ$_1$
4	龙马溪组			0					96		96	3		3	1	45	Ⅱ$_1$
5	龙马溪组			0					96		96	3		3	1	45	Ⅱ$_1$

2. 有机质丰度

五峰组—龙马溪组黑色页岩段有机质含量总体较高，TOC 值一般为 1.2%~11.2%，平均为 2.7%（78 个样品）（图 3-2、图 3-5），且呈现自下而上减少趋势。

下部 35m（2—17 层，即五峰组—鲁丹阶中段）为 TOC>2% 的富有机质页岩集中段，TOC 值一般为 1.9%~11.2%，平均为 3.7%（40 个样品），峰值出现在观音桥段介壳层（5.4%~11.2%）和 *Normalograptus persculptus* 笔石带（5.0%~7.3%），相对低值段出现于五峰组中下部（TOC 值一般为 1.9%~2.9%，平均为 2.6%）和鲁丹阶中段（TOC 值一般为 1.9%~2.7%，平均为 2.4%）（图 3-5）。

中部—上部 100m（18—38 层，即鲁丹阶上段—埃隆阶）有机质丰度普遍降低，一般为 0.8%~2.4%，平均为 1.7%（38 个样品），其中 TOC>2% 页岩段出现在 21—23 层（厚 6m）、26 层（厚 2m）、32—33 层（厚 17m）和 36—37 层（厚 5m）（图 3-5）。

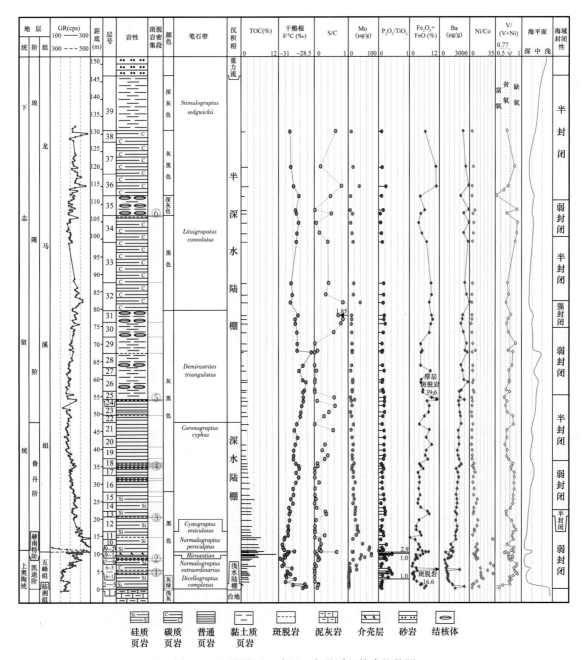

图 3-5　石柱漆辽五峰组—龙马溪组综合柱状图

从有机质丰度分析结果看，石柱漆辽五峰组—龙马溪组 TOC>2% 富有机质页岩段总厚度为 65m（图 3-5）。

3. 热成熟度

根据有机质激光拉曼测试资料，石柱漆辽五峰组—龙马溪组 D 峰与 G 峰峰间距和峰高比分别为 271.35 和 0.63，在 G′ 峰位置（对应拉曼位移 2655.75cm⁻¹）出现低幅度石墨峰（图 3-6），计算拉曼 R_o 为 3.50%～3.54%，说明该区龙马溪组热成熟度高，已进入有机质炭化阶段，生烃基本停止，页岩气勘探潜力不大。

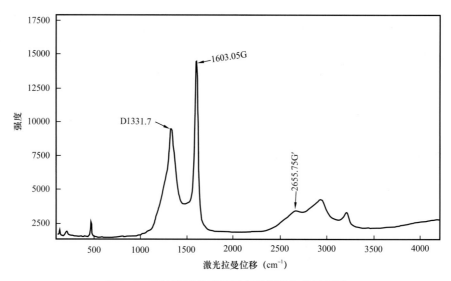

图 3-6　石柱漆辽龙马溪组有机质激光拉曼图谱

四、沉积特征

1. 岩相与岩石学特征

石柱漆辽五峰组—龙马溪组自下而上由含放射虫硅质页岩、含碳质硅质页岩逐渐过渡到黏土质硅质混合页岩、碳质页岩和黏土质页岩，岩性纵向呈渐变特征（图 3-2、图 3-3、图 3-4、图 3-7），自下而上分层描述如下。

1 层（临湘组）下部为浅灰色泥灰岩，含瘤状碎屑，上部 20cm 为灰绿色、绿灰色黏土质页岩，断面细腻。

2 层底部 20cm 为临湘组灰绿色黏土质页岩，TOC 为 0.11%，GR 值为 165~175cps，矿物百分含量为石英 45.0%、长石 3.8%、黏土矿物 51.2%。中上部 1.5m 为五峰组深色薄层状硅质页岩，TOC 为 0.08%~0.66%，GR 值为 171~181cps，矿物百分含量为石英 55.7%~69.0%、长石 3.6%~5.2%、方解石 0~2.9%、白云石 0~10.8%、黏土矿物 26.5%~39.1%。这说明，五峰组与临湘组整合接触，颜色突然变深，反映在台地陆棚转换期水体快速变深。

3 层为五峰组，厚 1.03m，黑色薄层状硅质页岩，质脆，镜下纹层不发育，见大量放射虫颗粒呈星点状分布，TOC 为 2.53%，GR 值为 151~194cps，矿物组成为石英 56.8%、长石 4.7%、黏土矿物 38.5%（图 3-2、图 3-3a）。

4 层为五峰组，厚 0.96m，黑色薄层状含放射虫硅质页岩，纹层不发育（图 3-7a），TOC 为 2.2%~2.45%，GR 值为 153~160cps，矿物组成为石英 73.5%~74.3%、长石 3.3%~4.0%、黏土矿物 22.4%~22.5%（图 3-2）。

5 层为五峰组，厚 0.98m，黑色薄层状硅质页岩，纹层不发育，镜下见大量放射虫颗粒呈星点状分布，顶部见 2 层斑脱岩（单层厚 0.5~1.0cm，已风化为灰白色黏土岩）。TOC 为 2.7%~2.88%，GR 值为 160~164cps，矿物组成为石英 69.2%~73.2%、长石 4.2%~5.0%、磷灰石 0~1.8%、黏土矿物 20.8%~26.0%。

6 层为五峰组，自下而上可划分为三段。下段（6-1 层）厚 1.1m，为碳质页岩与薄层状硅质页岩互层，中间夹 3 层斑脱岩（单层厚度为上层 4~5cm、中层 2~3cm、下层 1~2cm），TOC 为

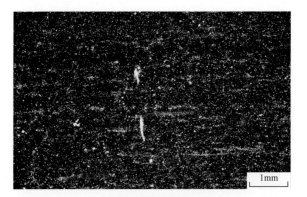

(a) 五峰组4层，纹层不发育

(b) 五峰组8层，纹层不发育

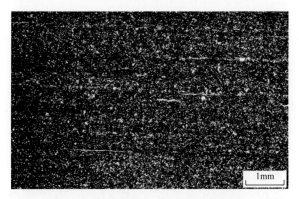

(c) 鲁丹阶底部，9-2层，纹层欠发育

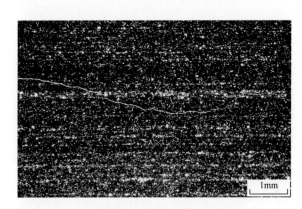

(d) 鲁丹阶11层下部，出现水平细纹层

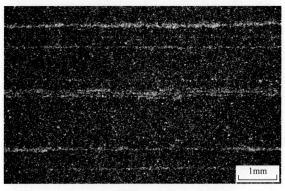

(e) 鲁丹阶中上部16层，出现水平纹层

(f) 鲁丹阶顶部21层，出现水平纹层

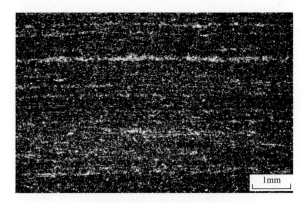

(g) 埃隆阶底部23层，水平纹层发育

(h) 埃隆阶下部30层，水平纹层发育

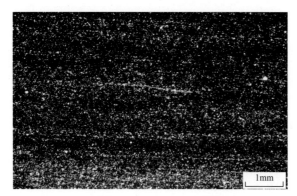

(i) 埃隆阶中上部33层，出现不连续纹层　　　　　　　　(j) 埃隆阶上部36层，出现水平纹层

图 3-7　石柱漆辽五峰组—龙马溪组页岩镜下纹层发育特征

1.92%～2.31%，GR 值为 154～172cps，矿物组成为石英 73.3%～78.1%、长石 0.9%～3.7%、黏土矿物 21.0%～23.0%。中段（6-2 层）厚 1.7m，自下而上由碳质页岩夹硅质页岩薄层渐变为薄层状含放射虫硅质页岩（图 3-3b、图 3-4e），TOC 为 1.88%～4.70%，GR 值为 177～224cps，矿物组成为石英 73.7%～88.8%、长石 1.5%～2.7%、黄铁矿 0.1%～0.4%、黏土矿物 9.3%～23.5%。上段（6-3 层）厚 0.71m，薄层状硅质页岩，GR 值为 198～227cps，顶部见 1 层斑脱岩（铅灰色，厚 3～4cm）。

7 层为五峰组，厚 1.16m，薄层状硅质页岩，镜下纹层不发育，见大量放射虫颗粒呈星点状分布，上部见 1 层厚 8～10cm 的碳质页岩夹 1 层斑脱岩，TOC 为 2.68%～5.55%，GR 值为 224～239cps，矿物组成为石英 63.9%～83.8%、长石 2.0%～4.4%、黄铁矿 1.0%～1.6%、黏土矿物 13.2%～30.1%。

8 层为五峰组，厚 0.58m，薄—中层状硅质页岩，镜下纹层不发育，见大量放射虫颗粒（图 3-7b）。TOC 为 4.42%～5.31%，GR 值为 212～216cps，矿物组成为石英 71.8%～76.3%、长石 2.3%～2.7%、黄铁矿 1.0%～1.1%、黏土矿物 20.0%～24.8%。

9-1 层为五峰组观音桥段（图 3-3c）。在漆辽村公路边，厚 0.89m，黑色硅质页岩，局部含白云质和磷灰石，块状，顶部见三叶虫（图 3-4a）。在剖面点西 500m 处，厚 0.4～0.5m，风化严重，为土黄色黏土层，在顶界面处 GR 值达 464cps，上段见 Dalmanitina 化石（三叶虫）、头足类和腹足类化石。镜下纹层不发育，见大量放射虫颗粒，TOC 为 2.47%～11.2% 并在下部出现峰值，GR 值为 183～274cps 并呈中间低、顶部和底部高的响应特征，矿物组成为石英 13.4%～57.0%、长石 1.9%～11.8%、白云石 0～79.0%、磷灰石 0～3.4%、黄铁矿 0～6.2%、黏土矿物 5.7%～31.0%（图 3-2、图 3-4f）。

9-2 层为龙马溪组，厚 0.6m，黑色硅质页岩，见 *Normalograptus persculptus* 笔石，GR 值为 385～481cps 并在底部达到峰值（图 3-2、图 3-3c）。镜下纹层欠发育，见大量放射虫颗粒呈星点状分布（图 3-7c）。TOC 为 4.96%～7.31%，矿物组成为石英 57.9%～74.5%、长石 5.8%～11.9%、黄铁矿 1.7%～3.3%、黏土矿物 18.0%～26.9%。

10 层厚 2.93m，黑色薄—中层状硅质页岩（图 3-3d），纹层欠发育，见大量尖笔石和放射虫颗粒。TOC 为 4.92%～5.81%，GR 值为 254～339cps，矿物组成为石英 61.6%～70.0%、长石 3.7%～6.5%、黄铁矿 2.7%～3.8%、黏土矿物 21.0%～29.2%（图 3-2）。

11 层厚 2.27m，黑色薄层状硅质页岩，黏土质开始增多，中部见轴囊笔石（LM4），镜下开始出现放射虫纹层（图 3-3e、图 3-4b、图 3-7d）。TOC 为 3.21%～6.25%，GR 值为 226～298cps，矿物组成为石英 55.5%～60.0%、长石 8.0%～8.9%、黄铁矿 0～2.8%、黏土矿物 31.9%～34.3%

（图 3-2）。

12 层底在省道边出露 1.58m，中层状硅质页岩，黏土质增多，见大量冠笔石（LM5）（图 3-3f、图 3-4c），镜下出现放射虫纹层。TOC 为 2.88%～3.33%，GR 值为 229～256cps，矿物组成为石英 54.6%～56.0%、长石 5.6%～7.8%、黏土矿物 36.2%～39.8%（图 3-2）。

12 层顶在山谷测量点出露 1.22m，中层状硅质页岩，黏土质增多，顶部见 2 层斑脱岩，单层厚 1～3cm。镜下出现放射虫纹层。TOC 为 3.2%，GR 值为 215～223cps，矿物组成为石英 56.7%、长石 7.5%、黄铁矿 1.7%、黏土矿物 34.1%（图 3-2）。

13 层厚 1.65m，厚层状黏土质硅质混合页岩，黑色，质脆，断口边锋利（图 3-3g）。TOC 为 3.11%～3.29%，GR 值为 207～231cps，矿物组成为石英 48.6%～51.4%、长石 5.4%～6.4%、黄铁矿 2.9%～3.1%、黏土矿物 39.3%～42.8%（图 3-2）。

14 层厚 2.61m，产状为 330°∠35°，厚层状黏土质硅质混合页岩。顶部见 1 层斑脱岩，厚 0.5～1cm。GR 值为 207～231cps，TOC 为 3.17%～3.39%，矿物组成为石英 52.8%～55.4%、长石 4.8%～7.2%、黄铁矿 0～0.4%、黏土矿物 39.6%～39.8%（图 3-2）。

15 层厚 2.83m，厚层状黏土质硅质混合页岩，见大量冠笔石和少量长单笔石，镜下出现放射虫纹层。中部和顶部见 2 层斑脱岩，单层厚 0.5cm。GR 值为 213～240cps，TOC 为 2.69%～4.21%，矿物组成为石英 49.8%～56.9%、长石 7.6%～10.7%、黏土矿物 32.4%～42.6%（图 3-2）。

16 层厚 4.76m，厚层状黏土质硅质混合页岩，质脆，断边锋利，镜下出现含放射虫水平纹层（图 3-7e）。中上部见 2 层斑脱岩，单层厚 0.5～1.5cm。距顶 1m 见冠笔石和长单笔石。GR 值为 197～214cps，TOC 为 2.3%～2.69%，矿物组成为石英 50.5%～56.7%、长石 9.9%～13.7%、黄铁矿 0～4.1%、黏土矿物 28.1%～39.6%（图 3-2）。

17 层厚 2.08m，厚层状黏土质硅质混合页岩。顶部见厚 3～4cm 斑脱岩 1 层。GR 值为 196～209cps，TOC 为 1.93%～2.1%，矿物组成为石英 52.1%～52.7%、长石 14.8%、黏土矿物 32.5%～33.1%（图 3-2）。

18 层厚 2.68m，黏土质硅质混合页岩，块状，见大量长单笔石，镜下见水平纹层。下部 1.5m 见 6 层斑脱岩，单层厚 0.5～2cm。顶部见 1 层斑脱岩，厚 0.5～1cm。GR 值为 199～226cps，TOC 为 1.63%～1.96%，矿物组成为石英 47.7%～53.7%、长石 15.3%～22.1%、黄铁矿 0～1.4%、黏土矿物 28.5%～35.2%（图 3-2）。

19 层厚 3.26m，厚层—块状黏土质硅质混合页岩，镜下见放射虫水平纹层（图 3-4h）。顶部见 1 层斑脱岩，厚 1cm。GR 值为 178～200cps，TOC 为 1.48%～1.52%，矿物组成为石英 52.5%～53.0%、长石 15.2%～16.5%、黄铁矿 1.1%～1.4%、黏土矿物 29.8%～30.7%（图 3-2）。

20 层厚 3.22m，块状黏土质硅质混合页岩，颜色略变浅，呈深灰色。GR 值为 173～189cps，TOC 为 1.55%，矿物组成为石英 47.0%～48.6%、长石 11.8%～12.8%、黄铁矿 1.8%～2.0%、黏土矿物 37.4%～37.8%（图 3-2）。

21 层厚 3.91m，块状黏土质硅质混合页岩，深灰色（图 3-3h），镜下见水平纹层（图 3-7f）。GR 值为 177～194cps，TOC 为 1.76%～2.38%，矿物组成为石英 44.3%～48.5%、长石 8.9%～9.1%、黄铁矿 0～3.0%、黏土矿物 42.4%～43.8%（图 3-2）。

22 层厚 2.08m，块状黏土质硅质混合页岩，底部见耙笔石，顶部见 1 层斑脱岩（厚 2～3cm）（图 3-3i）。发育水平纹层，GR 值为 195～202cps，TOC 为 2.03%，矿物组成为石英 43.9%、长石 12.2%、黄铁矿 0.7%、黏土矿物 43.2%（图 3-2）。

23 层厚 4.16m，块状黏土质硅质混合页岩（图 3-3i），见耙笔石，发育水平纹层

（图 3-7g）。GR 值为 164～197cps，TOC 为 1.6%～2.13%，矿物组成为石英 36.0%～43.9%、长石 11.3%～13.0%、方解石 0～1.4%、白云石 0～7.0%、黄铁矿 0.3～2.3%、黏土矿物 42.2%～42.8%（图 3-2）。

24 层厚 0.08～0.1m，为埃隆阶半耙笔石带厚层斑脱岩，铅灰色，区域分布稳定，可以与长宁、綦江、歇马、巫溪等地区厚层斑脱岩对比，是重要的区域对比标志层。GR 值为 216～220cps，矿物组成为石英 1.8%、长石 1.0%、黄铁矿 67.5%、重晶石 1.9%、黏土矿物 27.8%（图 3-2）。

25 层厚 2.71m。底部 2.5m 在山谷测量点出露，为灰黑色黏土质页岩，见球状结核，岩相与 23 层及以深明显不同，黏土含量高，笔石丰富，见耙笔石。GR 值为 178～213cps，TOC 为 1.46%～1.76%，矿物组成为石英 38.6%～47.0%、长石 12.0%～14.0%、方解石 0～2.0%、白云石 0～6.5%、黄铁矿 0～1.5%、黏土矿物 39.0%～42.7%（图 3-2）。

26 层厚 4.34m。灰黑色黏土质页岩，见球状结核体（厚 20～30cm），镜下现大量水平纹层。笔石丰富，见耙笔石。GR 值为 186～202cps，TOC 为 1.95%～2.06%，矿物组成为石英 46.6%～47.2%、长石 10.6%～12.1%、黏土矿物 41.3%～42.2%（图 3-2）。

27 层厚 2.29m。灰黑色黏土质页岩（图 3-3j），镜下见水平纹层。GR 值为 184～201cps，TOC 为 1.63%，矿物组成为石英 47.7%、长石 15.6%、黏土矿物 36.7%（图 3-2）。

28 层厚 4.04m，灰黑色黏土质页岩，中上部风化严重，底部 30cm 为球状结核层（球体长轴 50cm、短轴 20cm）（图 3-3j）。该层 GR 值为 191～211cps，TOC 为 0.75%～0.88%，矿物组成为石英 42.9%～49.2%、长石 6.9%～13.2%、黏土矿物 37.6%～50.2%（图 3-2）。

29 层厚 4.68m，灰黑色黏土质页岩，底界在公路西侧，顶界在公路东侧。GR 值为 198～216cps，TOC 为 1.79%～1.91%，矿物组成为石英 44.5%～46.3%、长石 8.8%～10.1%、黏土矿物 43.6%～46.7%。底部见 1 层斑脱岩，厚 1～3cm；顶部见 1 层斑脱岩，厚 0.5～2cm（图 3-2）。

30—31 层厚 7.56m，均为灰黑色黏土质页岩，纹层发育，块状，见 3 层中厚层状球状结核层（单层厚 60～80cm），球体中心坚硬，硅质含量高（图 3-3k、图 3-7h）。GR 值为 205～244cps，TOC 为 1.66%～1.98%，矿物组成为石英 36.9%～58.7%、长石 9.2%～17.7%、方解石 0～3.1%、白云石 0～5.9%、黄铁矿 3.2%～6.7%、黏土矿物 16.9%～40.7%。在 30 层顶部见 1 层斑脱岩，厚 0.5～1cm（图 3-2）。

32 层厚 8.01m，碳质页岩，块状，染手（图 3-3l）。笔石丰富，顶部见盘旋喇嘛笔石，距底 3m 见 *Lituigrapatus convolutus* 笔石、雕笔石、单笔石和冠笔石（图 3-4d）。镜下纹层发育，见放射虫颗粒呈层状分布（图 3-4i）。GR 值为 211～261cps，TOC 为 1.76%～2.06%，矿物组成为石英 32.4%～38.4%、长石 6.6%～7.7%、黄铁矿 1.8%～3.4%、黏土矿物 51.1%～57.7%。顶部见 1 层斑脱岩，厚 0.5～1cm（图 3-2）。

33 层实测厚度为 11.5m，主体为植被覆盖，产状为 330°∠30°，根据顶底部出露推测为碳质页岩，镜下偶见纹层（图 3-7i）。GR 值为 191～220cps，TOC 为 1.96%，矿物组成为石英 36.5%、长石 7.0%、黄铁矿 1.0%、黏土矿物 55.5%（图 3-2）。

34 层厚 7.65m，碳质页岩，块状，染手，顶部见 10cm 厚斑脱岩。笔石丰富，见 *Lituigrapatus convolutus* 笔石、花瓣笔石、长单笔石、冠笔石和少量盘旋喇嘛笔石。GR 值为 193～237cps，TOC 为 1.84%～1.87%，矿物组成为石英 42.9%～49.6%、长石 6.2%～7.4%、黏土矿物 43.0%～50.9%（图 3-2）。

35 层厚 5.67m。灰黑色黏土质页岩，块状。在底部、中部和顶部见含钙质硅质结核层（单层厚 40～60cm），结核体中心坚硬，钙质和硅质含量高（图 3-3m）。GR 值为 192～222cps，TOC 为

1.08%～1.78%，矿物组成为石英 20.0%～49.5%、长石 6.9%～10.3%、方解石 0～1.9%、铁白云石 0～46.1%、黄铁矿 0～4.5%、黏土矿物 22.5%～50.9%（图 3-2）。

36 层厚 6.14m，碳质页岩，块状，染手，风化严重，镜下见水平纹层和放射虫（图 3-4j、图 3-7j）。GR 值增高至 199～272cps，TOC 为 2.34%，矿物组成为石英 36.9%、长石 8.5%、黄铁矿 4.0%、黏土矿物 50.6%（图 3-2）。

37 层厚 9.15m，产状为 335°∠20°，碳质页岩，块状，染手，风化严重（图 3-3n）。笔石丰富，见大量长单笔石（长度超过 10cm）、冠笔石和耙笔石。GR 值总体较高（209～236cps），TOC 为 2.12%，矿物组成为石英 37.9%、长石 9.4%、黏土矿物 52.7%（图 3-2）。

38 层厚 3.31m，碳质页岩（图 3-3n）。GR 值保持较高水平（197～297cps），TOC 为 1.22%，矿物组成为石英 38.7%、长石 6.3%、黄铁矿 2.2%、黏土矿物 52.8%（图 3-2）。

39 层厚 14.65m，植被覆盖，根据底部出露推测为碳质页岩，GR 值为 210～222cps。

从上述岩相、岩石学、TOC 和 GR 测试资料看，石柱五峰组—龙马溪组自下而上可划分为 5 个岩相段。

（1）2—10 层为薄—中层状硅质页岩段，镜下纹层不发育或欠发育，脆性矿物主体为放射虫颗粒且呈星点状分布，GR 值显中高幅度响应且波动幅度大（150～481cps），TOC 为 1.9%～11.2%（平均为 4.1%），石英含量普遍高（55.7%～88.8%，平均为 66.3%），长石较少（0.9%～6.5%，平均为 3.5%），基本不含钙质，黏土矿物总体较少（9.3%～38.5%，平均为 23.7%）。

（2）11—15 层为中—厚层状硅质页岩段，镜下出现亮纹层，其脆性矿物主体为放射虫颗粒，GR 值显中高幅度响应（207～298cps），TOC 为 2.69%～6.25%（平均为 3.50%），石英含量较高（48.6%～60.0%，平均为 54.6%），长石含量中等（4.8%～10.7%，平均为 7.4%），不含钙质，黏土矿物含量为中等水平（31.9%～42.8%，平均为 37.1%）。

（3）16—23 层为厚层状黏土质硅质混合页岩段，镜下纹层发育，脆性矿物主体为放射虫颗粒，GR 值显中等幅度响应（173～226cps，平均为 195cps），TOC 为 1.60%～2.69%（平均为 1.97%），石英含量较高（36.0%～56.7%，平均为 48.4%），长石含量中高（8.9%～22.1%，平均为 13.5%），不含钙质，黏土矿物含量为中高水平（28.1%～43.8%，平均为 36.2%）。

（4）25—31 层为块状黏土质页岩夹硅质结核体，镜下纹层发育，见放射虫颗粒，GR 值显中等幅度响应（179～233cps，平均为 205cps），TOC 为 0.76%～2.06%（平均为 1.62%），石英含量中等（36.9%～58.7%，平均为 45.6%），长石含量中高（6.9%～17.7%，平均为 11.9%），不含钙质，黏土矿物含量为中高水平（16.9%～50.2%，平均为 39.7%）。

（5）32—39 层以块状碳质页岩为主，夹黏土质硅质混合页岩和钙质结核体，镜下纹层发育，见放射虫颗粒，GR 值显中高幅度响应（192～287cps，平均为 217cps），TOC 为 1.08%～2.34%（平均为 1.8%），石英含量为中低值（20.0%～49.5%，平均为 38.7%），长石含量中等（6.3%～10.3%，平均为 7.6%），不含钙质，黏土矿物含量高（38.3%～57.7%，平均为 50.0%）。

2. 结核体发育特征

在石柱漆辽剖面点，发现多层结核体出露于埃隆阶 *Demirastrites triangulatus* 带厚层斑脱岩（24 层）以浅的碳质页岩和黏土质页岩中，如 26 层、28 层底部、30 层、31 层和 35 层（图 3-2）。其中，28 层底部结核体呈椭球状产出，大小为长轴 50cm、短轴 20cm（图 3-3j），上下为黏土质硅质混合页岩围限，岩相主体为硅质页岩，结核体中心区硅质含量高，镜下纹层发育（亮色颗粒主要为次棱角状和椭球状放射虫、石英等），向边部黏土质增加（图 3-8a、b）。X 衍射结果显示，结核体岩石矿物百分含量为石英49.2%、钾长石3.8%、斜长石9.4%、黏土37.6%。GR为191～194cps，TOC为0.88%（低于围岩的1.5%～2.1%）（表3-2）。35层顶部结核体呈透镜状、椭球状产出，上下为碳质页岩围限且呈突变接触，尺度为长轴50～150cm、短轴40～60cm，岩相主体为钙质硅质混合页岩相，钙质主要为铁白云石，镜下纹层发育（单层厚80～140μm）（图3-3m，图3-8c、d），岩石矿物组成为石英20.0%、钾长石1.6%、斜长石5.3%、黄铁矿4.5%、铁白云石46.1%、黏土22.5%，GR为210～217cps，TOC为1.08%（表3-2）。与结核层相比，该剖面点的围岩普遍具有较高TOC和黏土质含量，TOC一般为1.8%～2.3%，岩石矿物组成为石英36.9%～47.5%、长石8.5%～8.7%、黄铁矿0～4.0%、黏土43.8%～50.6%（表3-2）。

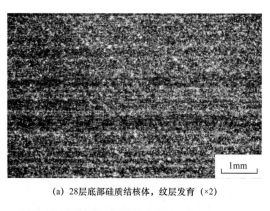

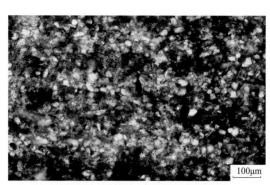

(a) 28层底部硅质结核体，纹层发育（×2）　　(b) 28层底部硅质结核体，亮色颗粒主要为次棱角状和椭球状放射虫、石英等（×20）

(c) 35层顶部钙质结核体，见钙质纹层（×5）　　(d) 35层顶部钙质结核体，亮色为铁白云石和石英（×20）

图3-8　石柱漆辽埃隆阶结核体薄片照片

表3-2　石柱漆辽剖面埃隆阶主要层段结核体地质参数

笔石带	结核体							围岩	
	层号	出露形态	尺度大小（cm）	岩性特征	GR（cps）	TOC（%）	岩石矿物组成	岩相	地质参数
LM6	28层底部	椭球状	长轴50cm，短轴20cm	硅质页岩相，纹层发育	191～194	0.88	石英49.2%、钾长石3.8%、斜长石9.4%、黏土37.6%	黏土质页岩	TOC为0.75%～1.91%，岩石矿物组成为石英42.9%～46.3%、长石6.9%～10.1%、黏土43.6%～50.2%
LM7	35层顶	透镜状、椭球状	长轴50～150cm，短轴40～60cm	钙质硅质混合页岩相，含铁白云石，纹层发育	210～217	1.08	石英20.0%、钾长石1.6%、斜长石5.3%、黄铁矿4.5%、铁白云石46.1%、黏土22.5%	碳质页岩	TOC一般为1.8%～2.3%，岩石矿物组成为石英36.9%～47.5%、长石8.5%～8.7%、黄铁矿0～4.0%、黏土43.8%～50.6%

注：LM6—*Demirastrites triangulatus*带，LM7—*Lituigrapatus convolutus*带。

这说明，川东埃隆阶结核体发育特征和分布规律与川南坳陷（长宁、永善地区）相似，主要分布于坳陷中央区，且与黑色黏土质页岩、碳质页岩共生。

3. 斑脱岩发育特征

石柱漆辽剖面位于奥陶纪—志留纪之交扬子台盆区中央，来自扬子地台周缘的火山灰大多能在此留下沉积记录（斑脱岩记录），且五峰组—埃隆阶下部黑色页岩段为富有机质页岩发育的重要层段，厚度超过130m（沉积时间超过8.41Ma，占五峰组—龙马溪组总沉积时限89%以上），总体出露完整，笔石带齐全，剖面新鲜，是观察笔石页岩和斑脱岩发育特征的理想资料点。

笔者在该剖面五峰组—埃隆阶中部（约105m）观察到厚度在0.5cm以上的斑脱岩31层，且不均匀地分布在6个笔石带18个小层段（图3-2，表3-3）。现自下而上对这18个小层段的斑脱岩发育特征进行分层描述，以了解其变化趋势（图3-2、表3-3、表3-4）。

表3-3 石柱漆辽五峰组—龙马溪组斑脱岩发育特征

小层号	厚度（m）	黑色页岩地质参数				斑脱岩发育特征
		岩相	GR（cps）	TOC（%）	岩石矿物含量	
5	0.98	薄层状硅质页岩，纹层不发育	160~164	2.70~2.88	石英69.2%~73.2%、长石4.2%~5.0%、磷灰石0~1.8%、黏土20.8%~26.0%	顶部见2层斑脱岩，单层厚0.5~1.0cm，已风化为灰白色黏土层
6-1	1.10	碳质页岩与硅质页岩薄互层	154~172	1.92~2.31	石英73.3%~78.1%、长石0.9%~3.7%、黏土21.0%~23.0%	中上部见3层斑脱岩，单层厚度为上层4~5cm、中层2~3cm、下层1~2cm，间距10~30cm，GR值209~218cps；矿物组成为石英6.9%、钾长石0.6%、斜长石1.2%、方解石1.4%、黄铁矿18.9%、黏土71.0%
6-3	0.71	薄层状硅质页岩，纹层不发育	198~227			顶部见1层斑脱岩，铅灰色，厚3~4cm
7	1.16	薄层状硅质页岩，纹层不发育	224~239	2.68~5.55	石英63.9%~83.8%、长石2.0%~4.4%、黄铁矿1.0%~1.6%、黏土13.2%~30.1%	上部见1层斑脱岩，厚2~3cm
11	2.27	薄—中层状硅质页岩，黏土质开始增多	226~298	3.21~6.25	石英55.5%~60.0%、长石8.0%~8.9%、黄铁矿0~2.8%、黏土31.9%~34.3%	距底50cm见斑脱岩1层，厚0.5~1cm
12层顶部	1.22	中层状硅质页岩，黏土质增多	215~223	3.20	石英56.7%、长石7.5%、黄铁矿1.7%、黏土34.1%	顶部见2层斑脱岩，间距25~30cm，下层厚1~2cm，上层厚2~3cm
14	2.61	厚层状黏土质硅质混合页岩	207~231	3.17~3.39	石英52.8%~55.4%、长石4.8%~7.2%、黄铁矿0~0.4%、黏土39.6%~39.8%	顶部见1层斑脱岩，厚0.5~1cm
15	2.83	厚层状黏土质硅质混合页岩	213~240	2.69~4.21	石英55.5%~60.0%、长石8.0%~8.9%、黄铁矿0~2.8%、黏土31.9%~34.3%	中部和顶部见2层斑脱岩，单层厚0.5cm，两层间距约1.4m

小层号	厚度（m）	黑色页岩地质参数				斑脱岩发育特征
		岩相	GR（cps）	TOC（%）	岩石矿物含量	
16	4.76	厚层状黏土硅质混合页岩	197～214	2.30～2.69	石英55.5%～60.0%、长石8.0%～8.9%、黄铁矿0～2.8%、黏土31.9%～34.3%	中上部见2层斑脱岩，间距超过1m，单层厚0.5～1.5cm
17	2.08	厚层状黏土硅质混合页岩	196～209	1.93～2.10	石英52.1%～52.7%、长石14.8%、黏土32.5%～33.1%	顶部见1层斑脱岩，厚3～4cm
18	2.68	块状黏土硅质混合页岩	199～226	1.63～1.96	石英47.7%～53.7%、长石15.3%～22.1%、黄铁矿0～1.4%、黏土28.5%～35.2%	下部1.5m见6层斑脱岩，间距15～30cm、单层厚0.5～2cm；顶部见1层斑脱岩，厚0.5～1cm
19	3.26	厚层—块状黏土硅质混合页岩	178～200	1.48～1.52	石英52.5%～53.0%、长石15.2%～16.5%、黄铁矿1.1%～1.4%、黏土29.8%～30.7%	顶部见1层斑脱岩，厚1cm
22	2.08	块状黏土硅质混合页岩	195～202	2.03	石英43.9%、长石12.2%、黄铁矿0.7%、黏土43.2%	顶部见1层斑脱岩，厚2～3cm
24	0.08～0.10					为半耙笔石带最厚斑脱岩层，铅灰色，GR值216～220cps；矿物组成为石英1.8%、长石1.0%、黄铁矿67.5%、重晶石1.9%、黏土27.8%
29	4.68	黏土质页岩，纹层发育	198～216	1.79～1.91	石英44.5%～46.3%、长石8.8%～10.1%、黏土43.6%～46.7%	底部见1层斑脱岩，厚1～3cm；顶部见1层斑脱岩，厚0.5～2cm
30	4.14	块状黏土质页岩	205～244	1.66～1.98	石英36.9%～58.7%、长石9.2%～17.7%、方解石0～3.1%、白云石0～5.9%、黄铁矿3.2%～6.7%、黏土16.9%～40.7%	顶部见1层斑脱岩，厚0.5～1cm
32	8.01	碳质页岩，块状	211～261	1.76～2.06	石英32.4%～38.4%、长石6.6%～7.7%、黄铁矿1.8%～3.4%、黏土51.1%～57.7%	顶部见1层斑脱岩，厚0.5～1cm
34	7.65	碳质页岩，块状	193～237	1.84～1.87	石英42.9%～49.6%、长石6.2%～7.4%、黏土43.0%～50.9%	顶部见10cm厚斑脱岩1层，GR值237cps

从斑脱岩发育频次和规模看（表3-3、表3-4），火山灰主要赋存于 *Dicellograptus complexus* 带中上部、*Paraorthograptus pacificus* 带顶部、*Coronograptus cyphus* 带底部和中上部、*Demirastrites triangulatus* 带下部和 *Lituigrapatus convolutus* 带上部，在其他笔石带和层段较少出现或未被观察到。从斑脱岩发育速率看（表3-4），*Dicellograptus complexus*、*Coronograptus cyphus*、*Demirastrites triangulatus* 和 *Lituigrapatus convolutus* 4个笔石带斑脱岩发育规模较大，分别为16.7cm/Ma、24.9cm/Ma、10.8cm/Ma 和 24.0cm/Ma，即凯迪初期、鲁丹晚期和埃隆期是斑脱岩发育的主要时期，这与长宁地区的发育特征基本相似。但与川南不同的是，该地区 *Coronograptus cyphus* 带斑脱岩发育速率明显高于其他笔石带。

表 3-4 石柱漆辽主要笔石带斑脱岩发育特征

| 系 | 统 | 阶 | 笔石带 | 地层年代（Ma） | 沉积时间（Ma） | 石柱漆辽 | | | | | | 长宁双河 |
						斑脱岩层数（层）	斑脱岩累计平均厚度（cm）	斑脱岩单层厚度（cm）	斑脱岩发育频次（层/Ma）	斑脱岩发育速率（cm/Ma）	说明	斑脱岩发育速率（cm/Ma）
志留系	兰多维列统（下统）	埃隆阶	*Stimulograptus sedgwickii*	438.76	0.27						顶底界不清，风化和植被覆盖严重	9.6（风化严重）
			Lituigrapatus convolutus	439.21	0.45	2	10.80	0.5～10.0/5.4	4.4	24.0	中部植被覆盖10m，顶界未定	62.8
			Demirastrites triangulatus	440.77	1.56	5	16.80	0.5～10.0/3.4	3.2	10.8		33
		鲁丹阶	*Coronograptus cyphus*	441.57	0.80	16	19.95	0.5～4.0/1.2	20.0	24.9	底部植被覆盖1.5m	17.1
			Cystograptus vesiculosus	442.47	0.90	1	0.75	0.5～1.0/0.75	1.1	0.8		
			Parakidograptus acuminatus	443.40	0.93							
			Akidograptus ascensus	443.83	0.43							
奥陶系	上奥陶统	赫南特阶	*Normalograptus persculptus*	444.43	0.60							
			Hirnantian-Dalmanitina	445.16	0.73							
			Normalograptus extraordinarius									
		凯迪阶	*Paraorthograptus pacificus*	447.02	1.86	2	6	2～4/3.0	1.1	3.2		4.6
			Dicellograptus complexus	447.62	0.60	5	10	0.5～5.0/2.0	8.3	16.7		45

注：笔石带划分和沉积时间资料引自文献（陈旭等，2014；樊隽轩等，2012）。

　　研究证实，只有规模较大的斑脱岩层（单层厚度在5cm以上）或斑脱岩密集段（斑脱岩累计厚度在5cm以上）才具有显著的地质意义（王玉满等，2017，2018，2019），因此本书将这类斑脱岩（斑脱岩密集段）作为重点研究对象加以分析和研究，并将1m内斑脱岩累计厚度在5cm以上的黑色页岩段或单层厚度在5cm以上的厚层斑脱岩定义为斑脱岩密集段。依此标准，石柱漆辽剖面共观察到6个斑脱岩密集段，自下而上编号为①—⑥（图3-2、图3-9），斑脱岩累计厚度48cm（单层厚度按平均值计算），占该剖面斑脱岩总厚度76%，其中埃隆阶密集段为单层厚度在5cm以上的厚层斑脱岩（层数少，单层厚），五峰组—鲁丹阶密集段主要为多层厚度在3cm以下的薄层斑脱岩集中出现（层数多，且单层薄）。现分别进行描述。

(a) 密集段①，厚约1.3m，碳质页岩与薄层状硅质页岩互层，
见5层斑脱岩

(b) 密集段②，厚约1m，薄层状硅质页岩夹2层斑脱岩

(c) 密集段③，厚0.30m，中层状硅质页岩夹2层斑脱岩

(d) 密集段④，厚1.5m，黏土质硅质混合页岩夹7层斑脱岩

(e) 密集段⑤，半耙笔石带厚层斑脱岩层，厚8～10cm

(f) 密集段⑥，厚10cm，铅灰色，呈橡皮泥状，GR值237cps

图3-9　石柱漆辽五峰组—龙马溪组斑脱岩密集段露头照片（图中地质锤长33cm，箭头所指为斑脱岩层）

（1）密集段①位于 *Dicellograptus complexus* 带中上部（5层顶部至6-1层中上部），厚约1.3m（图3-9a），碳质页岩与薄层状硅质页岩互层，镜下纹层不发育（欠发育），见大量放射虫颗粒呈星点状分布（图3-10a、图3-10b），TOC为1.92%～2.31%，GR值为154～172cps，矿物组成为石英73.3%～78.1%、长石0.9%～3.7%、黏土矿物21.0%～23.0%（图3-2，表3-3）。见5层斑脱岩，累计厚度10cm，底部2层单层厚0.5～1.0cm，已风化为灰白色黏土岩；中上部3层较厚，单层厚度为上层4～5cm、中层2～3cm、下层1～2cm，间距10～30cm，斑脱岩GR值为209～218cps，矿物组成为石英6.9%、钾长石0.6%、斜长石1.2%、方解石1.4%、黄铁矿18.9%、黏土71.0%（图3-2，表3-3、表3-4），主要元素为SiO_2 41.57%、Al_2O_3 19.94%、Fe_2O_3+FeO 16.61%、MgO 1.56%和K_2O 6.08%（表3-5）。

表 3-5　石柱漆辽部分斑脱岩层主量元素含量表

区块名称	斑脱岩密集段编号	层位	距底（m）	主量元素百分含量（%）											
				SiO_2	Al_2O_3	Fe_2O_3	MgO	CaO	Na_2O	K_2O	MnO	TiO_2	P_2O_5	烧失量	FeO
石柱漆辽	①	五峰组	5.46	41.57	19.94	15.31	1.56	0.06	0.06	6.08	0.02	0.79	0.07	13.19	1.30
石柱漆辽	⑤	埃隆阶	53.95	29.02	16.14	38.11	1.59	0.09	0.14	2.42	<0.004	0.27	0.05	9.72	1.45
秀山大田坝	⑤	埃隆阶	32.42	47.89	24.79	4.27	1.95	0.85	0.16	6.53	0.01	0.66	0.08	11.47	1.13

（2）密集段②位于 *Paraorthograptus pacificus* 带顶部（6-3 层顶至 7 层上部），厚约 1m，薄层状硅质页岩（图 3-9b），镜下纹层不发育，见大量放射虫颗粒呈星点状分布（图 3-10c、d），TOC 为 2.68%～5.55%，GR 值为 224～252cps（显低幅度峰），矿物组成为石英 63.9%～83.8%、长石 2.0%～4.4%、黄铁矿 1.0%～1.6%、黏土矿物 13.2%～30.1%（图 3-2，表 3-3）。底部和上部见 2 层斑脱岩（累计厚度 6cm），底层厚 3～4cm，铅灰色，上层厚 2～3cm（表 3-3）。

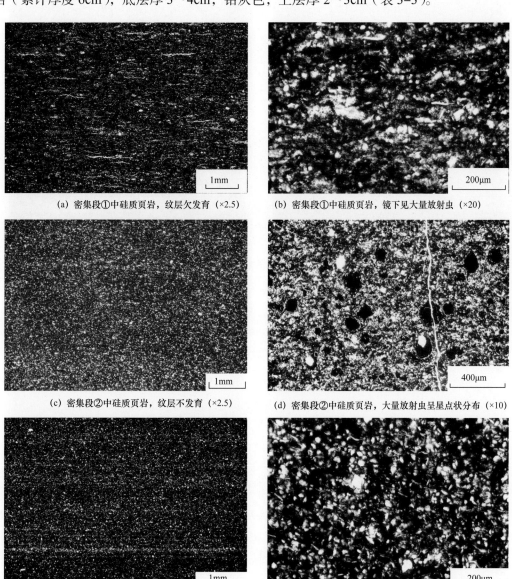

(a) 密集段①中硅质页岩，纹层欠发育（×2.5）　　(b) 密集段①中硅质页岩，镜下见大量放射虫（×20）

(c) 密集段②中硅质页岩，纹层不发育（×2.5）　　(d) 密集段②中硅质页岩，大量放射虫呈星点状分布（×10）

(e) 密集段③中硅质页岩，见水平细纹层（×2.5）　　(f) 密集段③中硅质页岩，镜下见大量放射虫（×20）

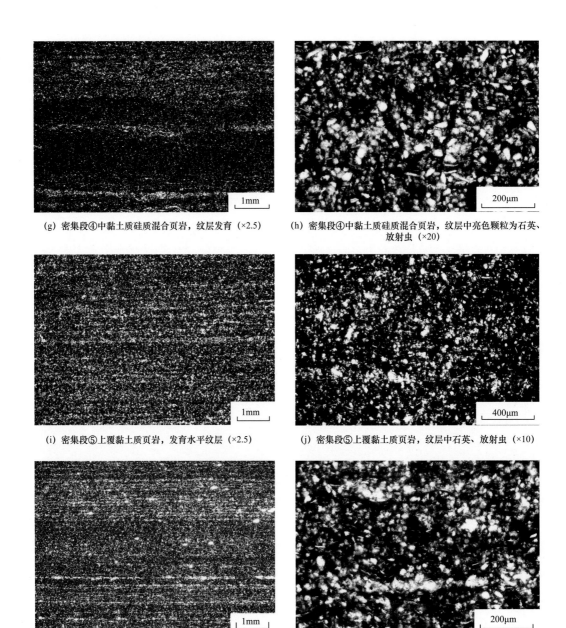

(g) 密集段④中黏土质硅质混合页岩，纹层发育（×2.5）

(h) 密集段④中黏土质硅质混合页岩，纹层中亮色颗粒为石英、放射虫（×20）

(i) 密集段⑤上覆黏土质页岩，发育水平纹层（×2.5）

(j) 密集段⑤上覆黏土质页岩，纹层中石英、放射虫（×10）

(k) 密集段⑥上覆黏土质页岩，纹层发育（×2.5）

(l) 密集段⑥上覆黏土质页岩，纹层中石英、放射虫（×20）

图 3-10　石柱漆辽斑脱岩密集段中（上覆）黑色页岩薄片

（3）密集段③位于 *Coronograptus cyphus* 带底部（12层顶部），厚0.30m，中层状硅质页岩（图3-9c），黏土质增多，镜下出现放射虫细纹层（图3-10e、f）。TOC为3.2%，GR值为217～231cps（出现低幅度GR峰），矿物组成为石英56.7%、长石7.5%、黄铁矿1.7%、黏土矿物34.1%（图3-2，表3-3）。见2层斑脱岩（累计厚度4cm，单层厚平均2.0cm），间距25cm，下层厚1～2cm，上层厚2～3cm（图3-2，表3-3）。

（4）密集段④位于 *Coronograptus cyphus* 带中上部（17层顶至18层下部），厚1.5m，厚层状黏土质硅质混合页岩，黏土质增多（图3-9d、图3-2），见大量单笔石，镜下见水平纹层（图3-10g、h），GR值为208～226cps（出现低幅度GR峰），TOC为1.63%～1.96%，矿物组成为石英47.7%～53.7%、长石15.3%～22.1%、黄铁矿0～1.4%、黏土矿物28.5%～35.2%（图3-2，表3-3）。自下而上见7层斑脱岩，间距为15～50cm，单层厚0.5～4cm，累计厚度为9.9cm（图3-2，表3-3）。

（5）密集段⑤位于 *Demirastrites triangulatus* 带下部，厚8～10cm，为埃隆阶半耙笔石带厚层斑脱岩，单层，铅灰色（图3-2、图3-9e），区域分布稳定，与长宁、綦江、歇马、巫溪等地区厚层斑脱岩可以对比，是重要的区域对比标志层（王玉满等，2017，2018，2019），GR 值为216～220cps(显低幅度 GR 峰)（图3-2，表3-3）。此斑脱岩层已发生蚀变，矿物成分为石英1.8%、长石1.0%、黄铁矿67.5%、重晶石1.9%、黏土矿物27.8%（表3-3），主要元素为 SiO_2 29.02%、Al_2O_3 16.14%、Fe_2O_3+FeO 39.56%、MgO 1.59%和 K_2O 2.42%，与秀山大田坝剖面差异较大（表3-5）。此斑脱岩上覆岩层为黏土质页岩，发育水平纹层（纹层中亮色颗粒多为石英、放射虫）（图3-10i、j）。

（6）密集段⑥位于 *Lituigrapatus convolutus* 带上部，厚0.1m，单层，铅灰色（图3-2，图3-9f），为该笔石带首次发现的厚层斑脱岩，GR 值为237cps（显中等幅度 GR 峰）（图3-2，表3-3）。此斑脱岩上覆岩层为黏土质页岩，发育水平纹层，纹层中亮色颗粒以石英、放射虫为主（图3-10k、l）。

从上述6个密集段的特征描述看，大部分斑脱岩密集段显示出黏土质明显增加、GR 曲线出现峰值响应、火山灰与 TOC 关系不明显等典型特征，如③—⑥段均出现在黏土质显著增加、纹层发育的页岩段；②—⑥段 GR 值较其上下围岩增幅明显，普遍显中—低幅度 GR 峰（图3-2），与黏土质显著增加特征基本吻合；①—⑥段为火山灰富集段，但其黑色页岩（上覆黑色页岩）TOC 并未出现异常高值，反而在大部分层段都低于3%。上述特征在邻区利川 LY1 井得到进一步证实（图3-11），钻井显示：②—④段均为高 GR、高 CNL 响应特征（尤其④段 GR 峰异常明显），显示黏土矿物和放射性物质显著增加，与石柱剖面相似；①段出现在五峰组中下部，同样显示高 GR、高 CNL、较高黏土含量等特征；⑤段出现在 *Demirastrites triangulatus* 带下部碳质页岩段（高 TOC、高黏土含量、高 GR）底部，为高 GR 段中的低谷响应，与巫溪、秭归、保康等探区类似（中扬子—巫溪地区特有）（王玉满等，2018）；TOC 在①—④段黑色页岩中并未出现升高趋势，反而在大部分层段低于3%。可见，大部分斑脱岩密集段的 GR 峰是黏土矿物显著增高和放射性物质大量增加的直接反映，与 TOC 关系并不明显。这说明，川东—鄂西地区6个斑脱岩密集段的性质与长宁五峰组底部斑脱岩密集段（台地—陆棚转换的构造界面）相似，与赫南特阶 GR 峰（图3-2；冰期—间冰期转换界面）完全不同，应属构造界面，亦为奥陶纪—志留纪之交扬子地块在与周缘地块持续碰撞和拼合作用下发生板内挠曲变形的直接反应。

4. 斑脱岩的地质意义

石柱漆辽斑脱岩密集段具有厚度大、测井响应普遍显 GR 峰、在野外露头易识别等显著特征，因此可以成为川东坳陷及周缘重要的地层对比界面，对揭示该地区构造活动和有机质富集规律具有重要意义。川东及周缘包括川东坳陷、湘鄂西隆起等重点探区，区内页岩气勘探评价面临龙马溪组黑色页岩段关键小层对比难度大、富有机质页岩发育环境和分布规律不清等地质问题。为此，本书以石柱漆辽斑脱岩发育特征和主要认识为基础，通过关键界面界定，研究川东—鄂西龙马溪组主要层段的区域变化规律，探索分析宜昌上升区龙马溪组的缺少状况，揭示川东—鄂西龙马溪组富有机质页岩发育特征。

1）龙马溪组主要层段界面确定

在五峰组—龙马溪组地质编图和页岩气选区评价过程中，五峰组因顶底界面特征清晰（底界为岩相和 GR 突变界面，顶界为观音桥段介壳层，在测井响应上表现为赫南特阶 GR 峰）、岩相组合稳定且厚度不大（一般为 2～11m），常常按一个三级层序对其进行地质编图和研究（邹才能等，2015；马永生，2018），地质认识基本清楚，龙马溪组一般发育 8～9 个笔石带，且大部分笔石带的首现位置（界面）确定难度大，相邻笔石带的岩相组合差异小，加之对其电性特征及地质意义未完全认识清楚（GR 峰谷分别代表何种地质意义等），导致众多学者对龙马溪组的层序划分和编图出现千差万别（邹才能等，2015；马永生，2018；邓和荣等，2013），所取得的成果和认识争议较大。

近年来，在四川盆地及周缘半耙笔石带下部—底部发现厚层斑脱岩（密集段⑤），可以作为界定鲁丹阶顶界的重要参考界面（王玉满等，2018，2019）。这说明，斑脱岩密集段在黑色页岩精细划分与对比中具有重要的参考价值，将高频次斑脱岩层与典型带笔石相结合，是实现五峰组—龙马溪组精细分层的有效途径。

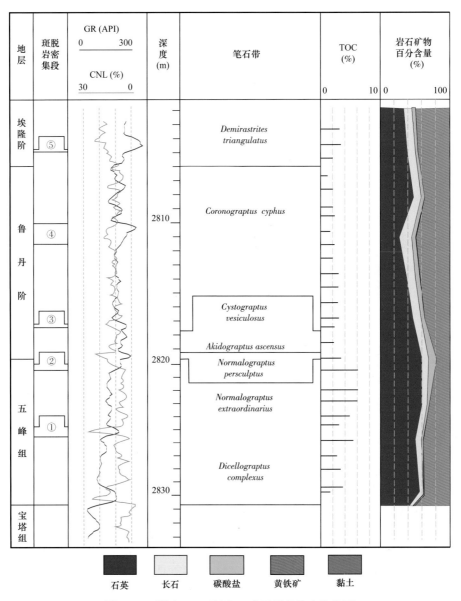

图 3-11 利川 LY1 五峰组—龙马溪组综合柱状图

鉴于资料所限以及龙马溪组勘探评价之需要，本节以斑脱岩密集段③—⑥段为重点，通过对秀山大田坝、龙山红岩溪、来凤三胡、鹤峰官屋、恩施 HY1、利川毛坝、利川 LY1、石柱漆辽、巫溪白鹿、长宁双河、道真巴渔和武隆黄草等资料点的斑脱岩发育特征和 GR 曲线对比，揭示川东坳陷及周缘龙马溪组内部关键界面的分布特征（表3-6，图3-12、图3-13），为龙马溪组主要层段界面确定提供地质依据，现叙述如下。

表3-6　川东坳陷及周边重要资料点龙马溪组斑脱岩密集段③—⑤主要地质参数

资料点	斑脱岩密集段③			斑脱岩密集段④			斑脱岩密集段⑤		备注
	厚度（m）	岩性	GR	厚度（m）	岩性	GR	厚度（m）	GR	
秀山大田坝	1.20	硅质页岩夹3层斑脱岩（单层厚0.5~1cm）	262~297cps	1.02	硅质页岩夹2层斑脱岩（单层厚1~3cm）	220~260cps	0.10	216~220cps	
龙山红岩溪		缺失		1.00	含碳质硅质页岩夹2层斑脱岩（单层厚2~3cm）	308~380cps	0.10~0.12	235cps	
来凤三胡	0.21	碳质页岩夹斑脱岩组合	324~353cps		未出露			未出露	龙马溪组仅出露底部，厚度不足8m
鹤峰官屋		缺失		1.10	薄层状黏土质硅质混合页岩与8层斑脱岩（单层厚2~3cm）间互	144~157cps	0.10	308cps	露头风化较严重
恩施HY1		缺失		1.20	碳质页岩夹斑脱岩	194~234API	0.10	220API	
利川毛坝	0.15	碳质页岩夹4层斑脱岩（单层厚0.5~2cm）			风化严重，未观察到		0.10	198~218cps	斑脱岩经风化呈土黄色
利川LY1	0.15~0.20	碳质页岩夹斑脱岩	210~222API	1.30	碳质页岩夹斑脱岩	204~259API	0.10	223API	
石柱漆辽	0.30	中层状硅质页岩，夹2层斑脱岩（单层厚1~3cm）	217~231cps	1.50	厚层状黏土质硅质混合页岩	208~226cps	0.08~0.10	216~220cps	
巫溪白鹿	0.30	中层状硅质页岩夹斑脱岩	281~282cps	1.20	含碳质硅质页岩，夹5层斑脱岩（单层厚1~2.5cm）	228~318cps	0.05~0.10	253cps	
长宁双河	1.50~2.00	碳质页岩夹4层斑脱岩（单层厚3~8cm）	出现GR峰		未观察到		0.40	出现GR峰	（王玉满等，2017，2018）
道真巴渔	0.90	中层状硅质页岩，夹4层斑脱岩（单层厚1cm）	284~338cps		未观察到		0.07	226~238cps	
武隆黄草	1.10	薄层硅质页岩和碳质页岩组合，夹5层斑脱岩（单层厚0.5~2cm）	266~455cps		未出露			未出露	龙马溪组仅出露底部，厚度不足10m

（1）斑脱岩密集段③在川东、川南、黔北地区广泛分布，纵向分布于 *Coronograptus cyphus* 带下部—底部，普遍显中低幅度GR峰，在湘鄂西地区则普遍缺失（表3-6，图3-12、图3-13）。该密集段在川南长宁地区最厚，向东、向北呈减薄趋势，其总厚度由长宁地区的1.5~2.0m减薄至武隆—道真地区的0.9~1.1m、巫溪—石柱—利川地区的0.15~0.3m，在龙山—鹤峰—恩施地区则完

全缺失（表 3-6，图 3-12、图 3-13），斑脱岩单层最大厚度由长宁地区的 8cm 减少到武隆—道真地区的 1.0～2.0cm、巫溪—石柱—利川地区的 2.0～3.0m。该密集段在川南、黔北地区显低幅度 GR 峰（王玉满等，2017，2018），在利川、巫溪地区则显示出中等幅度 GR 峰（图 3-12、图 3-13）。根据总厚度和斑脱岩单层最大厚度自西南向东、向北减薄趋势判断，*Coronograptus cyphus* 带初期火山灰来源于扬子海盆西南缘或南缘。

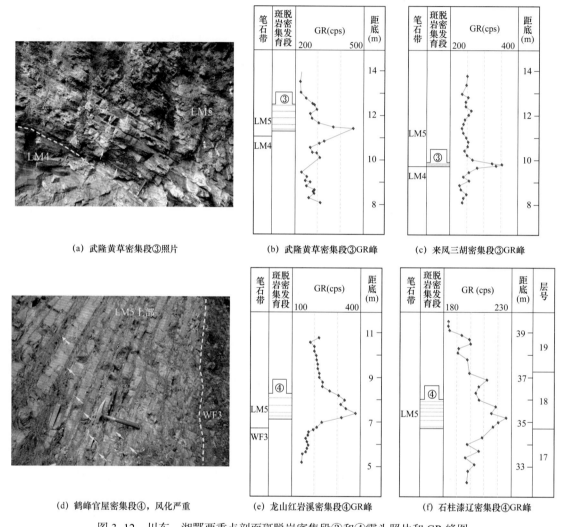

(a) 武隆黄草密集段③照片   (b) 武隆黄草密集段③GR峰   (c) 来凤三胡密集段③GR峰

(d) 鹤峰官屋密集段④，风化严重   (e) 龙山红岩溪密集段④GR峰   (f) 石柱漆辽密集段④GR峰

图 3-12　川东—湘鄂西重点剖面斑脱岩密集段③和④露头照片和 GR 峰图

图中地质锤长 33cm，箭头所指为斑脱岩层；WF3—*Paraorthograptus pacificus* 带；

LM4—*Cystograptus vesiculosus* 带；LM5—*Coronograptus cyphus* 带

（2）斑脱岩密集段④主要分布于川东—鄂西地区，且纵向分布于 *Coronograptus cyphus* 带中部—上部，普遍显中高幅度 GR 峰，但在川南、黔北地区则显示不明显（剖面上未被观察到，测井曲线未显示出明显的 GR 峰）（表 3-6，图 3-12、图 3-13）。该密集段在石柱、巫溪、利川、龙山、秀山等地区，总厚度均超过 1.0m（表 3-6，图 3-12、图 3-13），但在长宁、道真、綦江等地区显示不明显或未被观察到，且斑脱岩层数由鹤峰地区的 8 层、石柱地区的 7 层减少至龙山—秀山地区的 3 层以下，由此判断，*Coronograptus cyphus* 带沉积中晚期火山灰可能来自扬子地块东缘或东北缘，与该笔石带沉积早期火山灰不同源。

（3）斑脱岩密集段⑤为埃隆阶半耙笔石带厚层斑脱岩，纵向上分布于 *Demirastrites triangulatus*

带下部—底部，遍布于中上扬子广大地区，分布面积不小于观音桥段，其火山灰来自扬子海盆西南缘（王玉满等，2017，2018）。

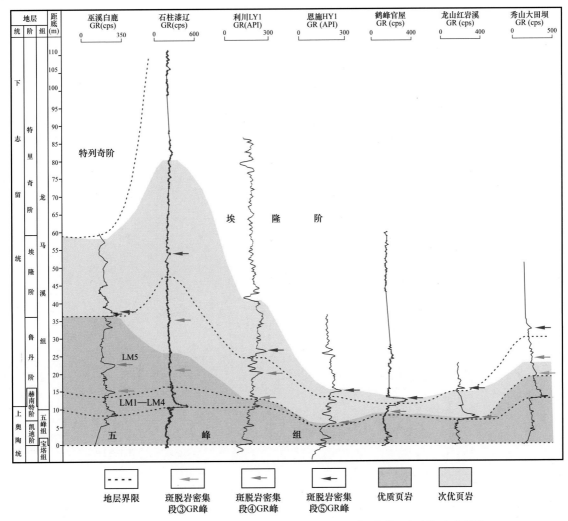

图 3-13　秀山—龙山—利川—石柱—巫溪五峰组—龙马溪组重要界面对比图

（4）密集段⑥在石柱漆辽被首次发现。近期，本书著者在长阳邓家坳、保康歇马等剖面点也发现此厚层斑脱岩（图3-14）。在保康歇马剖面点，此斑脱岩位于 *Lituigrapatus convolutus* 带上部，单层，厚5～10cm，已风化为土黄色，GR值为225cps，上、下相邻层段为碳质页岩，GR值为下伏层190～195cps、上覆层140～161cps。在长阳邓家坳剖面点，密集段⑥位于 *Lituigrapatus convolutus* 带上部，为1层厚8～10cm的斑脱岩（8层），夹持于深灰色黏土质页岩中，已风化为土黄色土壤层，GR值为220～230cps，围岩GR值为150～170cps。

通过对川东及周缘龙马溪组斑脱岩层发育特征研究发现，斑脱岩密集段③、④和⑤是划分和确定川东—鄂西 *Coronograptus cyphus* 带底界和鲁丹阶顶界的重要参考界面（图3-13、图3-14）。密集段③一般出现于 *Coronograptus cyphus* 带底部，其GR峰在川东、川南坳陷区广泛分布，因此可以作为 *Coronograptus cyphus* 带底界划分的参考界面，即将该GR峰下部的首个低谷作为 *Cystograptus vesiculosus* 带与 *Coronograptus cyphus* 带的划分界限（图3-5、图3-11）。密集段④出现于 *Coronograptus cyphus* 带中上部，其GR峰在湘鄂西隆起的存在说明，在宜昌上升腹部，鲁丹阶已缺失至 *Coronograptus cyphus* 带上部，该GR峰的底界即为鲁丹阶底界（图3-12d、e，

图 3-13）。密集段⑤在中上扬子地区广泛分布，在川东及周缘厚度稳定（一般 8～10cm），其 GR 峰是确定鲁丹阶顶界的重要参考界面，一般将鲁丹阶顶界定于其下方的首个伽马曲线低谷处（王玉满等，2017，2018），即以鲁丹阶顶界不超越埃隆阶半耙笔石带厚层斑脱岩层为原则（王玉满等，2017，2018）。

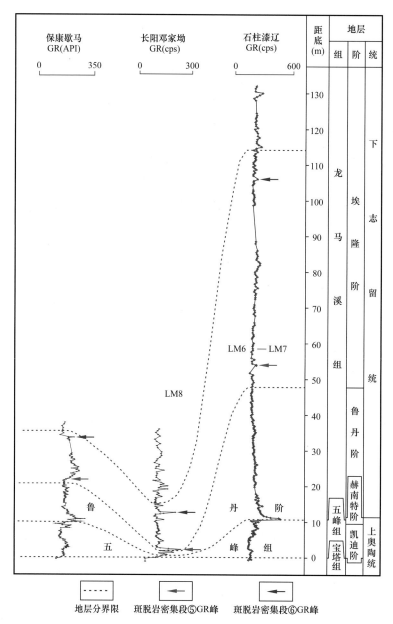

图 3-14　石柱—长阳—保康龙马溪组重要界面对比图

在川东—鄂西地区，龙马溪组上段（埃隆阶及以浅）一般发育 3～4 个笔石带，其中 *Lituigrapatus convolutus* 带与 *Stimulograptus sedgwickii* 带界限确定难度大。以鄂西及周缘为例，在斑脱岩密集段⑥出现以后，该探区古水体迅速变浅，沉积物快速转变为灰色—灰绿色黏土质页岩，局部夹粉砂岩（砂岩层多出现于湘鄂西隆起及其周缘），TOC 一般低于 0.5%，笔石保存稀少，若以典型笔石的首现位置确定地层界限则难度极大。通过对龙马溪组上段斑脱岩层发育特征研究发现，斑脱岩密集段⑥是划分和确定川东—鄂西 *Lituigrapatus convolutus* 带与 *Stimulograptus sedgwickii* 带界限的重要参考界面（图 3-5、图 3-7）。密集段⑥一般出现于 *Lituigrapatus convolutus* 带上部—

顶部，其 GR 峰在川东—鄂西坳陷区广泛分布，可以将该 GR 峰上部的首个低谷作为 *Lituigrapatus convolutus* 带顶界（*Stimulograptus sedgwickii* 带底界）（图 3-2、图 3-14）。

本书以斑脱岩密集段③、④和⑤作为鲁丹阶和埃隆阶分层依据，并参考笔石分层，首次对四川盆地及周缘鲁丹阶、埃隆阶黑色页岩分布、岩相古地理和有机质丰度进行系统编图（图 3-15、图 3-16、图 1-6、图 1-7、图 1-12、图 1-13）：鲁丹阶在川东坳陷（渝东南、川东和巫溪等地区）发育完整，沉积时间达 3.06Ma，沉积厚度一般为 10～40m，但在湘鄂西隆起腹部（龙山、鹤峰和恩施等地区）仅沉积 *Coronograptus cyphus* 带上段，厚度仅 3～7m（图 3-13、图 3-15）；*Coronograptus cyphus* 带是鲁丹阶笔石页岩的沉积主体，尽管沉积时间只有 0.8Ma（占比仅 26%），但沉积厚度在石柱地区达 31.25m、在巫溪白鹿达 22m、在龙山—鹤峰—恩施地区为 3～7m，在鲁丹阶占比为川东坳陷 84.4%、宜昌上升腹部 100%。埃隆阶黑色页岩厚度远大于鲁丹阶，在川南—川东坳陷区一般为 50～150m（局部可达 200m），在巫溪—中扬子北部坳陷区为 20～50m，在川中隆起东坡、黔中隆起北坡和湘鄂西地区则降至 10～20m（图 3-16）。

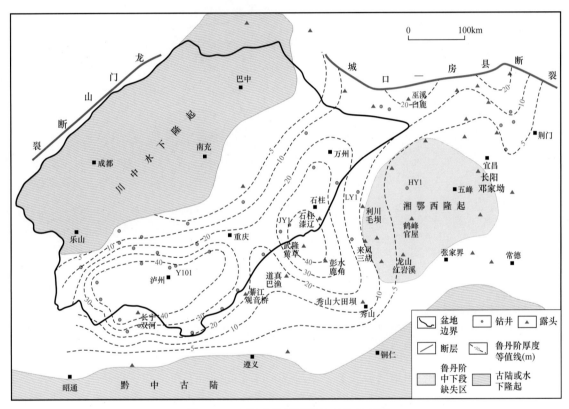

图 3-15　四川盆地及周缘鲁丹阶分布图

2）对宜昌上升的新认识

宜昌上升是在广西运动的推动下，在奥陶纪末至志留纪初在川东坳陷东侧发生的一次局部抬升并形成的大型水下隆起（图 1-6），对川东及周缘笔石页岩发育具有重要的控制作用（陈旭等，2001，2014；戎嘉余等，2011；邹才能等，2015；王玉满等，2016）。依据典型带笔石确定，宜昌上升腹部沉积间断发生在 *Paraorthograptus pacificus* 带至 *Coronograptus cyphus* 带之间，共缺失 5 个笔石带（陈旭等，2001；戎嘉余等，2011；王怿等，2011）。由于 *Coronograptus cyphus* 带是川东、湘鄂西地区鲁丹阶的主要笔石页岩段，其缺失量或沉积量是页岩气勘探评价的重点，但仅依据笔石化石尚无法回答该笔石带的缺失量。

根据石柱漆辽、利川 LY1 和利川毛坝剖面资料（图 3-2、图 3-11，表 3-6），在宜昌上升的西部邻区，*Coronograptus cyphus* 带底部和中上部发育 2 个斑脱岩密集段（编号③、④）且在钻井 GR 曲线上显示双峰特征（图 3-2、图 3-11、图 3-13），两峰间距为 6m（LY1 井）至 13.9m（漆辽）。在恩施、鹤峰、龙山等宜昌上升腹地，*Coronograptus cyphus* 带仅发育上部斑脱岩密集段（编号④）且在 GR 曲线上显示单峰特征（图 3-12d、e，图 3-13），依据利川 LY1 井推算，该笔石带缺失下部近 6m 黑色页岩，缺失量超过 50%，沉积间断时间则超过 0.4Ma。可见，在龙山、鹤峰、恩施等宜昌上升核心区，鲁丹阶缺失至少 3.5 个笔石带（*Akidograptus ascensus* 带至 *Coronograptus cyphus* 带中上部），沉积时间总体不足 0.4Ma，仅相当于石柱、利川地区的 13% 以下。

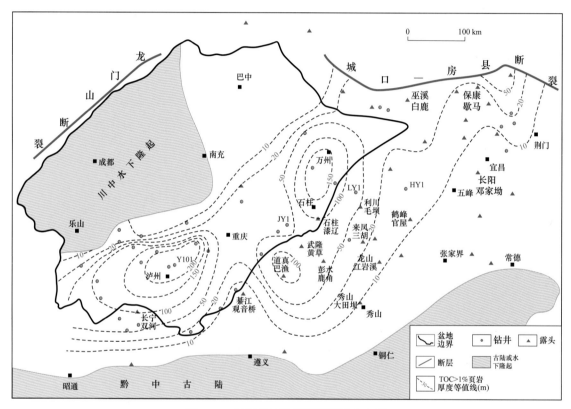

图 3-16　四川盆地及周缘埃隆阶分布图

由此推算，在宜昌上升核心区的整个隆升阶段，缺失地层为赫南特阶—*Coronograptus cyphus* 带中上部，恰好与石柱—利川地区斑脱岩密集段②至④之间的笔石带对应，即缺失至少 5.5 个笔石带。这说明，斑脱岩密集段②和④沉积期分别是宜昌上升开始和结束的关键时间节点，受华南南部和东部深部大地构造活动的制约，这两组剧烈的火山喷发代表湘鄂西及周缘构造应力场可能发生两次急剧转变，进而导致该地区出现先隆升后快速沉降，具体表现为密集段②沉积时期的火山喷发与凯迪晚期华南南部大地构造活动强烈相对应，反映川东—湘鄂西—黔北地区区域应力场主体转为近南北向，直接推动黔中隆起隆升和北扩（戎嘉余等，2011）以及湘鄂西受挤压隆升；密集段③的火山灰主要来源于扬子地块南部或西南部，反映华南南部大地构造活动再次趋于强烈，主应力场仍保持近南北向；密集段④的火山灰可能主要来源于扬子地块东部，反映 *Coronograptus cyphus* 带晚期华南东部大地构造活动及对扬子地块碰撞作用迅速增强，导致湘鄂西地区主应力场可能转为近东西向，进而出现快速拉张沉降。目前，关于密集段②至④沉积时期的构造应力场转换机制还需要更多的火山灰和生物地层证据进一步证实。

3）揭示川东坳陷构造活动特点

根据石柱漆辽和长宁双河剖面资料（表3-4、表3-6），川东和川南大部分笔石带（*Dicellograptus complexus—Coronograptus cyphus* 带底部、*Demirastrites triangulatus* 和 *Lituigrapatus convolutus* 带）斑脱岩发育特征基本相似并存在可区域对比的密集段，但也存在3点显著差异：（1）斑脱岩密集段④主要出现在川东—鄂西地区，在川南—黔北基本未出现；（2）斑脱岩密集段⑥仅在石柱以北的川东—鄂西地区被发现，在川南、黔北是否存在，尚不清楚；（3）从主要笔石带斑脱岩发育速率看，川南普遍较川东大，仅在 *Coronograptus cyphus* 带出现例外（表3-4、表3-6）。这说明，川南和川东坳陷在 *Dicellograptus complexus—Coronograptus cyphus* 带沉积早期（五峰组沉积期至鲁丹中期）和埃隆期具有相似的构造活动演化规律，且川南坳陷在各期的挠曲强度明显大于川东坳陷，但在 *Coronograptus cyphus* 带沉积晚期（鲁丹晚期）出现不同。

根据石柱漆辽斑脱岩密集段分布特征和川南坳陷构造沉积响应主要认识（王玉满等，2017，2018），川东挠曲坳陷同样存在坳陷初期、坳陷中晚期、前陆挠曲初期和前陆挠曲发展期等4个构造活动期次（图3-2），主要特征如下。

（1）坳陷初期即临湘组沉积末期—斑脱岩密集段①出现时期（主要为 *Dicellograptus complexus* 带），为台地向陆棚转换时期，持续时间一般0.6Ma，斑脱岩发育规模为16.7（石柱）～45cm/Ma（长宁）（表3-4），川东地区经历了由台地→浅水陆棚→深水坳陷的渐进式转变（图3-2），区内沉积物由泥灰岩、灰绿色黏土质页岩快速转为黑色笔石页岩。

（2）坳陷中晚期即凯迪中期（*Paraorthograptus pacificus* 带）—鲁丹晚期（斑脱岩密集段④底界），为大隆大坳形成期（图3-2），持续时间超过5.85Ma，区域构造运动和缓，斑脱岩发育速率低，一般为0.8～3.2cm/Ma。

（3）前陆挠曲初期即鲁丹晚期（斑脱岩密集段④底界）至埃隆阶半耙笔石带厚层斑脱岩（编号⑤）出现以前，为坳陷—前陆过渡期，持续时间约0.4Ma（图3-2），斑脱岩发育规模一般为10.8～24.9cm/Ma（石柱）。随着华夏古陆对扬子地块的碰撞作用开始加强，扬子地台东南部向下挠曲幅度逐渐加大，沉降沉积中心自东南向西北开始迁移（邹才能等，2015；王玉满等，2017，2018），湘鄂西隆起已快速沉降为大川东坳陷的东南斜坡，东南物源区的黏土质开始大量进入到川东坳陷区，黏土含量升高至28.5%～43.8%（平均37.4%，较坳陷期增加32.7%）。

（4）前陆挠曲发展期即埃隆阶半耙笔石带厚层斑脱岩（编号⑤）出现以后，为埃隆阶的主要沉积期，斑脱岩发育速率上升至24.0cm/Ma（表3-4），反映扬子地台挠曲幅度剧增，构造活动频次增多并导致物源供给稳定性变差，沉降沉积中心大规模自东南向西、向北迁移，川东北上升洋流趋于活跃，较深水区迁移至川南—川东坳陷中央、威远、巫溪和中扬子北部（图3-16），黏土质、钙质等陆源物质大量进入至台盆区，黏土平均含量快速上升至43.5%（石柱）（图3-2），在坳陷区硅质和钙质结核体相应进入发育的鼎盛期。

可见，在龙马溪组沉积期，川东坳陷进入前陆期时间较川南坳陷晚半个 *Coronograptus cyphus* 带沉积期（0.4Ma），后者进入前陆期时间为 *Coronograptus cyphus* 带沉积初期（斑脱岩密集段③出现后）。另外，结核体层在厚层斑脱岩（编号⑤和⑥）出现以后大量发育，并与含有机质的碳质页岩和黏土质页岩相伴生，说明是前陆期深水—半深水陆棚相快速沉积产物。

5. 海平面

根据石柱漆辽剖面干酪根δ¹³C资料（图3-5），在凯迪期—鲁丹中期（坳陷期），海平面处于高位，δ¹³C 值为 –30.9‰～–29.6‰且以负漂移为主，其中在赫南特冰期，δ¹³C 值虽发生正漂移，但一般介于 –30.6‰～–29.9‰（正漂移幅度不大），反映海平面总体很高，且受冰期影响较小；在鲁丹晚期（前陆初期），δ¹³C 值出现小幅度波动正漂移，总体保持 –30.0‰～–29.6‰，说明海平面开始下降，但仍处于较高水位；进入埃隆阶 *Demirastrites triangularis* 笔石带沉积期（前陆发展期），δ¹³C 值出现大幅度正漂移（波动范围 –29.7‰～–28.7‰），显示海平面显著下降至中等水位；进入埃隆晚期，δ¹³C 值出现小幅度负漂移，波动范围介于 –30.2‰～–29.6‰，显示海平面波动上升至中高水位。可见，在五峰组沉积期—埃隆期，石柱海域始终处于有利于有机质保存的中—高水位状态，海底长期保持贫氧—缺氧环境。

6. 海域封闭性与古地理

石柱地区在五峰组沉积期—龙马溪组沉积期处于川东坳陷中心（图 3-15、图 3-16），北与秦岭海槽相邻，海域封闭性总体较弱。根据有机地球化学资料，在五峰组—鲁丹阶中上部，S/C 比值大多介于 0.01～0.20，反映古水体在坳陷期处于低盐度、弱封闭状态；在鲁丹阶顶部—*Demirastrites triangularis* 笔石带下部，S/C 比值有所上升，一般介于 0.18～1.11（平均 0.54），显示古水体在前陆初期以正常盐度和半封闭状态为主；在 *Demirastrites triangularis* 笔石带中部，S/C 比值与五峰组相近，一般介于 0.01～0.11，反映古水体在前陆中期处于低盐度、弱封闭状态；在 *Demirastrites triangularis* 笔石带上部，S/C 比值快速增高，一般介于 0.66～3.07，反映古水体处于高盐度、强封闭状态；在埃隆阶中上部（*Lituigrapatus convolutus* 笔石及以浅），S/C 比值显著下降，大多介于 0.02～0.82（平均 0.42），显示古水体以正常盐度、半封闭状态为主，局部为低盐度、弱封闭状态（图 3-5），海域封闭性明显弱于长宁地区。

可见，石柱海域在五峰期—埃隆期的较长时期内处于弱—半封闭的低盐度环境，来源于外海的营养物质供给充分。

7. 古生产力

在石柱地区，古海洋 P、Ba 等营养物质含量总体较丰富（图 3-5）。P₂O₅/TiO₂ 比值在五峰组—鲁丹阶中部较高，一般为 0.1～2.89（平均 0.35），峰值出现在观音桥段，在鲁丹阶上段和埃隆阶受黏土质增多和沉积速度加快影响略有降低，普遍介于 0.07～0.19（平均 0.15）。Ba 含量在五峰组—鲁丹阶为五峰组 481～2480μg/g（平均 990μg/g）、鲁丹阶 1111～2173μg/g（平均 1710μg/g），与长宁地区总体相当（表 3-7），在埃隆阶上升至 1887～2943μg/g（平均 2410μg/g），略高于长宁地区但远低于巫溪。从 P₂O₅/TiO₂ 比值和 Ba 含量变化趋势看，该海域因距离秦岭洋入海口较近，古生产力在五峰组—鲁丹阶沉积期（坳陷期）保持较高水平（与长宁相当），在埃隆期（前陆期）略高于长宁但远低于巫溪。

表 3-7　石柱漆辽与长宁、巫溪五峰组—龙马溪组页岩 Ba 含量对比　　　　　　单位：μg/g

序号	页岩段	长宁 N211	石柱漆辽	巫溪白鹿
1	特列奇阶			2105～2162/2134（2）
2	埃隆阶	1496～2503/1947（32）	1887～2943/2410（30）	2461～91330/15250（12）
3	鲁丹阶	1239～2054/1608（11）	1111～2173/1710（30）	1702～3082/2200（13）
4	五峰组	405～1092/892（5）	481～2480/990（22）	1325～2205/1832（4）

注：表中数值区间表示为最小值～最大值 / 平均值，括号内为样品数。

8. 氧化还原条件

根据扬子地区龙马溪组微量元素资料，Ni/Co、V/（V+Ni）值一般与TOC相关性总体较好，是反映氧化还原条件的有效指标。Jomes和Manning（1994）通过对西北欧地区上侏罗统暗色泥岩的古沉积环境研究认为，Ni/Co < 5 为氧化环境，Ni/Co值在5~7为贫氧环境，Ni/Co>7为次氧至缺氧环境；V/（V+Ni）大于0.77为缺氧、极贫氧环境，0.60~0.77为贫氧、次富氧环境，小于0.6为富氧环境。在石柱漆辽五峰组—鲁丹阶下段（2—12层，厚约20m），海平面处于高位，Ni/Co值为5.63~32.96，平均13.31（31个样品），V/（V+Ni）值为0.58~0.93（平均0.79）（图3-5），显示海底为缺氧环境；在鲁丹阶中段（13—17层，厚约14.5m），海平面略有下降，Ni/Co值下降至4.45~10.48，平均6.37（11个样品），V/（V+Ni）仍保持0.70~0.86（平均0.81），显示海底变为贫氧—缺氧环境；在鲁丹阶上段—埃隆阶（18层以浅），海平面出现先下降、后小幅度上升且总体保持在中高水位，V/（V+Ni）值为0.52~0.92（平均0.77），显示海底仍为缺氧环境，但Ni/Co值则持续下降至2.49~5.69，平均3.49（13个样品），显示石柱海域为富氧环境。这说明，石柱地区Ni/Co、V/（V+Ni）值与干酪根δ¹³C三者反映结果在五峰组—鲁丹阶中段基本吻合，但在鲁丹晚期以后差异较大。产生差异的原因是，在鲁丹晚期以后，随着川东地区构造活动增强、黏土矿物增多和沉积速率加快，Ni/Co值一般出现大幅度下降，则基本无法反映氧化还原条件，但根据V/（V+Ni）、干酪根δ¹³C值（普遍介于−29.1‰~−30.9‰）和TOC指标（普遍>1.5%）判断，石柱海域在五峰组—埃隆阶沉积期长期处于半深水—深水缺氧环境，十分有利于有机质保存。

9. 沉积速率

根据漆辽剖面地层资料（表3-8），石柱地区沉积速率在五峰组—鲁丹中期（*Dicellograptus complexus—Cystograptus vesiculosus*带）总体较小，为1.27~3.32m/Ma，在鲁丹晚期（*Coronograptus cyphus*带）开始加快，为33.75m/Ma，在埃隆中晚期达到72.82m/Ma以上高值，其加快时限与长宁地区基本同步，但明显晚于巫溪地区，后者沉积速率加快时限为埃隆中期。这说明，川东坳陷构造和沉积演化时限与川南坳陷基本同步，其沉积速率在坳陷期总体较慢，在前陆初期开始加快，在前陆发展期保持较高水平。

五、脆性特征

石柱漆辽五峰组—龙马溪组黑色页岩三矿物（石英、白云石和黄铁矿）脆性指数自下而上显示为三段式变化特征（图3-2），具体如下：五峰组—鲁丹阶底部（2—11层）为高脆性段，脆性指数一般为55.7%~89.2%（平均71.0%）；鲁丹阶中下段（12—17层）为中高脆性段，脆性指数一般为50.5%~60.8%（平均54.4%）；鲁丹阶上段—埃隆阶（18—38层）为中低脆性段，脆性指数普遍在50.0%以下，一般介于24.5%~65.4%（平均45.9%）。高一中高脆性段厚度合计35m。

另外，根据脆性和有机质丰度两项指标综合评价，石柱漆辽剖面优质页岩（即TOC≥3%且脆性指数≥50%）主要分布于2—15层，厚度为26m，次优页岩（即TOC介于2%~3%且脆性指数介于40%~50%）主要分布于16--17层（厚度为9m）、21—22层（厚度为6m），优质页岩和次优页岩累计厚度为41m（图3-2）。

这说明，优质页岩和次优页岩主要发育于斑脱岩密集段④出现以前的坳陷期，其次为前陆挠曲初期。在台盆坳陷期，石柱海域长期处于稳定的弱—半封闭深水陆棚中心，海水营养物质丰富，放射虫、海绵骨针、藻类和菌类等浮游生物勃发，促进生物硅（与TOC正相关）和有机质大量生成，且沉积速率长期缓慢，进而形成厚35m的优—次优页岩集中段（图3-2）。

表3-8　川东坳陷区五峰组—龙马溪组沉积速率统计表

统	阶	笔石带	沉积时间（Ma）	石柱漆辽			巫溪白鹿		
				厚度（m）	沉积速率（m/Ma）	TOC（%）	厚度（m）	沉积速率（m/Ma）	TOC（%）
下志留统	特列奇阶	*Spirograptus guerichi*	0.36				>25	>100	0.2～1.0
	埃隆阶	*Stimulograptus sedgwickii*	0.27	>52.43	>72.82	1.08～2.34/1.80	7.20	26.67	1.2～2.6
		Lituigrapatus convolutus	0.45				11.36	25.24	2.5～3.1
		Demirastrites triangulatus	1.56	31.94	20.47	0.75～2.13/1.68	2.46	1.58	2.1～3.2
	鲁丹阶	*Coronograptus cyphus*	0.80	27	33.75	1.48～4.21/2.44			
		Cystograptus vesiculosus	0.90	1.14	1.27	3.21～3.24			
		Parakidograptus acuminatus	0.93				27.77	7.59	1.7～5.1
		Akidograptus ascensus	0.43	4.67	2.38	4.92～7.31/5.79			
上奥陶统	赫南特阶	*Normalograptus persculptus*	0.60						
		Hirnantian	0.89			2.47～11.2/6.36	0.30		3
		Normalograptus extraordinarius	0.73				1.43	2.37	4.2～4.6
	凯迪阶	*Paraorthograptus pacificus*	1.86	9.71	3.32	1.88～5.55/3.14			
		Dicellograptus complexus	0.60				6.57	2.67	8.02

注：笔石带划分和沉积时间资料引自文献（邹才能等，2015；樊隽轩等，2012）。

六、富有机质页岩沉积主控因素与发育模式

在奥陶纪—志留纪之交，川东挠曲坳陷经历了坳陷初期、坳陷中晚期、前陆挠曲初期和前陆挠曲发展期4个阶段（图3-2），不同阶段的沉积要素发生明显变化，进而建造成纵向上类型多样、有机质丰度差异显著的细粒沉积岩相组合（图3-2、图3-5、图3-17）。主要特征如下。

（1）坳陷初期：川东地区在五峰初期实现了由台地→浅水陆棚→深水坳陷的快速转变（图3-2），干酪根碳同位素 δ13C 值由 -29.1‰→ -29.9‰→ -30.4‰呈波动式负漂移，海平面快速上

升，陆源物输入快速降低，区内沉积物由泥灰岩、灰绿色黏土质页岩快速转变为富有机质、富黏土质的碳质页岩，沉积厚度近5m，TOC由0.1%增加至2.9%（平均1.7%），黏土矿物由51.2%快速下降至21.0%（平均28.9%）（图3-2）。

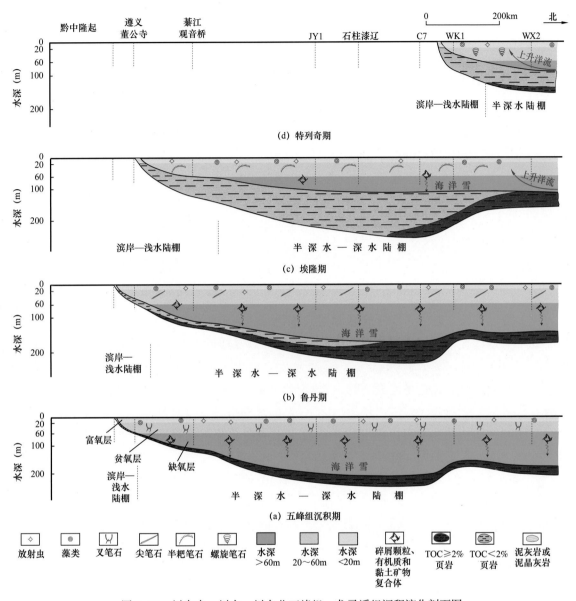

图 3-17　川东南—川东—川东北五峰组—龙马溪组沉积演化剖面图

（2）坳陷中晚期：随着湘鄂西隆起的出现和隆升，川东—中扬子北部海盆为受湘鄂西、川中两大水下隆起围限、开口向北的隆后坳陷，距离东南物源较远（图1-6、图3-17），黏土质输入量降低至9.3%～42.6%（平均28.4%）（图3-2）。海平面处于高位，$\delta^{13}C$ 值为 -30.9‰～-29.6‰且以负漂移为主，V/（V+Ni）值为0.67～0.91（平均0.81，高于0.77的缺氧标准），Ni/Co值为4.5～33.0（平均10.2），显示海底为缺氧环境；S/C比值一般为0.01～0.35（平均0.11），Mo含量一般为4.2～100.0μg/g（平均31.0μg/g），显示海域为低盐度、弱封闭状态；P_2O_5/TiO_2 比值一般为0.10～2.89（平均0.28，峰值出现于观音桥段），Ba含量一般为481～1885μg/g（平均1347μg/g），显示海水P、Ba等营养物质较丰富，初始生产力较高（图3-5），放射虫、笔石、藻类和菌类等生物出现高生产，同时沉积速率缓慢（一般为1.27~3.32m/Ma，仅在 *Coronograptus cyphus* 带开始加快至33.75m/Ma）（表3-8），导致生物硅和有机质的大量沉积与富集（图3-18）。

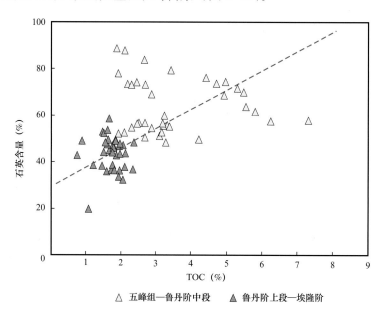

图3-18　石柱漆辽五峰组—龙马溪组硅质与TOC关系图版

可见，受湘鄂西隆起的长期隆升及其对东南物源区的阻隔作用影响，处于隆后坳陷的川东、中扬子北部等地区在该时期主体为缓慢沉积的继承性静水陆棚中心（图3-17），沉积的黑色页岩TOC一般为1.9%~11.2%（平均4.0%），硅质含量一般为48.6%~88.8%（平均60.8%）（图3-2、图3-18），其中鲁丹阶TOC平均值一般为2.9%~5.0%（图1-12），无疑是优质页岩规模发育的有利区域。

（3）前陆挠曲初期：随着沉降沉积中心自东南向西北开始迁移和湘鄂西隆起消失，海平面下降至中高水位，$\delta^{13}C$ 值为 -30.0‰~-29.3‰且主体显正漂移，V/（V+Ni）值为0.69~0.85（平均0.75），显示海底总体为贫氧—缺氧环境；S/C比值一般为0.01~0.61（平均0.28），Mo含量一般为7.2~18.2μg/g（平均12.3μg/g），显示海域为正常盐度、半封闭状态；P_2O_5/TiO_2 比值一般为0.09~0.19（平均0.16），Ba含量一般为1775~2173μg/g（平均1960μg/g），显示海水P、Ba等营养物质较丰富，初始生产力较高（图3-5）；受黏土质大量输入影响，沉积速率明显加快，一般为20.47~33.75m/Ma（表3-8）。

这说明，在斑脱岩密集段④出现以后，随着宜昌上升的消失和黏土质显著增加，川东坳陷已进入较快沉积时期，沉积的黑色页岩TOC下降至1.5%~2.4%（平均1.8%），硅质含量下降至36.0%~53.7%（平均46.5%）（图3-2、图3-18）。

（4）前陆挠曲发展期：即埃隆阶主要沉积期，川东坳陷海平面波动较大，总体表现为早期小幅度下降、中期快速回升至中高水位、晚期急剧下降至中低水位的显著特征。黑色页岩段干酪根 $\delta^{13}C$ 值在 -30.2‰~-29.1‰间波动（图3-5），V/（V+Ni）值为0.52~0.92（平均0.77），Ni/Co值因黏土质显著增加下降至3.0~8.0（平均4.2），显示在黑色页岩沉积期海底总体为半深水的贫氧—缺氧环境（图3-5、图3-17）；S/C比值一般为0.01~0.84（平均0.37），Mo含量一般为5.7~39.1μg/g（平均13.3μg/g），显示海域主体为低—正常盐度、弱—半封闭状态；P_2O_5/TiO_2 比值一般为0.05~0.23（平均0.13），Ba含量一般为1967~2943μg/g（平均2477μg/g）（图3-5），且明显高于长宁（1947μg/g）、低于巫溪（4857~15250μg/g），显示海水P、Ba等营养物质较丰富，初始生产力介于长宁和巫溪之间，这缘于沉降沉积中心北移，台盆区北部封闭性变弱，巫溪—神龙架海域上升洋流携带的营养物质大量进入到川东海域（图 1-7、图 3-17）；受来自东南隆起（黔中古陆和黔东北—雪峰古陆）物源供给稳定性变差和黏土矿物显著增加影响，川东地区沉积速率明显加快，一般为 20.47～72.82m/Ma（表 3-8），TOC 降至 0.8%～2.1%（平均 1.7%），硅质含量明显低于缓慢沉积的坳陷期（图 3-18），结核体在水体较深且较安静、陆源碳酸盐和黏土质输入量较高、沉积速率较快的前陆坳陷区广泛发育。与四川盆地及周缘其他探区相比，石柱位于川东半深水陆棚中央区，有机质丰度明显高于川南南部、黔北、渝东南和湘鄂西等近物源区或浅水区（TOC 平均值一般为 0.5%～1.5%），但低于巫溪、威远和中扬子北部坳陷等远物源深水区（TOC 平均值一般为 1.7%～3.0%）（图 1-13）。

可见，川东坳陷五峰组—龙马溪组优质页岩集中发育于斑脱岩密集段④出现以前的坳陷初期—坳陷期，缓慢沉积时间较长宁多 0.4Ma，显示出湘鄂西隆起的长期隆升及其对东南物源区的阻隔作用对隆后坳陷富有机质页岩沉积具有重要的控制作用（图 1-6、图 3-19）。在斑脱岩密集段④出现以后的前陆期，随着湘鄂西隆起的消失，来自东南物源区的大量黏土矿物直接进入川东坳陷腹部，导致石柱地区沉积速度显著加快，有机质和生物硅富集条件显著变差（图 1-7、图 3-2、图 3-17）。这说明，石柱五峰组—龙马溪组富有机质页岩沉积主要受弱封闭—半封闭静水陆棚中心缓慢沉积模式所控制，即富有机质页岩形成于持续缓慢沉降的坳陷区，海平面处于高水位，上升洋流不活跃，水体较安静，但低盐度、弱封闭—半封闭环境确保古生产力保持较高水平，沉积速度长期缓慢（一般低于 15m/Ma），连续沉积厚度达 35m。

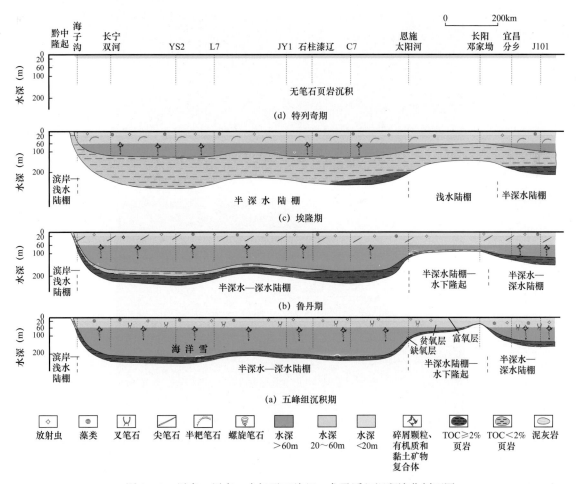

图 3-19　川南—川东—中扬子五峰组—龙马溪组沉积演化剖面图

第二节　利川毛坝剖面

一、概述

利川毛坝五峰组—龙马溪组剖面位于湖北省恩施州利川县毛坝镇农科村茶厂至田坝村，南距LY1井约30km（图1-2、图3-20）。该剖面点紧邻湘鄂西水下隆起西缘，剖面长度为1800m，地层沿利川至毛坝公路自北向南展布，厚度超过80m，产状170°∠6°，其中五峰组—埃隆阶底部黑色页岩段在农科村出露，厚度为26m，埃隆阶上段黑色页岩段在田坝村出露，厚度超过28m，埃隆阶中下段（主要为 *Demirastrites triangularis* 带）因植被覆盖无法勘测，通过与LY1对比确定此段厚度为25m（图3-21）。

(a) 农科村五峰组—鲁丹阶

(b) 田坝村埃隆阶上段

图3-20　利川毛坝五峰组—龙马溪组出露点

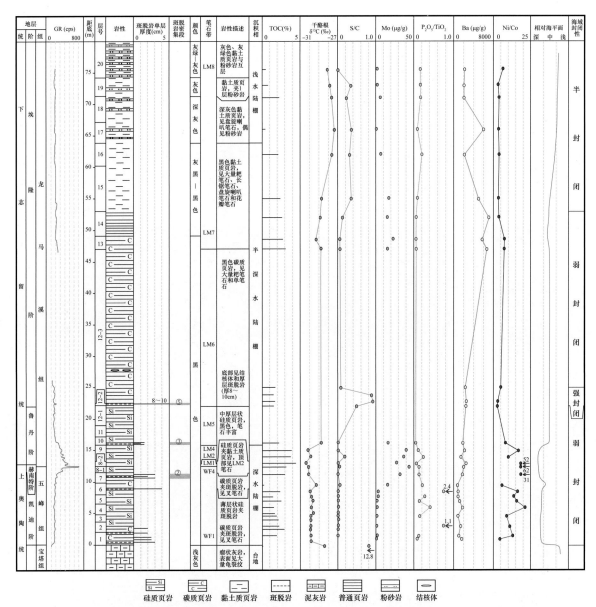

图 3-21　利川毛坝五峰组—龙马溪组综合柱状图

二、页岩地层特征

在利川毛坝地区，五峰组—龙马溪组为连续沉积（图 3-21—图 3-23），自下而上见凯迪阶、赫南特阶、鲁丹阶、埃隆阶等 4 阶 12 个笔石带（图 3-21）。

1. 五峰组

厚 12.41m，底部为薄层状碳质页岩夹多层斑脱岩，与宝塔组瘤状灰岩呈假整合接触（图 3-21），中部为黑色中层状含放射虫硅质页岩夹斑脱岩层，上部为碳质页岩和硅质页岩组合，夹 4 层斑脱岩（单层 2~3cm）。笔石丰富，见 *Dicellograptus complanatus*、*Dicellograptus complexus*、*Paraorthograptus pacificus*、*Normalograptus extraordinarius* 等典型带化石。未发现介壳化石，顶界定在第 1 个 GR 峰（480~698cps）的底部。该剖面点五峰组斑脱岩层较多但风化严重，在上部见斑脱岩密集段②（图 3-21—图 3-23）。

(a) 五峰组底部（2层），碳质页岩

(b) 五峰组中段（4层），薄层状硅质页岩，夹斑脱岩薄层

(c) 五峰组与龙马溪组界限，含碳质硅质页岩

(d) 龙马溪组LM4和LM5界限，薄—中层硅质页岩（箭头所示为斑脱岩）

(e) 龙马溪组LM6底部，黏土质硅质混合页岩，见厚层斑脱岩（厚8～10cm，小层号12-2）

(f) 龙马溪组LM6下部，黏土质页岩，含钙质硅质结核（50cm×25cm）

(g) 龙马溪组LM7，黏土质页岩，见盘旋喇嘛笔石

(h) 龙马溪组LM8，灰色黏土质页岩与粉砂岩呈不等厚互层

图 3-22 利川毛坝五峰组—龙马溪组剖面

(a) 五峰组底部，*Dicellograptus complanatus*笔石

(b) 五峰组中部，*Paraorthograptus pacificus*笔石

(c) 鲁丹阶*Cystograptus vesiculosus*带，轴囊笔石

(d) 埃隆阶*Lituigraptus convolutus*带，盘旋喇嘛笔石

(e) 埃隆阶*Stimulograptus sedgwickii*带，具刺笔石

(f) 五峰组中部（4层）硅质页岩，见放射虫颗粒

(g) 鲁丹阶下部（9层）硅质页岩，见放射虫颗粒

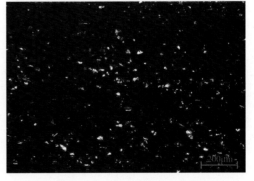

(h) 埃隆阶下部（12层）碳质页岩，见放射虫

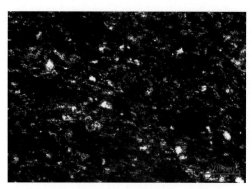
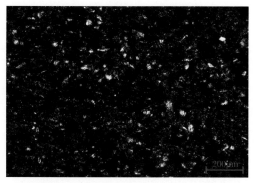

（i）埃隆阶中部（17层）黏土质页岩，见放射虫
（j）埃隆阶上部（20层）黏土质页岩，微古化石少

图 3-23　利川毛坝五峰组—龙马溪组古生物化石

2. 鲁丹阶

厚 9.4m，下部为薄—中层状硅质页岩，在向上渐变为厚层状含放射虫硅质页岩（图 3-21、图 3-22、图 3-23）。笔石丰富，见 *Normalograptus persculptus*、*Akidograptus ascensus*、*Parakidograptus acuminatus*、*Cystograptus vesiculosus*、*Coronograptus cyphus* 等典型带化石。在 *Coronograptus cyphus* 带底部（距底 3.7m 处），见斑脱岩密集段③，厚 0.15m，岩性为碳质页岩夹 4 层斑脱岩（单层厚 0.5～2cm），风化严重，斑脱岩经风化呈土黄色（图 3-22d）。

3. 埃隆阶

出露厚度超过 60m，自下而上为碳质页岩、黏土质页岩、黏土质页岩夹粉砂岩、黏土质页岩与粉砂岩呈不等厚互层组合（图 3-21—图 3-23）。中部和下部化石丰富，顶部笔石较少，见 *Demirastrites triangularis*、*Lituigraptus convolutus*、*Stimulograptus sedgwickii* 等典型带笔石（图 3-23d、e）和放射虫（图 3-23h、i）。*Demirastrites triangularis* 带主体为碳质页岩，在底部—下部见到厚层斑脱岩（斑脱岩密集段⑤，厚 8～10cm）（图 3-22e）和 1 层含钙质硅质结核层（在厚斑脱岩层上方约 5.0m 处，单个结核体尺寸为长轴 50cm、短轴 25cm）（图 3-22f）；*Lituigraptus convolutus* 带下部为碳质页岩，中段和上段为黏土质页岩，顶部见粉砂岩层；*Stimulograptus sedgwickii* 带主要为黏土质页岩夹粉砂岩组合（图 3-22g、h）。

三、电性特征

受露头风化影响，毛坝剖面 GR 响应值为 127～698cps，大致呈双峰响应特征（图 3-21）。凯迪阶 GR 幅度值相对较低，一般为 152～286cps；在 8 层距底 95cm 处出现第 1 个 GR 峰（赫南特阶 GR 峰），峰值为 484～698cps，峰宽（以顶、底半幅点计）为 0.4m，与石柱漆辽、秭归新滩和巫溪白鹿等剖面点可对比；鲁丹阶 GR 幅度值自下而上呈降低趋势，下部一般为 200～450cps，上部则降至 150～195cps；在埃隆阶底部厚层斑脱岩处，出现第 2 个 GR 峰，峰值达 213cps，在川东—中扬子北部普遍存在，是识别埃隆阶底界的重要参考界面；在埃隆阶中下部，GR 幅度值为 200～249cps，向上 GR 幅度值相对较低但基本稳定，一般为 167～200cps。

根据 LY1 井测井资料（图 3-24），该地区 GR 曲线幅度值一般为 108～285API，并呈多峰响应特征。五峰组 GR 值相对较低，一般为 108～200API，并于底部碳质页岩段、斑脱岩密集段①和斑脱岩密集段②出现 3 个 GR 峰，峰值分别为底部 183API、中部 193API 和顶部 200API。龙马溪组

GR 值相对较高，一般为 125~285API，自下而上显多峰和多谷特征：底界为赫南特阶 GR 峰（峰值达 240API）；在 *Coronograptus cyphus* 带底部和中部斑脱岩密集段（编号分别为③、④）出现两个 GR 峰，峰值分别为 223API、259API；*Demirastrites triangularis* 带总体为高伽马段，GR 值一般介于 180~280API，但在 2789~2789.6m（钙质结核层段）出现低谷值（128API）；在 *Lituigraptus convolutus* 带及以浅，GR 曲线值基本保持在中等水平且波动幅度较小，一般介于 160~200API。另据中子测井资料，GR 峰多为富黏土质的高中子响应段，GR 低谷多为贫黏土质的结核层或砂岩层（低中子响应段）。

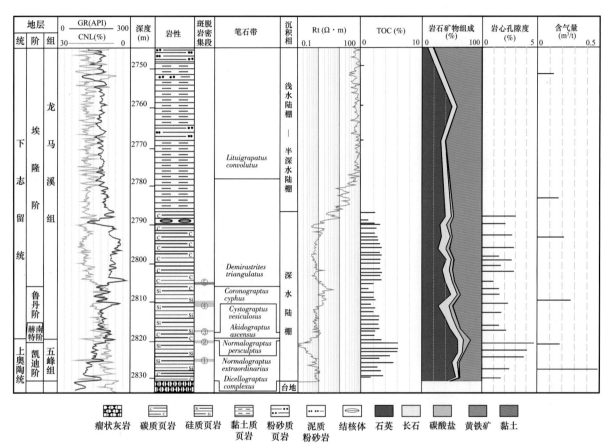

图 3-24　利川 LY1 井五峰组—龙马溪组综合柱状图

四、有机地球化学特征

在利川地区，凯迪阶—埃隆阶中部为连续深水沉积的富有机质页岩段，干酪根类型为Ⅰ—Ⅱ₁型，总体处于过成熟阶段。

1. 有机质类型

利川五峰组—龙马溪组黑色页岩段干酪根 $\delta^{13}C$ 值普遍介于 -30.4‰~-27.4‰，在五峰组—鲁丹阶下段普遍偏轻（介于 -30.4‰~-29.6‰），在鲁丹阶中段及以浅（*Coronograptus cyphus* 带及以浅）页岩段偏重（-29.3‰~-27.4‰）（图 3-21）。另据干酪根显微组分检测显示（表 3-9），五峰组—龙马溪组有机质主要为壳质组无定形体（占 96%~97%）。这表明，利川地区五峰组—龙马溪组干酪根属Ⅰ—Ⅱ₁型。

表 3-9 利川毛坝五峰组—龙马溪组黑色页岩干酪根显微组分表

样品序号	层位	腐泥组			壳质组							镜质组			惰性组	类型系数	有机质类
		藻类体	无定形体	小计	角质体	木栓质体	树脂体	孢粉体	腐殖无定形体	壳质碎屑体	小计	正常镜质体	富氢镜质体	小计			
1	五峰组			0					97		97	2		2	1	46	II$_1$
2	五峰组			0					97		97	2		2	1	46	II$_1$
3	五峰组			0					97		97	2		2	1	46	II$_1$
4	龙马溪组			0					96		96	2		2	1	45	II$_1$
5	龙马溪组			0					97		97	2		2	1	46	II$_1$

2. 有机质丰度

根据毛坝剖面地球化学资料（图 3-21），利川五峰组—龙马溪组黑色页岩段 TOC 值一般为 0.2%～4.5%，平均为 2.2%（26 个样品）（图 3-21），其中五峰组因风化严重，TOC 值一般为 1.4%～3.2%，平均为 2.1%；鲁丹阶—埃隆阶中段（*Lituigraptus convolutus* 带）TOC 值一般为 1.5%～4.5%，平均为 2.6%；*Stimulograptus sedgwickii* 带有机质丰度总体较低，一般 0.4%～0.8%，局部大于 1%。这说明，五峰组—埃隆阶中段为 TOC＞2% 的富有机质页岩集中段，厚约 60m。

另据 LY1 井地球化学资料（图 3-24），该地区五峰组 TOC 值一般为 1.5%～6.1%（平均为 4.2%），鲁丹阶 TOC 值一般为 1.2%～3.0%（平均为 2.3%），埃隆阶下段（*Demirastrites triangularis* 带）TOC 值一般为 1.3%～3.4%（平均为 2.9%），埃隆阶中段（*Lituigraptus convolutus* 带）无 TOC 测试数据，埃隆阶上部（*Stimulograptus sedgwickii* 带）TOC 值一般为 0.4%～0.8%。

从毛坝剖面和 LY1 井有机质丰度分析结果看，利川五峰组—埃隆阶中段为 TOC＞2% 富有机质页岩段，厚度为 50～60m。

3. 热成熟度

根据有机质激光拉曼光谱检测结果，利川龙马溪组 D 峰与 G 峰峰间距和峰高比分别为 261.4 和 0.85，在 G′ 峰位置（对应拉曼位移 2657.2cm^{-1}）出现中等幅度石墨峰（图 3-25），计算的拉曼 R_o 为 3.56%～3.73%，说明龙马溪组出现了严重的有机质石墨化特征，热演化程度明显高于秭归、长宁和巫溪探区。

利川龙马溪组是有机质严重炭化的典型代表，其富有机质页岩段测井曲线已出现与长宁筇竹寺组（R_o 介于 3.8%～4.0%）相似的超低电阻率响应特征。以利川 LY1 井为例，该井龙马溪组在自然伽马与电阻率曲线组合中出现了典型的"细脖子"现象，即富有机质页岩段具有超低电阻响应特征（图 3-21、图 3-24、图 3-26），具体描述如下。

在 2787m 以浅，有机质总体较少，TOC 不足 2%，黏土矿物含量总体较高（一般超过 45%，图 3-21）且主要为伊利石、伊蒙混层和绿泥石，不含具有阳离子附加导电性的蒙皂石、高岭石等矿物（表 3-10），自然伽马值保持稳定（一般介于 150～200API），电阻率值一般为 10～100Ω·m

（基线值达到 70Ω·m）。该页岩段出现的中高电阻响应特征显然是孔隙内束缚水的导电性在发挥主导作用。根据 LY1 井岩心孔隙度测试数据趋势判断，此段孔隙度基本保持在 2%～3%，与川南龙马溪组相比下降 50%，进而导致测井电阻率响应值增高近 1 个数量级（符合阿尔奇公式）。

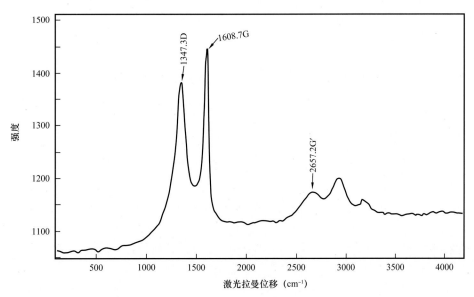

图 3-25　利川毛坝龙马溪组有机质激光拉曼图谱

表 3-10　利川毛坝五峰组—龙马溪组页岩黏土矿物相对含量表

页岩段	黏土矿物相对含量（%）				
	蒙皂石	伊蒙混层	伊利石	高岭石	绿泥石
TOC＜2% 页岩段	0	16～35/23（5）	51～72/58（5）	0	3～29/19（5）
TOC＞2% 页岩段	0	0～48/16（22）	52～100/80（22）	0	0～18/4（22）
小计	0	0～48/17（27）	51～100/76（27）	0	0～29/7（27）

注：表中数值区间表示为最小值～最大值/平均值，括号内为样品数。

在 2787～2830m 井段，有机质含量开始增加，TOC 一般为 1.5%～6.1%（平均 3.0%），黏土矿物含量总体下降（一般介于 18%～53%）且以伊利石、伊蒙混层为主，同样不含蒙皂石和高岭石（表 3-10），自然伽马大幅度波动并在埃隆阶下部、鲁丹阶、赫南特阶、凯迪阶出现多个高峰段（响应值普遍达到 180～270API），测井电阻率则下降至 0.1～2Ω·m（在高伽马段主体为 0.1～0.9Ω·m），低于该井上部贫有机质页岩段和涪陵产层（20Ω·m 以上）2 个数量级，呈现超低电阻响应特征，且仅与 TOC 具有明显的负相关性（图 3-21、图 3-24、图 3-26）。可见，LY1 井区龙马溪组有机质已具有强导电性，显示出明显的炭化特征。

根据上述电性特征判断，利川龙马溪组富有机质页岩段因有机质炭化出现超低电阻响应特征，上部贫有机质页岩段因孔隙度减少出现中高电阻响应特征，两者电阻率响应值相差 2 个数量级以上（图 3-21、图 3-26）。这说明，高过成熟海相页岩在自然伽马与电阻率曲线组合中的"细脖子"型特征是反映该页岩层有机质炭化、物性变差的有效证据。

根据激光拉曼谱和电阻率曲线特征判断，利川龙马溪组已进入生气衰竭的超无烟煤或变沥青阶段。

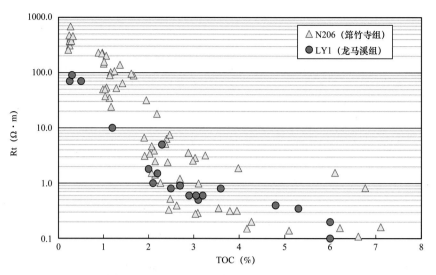

图 3-26 鄂西 LY1 井龙马溪组和长宁 N206 井筇竹寺组测井电阻率与 TOC 关系图版

五、沉积特征

1. 岩相与岩石学特征

利川五峰组—龙马溪组页岩总体为底部富硅质、中上部富黏土质的黑色页岩，岩石矿物组成纵向变化大（表 3-11，图 3-21），现分小层描述如下。

表 3-11　利川毛坝五峰组—龙马溪组岩石矿物组成表

小层号	距底（m）	层位	岩性	矿物种类和含量（%）											黏土（%）	TOC（%）
				石英	钾长石	钠长石	方解石	黄铁矿	石膏	重晶石	三水铝石	白云石	铁白云石	赤铁矿		
宝塔组顶部	-0.2	O₃b	泥灰岩	17.2	0.6	3.6	57.6	1.3							19.7	0
1层	1.0	O₃w	黑色页岩	54.5	3.6	1.2	0.5								40.2	
	1.5	O₃w	黑色页岩	67.4	2.1	1.3									29.2	1.94
2层	2.5	O₃w	黑色页岩	70.8	2.1	1.9									25.2	2.93
	3.0	O₃w	黑色页岩	69.2	2.5	1.7									26.6	2.23
3层	4.0	O₃w	黑色页岩	63.4	5.8	2.0									28.8	2.15
	4.6	O₃w	黑色页岩	77.2	2.0	1.0									19.8	1.91
4层	5.0	O₃w	黑色页岩	58.7	4.7	3.0									33.6	1.65
	6.0	O₃w	黑色页岩	64.4	4.1	6.7									24.8	1.53
5层	7.0	O₃w	黑色页岩	76.6	3.1	2.2									18.1	2.51
	7.7	O₃w	黑色页岩	89.8	0.9	1.5									7.8	1.43
6层	8.5	O₃w	黑色页岩	86.4	1.5	1.3									10.8	2.38
	9.5	O₃w	黑色页岩	89.6	0.7	0.8									8.9	0.22

小层号	距底（m）	层位	岩性	矿物种类和含量（%）											黏土（%）	TOC（%）
				石英	钾长石	钠长石	方解石	黄铁矿	石膏	重晶石	三水铝石	白云石	铁白云石	赤铁矿		
7层	11.2	O_3w	黑色页岩	84.2	1.7	2.5									11.6	2.95
8层	12.4	O_3w	黑色页岩	76.2	3.0	4.7									16.1	3.17
	13.0	S_1l	黑色页岩	69.9	5.7	6.9									17.5	4.45
9层	14.0	S_1l	黑色页岩	77.8	2.2	7.7	1.2								11.1	3.77
	15.0	S_1l	黑色页岩	69.1	4.3	8.2									18.4	3.88
10层	16.2	S_1l	黑色页岩	70.0	4.7	3.1									22.2	2.21
12层	22.02	S_1l	黑色页岩													1.52
	22.8	S_1l	黑色页岩													1.70
	23.8	S_1l	黑色页岩													1.49
	25	S_1l	黑色页岩													1.73
	47.0	S_1l	黑色页岩	58.1	3.0	7.6									31.3	3.09
13层	48.5	S_1l	黑色页岩	58.3	2.2	10.4									29.1	2.73
14层	52.0	S_1l	黑色页岩	51.8	3.5	10.0									34.7	2.63
15层	55.0	S_1l	黑色页岩	46.0	3.4	10.7	6.1	3.2							30.6	2.39
16层	62.0	S_1l	灰色页岩	41.9	1.2	6.1	15.6	2.7	0.4				4.1		28.0	2.12
17层	66.0	S_1l	灰色页岩	16.7	1.2	2.6		2.1							77.4	0.38
18层	71.0	S_1l	灰色页岩	37.0	1.5	7.5	14.3	1.9							37.8	2.25
19层	73.0	S_1l	灰色页岩	56.2	1.5	5.8		0.8							35.7	0.76
20层	75.5	S_1l	灰色页岩	49.3	2.4	10.6	1.8								35.9	0.47

宝塔组顶部为瘤状泥灰岩，表面见大量龟裂纹，见角石。岩石矿物组成为石英17.2%、长石4.2%、方解石57.6%、黏土矿物19.70%。

1层厚2.05m，黑色碳质页岩，染手，薄层状，表面风化严重，见4层斑脱岩（单层厚2.0～3.0cm）和叉笔石。TOC为1.94%，GR值为163～171cps，岩石矿物组成为石英54.5%～67.4%、长石3.4%～4.0%、黏土矿物29.2%～40.2%。

2层厚1.57m，下部30cm为黑色碳质页岩，夹1层斑脱岩（厚2cm）。中上部为薄层状硅质页岩，单层厚4.0～8.0cm。TOC为2.23%～2.93%，GR值为169～181cps，岩石矿物组成为石英69.2%～70.8%、长石4.0%～4.2%、黏土矿物25.2%～26.6%。

3层厚1.21m，黑色硅质页岩，滴HCl不起泡，单层厚度增大（4.0～20.0cm），夹1层斑脱岩（厚0.5cm）。见大量双列笔石。TOC为1.91%～2.15%，GR值为161～183cps，岩石矿物组成为石英63.4%～77.2%、长石3.0%～7.8%、黏土矿物19.8%～28.8%。

4层厚1.68m，黑色硅质页岩，中层状，单层厚10～30cm，表面风化严重。TOC为1.53%～1.65%，GR值为152～178cps，岩石矿物组成为石英58.7%～64.4%、长石7.7%～10.8%、黏土矿物

24.8%～33.6%。

5 层厚 1.5m，黑色硅质页岩，中层状，单层厚 10～30cm，表面风化严重。上部见 3 层斑脱岩，单层厚 0.5～1.0cm。TOC 为 1.43%～2.51%，GR 值为 168～190cps，岩石矿物组成为石英 76.6%～89.8%、长石 2.4%～5.3%、黏土矿物 7.8%～18.1%。

6 层厚 1.85m，下部为中层状黑色硅质页岩，单层厚 15.0～22.0cm。上部为碳质页岩，见 1 层斑脱岩，厚 2.5～7.0cm。TOC 为 0.22%～2.38%，GR 值为 171～199cps，岩石矿物组成为石英 86.4%～89.6%、长石 1.5%～2.8%、黏土矿物 8.9%～10.8%。

7 层厚 1.65m，碳质页岩为主，顶部 40cm 为硅质页岩，表面风化严重。中部见斑脱岩密集段②，即厚 80cm 的碳质页岩夹 3 层斑脱岩组合，斑脱岩单层厚 1.0～3.0cm，间距 20～50cm。距顶 30cm 见叉笔石，说明仍为五峰组。TOC 为 2.95%，GR 值为 190～246cps，岩石矿物组成为石英 84.2%、长石 4.2%、黏土矿物 11.6%。

8 层厚 1.83m，中厚层状硅质页岩夹黏土质页岩，黑色，笔石丰富，单层最大厚度 70cm。距顶 50cm 见 LM2 笔石。距底 10cm 为厚 25cm 褐灰色黏土层（GR 超过 280cps），笔石丰富。在距底 1m 处，GR 达到 480cps 以上峰值，即出现赫南特阶 GR 峰，亦为五峰组与龙马溪组界线。TOC 为 3.17%～4.45%，GR 值为 257～698cps，岩石矿物组成为石英 69.9%～76.2%、长石 7.7%～12.6%、黏土矿物 16.1%～17.5%。

9 层厚 2.55m，中厚层状硅质页岩，黑色，滴 HCl 不起泡，成层性好，见大量双列笔石，顶部见轴囊笔石。TOC 为 3.77%～3.88%，GR 值为 266～393cps，岩石矿物组成为石英 69.1%～77.8%、长石 9.9%～12.5%、黏土矿物 11.1%～18.4%。

10 层厚 1.3m，厚层状硅质页岩，黑色，底部 15cm 为斑脱岩密集段③，顶底均见皇冠笔石，底部见轴囊笔石，说明此层为 LM5 笔石带。TOC 为 2.21%，GR 值为 184～259cps，岩石矿物组成为石英 70.0%、长石 7.8%、黏土矿物 22.2%。

11 层厚 1.85m，厚层状硅质页岩，黑色，风化严重，GR 值为 155～176cps。

12 层厚 25.0m，大部分为植被覆盖，仅在农科村剖面点和田坝村剖面点分别出露下部近 10m 和顶部 1m。底部 3m（小层编号为 12-1）为厚—中层状硅质页岩，自下而上层厚变薄，TOC 为 1.49%～1.73%，距底 2.1m 处见皇冠笔石，距底 3m 以上（LM6）见耙笔石和单笔石（表明已进入埃隆阶），并依次出露半耙笔石带厚层斑脱岩（斑脱岩密集段⑤，小层编号为 12-2）和含钙质结核层（图 3-21）。中部和上部（小层编号为 12-3）为植被覆盖。顶部为厚层状碳质页岩，在田坝村出露，TOC 为 3.09%，GR 值为 145～213cps，岩石矿物组成为石英 58.1%、长石 10.6%、黏土矿物 31.3%（表 3-11）。

13 层厚 2.1m，黑色黏土质页岩，见大量耙笔石和长锯笔石。TOC 为 2.73%，GR 值为 200～226cps，岩石矿物组成为石英 58.3%、长石 12.6%、黏土矿物 29.1%。

14—15 层厚 11.1m，黑色黏土质页岩，见大量耙笔石、长锯笔石、盘旋喇叭笔石和花瓣笔石，说明该层段为 LM7 笔石带。TOC 为 2.39%～2.63%，GR 值为 194～227cps，岩石矿物组成为石英 46.0%～51.8%、长石 13.5%～14.1%、方解石 0～6.1%、黄铁矿 0～3.2%、黏土矿物 30.6%～34.7%。

16 层厚 3.7m，灰黑色黏土质页岩，厚层状，见耙笔石、长锯笔石、盘旋喇叭笔石。TOC 为 2.12%，GR 值为 176～184cps，岩石矿物组成为石英 41.9%、长石 7.3%、方解石 15.6%、白云石 4.1%、黄铁矿 2.7%、黏土矿物 28.0%。

17—18 层厚 7.4m，深灰色黏土质页岩，见长锯笔石、盘旋喇叭笔石。偶见粉砂岩薄层。TOC

为 0.38%～2.25%，GR 值为 178～202cps，岩石矿物组成为石英 16.7%～37.0%、长石 3.8%～9.0%、方解石 0～14.3%、黄铁矿 1.9%～2.1%、黏土矿物 37.8%～77.4%。

19 层厚 2.9m，灰色黏土质页岩，夹 1 层粉砂岩（厚 20～75cm）。TOC 为 0.76%，GR 值为 167～203cps，岩石矿物组成为石英 56.2%、长石 7.3%、黄铁矿 0.8%、黏土矿物 35.7%。

20 层厚度超过 8m，灰色、灰绿色黏土质页岩与粉砂岩互层，见盘旋喇叭笔石。TOC 为 0.47%，GR 值为 191cps，岩石矿物组成为石英 49.3%、长石 13.0%、方解石 1.8%、黏土矿物 35.9%。

综合上述小层描述，利川龙马溪组与保康歇马剖面在富有机质页岩发育层位、岩相、TOC 和岩矿等主要地质指标上具有相似性，反映利川和保康在龙马溪组沉积期具有相近的古海洋环境。

2. 结核体发育特征

利川毛坝是鄂西龙马溪组出露结核层的唯一剖面点，其龙马溪组下部结核层对揭示该地区埃隆阶沉积环境具有重要的指示意义。

在利川毛坝五峰组—龙马溪组出露区，仅埃隆阶 LM6 带下部（在厚层斑脱岩上方 5m 处）发育 1 层结核体（图 3-21），核体呈椭球状产出，与围岩突变接触，大小为 50cm×25cm，岩相主体为黏土质硅质混合页岩，含钙质，深灰色（图 3-22f）；岩石矿物中石英为 40.5%、长石 8.6%、方解石为 3.6%、黄铁矿 0.1%、黏土为 47.2%，TOC 为 1.28%，GR 为 134cps（表 3-12）。在钻井剖面上，该结核体显低 GR、低中子响应特征（图 3-24）。围岩主体为碳质页岩，与结核体物质成分差异显著，具有更高的 TOC 和黏土质含量（表 3-12）。

表 3-12　川东—鄂西坳陷龙马溪组结核体地质参数表

剖面位置	笔石带	结核体特征					围岩特征		
		形态	尺度（cm）	岩性特征	TOC（%）	地质参数	沉积速率（m/Ma）	岩相	地质参数
利川毛坝	LM6	椭球状	长轴：50 短轴：25	黏土质硅质混合页岩相，含钙质，断面细腻，深灰色	1.28	石英 40.5%、长石 8.6%、方解石 3.6%、黄铁矿 0.1%、黏土 47.2% GR：134cps	16.20	碳质页岩	TOC1.5%～2.4% 石英 30.8%～31.7% 长石 7.4%～10.6% 方解石 + 白云石 0～6.2% 黄铁矿 0.2%～1.0% 黏土 52.1%～59.8%
石柱漆辽	LM6	椭球状	长轴：50 短轴：20	硅质页岩相，纹层发育	0.88	石英 49.2%、钾长石 3.8%、斜长石 9.4%、黏土 37.6% GR：191～194cps	20.47	黏土质页岩	TOC0.8%～1.9% 石英 42.9%～46.3% 长石 6.9%～10.1% 黏土 43.6%～50.2%
	LM7	透镜状、椭球状	长轴：50～150 短轴：40～60	钙质硅质混合页岩相，含铁白云石，纹层发育	1.08	石英 20.0%、钾长石 1.6%、斜长石 5.3%、黄铁矿 4.5%、铁白云石 46.1%、黏土 22.5% GR：210～217cps	51.56	碳质页岩	TOC1.8%～2.3% 石英 36.9%～47.5% 长石 8.5%～8.7% 黄铁矿 0～4.0% 黏土 43.8%～50.6%

与石柱龙马溪组结核体发育特征相比，利川结核体仅在埃隆阶下部（LM6 笔石带）出现，且为单层，在埃隆阶中上部则不发育（图 3-27）；另外，利川埃隆阶结核体和围岩地质参数与石柱基本相似（表 3-12）。

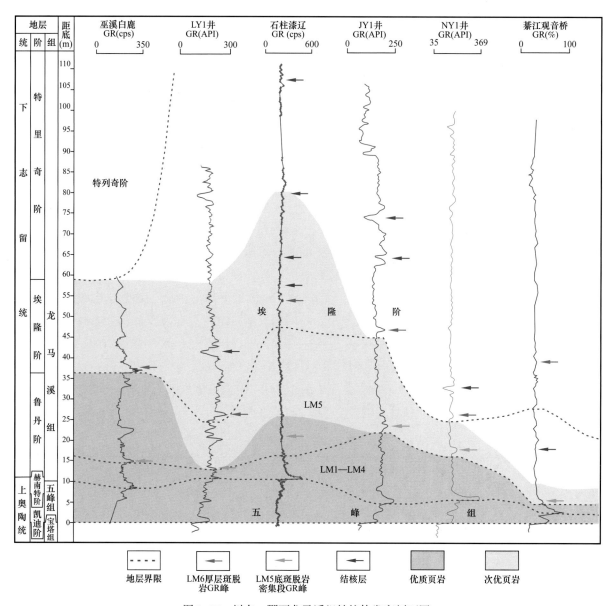

图 3-27　川东—鄂西龙马溪组结核体发育剖面图

这说明，利川及周边龙马溪组结核体仅发育于 LM6 厚层斑脱岩出现以后的前陆坳陷区，结核体分布区主体为水体较深且较安静、黏土质输入量较高、沉积速率较快（16.20～51.56m/Ma，平均 33.88m/Ma）的前陆坳陷，物源主要来源于雪峰古陆，钙质含量较少，黏土质含量高；在结核体发育期，构造活动强烈，来自东南物源区的碳酸盐、石英等在短期内大量进入鄂西坳陷区，为结核体形成提供物质来源；利川地区因位于湘鄂西隆起与川东坳陷之间的斜坡带，在埃隆晚期水体变浅，仅在埃隆早期（LM6 沉积时期）出现结核体。

3. 海平面

根据毛坝剖面干酪根 δ¹³C 资料，在凯迪期—鲁丹中期，δ¹³C 值为 -30.4‰～-29.3‰ 且总体保持负漂移，显示利川海域海平面处于高位；在鲁丹晚期（*Coronograptus cyphus* 带沉积期）—埃隆中期（*Lituigraptus convolutus* 带沉积期），δ¹³C 值出现显著正漂移并介于 -29.3‰～-28.7‰，表明海平面已下降至中高水位；在埃隆晚期（*Stimulograptus sedgwickii* 带沉积期），δ¹³C 值再次发生大幅度

正漂移并达到 –28.1‰～–27.4‰，显示海平面已快速下降至中低水位（图 3-21）。这说明，在五峰组沉积期—埃隆中期，利川海域始终处于有利于有机质保存的中—高水位状态。

4. 海域封闭性与古地理

利川地区在奥陶纪—志留纪之交处于川东坳陷东部斜坡区（图 1-7），北邻秦岭海槽，海域封闭性总体较弱。根据古海洋研究成果，可以利用 S/C 比值来反映海盆水体的盐度和封闭性（Berner R A，1983；王玉满等，2017；王清晨等，2008），进而判断古地理环境。在利川毛坝地区，S/C 值在凯迪阶—埃隆阶中部普遍为低值，在埃隆阶上部略有升高，具体表现为在五峰组 *Lituigraptus convolutus* 带下部，S/C 比值介于 0.01～0.18，反映古水体处于低盐度、弱封闭状态；在 *Lituigraptus convolutus* 带上部—*Stimulograptus sedgwickii* 带，S/C 比值有所上升，一般介于 0.16～0.35，显示古水体以正常盐度和半封闭状态为主（图 3-21）。

另据微量元素资料显示（图 3-21、图 3-28），利川海域在五峰组沉积期—埃隆期具有较高 Mo 含量。在 TOC＞2% 的富有机质页岩段（五峰组—埃隆阶中部），Mo 值大多介于 6.6～43.8μg/g，与巫溪白鹿地区相当，略高于威远 W205 井区，显弱封闭—半封闭的缺氧环境。

这说明，利川海域在五峰组沉积期—埃隆期的较长时期内处于弱封闭—半封闭环境，来源于北部外海的营养物质供给充足。

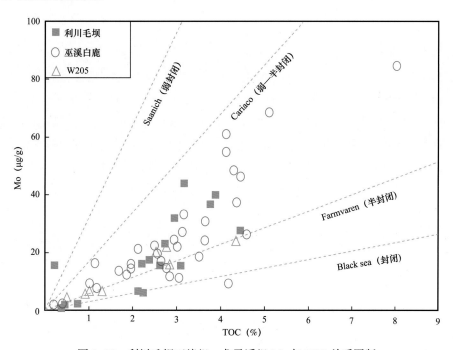

图 3-28　利川毛坝五峰组—龙马溪组 Mo 与 TOC 关系图版

5. 古生产力

在利川地区，受海域封闭性弱和北部洋流活动等因素影响，古海洋 P、Ba 等营养物质含量丰富（图 3-21，表 3-13）。P_2O_5/TiO_2 比值在五峰组—鲁丹阶中部（*Cystograptus vesiculosus* 带）较高，一般为 0.06～2.42（平均 0.4），峰值出现在五峰组中段，在鲁丹阶上部—埃隆阶受黏土质增加影响略有降低，普遍介于 0.05～0.20（平均 0.11）。

Ba 含量在五峰组、鲁丹阶和埃隆阶分别为 888～1991μg/g（平均 1296μg/g）、1440～2440μg/g（平

均 1970μg/g）、2032～7057μg/g（平均 4295μg/g）。与长宁、石柱、秭归等地区相比，利川五峰组—鲁丹阶 Ba 含量总体保持在正常水平，但其埃隆阶 Ba 含量则明显高于正常水平（其中 12—18 层 Ba 含量介于 2109～7057μg/g，平均 5405μg/g），并与巫溪田坝基本相当（表 3-13）。这说明，在埃隆期（前陆发展期），活跃于扬子海盆北缘的上升洋流已经影响到利川海域，并直接导致该海域营养物质升高。

表 3-13　利川及邻区五峰组—龙马溪组页岩 Ba 含量对比　　　　　　　　单位：μg/g

序号	页岩段	长宁 N211	石柱漆辽	秭归新滩	巫溪田坝	利川毛坝
1	埃隆阶	1496～2503/1947（32）	1887～2943/2410（30）	827～4725/1456（17）	2666～8470/4857（9）	2032～7057/4295（9）
2	鲁丹阶	1239～2054/1608（11）	1111～2173/1710（30）	1153～1452/1326（13）	1899～3194/2402（6）	1440～2440/1970（4）
3	五峰组	405～1092/892（5）	481～2480/990（22）	889～2153/1413（8）	1054～4384/2292（4）	888～1991/1296（11）

注：表中数值区间表示为最小值～最大值 / 平均值，括号内为样品数。

从 P_2O_5/TiO_2 比值和 Ba 含量变化趋势看，利川海域古生产力在奥陶纪—志留纪之交普遍较高，尤其在埃隆阶处于高水平（明显高于石柱、秭归等邻区）。

6. 沉积速率

根据生物地层资料（表 3-14），利川地区沉积速率在五峰组沉积期—鲁丹期（*Dicellograptus complexus—Coronograptus cyphus* 带）总体较小，为 1.20～7.69m/Ma（与巫溪、秭归五峰组沉积期—鲁丹期沉积速率相当），在埃隆早期（*Demirastrites triangulatus* 带沉积期）开始加快，为 15.94m/Ma，在埃隆晚期达到 67m/Ma 以上高值。与邻区相比，利川地区沉积速率变化趋势与秭归相近，加快时间明显晚于川南—川东南地区（沉积速率加快期为鲁丹期 *Coronograptus cyphus* 带沉积期），但早于巫溪地区（沉积速率加快期为埃隆期 *Lituigrapatus convolutus* 带沉积期）。

7. 氧化还原条件

根据微量元素资料，利川毛坝剖面 Ni/Co 值与 TOC 相关性总体较好（图 3-21），是反映氧化还原条件的有效指标。利川地区 Ni/Co 值在五峰组—埃隆阶中段（1—13 层，厚约 49m）为 4.5～62.4，平均 17.9（17 个样品）（图 3-21），在埃隆阶上部（14 层及以浅）为 3.3～6.4，平均 4.0（7 个样品）。这说明，利川海域在五峰组沉积期—埃隆中期主体为深水—半深水缺氧环境，在埃隆晚期随着海平面下降至中低水位，出现浅水氧化环境。

六、富有机质页岩发育模式

利川位于奥陶纪—志留纪之交湘鄂西隆起与川东坳陷之间的斜坡区，五峰组—龙马溪组为连续深水沉积，未受湘鄂西隆起影响，富有机质页岩发育于五峰组—埃隆阶中段，主要形成于继承性静水陆棚斜坡沉积环境，即在五峰组沉积期—埃隆中期，富有机质页岩形成于缓慢沉降的隆起斜坡区，海平面处于中高水位，水体较安静，但弱封闭环境和来自北部上升洋流的影响确保古生产力保持较高水平，沉积速度长期缓慢（一般低于 15m/Ma）（图 1-7、图 3-29）。

表 3-14　利川毛坝五峰组—龙马溪组沉积速率统计表

统	阶	笔石带	沉积时间(Ma)	秭归新滩			巫溪白鹿			利川毛坝		
				厚度(m)	沉积速率(m/Ma)	TOC(%)	厚度(m)	沉积速率(m/Ma)	TOC(%)	厚度(m)	沉积速率(m/Ma)	TOC(%)
下志留统	特列奇阶	*Spirograptus guerichi*	0.36				>25	>100	0.2~1.0			
	埃隆阶	*Stimulograptus sedgwickii*	0.27	55.64	77.30	0.1~1.4	7.20	26.67	1.2~2.6	>18	>67	0.38~0.76
		Lituigrapatus convolutus	0.45				11.36	25.24	2.5~3.1	20	44.44	2.12~2.73
		Demirastrites triangulatus	1.56	21	13.50	0.5~2.3	2.46	1.58	2.1~3.2	24.87	15.94	3.09
	鲁丹阶	*Coronograptus cyphus*	0.80	3.25	4.06	2.5~4.0				6.15	7.69	2.21
		Cystograptus vesiculosus	0.90	2.03	1.11	2.6~3.3	27.77	7.59	1.7~5.1	3.43	1.20	3.77~4.45
		Parakidograptus acuminatus	0.93									
		Akidograptus ascensus	0.43	1.53	3.56	1.5~3.6						
上奥陶统	赫南特阶	*Normalograptus persculptus*	0.60	0.33	0.55	5.6~5.8						
		Hirnantian	0.18	1.61	2.07		0.30	2.37	3	12.41	3.89	1.40~3.20/2.10
		Normalograptus extraordinarius	0.73				1.43		4.2~4.6			
	凯迪阶	*Paraorthograptus pacificus*	1.86	4.96	1.61	2.0~4.6	6.57	2.67	8.02			
		Dicellograptus complexus	0.60									

注：笔石带划分和沉积时间资料引自文献（邹才能等，2015；王玉满等，2017；樊隽轩等，2012）。

七、储集特征

1.储集空间类型

根据 LY1 井和毛坝剖面电镜、物性和含气性等测试资料，利川及邻区龙马溪组孔缝类型主要为有机质孔、黏土矿物晶间孔、脆性矿物粒内孔（晶间孔）、微裂缝等多种孔隙空间（图 3-30），受有机质炭化影响，部分有机质孔出现白边现象（图 3-30a）。LY1 井龙马溪组孔隙度一般为 1.9%~4.8%（平均 2.5%），含气量为 0.13~0.48m³/t（平均 0.25m³/t）（图 3-24），HY1 井则微气显示。

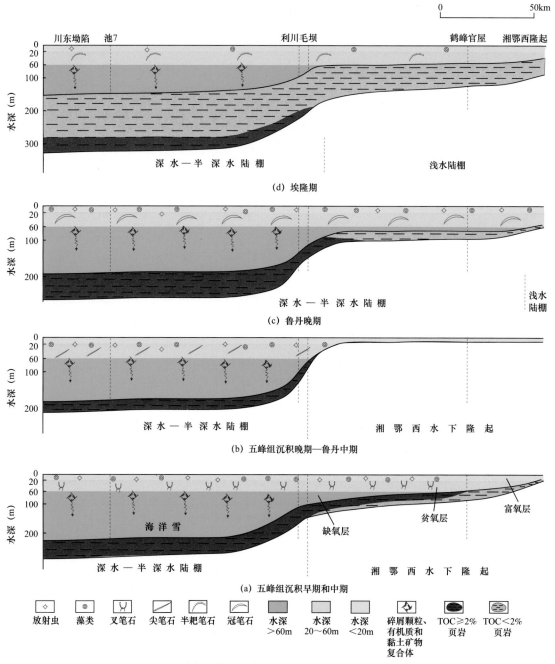

图 3-29　川东—鄂西五峰组—龙马溪组沉积演化剖面图

2. 储集空间构成

为了解利川龙马溪组储集空间构成，本书利用双孔隙介质孔隙度解释模型（王玉满等，2014，2015，2017），对 LY1 井五峰组—龙马溪组下部 45m 富有机质页岩段进行评价。

首先，选择 2793.8m、2806.0m 和 2830.0m 三个深度点（对应的 TOC 分别为 2.72%、2%、1.54%，渗透率均低于 0.001mD），对模型中 V_{Bri}、V_{Clay}、V_{TOC} 三个参数进行刻度计算（表 3-15），计算程序和过程说明参见文献（王玉满等，2014，2015，2017），计算结果为 V_{Bri} 值 0.002m³/t、V_{Clay} 值 0.012m³/t、V_{TOC} 值 0.082m³/t（表 3-15），显示有机质和黏土矿物对储集空间贡献大。

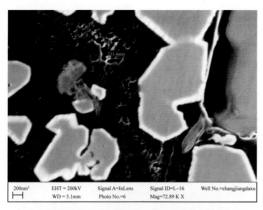

(a) LY1井，有机质孔，大部分出现白边现象

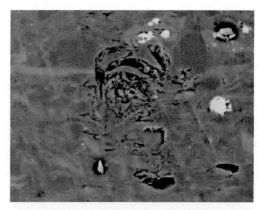

(b) JY1井，2335m，黏土矿物晶间孔（据郭彤楼等，2013）

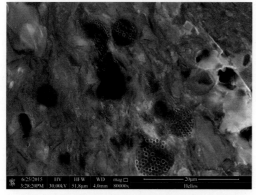

(c) 利川毛坝龙马溪组黄铁矿晶间孔

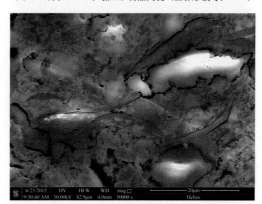

(d) 利川毛坝龙马溪组脆性矿物粒内孔、微裂缝

图 3-30 川东—鄂西龙马溪组孔缝类型

表 3-15 LY1 井龙马溪组三个刻度点参数表

深度（m）	基础数据					关键参数		
	石英＋长石＋钙质含量（%）	黏土矿物含量（%）	有机质含量（%）	总孔隙度（%）	岩石密度（g/cm³）	V_{Bri}（m³/t）	V_{Clay}（m³/t）	V_{TOC}（m³/t）
2793.8	51	48.9	2.72	2.54	2.73			
2806.0	54.7	44.7	2.0	2.2	2.66	0.002	0.012	0.082
2830.0	63.3	35.3	1.54	1.9	2.75			

　　然后，根据 V_{Bri}、V_{Clay}、V_{TOC} 计算结果和 LY1 井岩石矿物测试数据，对 2787～2830m 15 个深度点的基质孔隙度（对应 TOC 为 1.54%～6.11%）进行测算和检验（图 3-31），结果显示：在 2787～2820m、2830m 等大部分深度段（深度点），计算基质孔隙度与实测孔隙度吻合；在 2820～2827m，计算基质孔隙度远低于实测孔隙度，此差异可能为该深度段裂缝孔隙发育所致。检验结果说明，表 3-15 中三个深度点选择和 V_{Bri}、V_{Clay}、V_{TOC} 三个参数计算值是合理的，可以作为预测鄂西龙马溪组基质孔隙体积及其构成的有效地质依据，同时也说明该井区储集空间在大多数深度点以基质孔隙为主，在底部局部深度点发育裂缝孔隙。

　　依据 LY1 井龙马溪组 V_{Bri}、V_{Clay}、V_{TOC} 三个参数刻度值以及该井岩石矿物、氦气孔隙度等测试资料，应用双孔隙介质孔隙度解释模型中的公式（1）和公式（2）（王玉满等，2015，2017），分别对该井 2787~2830m 页岩段的 15 个深度点开展基质孔隙度（包括脆性矿物内孔隙度、黏土矿物晶间孔隙度和有机质孔隙度三部分）和裂缝孔隙度测算，结果如下（图 3-32）。

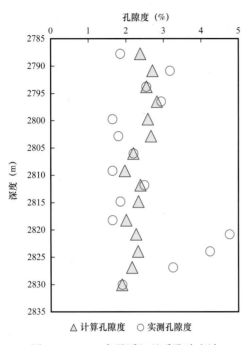

图 3-31　LY1 龙马溪组基质孔隙度计算值与实测值对比图

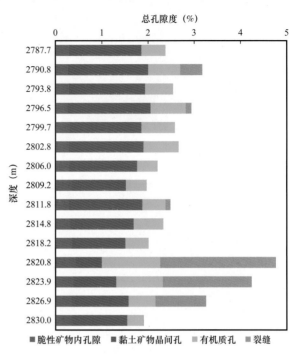

图 3-32　LY1 龙马溪组富有机质页岩段孔隙度构成图

LY1 井富有机质页岩总孔隙度为 1.80%~4.77%（平均为 2.76%），基质孔隙度为 1.8%~2.82%（平均为 2.35%），裂缝孔隙度为 0~2.5%（平均为 0.41%）（图 3-32）。在基质孔隙度构成中，有机质孔隙度一般为 0.35%~1.28%（平均为 0.66%）且随 TOC 变化较大，黏土矿物晶间孔隙度为 0.57%~1.8%（平均为 1.37%）且自下而上呈增加趋势，脆性矿物孔隙度基本保持稳定（一般为 0.26%~0.42%，平均为 0.32%）。裂缝孔隙分布于 2790.8m、2796.5m、2811.8m、2820.8~2830m 等局部深度点或深度段，尤其在底部 10m 段发育（裂缝孔隙度达到 0.01%~2.5%，平均 1.4%）（图 3-32），这与涪陵气田裂缝孔隙评价结果（王玉满等，2015）基本相似，即证实鄂西和涪陵气田五峰组—龙马溪组均在靠近底部滑脱面附近发育裂缝孔隙。这表明，应用双孔隙介质模型开展 LY1 井龙马溪组孔缝评价是有效的，该井区富有机质页岩中上部以基质孔隙为主，底部"甜点层"则为基质孔隙+裂缝型储层。

3. 储集空间影响因素分析

与涪陵、长宁等气田产层（王玉满等，2015）相比，利川龙马溪组富有机质页岩储集空间既具有相似性，又具有特殊性。相似性在于，三个区块页岩储集空间均以黏土矿物晶间孔隙和有机质孔隙为主体，且在底部"甜点层"发育裂缝（裂缝孔隙度均超过 1%）。而特殊性在于，利川龙马溪组基质孔隙体积总体较小，黏土矿物和有机质产生孔隙的能力普遍较低，即该区块基质孔隙度仅为涪陵、长宁气田的 40%~50%，V_{Clay} 为后者的 31%~48%，V_{TOC} 为后者的 48%~68%（表 3-16）。这说明，利川龙马溪组储集空间体积与页岩气"甜点"标准差距大，仅与筇竹寺组（王玉满等，2014）基本相当。

关于鄂西龙马溪组富有机质页岩基质孔隙体积大量减少的原因，本书认为黑色页岩热成熟度过高（R_o 超过 3.5%）并出现有机质严重炭化特征，是导致富有机质页岩物性和含气性变差的首要控制因素。

表 3-16　利川 LY1 井龙马溪组与其他页岩储层孔隙参数对比

井位或探区	岩相	三种物质单位质量孔隙体积（m³/t）			备注
		V_{Bri}	V_{Clay}	V_{TOC}	
JY1（S₁l）	硅质页岩	0.0061	0.025	0.170	王玉满等，2015
长芯1（S₁l）	钙质硅质混合页岩	0.0079	0.039	0.140	王玉满等，2014，2015
LY1（S₁l）	硅质页岩	0.0020	0.012	0.082	
川南筇竹寺	硅质页岩	0.0002	0.022	0.069	王玉满等，2014

关于鄂西龙马溪组底部"甜点层"裂缝孔隙发育的地质原因，本书认为，这主要与寒武系膏盐滑脱作用有关。海相页岩天然裂缝（主要指微裂缝）的形成一般存在前陆盆地冲断褶皱与页岩层滑脱变形（Appalachian 盆地 Marcellus 核心区、Arkoma 盆地 Woodford 气田）、晚期构造反转与页岩层滑脱变形（Haynesville 页岩气田和四川盆地涪陵气田）、走滑断层周期性活动（Fort Worth 盆地 Barnett 核心区）三种机制（王玉满等，2016），前两种均与受基底盐运动控制的页岩层滑脱变形有关，是前陆盆地和叠合盆地中常见的造缝机制；第三种主要存在于少数盆地的局部构造带，造缝区域相对局限，在鄂西地区基本不存在。

鉴于川东—鄂西下寒武统和中寒武统发育膏盐岩（图 3-33），形成了多种样式的盐相关构造，并对该地区油气分布具有重要的控制作用（李双建等，2014），本书认为，只有受基底盐运动控制的晚期页岩层滑脱变形在川东—鄂西地区具有形成大面积裂缝型页岩储层的可能性，因此基底膏盐层发育规模和塑性质量与上覆页岩层裂缝孔隙发育规模具有直接相关性。

勘探和研究证实，在四川盆地及周缘下寒武统龙王庙组、中寒武统毛庄组—张夏组广泛发育膏盐岩（图 3-33、图 3-34）。在川南地区，膏盐层主要发育于下寒武统龙王庙组，厚度一般低于 15m 或无沉积（分布不连续），局部可达30m 以上，例如：Z201—Z101 井及其以北地区普遍无膏盐层沉积，缺乏盐底滑脱造缝机制，在五峰组—龙马溪组难以产生大量的裂缝孔隙（裂缝孔隙度平均值一般不超过 0.5%），可能是导致该地区勘探进展缓慢的重要原因之一；WS1 井区虽出现膏盐层沉积，但单层厚 1～5m，累计厚 12m；L7 井区和GS1 井区为膏盐岩规模分布区，前者厚度超过 200m，后者为膏质云岩夹白色石膏，累计厚 35m。在川东南—川东—鄂西地区，膏盐岩主要发育于下寒武统和中寒武统，厚度远大于川南

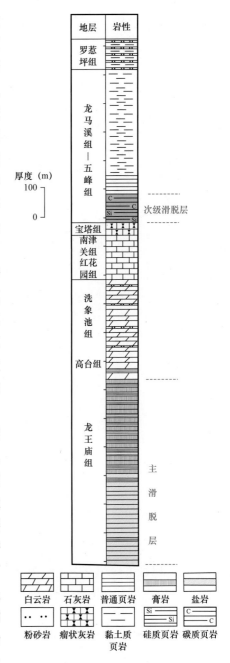

图 3-33　四川盆地东南部 L7 井寒武系膏盐层与志留系页岩层配置关系图

地区，盐底滑脱造缝条件优于川南（图3-33），例如：涪陵气田位于两套膏盐岩叠置分布区，膏盐岩累计厚度超过150m，钻探证实为滑脱造缝的有利区（郭彤楼等，2014），五峰组—龙马溪组裂缝孔隙度平均值达到1.3%（底部20m平均值达1.9%）（王玉满等，2015）；石柱—恩施地区膏盐岩叠加厚度一般100～200m（图3-34），与涪陵气田相当，具有盐底滑脱造缝的有利条件，在燕山期以来的构造运动中可以控制五峰组—龙马溪组"甜点层"形成裂缝孔隙发育段（基质孔隙＋裂缝型储层）。可见，在四川盆地及其周边五峰组—龙马溪组分布区，鄂西、川东和L7井区等地区是深层裂缝孔隙发育的潜在有利地区（图3-34）。

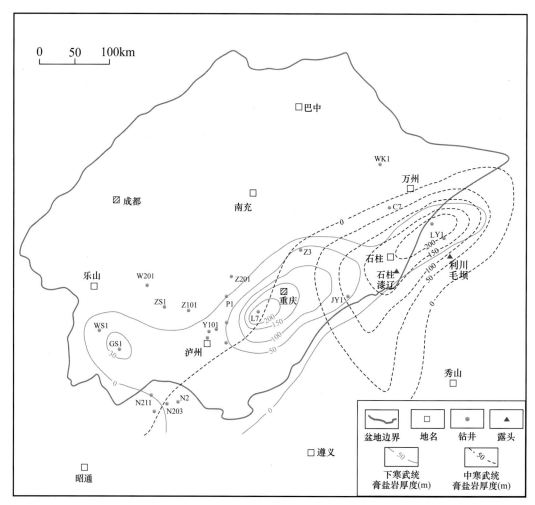

图3-34　四川盆地及周缘寒武系膏盐岩分布图（据王玉满等，2017，修改）

第三节　道真巴渔剖面

道真巴渔五峰组—龙马溪组剖面位于贵州省道真县巴渔村沙坝水库边（距县城5km），沿省道207自西向东展开。地层底界清晰，出露厚度超过90m，产状60°∠30°（图3-35）。

一、页岩地层特征

在道真地区，五峰组—龙马溪组为连续沉积（图3-36—图3-39），未出现沉积间断，自下而上见凯迪阶、赫南特阶、鲁丹阶和埃隆阶共4阶笔石页岩。依据笔石、腕足类、斑脱岩和GR曲线分层，五峰组厚 7.43m，鲁丹阶厚 18.32m，埃隆阶厚度在 70m 以上，GR 曲线呈多峰响应特征（图 3-36）。

图 3-35　道真巴渔五峰组—鲁丹阶剖面全景

1. 五峰组

下部 1.18m 为黏土质页岩夹 2 层斑脱岩，颜色自下而上由灰绿色、深灰色逐渐转变为灰黑色，底部见腕足化石，并与临湘—宝塔组整合接触（图 3-37a）。中部 4.7m 为薄层状硅质页岩，黑色，单层厚 1～8cm，镜下纹层不发育（图 3-39b）。上部 1.25m 为中层状硅质页岩，单层厚 5～20cm，纹层不发育。顶部观音桥段厚 0.3m，为含磷质硅质页岩，已风化为土黄色土壤层，见大量头足类、腕足类和腹足类化石（图 3-38a）。五峰组笔石丰富，见 *Dicellograptus complexus*、*Paraorthograptus pacificus*、*Normalograptus extraordinarius* 等笔石化石。

2. 鲁丹阶

厚 18.32m，为硅质页岩、黏土质硅质混合页岩和碳质页岩组合，底部为黑色薄—中层状含放射虫硅质页岩，镜下纹层不发育（图 3-39d），向上渐变为灰黑色中—厚层状含放射虫硅质页岩、厚层状黏土质硅质混合页岩和块状碳质页岩（图 3-36、图 3-37），镜下出现纹层（图 3-39e、f），在 *Coronograptus cyphus* 带底部出现斑脱岩密集段③（1.2m 页岩段见 4 层以上斑脱岩，单层厚 1cm）。笔石较丰富，见 *Normalograptus persculptus*、*Akidograptus ascensus*、*Parakidograptus acuminatus*、*Cystograptus vesiculosus*、*Coronograptus cyphus* 等典型带化石。

3. 埃隆阶

主要为灰黑色、深灰色黏土质页岩，连续出露厚度超过 70m，镜下纹层发育（图 3-39g、h）。在 *Demirastrites triangulatus* 带底部见厚层斑脱岩层（18 层）（图 3-37f）。黑色页岩段化石较丰富，见 *Demirastrites triangulatus*、*Lituigrapatus convolutus* 笔石（图 3-38c、d），*Stimulograptus sedgwickii* 带尚未发现。

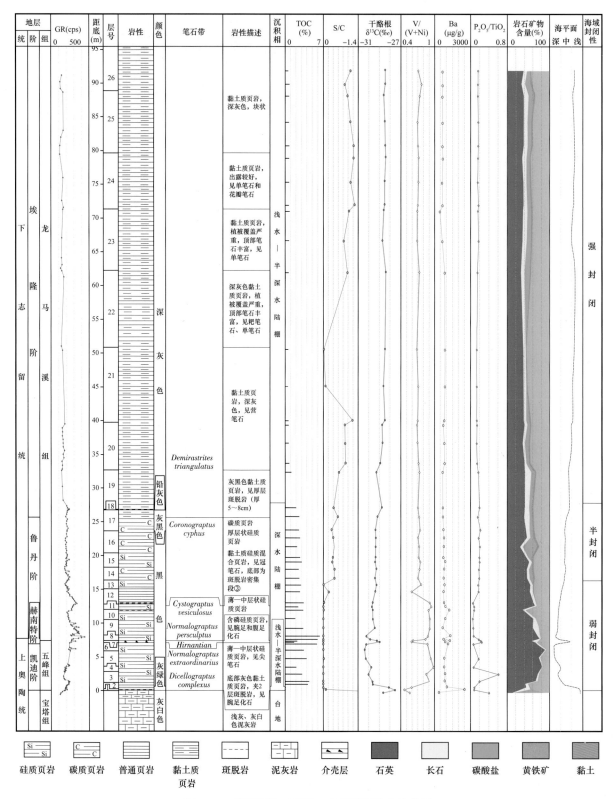

图 3-36 道真巴渔五峰组—龙马溪组综合柱状图

(a) 五峰组底界，与下伏宝塔组泥灰岩整合接触

(b) 五峰组中段，薄层状硅质页岩

(c) 五峰组与龙马溪组界限（7层），观音桥段介壳层

(d) 鲁丹阶中部，中厚层状硅质页岩

(e) 鲁丹阶上部，碳质页岩

(f) 埃隆阶底部半耙笔石带厚层斑脱岩（18层）

(g) 埃隆阶下部（20层）黏土质页岩，块状

(h) 埃隆阶上部（25层）黏土质页岩，块状

图 3-37　道真巴渔五峰组—龙马溪组露头照片

（a）观音桥段（7层）头足类化石

（b）鲁丹阶中段（13层）冠笔石和轴囊笔石

（c）埃隆阶中部（22层）半耙笔石

（d）埃隆阶中上部（24层）单笔石

图3-38　道真巴渔五峰组—龙马溪组化石照片

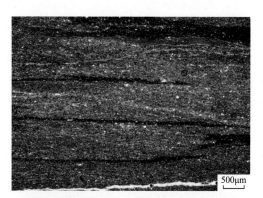

（a）五峰组底部（1层，×2）灰绿黏土质页岩，出现纹层

（b）五峰组中部（5层，×2）硅质页岩，纹层不发育

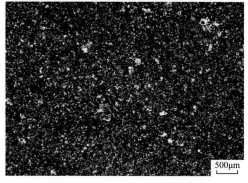

（c）观音桥段（7层，×2）含放射虫硅质页岩，纹层不发育

（d）鲁丹阶下部（8层，×2）含放射虫硅质页岩，纹层不发育

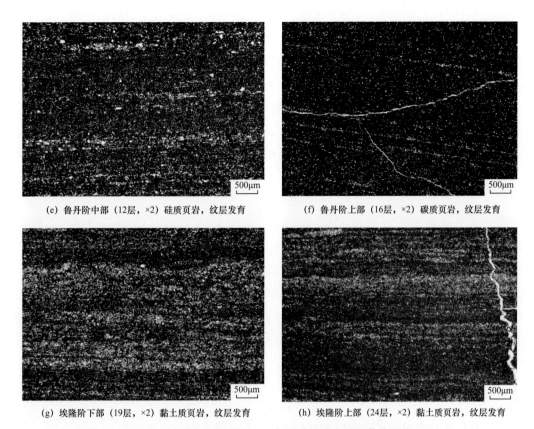

(e) 鲁丹阶中部（12层，×2）硅质页岩，纹层发育　(f) 鲁丹阶上部（16层，×2）碳质页岩，纹层发育

(g) 埃隆阶下部（19层，×2）黏土质页岩，纹层发育　(h) 埃隆阶上部（24层，×2）黏土质页岩，纹层发育

图 3-39　道真巴渔五峰组—龙马溪组重点层段薄片照片

二、电性特征

道真地区五峰组—龙马溪组黑色页岩段 GR 曲线总体显多峰特征，响应值一般为 130～441cps（图 3-36），主要表现如下。

凯迪阶下部 GR 值波动较大，一般为 164～244cps，其中底部黏土质页岩显中高伽马响应；凯迪阶上部 GR 曲线普遍为 173～261cps 的中高幅度响应值，局部达 322cps。赫南特阶显中高 GR 响应值，并在观音桥段（7层）出现 GR 峰（赫南特阶伽马峰），峰值达 320cps，此 GR 峰可与南川三泉、石柱漆辽等剖面点对比，是确定五峰组顶界的重要标志。

鲁丹阶主体为中—高伽马响应段，GR 值一般为 183～441cps，自下而上呈现波动下降趋势。底部 3.5m（8—9层）为高伽马段，GR 值为 228～441cps，向上至 10 层降至 209～270cps；在中下部斑脱岩密集段（11层至 12 层下部，即 *Cystograptus vesiculosus* 带上段—*Coronograptus cyphus* 带下段），GR 曲线再次出现尖峰响应，响应值一般为 272～337cps；上段（12层上部至 17 层中部，即 *Coronograptus cyphus* 笔石带中上段）为中等幅度值伽马段，GR 值波动较小，一般为 185～236cps。

在埃隆阶，GR 曲线普遍下降至中低幅度值（一般为 130～238cps），仅在 *Demirastrites triangulatus* 笔石带底部厚层斑脱岩（18层）显尖峰响应（峰值为 238cps），在其他大部分层段为中低值响应（一般为 130～183cps）。

三、有机地球化学特征

道真地区五峰组—龙马溪组主体为深水→半深水→浅水陆棚沉积的笔石页岩段（图 3-36），干酪根类型为 I—II$_1$ 型，热成熟度较高。

1. 有机质类型

根据有机地球化学测试资料，道真地区五峰组—龙马溪组干酪根 δ^{13}C 值一般介于 –30.4‰～ –27.5‰，在凯迪阶中部—鲁丹阶中部主体偏轻，多介于 –30.4‰～–29.2‰（仅在观音桥段出现小幅度偏重，达 –29.0‰），在鲁丹阶上部—埃隆阶偏重，一般介于 –29.4‰～–28.4‰（图 3-36）。另据石柱漆辽、秀山大田坝等邻区志留系地球化学资料，渝东南—黔北五峰组—龙马溪组生烃母质主要为壳质组无定形体（占 92%～96%）。这表明，道真地区五峰组—龙马溪组干酪根主体为 I—II$_1$ 型。

2. 有机质丰度

五峰组—龙马溪组 TOC 一般为 0.1%～6.4%，平均 2.1%（47 个样品）（图 3-36），总体呈现自下而上减少趋势。

底部 0.5m（1 层和 2 层下部）灰绿色页岩为贫有机质页岩段，TOC 为 0.1%～0.13%（图 3-36）。

向上 26.9m（2 层上部至 19 层底部，即五峰组中下段—埃隆阶底部）为 TOC>2% 的富有机质页岩集中段，TOC 一般为 1.67%～6.37%，平均 3.22%（27 个样品），峰值出现在龙马溪组底部（8 层，TOC 为 5.96%～6.37%），相对低值段则出现于观音桥段，受风化作用影响，该介壳层 TOC 仅为 1.67%～2.25%（图 3-36）。

上部 65m（19 层中下部—26 层，即埃隆阶）TOC 普遍降低，一般为 0.54%～1.14%，平均 0.72%（18 个样品）。

可见，道真沙坝五峰组—龙马溪组 TOC>2% 富有机质页岩段总厚度为 26.9m。

3. 热成熟度

根据有机质激光拉曼测试资料，道真沙坝五峰组—龙马溪组 D 峰与 G 峰峰间距和峰高比分别为 257 和 0.7，在 G′ 峰位置（对应拉曼位移 2653.1cm^{-1}）呈斜坡状响应，并未出现石墨峰（图 3-40），计算拉曼 R_o 为 3.1%，说明该区龙马溪组热成熟度较高，但并未已进入有机质炭化阶段，尚处于有效生气窗内。

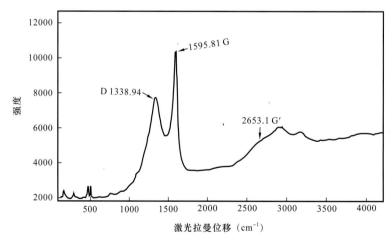

图 3-40　道真巴渔龙马溪组有机质激光拉曼图谱

四、沉积特征

在道真地区，五峰组和龙马溪组之间为连续深水沉积（图 3-36—图 3-39），受构造活动和沉积要素变化，自下而上其沉积学和岩石学特征发生显著变化。

1. 岩相与岩石学特征

道真沙坝五峰组—鲁丹阶主要为半深水—深水相硅质页岩、碳质页岩组合（图3-36），下部硅质页岩段纹层不发育或欠发育，上部碳质页岩出现纹层。埃隆阶主要为半深水—浅水相黏土质页岩，黏土质含量高，纹层发育。

现自下而上对五峰组—埃隆阶进行分层描述，以了解其变化趋势（图3-36—图3-39）。

1）宝塔组

为台地相灰白色泥灰岩，GR值为120～149cps，TOC为0.06%，主要矿物百分含量为石英12.3%、长石3.0%、方解石71.6%、黏土矿物13.1%。

2）五峰组

厚7.43m（小层标号1—7层）。

1层厚0.28m，黏土质页岩夹2层斑脱岩，与宝塔组整合接触（图3-37a）。页岩表面风化成灰绿色，新鲜面为深灰色，镜下见水平纹层（图3-39a）。底部斑脱岩层厚3cm，上部斑脱岩层厚1～2cm，两层均风化为土黄色。GR响应为中等幅度值，一般为186～209cps。TOC仅0.1%，主要矿物百分含量为石英44.7%、长石10.0%、方解石5.2%、黄铁矿0.5%、黏土矿物39.6%。

2层厚0.9m，黏土质页岩，下部风化成灰绿色，上部新鲜面显灰黑色，镜下见厚纹层（单层厚0.5～1mm）（图3-37a）。GR响应为中高幅度值，一般为186～233cps。TOC为0.13%（下段）～4.22%（上段），主要矿物百分含量为石英42.4%～45.0%、长石7.1%～8.7%、黏土矿物46.3%～50.5%。

3层厚1.6m，薄层状硅质页岩，单层厚3～8cm，质地硬而脆，镜下纹层不发育，笔石丰富。GR响应值波动大，一般为164～244cps。TOC为3.17%～4.48%，主要矿物百分含量为石英66.5%～71.9%、长石2.6%～5.6%、黏土矿物25.5%～27.9%。

4层厚0.8m，薄层状硅质页岩，单层厚1～5cm（图3-37b），镜下纹层不发育（图3-39b）。GR响应为中等幅度值，一般为173～202cps。TOC为2.08%，主要矿物百分含量为石英83.1%、黏土矿物16.9%。

5层厚2.3m，薄—中层状硅质页岩，单层厚3～8cm（图3-37b），镜下纹层不发育。GR响应为中高幅度值，一般为219～250cps。TOC为3.99%，主要矿物百分含量为石英74.6%、长石3.2%、黏土矿物22.2%。

6层厚1.25m，黑色中层状硅质页岩，单层厚5～20cm，镜下纹层不发育。GR响应为中高幅度值，一般为229～261cps。TOC为3.48%～5.86%，主要矿物百分含量为石英70.4%～89.0%、长石1.5%～5.4%、黏土矿物9.5%～24.2%。

7层厚0.3m，观音桥段介壳层，含磷硅质页岩，GR响应为中高幅度值，一般为262～320cps。中上部已完全风化为黄土层，底部8cm略显新鲜色（黑带黄）（图3-37c）。化石丰富，见大量头足类、腕足类和腹足类化石（图3-38a）。岩性和化石特征与石柱漆辽剖面相近。受风化作用影响，TOC为1.67%～2.25%，主要矿物百分含量为石英57.8%～66.9%、长石6.9%～11.5%、黏土矿物26.2%～30.7%。

3）鲁丹阶

18.32m（小层标号8—17层），下部为薄—中层状硅质页岩，中部为中层状硅质页岩和厚层状黏土质硅质混合页岩，上部则为碳质页岩（图3-36）。

8层厚0.8m，薄—中层状硅质页岩，单层厚5～10cm（图3-37c），镜下纹层不发育（图3-39d）。GR呈尖峰响应，为272～441cps。TOC为5.96%～6.37%，主要矿物百分含量为石英70.9%～73.2%、长石4.8%～6.7%、黏土矿物20.1%～24.3%。

9层厚2.33m，薄—中层状硅质页岩，纹层不发育。GR响应为高幅度值，一般为227～366cps。TOC为3.36%，主要矿物百分含量为石英61.0%、长石12.9%、黏土矿物26.1%。

10—11层厚2.26m，中层状硅质页岩，单层厚5～20cm（图3-37d）。见3—4层斑脱岩（单层1cm）和大量尖笔石，11层出现纤细笔石。GR响应为中高幅度值且波动大，一般为208～314cps，顶部出现尖峰。TOC为1.88%～3.36%，主要矿物百分含量为石英36.2%～64.8%、长石4.3%～5.9%、黏土矿物30.9%～58.0%。

12层厚2.25m，厚层状黏土质硅质混合页岩，黏土质显著增加，镜下见水平纹层（单层厚0.25mm）（图3-39e）。笔石丰富，见尖笔石和弯曲冠笔石。顶部为厚0.5cm斑脱岩。GR呈尖峰响应，一般为208～337cps。TOC为2.75%～3.46%，主要矿物百分含量为石英52.7%～60.8%、长石7.2%～7.4%、黏土矿物31.8%～38.2%。

13层厚1.32m，厚层状硅质页岩，质地硬，黑色，镜下见细纹层（单层厚0.1mm）。见大量冠笔石和轴囊笔石（图3-38b）。GR响应为中高幅度值，一般为183～211cps。TOC为2.93%，主要矿物百分含量为石英53.6%、长石6.4%、黄铁矿1.8%、黏土矿物38.2%。

14层厚1.93m，碳质页岩，表层风化严重，镜下见细纹层（单层厚0.1mm）。GR响应值波动较大，一般为178～244cps。TOC为2.5%～2.64%，主要矿物百分含量为石英45.6%～46.5%、长石5.6%～5.7%、方解石2.9%～3.9%、白云石4.4%～5.7%、黄铁矿2.8%～3.8%、石膏0.5%～0.6%、黏土矿物34.9%～37.1%。

15层厚2.04m，厚层状硅质页岩，质地硬，镜下纹层较少。GR响应为中高幅度值，一般为179～236cps。TOC为2.78%～3.08%，主要矿物百分含量为石英43.7%～51.1%、长石5.0%～7.4%、方解石0～4.0%、白云石0～5.4%、黄铁矿3.6%～3.8%、石膏0～1.1%、黏土矿物37.0%～37.9%。

16层厚3.29m，碳质页岩，块状（图3-37e），镜下见大量细纹层（图3-39f）。GR响应为中高幅度值，一般为185～209cps。TOC为2.21%～2.76%，主要矿物百分含量为石英29.4%～45.9%、长石6.5%～8.3%、方解石2.3%～5.0%、白云石2.9%～33.1%、黄铁矿3.8%～3.9%、石膏0.2%～0.8%、黏土矿物24.6%～33.3%。

17层厚3.14m，中下部为碳质页岩，上部为黏土质页岩夹2层斑脱岩（单层厚0.5cm），纹层少。笔石丰富，见冠笔石。GR响应为中高幅度值，一般为191～204cps。TOC为2.58%～2.61%，主要矿物百分含量为石英39.4%～43.6%、长石8.9%～13.3%、方解石2.7%～4.6%、白云石2.6%～2.9%、黄铁矿3.3%～4.1%、石膏0.3%～0.8%、黏土矿物35.9%～37.6%。

4）埃隆阶

厚度在70m以上（小层标号18—26层），黏土质页岩夹斑脱岩（图3-36）。

18层厚0.05～0.08m，半耙笔石带厚层斑脱岩，为区域对比标志层，也是确定埃隆阶底界的重要参考界面（图3-37f）。GR显尖峰响应（226～238cps）。

19层厚5.84m，灰黑色黏土质页岩，块状，镜下纹层发育（图3-39g）。GR响应值显著下降，自下而上由204～215cps下降至138～157cps。TOC由底部2.04%快速下降至中上部1.14%，主要矿物百分含量为石英40.9%～41.4%、长石10.9%～14.9%、方解石2.6%～2.7%、白云石3.3%～6.3%、黄铁矿2.9%～3.1%、石膏0.3%、黏土矿物31.5%～38.9%。

20 层厚 7.08m，深灰色黏土质页岩，块状（图 3-37g），见营笔石。GR 响应为中等幅度值，一般为 144～180cps。TOC 为 0.67%～0.77%，主要矿物百分含量为石英 35.9%～40.8%、长石 5.1%～6.6%、方解石 3.4%～3.6%、白云石 2.9%～6.2%、黄铁矿 1.4%～2.7%、黏土矿物 43.8%～46.8%。

21 层厚 11.16m，深灰色黏土质页岩，植被覆盖。GR 响应为中低幅度值，一般为 140～150cps。TOC 为 0.54%～0.62%，主要矿物百分含量为石英 37.1%～38.5%、长石 6.1%～6.9%、方解石 1.2%～3.0%、白云石 0～5.1%、黄铁矿 0～2.8%、黏土矿物 44.5%～55.5%。

22 层厚 11.36m，深灰色黏土质页岩，植被覆盖。顶部见单笔石和半耙笔石（图 3-38c）。GR 响应为中低幅度值，一般为 136～143cps。TOC 为 0.64%，主要矿物百分含量为石英 31.8%、长石 7.8%、方解石 3.2%、黄铁矿 2.1%、铁白云石 10.5%、黏土矿物 44.6%。

23 层厚 9.09m，深灰色黏土质页岩，植被覆盖。见锯笔石。GR 响应为中低幅度值，一般为 127～155cps。TOC 为 0.73%～0.83%，主要矿物百分含量为石英 34.9%～36.1%、长石 10.2%～11.2%、方解石 2.9%～4.9%、白云石 5.9%～6.2%、黄铁矿 1.8%～2.8%、黏土矿物 41.1%～42.2%。

24 层厚 8.29m，深灰色黏土质页岩，镜下见大量水平纹层（图 3-39h）。见耙笔石、花瓣笔石和长单笔石（图 3-38d）。GR 响应为中低幅度值，一般为 117～165cps。TOC 为 0.71%～0.76%，主要矿物百分含量为石英 34.9%～36.1%、长石 7.8%～11.1%、方解石 4.0%～5.5%、白云石 2.5%～3.2%、黄铁矿 1.4%～3.5%、黏土矿物 42.1%～45.9%。

25—26 层厚 12.22m，深灰色黏土质页岩（图 3-37h），镜下见大量水平纹层。见锯笔石和花瓣笔石。GR 响应为中低幅度值，一般为 117～165cps。TOC 为 0.58%～0.81%，矿物组成为石英 32.6%～38.2%、长石 8.2%～12.0%、方解石 3.9%～7.0%、白云石 3.5%～5.6%、黄铁矿 1.9%～4.5%、黏土矿物 34.9%～44.9%。

2. 海平面

根据道真沙坝剖面有机地球化学和元素化学资料（图 3-36），在凯迪早期，海平面处于低位，$\delta^{13}C$ 值为 -28.1‰～-27.5‰；在凯迪中期和晚期，海平面飙升至高位，$\delta^{13}C$ 值为 -30.4‰～-29.6‰；在赫南特冰期，随着海平面快速下降（降幅 50～100m）（戎嘉余等，2011），$\delta^{13}C$ 值发生大幅度正漂移，一般介于 -29.2‰～-29.0‰；在鲁丹早期，随着气候变暖，海平面再次飙升至高水位，$\delta^{13}C$ 值再次发生负漂移，一般为 -30.2‰～-29.6‰；在鲁丹晚期—埃隆初期（半耙笔石带厚层斑脱岩出现以前），海平面开始下降至中高水位，$\delta^{13}C$ 值出现缓慢正漂移，普遍介于 -29.4‰～-29.2‰；在半耙笔石带厚层斑脱岩出现以后（埃隆阶主要沉积期），海平面持续缓慢下降，并总体处于低水位状态，$\delta^{13}C$ 值持续显正漂移，普遍介于 -29.3‰～-28.4‰。这说明，道真海域在凯迪中期—埃隆早期始终处于有利于有机质保存的中—高水位状态。

3. 海域封闭性与古地理

道真地区在五峰组—龙马溪组沉积期处于扬子克拉通东南部深水域（图 3-41），海域封闭性的急剧变化是其古环境的显著特征。在道真巴渔地区，凯迪阶—鲁丹阶中部（1—13 层）普遍具有低 S/C 值，S/C 比值介于 0.01～0.22，反映古水体处于低盐度、弱封闭状态；在鲁丹阶上部—埃隆阶底部（14 层至 17 层），S/C 比值有所上升，一般介于 0.34～0.59（平均 0.43），显示古水体以正常盐度和半封闭状态为主；在半耙笔石带厚层斑脱岩（18层）出现以后，随着扬子台盆区进入前陆挠曲发展期，S/C比值主体远高于五峰组—鲁丹阶，一般介于0.63～1.25，显示埃隆阶古水体以高盐度、强封闭状态为主（图3-36）。

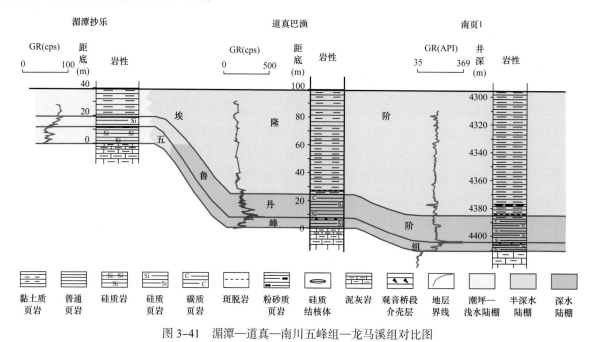

图3-41 湄潭—道真—南川五峰组—龙马溪组对比图

另据微量元素资料显示（图3-36、图3-42），道真海域在五峰组沉积期—埃隆早期具有较高Mo含量（一般为5.7～93.5μg/g，平均20.6μg/g，与巫溪白鹿和威远地区相近），显弱封闭—半封闭的缺氧环境；在半耙笔石带厚层斑脱岩（18层）出现以后，Mo含量普遍降至5μg/g以下，显强封闭的贫氧—氧化环境。

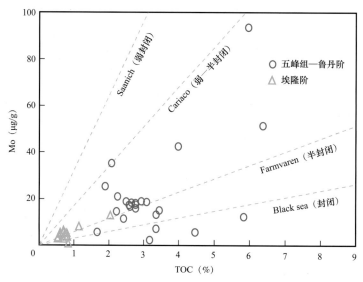

图3-42 道真五峰组—龙马溪组Mo与TOC关系图版

这说明，在奥陶纪—志留纪之交，道真海域封闭性完全受区域构造活动控制，即在五峰组—鲁丹阶坳陷沉积期，海域总体显低—正常盐度、弱—半封闭，在半耙笔石带厚层斑脱岩出现以后（前陆期）则为高盐度、强封闭状态。可见，五峰组沉积期—埃隆早期是道真地区富有机质页岩沉积的有利时期。

4. 古生产力

在道真地区，受海域封闭性影响，古海洋 P、Fe、Ba 等营养物质出现坳陷期丰富、前陆期相对不足的显著特征（图 3-36，表 3-17、表 3-18）。P_2O_5/TiO_2 比值在五峰组总体较高，一般为 0.07～0.61（平均 0.20），高值段位于观音桥段介壳层（一般为 0.23～0.24），在其他页岩段略有降低，普遍介于 0.06～0.20。Fe_2O_3+FeO 含量在五峰组和鲁丹阶下段较低，一般为 0.93%～6.61%（平均 3.06%），在鲁丹阶上段—埃隆阶出现高值状态，普遍介于 3.65%～11.42%（平均 8.73%）。Ba 含量在五峰组和鲁丹阶分别为 834～2498μg/g（平均 1150μg/g）、717～1344μg/g（平均 872μg/g），与长宁、石柱等地区五峰组相当（表 3-18），峰值出现在凯迪阶底部（2498μg/g）、赫南特阶（1287μg/g）和鲁丹阶下部（1230μg/g）（图 3-36），在埃隆阶则下降至 455～877μg/g（平均 719μg/g），远低于长宁、石柱等地区的相同层段（表 3-18）。从营养物质含量变化趋势看，该海域古生产力完全受海域封闭性控制，在五峰组—鲁丹阶（弱封闭—半封闭的缓慢沉积期）为正常水平，在埃隆阶（强封闭的前陆快速沉积期）则大大低于正常水平。

表 3-17　道真及邻区五峰组—龙马溪组页岩 P_2O_5/TiO_2 比值对比

序号	页岩段	秀山大田坝	石柱漆辽	彭水鹿角	道真巴渔	利川毛坝
1	埃隆阶	0.17～0.24/0.21	0.05～0.23/0.14	0.16～0.19/0.17（9）	0.13～0.21/0.16	0.06～0.20/0.12
2	鲁丹阶	0.20～0.27/0.24	0.06～0.22/0.14	0.17～0.19/0.18（8）	0.05～0.20/0.14	0.05～0.23/0.12
3	五峰组	0.15～0.38/0.21	0.09～1.01/0.41	0.12～0.25/0.20（6）	0.07～0.61/0.20	0.08～2.42/0.50

注：表中数值区间表示为最小值～最大值 / 平均值，括号内为样品数。

表 3-18　道真及邻区五峰组—龙马溪组页岩 Ba 含量对比　　　　　　单位：μg/g

序号	页岩段	N211	石柱漆辽	道真沙坝
1	埃隆阶	1496～2503/1947（32）	1887～2943/2410（30）	455～877/719（20）
2	鲁丹阶	1239～2054/1608（11）	1111～2173/1710（30）	717～1344/872（16）
3	五峰组	405～1092/892（5）	481～2480/990（22）	834～2498/1150（9）

注：表中数值区间表示为最小值～最大值 / 平均值，括号内为样品数。

5. 沉积速率

根据道真巴渔地层和地球化学资料（表 3-19），该地区五峰组—龙马溪组沉积速率在凯迪期—鲁丹期（*Dicellograptus complexus—Coronograptus cyphus* 带）为 2.33～5.01m/Ma（与巫溪五峰组—鲁丹阶沉积速率相当），控制形成了厚 26m、TOC 为 1.7%～6.4% 的富有机质页岩（表 3-19），在埃隆期（*Demirastrites triangulatus* 带）快速升高至 30.7m/Ma 以上，并控制形成了厚度超过 70m、TOC 低于 1% 的黏土质页岩。

可见，在道真地区，五峰组沉积期—鲁丹期总体为静水陆棚缓慢沉积期，是优质页岩的主要发育期，埃隆期为静水陆棚快速沉积期，是龙马溪组区域盖层的重要沉积期。

表 3-19　道真巴渔五峰组—龙马溪组沉积速率统计表

统	阶	笔石带	沉积时间（Ma）	WX2			道真沙坝		
				厚度（m）	沉积速率（m/Ma）	TOC（%）	厚度（m）	沉积速率（m/Ma）	TOC（%）
下志留统	特列奇阶	*Spirograptus guerichi*	0.36	>53.79	149.42	0.8~2.5			
	埃隆阶	*Stimulograptus sedgwickii*	0.27	34.90	129.26	2.0~4.0	>70	>30.7	0.5~2.0/0.8
		Lituigrapatus convolutus	0.45	11.80	26.22	3.2~4.0			
		Demirastrites triangulatus	1.56	2.95	1.89	4.2~5.2			
	鲁丹阶	*Coronograptus cyphus*	0.80	6.61	3.89	3.9~5.4	18.32	5.01	1.9~6.4/3.2
		Cystograptus vesiculosus	0.90						
		Parakidograptus acuminatus	0.93	4.20	3.09	5.9~6.8			
		Akidograptus ascensus	0.43						
上奥陶统	赫南特阶	*Normalograptus persculptus*	0.60	4.23	7.05				1.7~2.3/2.0
		Hirnantian	0.20	0.27	>10	0.30			
		Normalograptus extraordinarius	0.73	6.90	2.80	3.0~8.0	7.13	2.33	0.1~5.9/3.1
	凯迪阶	*Paraorthograptus pacificus*	1.86						
		Dicellograptus complexus	0.60						

注：笔石带划分和沉积时间资料引自文献（邹才能等，2015；陈旭等，2017；樊隽轩等，2012）。

6. 氧化还原条件

海洋表层高生产力和海底缺氧环境是有机质富集的重要控制因素。目前，用于判识古海洋氧化还原条件常用指标为 V/（V+Ni）、Ni/Co 等微量元素（邱振等，2017；Jones B，1994）。

据道真巴渔元素化学测试资料显示（表 3-20，图 3-36），Ni/Co 值在五峰组—龙马溪组变化较大，总体表现为自下而上呈快速减小趋势，即在 1—2 层为 4.7~10.1（平均 7.4），在 3—6 层达到 12.8~66.3（平均 29.7）的高值水平，在观音桥段（7 层）略有下降（一般为 11.6~25.2，平均 18.4），在 8—13 层再次升高至 5.9~53.2（平均 20.4）的较高水平，在 14—17 层显著下降至 2.6~4.1（平均 3.7），在埃隆阶基本介于 1.6~4.5（平均 2.8）。与 Ni/Co 值变化剧烈相比，V/（V+Ni）值在五峰组—龙马溪组变化幅度相对较小，即在五峰组底部处于 0.47~0.59（平均 0.53）的低值状态，在五峰组中上段升高至 0.86~0.98（平均 0.91）的高值水平，在观音桥段下降至 0.58~0.62（平均 0.6），在鲁丹阶下段再次升高至 0.60~0.94（平均 0.85）的较高水平，在鲁丹阶上段开始缓慢下降并降至 0.71~0.75（平均 0.73），在埃隆阶则稳定在 0.68~0.76（平均 0.71）。

依据上述元素化学资料（表 3-20，图 3-36），道真海域在五峰组沉积初期（台地陆棚转换期）处于氧化—贫氧环境，在五峰组沉积中期—鲁丹中期（坳陷期）随着海平面快速上升至高位总体处于缺氧环境，在鲁丹晚期（前陆初期）随着海平面下降渐变为缺氧—贫氧环境，在埃隆期（前陆发展期）随着海平面显著下降和沉积速度加快出现贫氧—富氧环境。

表 3-20   道真地区五峰组—龙马溪组氧化还原指标

序号	层段	V/（V+Ni）	Ni/Co	水底环境
1	埃隆阶	0.68～0.76/0.71（19）	1.6～4.5/2.8（19）	贫氧—富氧
2	鲁丹阶上段（14—17层）	0.71～0.75/0.73（8）	2.6～4.1/3.7（8）	缺氧—贫氧
3	鲁丹阶下段（8—13层）	0.60～0.94/0.85（9）	5.9～53.2/20.4（9）	缺氧
4	观音桥段（7层）	0.58～0.62/0.6（2）	11.6～25.2/18.4（2）	贫氧—缺氧
5	五峰组中上段（3—6层）	0.86～0.98/0.91（5）	12.8～66.3/29.7（5）	缺氧
6	五峰组底部（1—2层）	0.47～0.59/0.53（2）	4.7～10.1/7.4（2）	富氧—贫氧

注：表中数值区间表示为最小值～最大值/平均值，括号内为样品数。

五、富有机质页岩沉积模式

道真地区在奥陶纪—志留纪之交总体处于川东南—黔北坳陷腹部，富有机质页岩总厚度为 26.9m，分布于五峰组中下段—埃隆阶底部低沉积速率段，其中在五峰组—鲁丹阶厚 25m，在埃隆阶底部仅 1.9m。这说明，道真地区五峰组—龙马溪组有机质富集受静水陆棚中心缓慢沉积作用控制（图 3-43）。

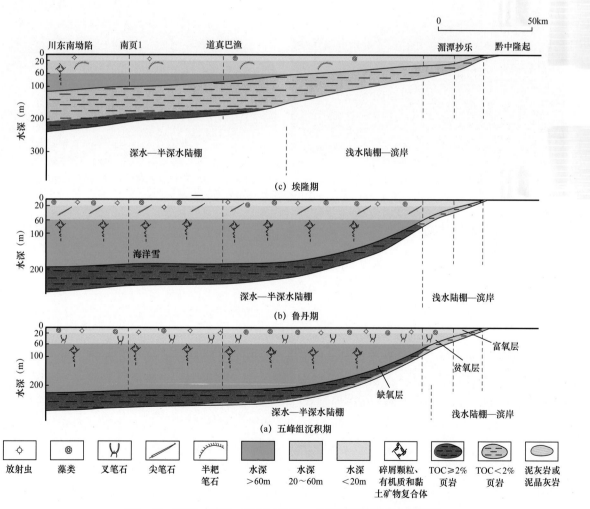

图 3-43   湄潭—道真—南川五峰组—龙马溪组沉积演化剖面图

在五峰组沉积中期至埃隆初期（LM6 厚层斑脱岩出现以前），道真地区为受黔中隆起和宜昌上升所围限的隆后坳陷，区域构造稳定，陆源黏土质输入量相对较少，沉积速率低于 10m/Ma，海平面始终处于高位且基本未受赫南特冰期影响，表层水体营养丰富，藻类、放射虫、笔石等浮游生物繁盛，海底则为缺氧环境，大量浮游生物死亡后通过"海洋雪"方式沉入海底并得以保存下来，进而形成富有机质、富生物硅质页岩。

在 LM6 厚层斑脱岩出现以后，道真地区快速转入前陆发展期，海平面下降至中低水位，来源于黔中隆起的陆源黏土质大量输入沉积区，沉积速率迅速上升至 30m/Ma 以上，表层水体营养物质浓度下降，藻类、放射虫、笔石等浮游生物繁殖量大幅度减少，导致低有机质丰度页岩沉积为主。

第四节　秀山大田坝剖面

剖面位于重庆市秀山县城西 5km 的大田坝村公路边，沿秀山至溶溪公路自南向北展开，出露厚度超过 300m，产状为 305°∠25°（图 3-44），黑色页岩主要分布于五峰组至龙马溪组下部，厚度不超过 40m，本书著者对五峰组—埃隆阶下部 40m 进行了详测（图 3-45）。

(a) 五峰组—鲁丹阶中部，黑色页岩段　　　　　　(b) 埃隆阶上部，灰色粉砂质页岩夹粉砂岩组合

图 3-44　秀山大田坝五峰组—龙马溪组出露点

一、页岩地层特征

在秀山地区，五峰组—龙马溪组为连续沉积（图 3-45—图 3-47），自下而上见凯迪阶、赫南特阶、鲁丹阶和埃隆阶共 4 阶笔石页岩（图 3-45）。

1. 五峰组

厚 12.97m，底部为含碳质硅质页岩，与宝塔组泥灰岩呈假整合接触（图 3-45、图 3-46a），植被覆盖严重；中部为黑色薄—中层状含放射虫硅质页岩夹斑脱岩层、碳质页岩薄层，纹层不发育（图 3-46b，图 3-47a、b）；上部为中—厚层状硅质页岩；顶部 0.8m 为观音桥段介壳层，钙质页岩，深灰色，坚硬，见小型头足类化石（图 3-46c）。五峰组笔石丰富，见 *Dicellograptus complexus*、*Paraorthograptus pacificus*、*Normalograptus extraordinarius* 等典型带化石。

五峰组 GR 响应为中高幅度值，一般为 167~261cps。底部因风化严重，GR 值为 167~181cps；中部和上部页岩出露较新鲜，GR 值一般为 201~269cps，在观音桥段顶部开始出现赫南特阶 GR 峰（269cps）（图 3-45）。

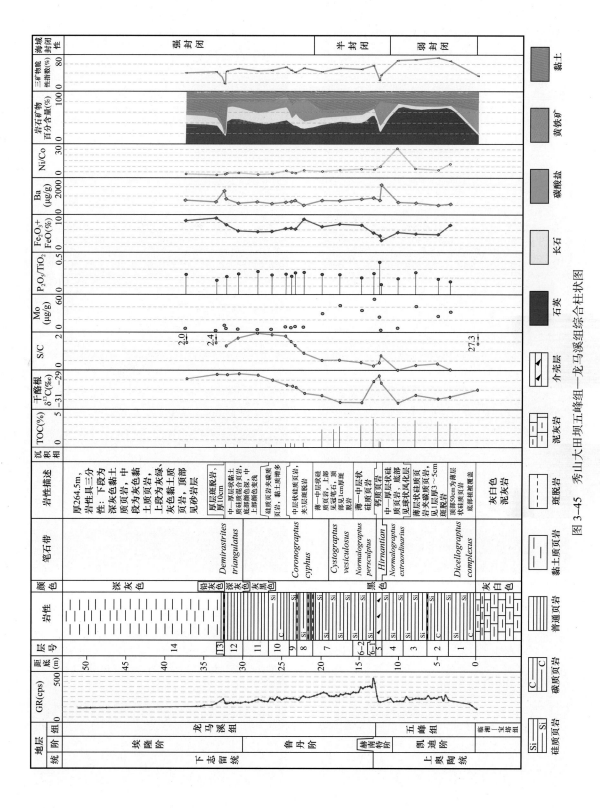

图 3-45　秀山大田坝五峰组—龙马溪组综合柱状图

(a) 五峰组底部（1层），含碳质硅质页岩

(b) 五峰组中段（4层），薄层状硅质页岩，夹斑脱岩薄层

(c) 观音桥段，钙质页岩，介壳层

(d) 鲁丹阶下部，薄层状硅质页岩

(e) 鲁丹阶中部，薄—中层状硅质页岩，夹斑脱岩

(f) 鲁丹阶上部，中—厚层状粉砂质页岩，钙质和黏土质增多

(g) 半耙笔石带厚层斑脱岩（13层），厚10cm，铅灰色，呈橡皮泥状

(h) 埃隆阶下部，灰色黏土质页岩，见半耙笔石

图3-46　秀山大田坝五峰组—龙马溪组重点层段露头照片

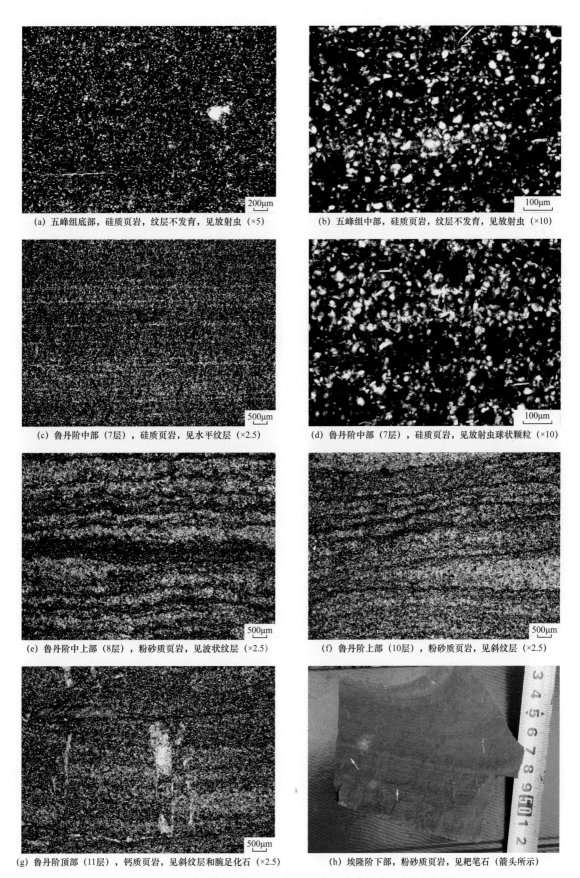

(a) 五峰组底部，硅质页岩，纹层不发育，见放射虫（×5）

(b) 五峰组中部，硅质页岩，纹层不发育，见放射虫（×10）

(c) 鲁丹阶中部（7层），硅质页岩，见水平纹层（×2.5）

(d) 鲁丹阶中部（7层），硅质页岩，见放射虫球状颗粒（×10）

(e) 鲁丹阶中上部（8层），粉砂质页岩，见波状纹层（×2.5）

(f) 鲁丹阶上部（10层），粉砂质页岩，见斜纹层（×2.5）

(g) 鲁丹阶顶部（11层），钙质页岩，见斜纹层和腕足化石（×2.5）

(h) 埃隆阶下部，粉砂质页岩，见耙笔石（箭头所示）

图 3-47　秀山大田坝五峰组—龙马溪组岩石薄片和古生物化石图片

2. 鲁丹阶

厚 17.0m（含赫南特阶上段），下部 3m 为薄—中层状硅质页岩；中部 8.14m 为中层状硅质页岩，夹多层斑脱岩，镜下见纹层（图 3-47c、d）；上部为中—厚层状粉砂质页岩，钙质和黏土质增多，局部含碳质（图 3-46d—f），镜下见波状纹层和斜层理（图 3-47e—g）。中下部笔石丰富，见 *Normalograptus persculptus*、*Akidograptus ascensus*、*Parakidograptus acuminatus*、*Cystograptus vesiculosus*、*Coronograptus cyphus* 等典型带化石。*Coronograptus cyphus* 带厚度超过 11m，在其下部见斑脱岩密集段，岩性为硅质页岩夹 3 层斑脱岩（单层厚 0.5～3cm）。

鲁丹阶 GR 响应为高—中等幅度值，自下而上呈稳定下降趋势，在底部 40cm 为赫南特阶 GR 峰（峰值达 386～433cps，约为五峰组基线值的 2 倍），向上至 *Cystograptus vesiculosus* 带顶部由 359cps 下降至 258cps；在 *Coronograptus cyphus* 带，GR 响应值保持降低趋势，自下而上由 297cps 持续下降至 197cps（图 3-45）。

3. 埃隆阶

出露厚度超过 260m，自下而上为深灰色黏土质硅质混合页岩、半耙笔石带厚层斑脱岩以及深灰色、灰色和灰绿色黏土质页岩（图 3-45，图 3-46g、h），顶部为粉细砂岩层。下部化石丰富，见 *Demirastrites triangulatus* 笔石（图 3-47h），顶部笔石较少。

经过对底部 20m GR 检测，GR 响应为中低幅度值，一般为 143～197cps，峰值出现在厚层斑脱岩段（232cps）（图 3-45）。

二、有机地球化学特征

1. 有机质类型

根据秀山大田坝有机地球化学测试结果（图 3-45，表 3-21），该地区五峰组—龙马溪组黑色页岩段干酪根 $\delta^{13}C$ 值普遍介于 –30.7‰～–29.2‰，有机质显微组分主要为壳质组无定形体（占93%～95%）。这表明，秀山地区五峰组—龙马溪组干酪根属Ⅰ—Ⅱ$_1$型。

表 3-21　秀山大田坝龙马溪组干酪根显微组分表

样品序号	层位	腐泥组			壳质组							镜质组			惰性组	类型系数	有机质类型
		藻类体	无定形体	小计	角质体	木栓质体	树脂体	孢粉体	腐殖无定形体	壳质碎屑体	小计	正常镜质体	富氢镜质体	小计			
1	龙马溪组			0					95		95	3		3	2	43	Ⅱ$_1$
2	龙马溪组			0					93		93	4		4	2	42	Ⅱ$_1$

2. 有机质丰度

根据大田坝剖面地球化学资料（图 3-45），秀山五峰组—龙马溪组黑色页岩段 TOC 值一般为0.3%～3.9%，平均 1.7%（18 个样品）（图 3-45），其中五峰组 TOC 值一般为 0.7%～3.9%（平均

2.6%），观音桥段 TOC 值仅 0.7%～0.8%；鲁丹阶 TOC 值一般为 0.3%～3.8%，平均 1.5%，下部 7.4m（*Normalograptus persculptus—Cystograptus vesiculosus* 带）TOC 介于 2.4%～3.8%（平均 3.0%，为富有机质页岩段），上部 9.6m（*Coronograptus cyphus* 带）TOC 介于 0.3%～0.6%（平均 0.5%，为贫有机质页岩段）；埃隆阶底部有机质丰度低，一般为 0.3%～0.4%。这说明，五峰组—鲁丹阶中段为 TOC＞2% 的富有机质页岩集中段，厚 20m。

3. 热成熟度

根据有机质激光拉曼光谱检测结果，秀山龙马溪组 R_o 为 2.8%～2.9%，D 峰与 G 峰峰间距和峰高比分别为 262 和 0.6，在 G′ 峰位置（对应拉曼位移 2657.2cm⁻¹）呈斜坡状，未出现石墨峰（图 3-48），说明秀山龙马溪组热成熟度相对较低，未出现有机质石墨化特征，热演化程度明显低于石柱、长宁和巫溪探区，处于有效生气窗内。

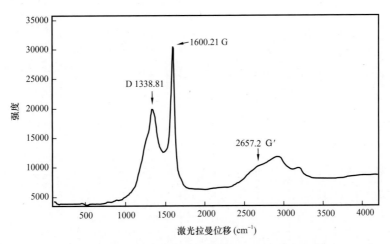

图 3-48　秀山大田坝龙马溪组有机质激光拉曼图谱

三、沉积特征

1. 岩相与岩石学特征

秀山五峰组—龙马溪组下部 40m 总体为底部富硅质、中部富钙质、上部负黏土质的黑色页岩段，岩石矿物组成纵向变化大（图 3-45，表 3-22），现分小层描述如下。

表 3-22　秀山大田坝五峰组—龙马溪组岩石矿物组成表

小层号	层位	距底（m）	岩性	TOC（%）	岩石矿物百分含量（%）								
					石英	钾长石	斜长石	方解石	白云石	黄铁矿	石膏	铁白云石	黏土矿物
宝塔组	O₃b	-0.2	泥灰岩	0.08	16.8	1.0	2.6	43.5		1.2		15.9	19.0
1 层	O₃w	3.4	硅质页岩	3.18	66.6	1.6	4.9						26.9
2 层	O₃w	5	硅质页岩	3.45	67.0	0.7	3.1			3.9		2.9	22.4
3 层	O₃w	7.9	硅质页岩	3.60	65.4	1.8	4.6	1.6		4.3			22.3
4 层	O₃w	10.2	硅质页岩	3.88	68.3	2.9	5.0						23.8

续表

小层号	层位	距底（m）	岩性	TOC（%）	岩石矿物百分含量（%）								
					石英	钾长石	斜长石	方解石	白云石	黄铁矿	石膏	铁白云石	黏土矿物
5层	O₃g	12.4	钙质页岩	0.74	28.5	1.7	7.9	42.0		1.3		6.5	12.1
	O₃g	12.6	钙质页岩	0.81	23.8	2.4	8.6	48.5		1.3			15.4
6层	S₁l	13.37	硅质页岩	3.80	53.5	4.9	8.6			3.3			29.7
	S₁l	14.9	硅质页岩	2.91	41.0	5.3	9.2	5.6		2.5	0.4	5.4	30.6
7层	S₁l	17.7	硅质页岩	2.82	42.4	2.6	7.2	8.8		4.9		4.0	30.1
	S₁l	20	硅质页岩	2.39	36.5	5.7	7.8	10.2		3.4		3.3	33.1
8层	S₁l	22.3	硅质页岩	0.60	29.1	3.0	10.8	22.8	20.4	1.8			12.1
9层	S₁l	23.4	硅质页岩	0.49	34.7	3.9	17.8	18.8	5.5	2.0			17.3
	S₁l	23.9	硅质页岩	0.56	36.8	1.6	11.1	16.8	7.6	1.9			24.2
10层	S₁l	24.6	硅质页岩	0.50	45.2	5.1	18.3	18.0	5.6	2.5			5.3
	S₁l	26.4	硅质页岩	0.35	38.9	4.7	19.6	13.1	5.9	1.9			15.9
11层	S₁l	28.2	硅质页岩	0.35	38.9	5.8	14.0	17.3	4.1	1.8			18.1
12层	S₁l	30.7	硅质页岩	0.34	47.1	4.3	17.0	11.0	3.0				17.6
	S₁l	32.2	硅质页岩	0.40	42.8	2.7	23.1	6.1		1.2			24.1
13层	S₁l	32.42	斑脱岩		15.0	1.4	2.9	3.1		2.0	2.9		72.7
14层	S₁l	33.5	黏土质页岩	0.27	34.9	4.2	9.5	8.9		1.3		6.5	34.7
	S₁l	37.4	黏土质页岩	0.44	38.3	5.3	11.2	6.9		2.2			36.1

1层为五峰组，厚3.5m，底部坍塌，植被覆盖严重，顶部出露50cm硅质页岩。TOC为3.18%，GR值为163～171cps，岩石矿物组成为石英66.6%、钾长石1.6%、斜长石4.9%、黏土矿物26.9%。

2层为五峰组，厚2.81m，薄层状硅质页岩夹少量碳质页岩薄层。TOC为3.45%，GR值为163～171cps，岩石矿物组成为石英67%、钾长石0.7%、斜长石3.1%、黄铁矿3.9%、铁白云石2.9%、黏土矿物22.4%。

3层为五峰组，厚3.06m，薄—中层状硅质页岩，质脆。TOC为3.6%，GR值为163～171cps，岩石矿物组成为石英65.4%、钾长石1.8%、斜长石4.6%、方解石1.6%、黄铁矿4.3%、黏土矿物22.3%。

4层为五峰组，厚2.8m，中—厚层状硅质页岩，底部见球状风化层（球体长轴近1m、厚50～60cm）。TOC为3.88%，GR值为163～171cps，岩石矿物组成为石英68.3%、钾长石2.9%、斜长石5%、黏土矿物23.8%。

5层为观音桥段，厚0.8m，中层状钙质页岩，钙质含量高，坚硬，滴稀盐酸起泡，底部见小型头足类化石，局部风化为土黄色。TOC为0.74%～0.81%，GR值为163～171cps，岩石矿物组成为石英23.8%～28.5%、钾长石1.7%～2.4%、斜长石7.9%～8.6%、方解石42%～48.5%、黄铁矿1.3%、铁白云石0～6.5%、黏土矿物12.1%～15.4%。

6层为龙马溪组，下段为高GR黑色硅质页岩，厚0.7m，GR峰值超过350cps，上段为薄—中层状硅质页岩，厚2.26m，其下部风化严重。TOC为2.91%～3.8%，GR值为163～171cps，岩石矿物组成为石英41%～53.5%、钾长石4.9%～5.3%、斜长石8.6%～9.2%、方解石0～5.6%、黄铁矿2.5%～3.3%、铁白云石0～5.4%、黏土矿物29.7%～30.6%。

7层厚5.15m，薄—中层状硅质页岩且呈下薄上厚特征，上部见冠笔石，顶部见1层斑脱岩（厚1cm）。TOC为2.39%～2.82%，GR值为163～171cps，岩石矿物组成为石英36.5%～42.4%、钾长石2.6%～5.7%、斜长石7.2%～7.8%、方解石8.8%～10.2%、黄铁矿3.4%～4.9%、铁白云石3.3%～4.0%、黏土矿物30.1%～33.1%。

8层厚2.04m，中厚层状硅质页岩，夹3层斑脱岩（自下而上单层厚度分别为0.5cm、1cm、2～3cm）。TOC为0.6%，GR值为163～171cps，岩石矿物组成为石英29.1%、钾长石3.0%、斜长石10.8%、方解石22.8%、白云石20.4%、黄铁矿1.8%、黏土矿物12.1%。

9层厚0.95m，黑色中层状硅质页岩。TOC为0.49%～0.56%，GR值为163～171cps，岩石矿物组成为石英34.7%～36.8%、钾长石1.6%～3.9%、斜长石11.1%～17.8%、方解石16.8%～18.8%、白云石5.5%～7.6%、黄铁矿1.9%～2.0%、黏土矿物17.3%～24.2%。

10层厚2.7m，薄层状硅质页岩，夹碳质页岩，黏土质开始增多。TOC为0.35%～0.50%，GR值为163～171cps，岩石矿物组成为石英38.9%～45.2%、钾长石4.7%～5.1%、斜长石18.3%～19.6%、方解石13.1%～18.0%、白云石5.6%～5.9%、黄铁矿1.9%～2.5%、黏土矿物5.3%～15.9%。

11层厚3.2m，中厚层状深灰色黏土质硅质混合页岩，底部笔石丰富，中上部笔石少。TOC为0.35%，GR值为163～171cps，岩石矿物组成为石英38.9%、钾长石5.8%、斜长石14%、方解石17.3%、白云石4.1%、黄铁矿1.8%、黏土矿物18.1%。

12层2.4m，厚层状黏土质硅质混合页岩，颜色变浅，为深灰色，笔石少，GR值降至163～171cps。TOC为0.34%～0.4%，岩石矿物组成为石英42.8%～47.1%、钾长石2.7%～4.3%、斜长石17%～23.1%、方解石6.1%～11.0%、白云石0～3.0%、黄铁矿0～1.2%、黏土矿物17.6%～24.1%。

13层0.1m，*Demirastrites triangularis* 带厚层斑脱岩，与长宁双河剖面24层、石柱漆辽剖面24层同层，在中上扬子地区广泛分布。岩石矿物组成为石英15%、钾长石1.4%、斜长石2.9%、方解石3.1%、黄铁矿2.0%、黏土矿物72.7%。

14层仅在底部实测10m，主要为黏土质页岩，笔石丰富，见大量耙笔石和单笔石。TOC为0.27%～0.44%，GR值为163～171cps，岩石矿物组成为石英34.9%～38.3%、钾长石4.2%～5.3%、斜长石9.5%～11.2%、方解石6.9%～8.9%、黄铁矿1.3%～2.2%、黏土矿物34.7%～36.1%。

根据上述各小层岩石学参数分析结果，五峰组（除观音桥段）岩石矿物组成基本稳定，鲁丹阶矿物组成变化大，主要表现为在鲁丹阶上段（8—11层），斜长石、方解石和白云石等陆源碎屑矿物较下段显著增加，其中斜长石含量增加90%，方解石含量增加189%，并出现白云石，显示秀山地区已进入前陆期，水体变浅，来自东南隆起区的陆源碎屑（斜长石）和黏土质显著增多。

2. 海平面

根据大田坝剖面干酪根 $\delta^{13}C$ 资料，在凯迪期和鲁丹早中期，$\delta^{13}C$ 值为 $-30.6‰$～$-29.6‰$ 且总体保持负漂移，显示秀山海域海平面处于高位；在赫南特期和鲁丹晚期（*Coronograptus cyphus* 带沉积期）—埃隆期，$\delta^{13}C$ 值出现显著正漂移并介于 $-29.6‰$～$-29.2‰$，表明海平面已下降至中低水位

（图 3-45 ）。这说明，在凯迪期和鲁丹早中期，秀山地区处于中—高水位状态，有利于有机质保存；在鲁丹晚期及以后，该地区则处于低水位状态，不利于有机质保存。

3. 海域封闭性与古地理

秀山地区在奥陶纪—志留纪之交处于渝东南坳陷东部斜坡区（图 1-6 ），紧邻黔北古陆，海域封闭性总体较强。根据大田坝剖面地球化学资料，S/C 值在凯迪阶—鲁丹阶中部（*Cystograptus vesiculosus* 带 ）普遍为低值，在鲁丹阶上段快速升高，具体表现为在五峰组—*Cystograptus vesiculosus* 带，S/C 比值介于 0.01～0.76（平均 0.35 ），反映古水体处于低—正常盐度、弱—半封闭状态；在 *Coronograptus cyphus* 带及以浅，S/C 比值上升至 0.91～2.38，显示古水体以高盐度和强封闭状态为主（图 3-47 ）。

另据微量元素资料显示（图 3-45、图 3-49 ），在五峰组—鲁丹阶中段沉积期，秀山海域具有较高 Mo 含量，Mo 值大多介于 24.0～53.1μg/g，与巫溪白鹿相当，明显高于威远 W205 井区，显弱封闭—半封闭的缺氧环境；在鲁丹晚期，秀山海域 Mo 含量显著下降，一般为 2.4～8.9μg/g，平均 5.9μg/g，显示氧化环境。

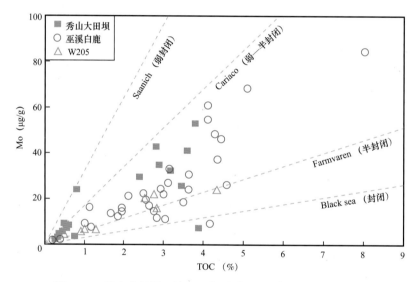

图 3-49　秀山大田坝五峰组—龙马溪组 Mo 与 TOC 关系图版

这说明，秀山海域仅在五峰组沉积期—鲁丹中期处于弱—半封闭环境，来源于外海的营养物质供给充分，有利于富有机质页岩形成；在鲁丹晚期及以后，海域封闭性强，海平面下降至低位，不利于富有机质页岩形成。

4. 古生产力

研究认为，P_2O_5/TiO_2 比值、Ba 含量是反映古海洋营养物质丰富程度和古生产力状况的重要指标。根据秀山大田坝元素化学测试资料（图 3-45，表 3-23 ），P_2O_5/TiO_2 比值在五峰组—埃隆阶底部总体较高，一般为 0.15～0.38（平均 0.23 ），峰值出现在观音桥段。Ba 含量在五峰组、鲁丹阶和埃隆阶基本稳定，分别为 498～1599μg/g（平均 788μg/g ）、498～904μg/g（平均 716μg/g ）、611～843μg/g。与长宁、石柱和利川等地区相比，秀山 Ba 含量在五峰组—鲁丹阶中部总体保持在正常水平，但在鲁丹阶上部—埃隆阶则明显低于正常水平（表 3-23 ）。这说明，在鲁丹晚期及以后，海域强封闭性是形成秀山地区营养物质贫乏的主控因素。

表 3-23　秀山及邻区五峰组—龙马溪组页岩 Ba 含量对比　　　　　　　　单位：µg/g

序号	页岩段	长宁 N211	石柱漆辽	利川毛坝	秀山大田坝
1	埃隆阶	1496～2503/1947（32）	1887～2943/2410（30）	2032～7057/4295（9）	611～843
2	鲁丹阶	1239～2054/1608（11）	1111～2173/1710（30）	1440～2440/1970（4）	498～904/716（10）
3	五峰组	405～1092/892（5）	481～2480/990（22）	888～1991/1296（11）	498～1599/788（6）

注：表中数值区间表示为最小值～最大值 / 平均值，括号内为样品数。

5. 沉积速率

根据生物地层资料（表 3-24），秀山地区沉积速率在五峰组沉积期—鲁丹中期（*Dicellograptus complexus—Cystograptus vesiculosus* 带沉积期）总体较小，为 2.10～4.07m/Ma（与利川五峰组—鲁丹阶沉积期沉积速率相当），在鲁丹晚期（*Coronograptus cyphus* 带沉积期）开始加快，为 13.75m/Ma，在埃隆期达到 32m/Ma 以上高值。与邻区相比，秀山地区沉积速率变化趋势与綦江、长宁相近，即加快时间与川南—川东南地区基本同步（沉积速率加快期为鲁丹阶 *Coronograptus cyphus* 带沉积期），但早于利川、巫溪等地区（沉积速率加快期为埃隆阶 *Lituigrapatus convolutus* 带沉积期）。

表 3-24　秀山大田坝五峰组—龙马溪组沉积速率统计表

统	阶	笔石带	沉积时间（Ma）	秀山大田坝			利川毛坝		
				厚度（m）	沉积速率（m/Ma）	TOC（%）	厚度（m）	沉积速率（m/Ma）	TOC（%）
下志留统	埃隆阶	*Stimulograptus sedgwickii*	0.27				>18	>67	0.38～0.76
		Lituigrapatus convolutus	0.45				20	44.44	2.12～2.73
		Demirastrites triangulatus	1.56	>50	>32	0.3～0.4	24.87	15.94	3.09
	鲁丹阶	*Coronograptus cyphus*	0.80	11	13.75	0.4～0.6	6.15	7.69	2.21
		Cystograptus vesiculosus	0.90	6	2.10	2.4～3.8/3.0	3.43	1.20	3.77～4.45
		Parakidograptus acuminatus	0.93						
		Akidograptus ascensus	0.43						
上奥陶统	赫南特阶	*Normalograptus persculptus*	0.60						
		Hirnantian	0.73	0.80		0.7～0.8			
		Normalograptus extraordinarius		4.07			12.41	3.89	1.40～3.20/2.10
	凯迪阶	*Paraorthograptus pacificus*	1.86	12.17		3.1～3.9			
		Dicellograptus complexus	0.60						

注：笔石带划分和沉积时间资料引自文献（邹才能等，2015；陈旭等，2017；樊隽轩等，2012）。

6. 氧化还原条件

根据微量元素资料，秀山大田坝剖面 Ni/Co 值与 TOC 相关性总体较好（图 3-45），是反映氧化还原条件的有效指标。Ni/Co 值在五峰组—鲁丹阶中段（1—8 层）为 5.5～25.8，平均 9.7（11 个样品）（图 3-45），在鲁丹阶上段—埃隆阶（9 层及以浅）为 2.5～4.8，平均 3.9（10 个样品）。这说明，利川海域在五峰组沉积期—鲁丹中期主体为深水—半深水贫氧—缺氧环境，总体呈连续深水沉积，在鲁丹晚期随着海平面下降至中低水位，出现浅水相富氧环境。

第五节　彭水鹿角剖面

彭水鹿角五峰组—龙马溪组剖面位于重庆市彭水县鹿角镇北侧，出露厚度超过 200m，其中鲁丹阶上部和埃隆阶大部分页岩段受公路护坡和植被覆盖影响无法开展详测，仅五峰组—鲁丹阶中部约 30m 的黑色页岩段适宜勘测（图 3-50）。

图 3-50　彭水鹿角五峰组—鲁丹阶下部剖面全景

一、页岩地层特征

本书重点介绍下部 30m（小层编号 1—10 层）页岩段的基本地质特征（图 3-51—图 3-53）。

1. 宝塔组

瘤状灰岩，层面见龟裂纹和角石化石。GR 响应为 98～107cps 的低幅度值。

2. 五峰组

实测厚度为 4.62m（1—3 层）。底部 1.55m（1 层）为碳质页岩夹薄层状硅质页岩和斑脱岩，覆盖较严重。中部 2.17m（2 层）为薄层状硅质页岩，单层厚 1～5cm（图 3-52a）。上部 0.9m（3 层）为薄层状硅质页岩，单层厚 2～5cm（图 3-52b）。在顶部未发现观音桥段介壳层。

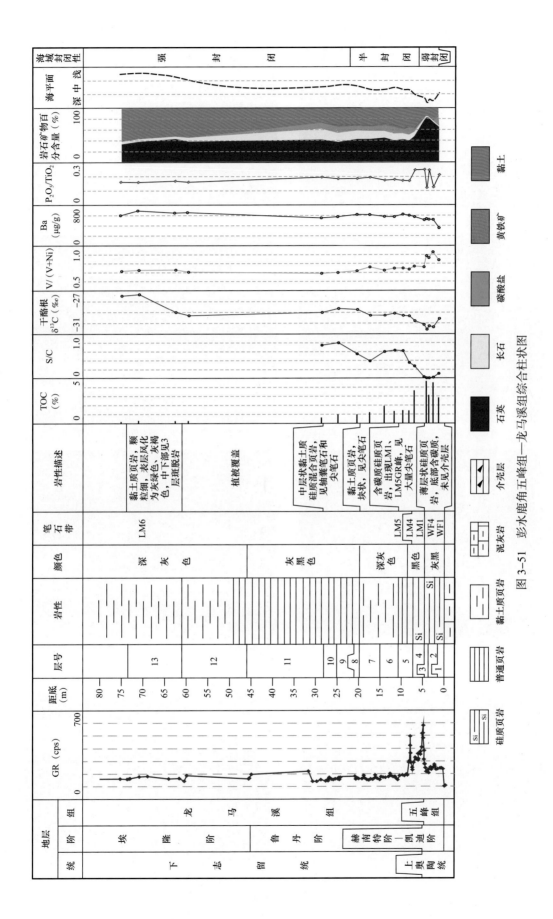

图 3-51 彭水鹿角五峰组—龙马溪组综合柱状图

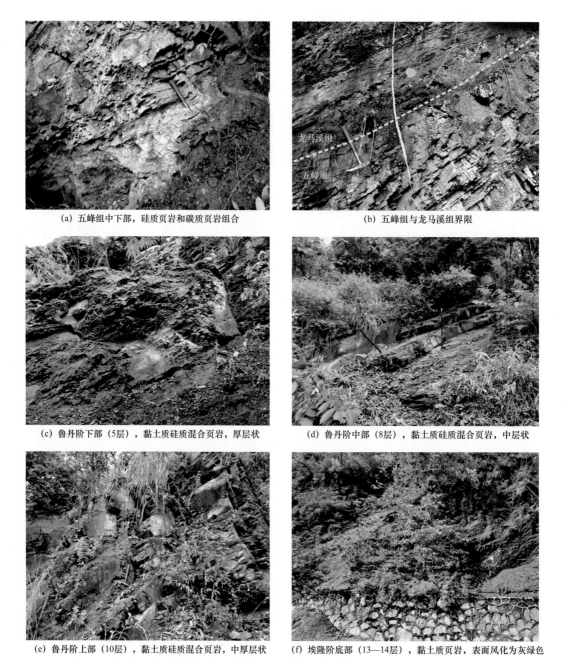

(a) 五峰组中下部，硅质页岩和碳质页岩组合

(b) 五峰组与龙马溪组界限

(c) 鲁丹阶下部（5层），黏土质硅质混合页岩，厚层状

(d) 鲁丹阶中部（8层），黏土质硅质混合页岩，中层状

(e) 鲁丹阶上部（10层），黏土质硅质混合页岩，中厚层状

(f) 埃隆阶底部（13—14层），黏土质页岩，表面风化为灰绿色

图 3-52　彭水鹿角五峰组—龙马溪组露头照片

(a) 8层，断面见砂质纹层和轴囊笔石（箭头所指）

(b) 15层顶部笔石，花瓣笔石和具刺笔石

图 3-53　彭水鹿角龙马溪组笔石照片

五峰组 GR 响应普遍为中高幅度值，一般为 208～381cps，并在顶部出现响应值急剧升高。

3. 龙马溪组

实测厚度为 282.3m。受公路护坡和植被覆盖影响，主要笔石带界限不清晰。据陈旭等（2018）学者研究，在彭水鹿角镇和彭水洪渡大桥东端周缘的小范围之内，奥陶系—志留系之间也存在着少量的地层缺失，此区域内的 *Akidograptus ascensus—Parakidograptus acuminatus* 笔石带覆于五峰组之上（缺失 *Normalograptus persculptus* 笔石带和部分 *Akidograptus ascensus* 笔石带）。

但据电性资料判断，彭水鹿角剖面 GR 曲线在五峰组顶部和龙马溪组底部（4 层底部）出现最高峰值响应，峰值介于 381～581cps（为五峰组 GR 基线值的 2～3 倍），峰宽（以顶、底半幅点计）0.8m，响应特征与坳陷区（长宁双河、石柱漆辽、秭归新滩等剖面点）赫南特阶 GR 峰（观音桥段顶部—*Normalograptus persculptus* 笔石带 GR 峰）相似，与巴东思阳桥、来凤三胡等赫南特阶缺失区（缺少观音桥段顶部—*Normalograptus persculptus* 笔石带 GR 峰）完全不同，说明赫南特阶在彭水鹿角地区依然存在，五峰组与龙马溪组之间仍为连续沉积。

依据 GR 检测结果，龙马溪组底界以自下而上的第 1 个 GR 峰底部（4 层底）为界（图 3-52b），*Cystograptus vesiculosus* 与 *Coronograptus cyphus* 界限以自下而上的第 2 个 GR 峰底部为界（5 层底部）（图 3-51），*Coronograptus cyphus* 带及以上笔石带界限不清。现分鲁丹阶底部、鲁丹阶中部—上部和埃隆阶三段进行描述（图 3-51、图 3-52）。

（1）鲁丹阶底部（*Cystograptus vesiculosus* 带及以深，即 4 小层）厚 2.63m，为中层状硅质页岩，黏土质略有增加，表层风化严重。底部出现赫南特阶 GR 峰，上部 GR 值 250～350cps（图 3-52b）。

（2）鲁丹阶中部—上部（*Coronograptus cyphus* 带，即 5—11 层）厚 38.26m，以中—厚层状黏土质硅质混合页岩为主，灰黑色，含钙质，黏土质较五峰组显著增加（图 3-52c），纹层和页理发育，断面见大量黄铁矿晶粒呈星点状分布。笔石较丰富，见尖笔石、轴囊笔石（图 3-53a）。GR 曲线波动大，在下部 1m 呈尖峰响应（229～496cps），向上逐渐降低，由 152～201cps 的中高幅度值下降至 137～176cps 的中等幅度值。

（3）埃隆阶（12 层及以浅）厚度超过 27.5m，主要为黏土质页岩，块状，颗粒细，表面风化为灰绿色、灰褐色。在中下部见 1 层斑脱岩，单层厚 2～3cm。笔石少，仅在上部见具刺笔石和花瓣笔石（图 3-53b）。GR 幅度值一般为 141～178cps。

从露头岩相和 GR 响应特征看，鲁丹阶厚度为 40～50m，粉砂质较多；埃隆阶页岩颜色较石柱、毛坝地区浅，较秀山深。

二、有机地球化学特征

在彭水地区，五峰组至鲁丹阶中部为深水相黑色页岩，有机质类型为 I—II$_1$ 型，总体处于高—过成熟阶段。

1. 有机质类型

彭水五峰组—龙马溪组干酪根 δ^{13}C 值普遍介于 –30.6‰～–27.5‰，在五峰组总体偏轻（介于 –30.6‰～–29.6‰，平均 –30.2‰），在鲁丹阶开始偏重（介于 –30.1‰～–28.6‰，平均 –29.3‰），在埃隆阶底部（*Demirastrites triangulatus* 带下部）介于 –29.3‰～–29.0‰（平均 –29.2‰），在埃隆阶中部和上部显著偏重（普遍介于 –27.5‰～–26.8‰，平均 –27.2‰）

（图 3-51）。根据干酪根 $\delta^{13}C$ 检测结果判断，彭水地区五峰组—龙马溪组黑色页岩段干酪根以腐泥组为主，属 Ⅰ—Ⅱ₁ 型。

2. 有机质丰度

根据彭水鹿角剖面资料（图 3-51），彭水五峰组—埃隆阶底部（1—13 层）TOC 值一般为 0.2%~4.7%，平均 2.0%（17 个样品）（图 3-51），其中五峰组—鲁丹阶下段（1—4 层）为 TOC>2% 的富有机质页岩段（TOC 介于 2.8%~4.7%，平均 3.9%），鲁丹阶中段和上段（5 层至 11 层上部）TOC 一般为 0.6%~1.9%（平均 1.2%），到 *Demirastrites triangulatus* 带底部（11 层顶部至 12 层）TOC 降至 0.2%~0.3%。可见，彭水地区五峰组—龙马溪组 TOC>1% 的黑色页岩段不超过 25m，其中 TOC>2% 的富有机质页岩约 7.3m。

3. 热成熟度

根据彭水鹿角有机质激光拉曼光谱检测结果（图 3-54），彭水龙马溪组 D 峰与 G 峰峰间距和峰高比分别为 258.88~268.23cm⁻¹ 和 0.56~0.65，在 G′峰位置（对应拉曼位移 2657.55cm⁻¹）出现微幅度石墨峰，计算的拉曼 R_o 为 3.52%。

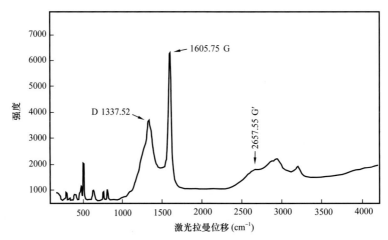

图 3-54　彭水鹿角龙马溪组有机质激光拉曼图

从拉曼谱特征看，该地区龙马溪组出现了有机质弱石墨化特征，热演化程度与巫溪探区大致相当。

三、沉积特征

1. 岩相与岩石学特征

彭水鹿角五峰组—龙马溪组总体为底部富硅质和有机质，中部含钙质和长石，上部富黏土质、贫有机质的页岩地层，现分小层描述如下。

五峰组底部为碳质页岩夹薄层状硅质页岩、斑脱岩，中部和上部为薄层状含放射虫硅质页岩（图 3-52a、b），纹层不发育，镜下见大量放射虫呈星点状分布（图 3-55a、b）。GR 显中高幅度值，一般介于 207~381cps（图 3-51）。TOC 为 2.83%~4.69%，岩石矿物组成为石英 64.9%~82.0%、长石 2.1%~4.2%、方解石 0~18.3%、黄铁矿 0~2.5%、石膏 0~1.5%、黏土矿物 10.7%~21.9%（图 3-51）。

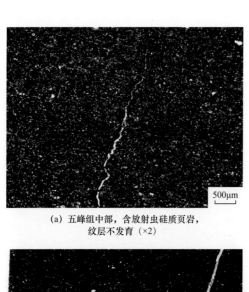

（a）五峰组中部，含放射虫硅质页岩，
纹层不发育（×2）

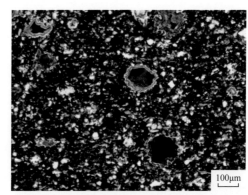

（b）五峰组中部，硅质页岩，
见大量放射虫呈星点状分布（×10）

（c）鲁丹阶底部（4层），硅质页岩，
纹层不发育，见裂缝（×2）

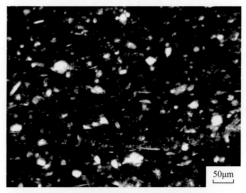

（d）鲁丹阶底部（4层），亮色为
石英和少量黄铁矿（×20）

（e）鲁丹阶中部（8层），黏土质硅质
混合页岩，纹层发育（×2）

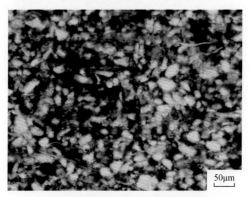

（f）鲁丹阶中部（8层），亮色颗粒主要为
石英，含少量白云石和方解石（×20）

（g）鲁丹阶上部（10层），黏土质硅质
混合页岩，纹层发育（×2）

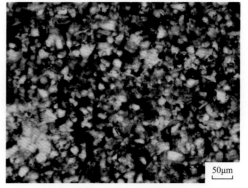

（h）鲁丹阶上部（10层），亮色颗粒主要为石英，
含少量白云石、方解石和黄铁矿（×20）

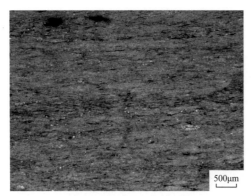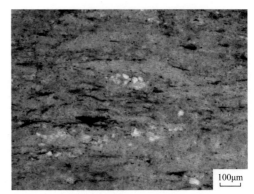

(i) 埃隆阶底部（13层），黏土质页岩，
纹层发育（×2）

(j) 埃隆阶底部（13层），少量石英、黄铁矿
呈分散状分布（×10）

图 3-55　彭水鹿角五峰组—龙马溪组重点层段岩石薄片

4层厚2.63m，中层状硅质页岩，黏土质略有增加，表层风化严重（图3-52b），镜下纹层不发育，石英、黄铁矿等脆性矿物呈星点状分布（图3-55c、d）。底部出现380～581cps的赫南特阶GR峰，上部GR值为250～350cps。TOC为3.63%～4.38%，岩石矿物组成为石英47.6%～76.8%、长石4.0%～8.1%、方解石1.5%～5.2%、黄铁矿0～4.4%、石膏0.8%～1.5%、黏土矿物16.9%～33.2%（图3-51）。

5层厚3.48m，中—厚层状硅质页岩、黏土质硅质混合页岩，灰黑色，黏土质、长石和钙质较五峰组和鲁丹阶底部显著增加（图3-52c），纹层增多，断面见大量黄铁矿晶粒呈星点状分布。笔石丰富，见尖笔石。GR曲线波动大，下部1m为229～496cps的尖峰响应，中上部为中高幅度值（152～201cps）。TOC为1.40%～1.43%，岩石矿物组成为石英39.6%～42.4%、长石10.9%～11.1%、方解石4.0%～9.0%、白云石3.1%～4.5%、黄铁矿2.5%～2.7%、石膏0～1.1%、黏土矿物32.2%～36.9%（图3-51）。

6层厚4.33m，中—厚层状黏土质硅质混合页岩，含钙质，灰黑色，露头显竹叶状风化，不含钙质，见大量尖笔石。镜下纹层发育。GR曲线为中高幅度值（150～201cps）。TOC为1.34%～1.90%，岩石矿物组成为石英40.0%～45.4%、长石12.3%～13.0%、方解石3.8%～4.9%、白云石5.0%～8.9%、黄铁矿3.4%～3.9%、黏土矿物27.8%～31.6%（图3-51）。

7层厚4.79m，中—厚层状黏土质硅质混合页岩，纹层发育，植被覆盖较多。GR曲线为146～189cps的中等幅度值。TOC为1.21%，岩石矿物组成为石英42.8%、长石15.3%、方解石3.2%、白云石4.3%、黄铁矿1.8%、黏土矿物32.6%。

8层厚1.27m，深灰色中层状硅质页岩（图3-52d），断面粗糙，纹层较发育，见轴囊笔石和尖笔石（图3-53a，图3-55e、f）。GR曲线为156～180cps的中等幅度值。TOC为0.96%，岩石矿物组成为石英43.0%、长石16.7%、方解石4.1%、白云石3.3%、黄铁矿2.3%、黏土矿物30.6%。

9—11层厚24.39m，中—厚层状黏土质硅质混合页岩，大部分被植被覆盖（图3-52e）。纹层和页理发育，断面见大量石英、黄铁矿晶粒呈星点状分布（图3-55g、h）。笔石丰富，见轴囊笔石和尖笔石。GR幅度值一般为137～176cps。TOC为0.62%～0.98%，岩石矿物组成为石英36.9%～41.5%、长石16.9%～20.1%、方解石3.9%～5.6%、白云石6.3%～8.0%、黄铁矿1.0%～2.3%、黏土矿物25.5%～32.0%。

12层及以浅厚度在27.5m以上，主要为黏土质页岩夹斑脱岩层，块状，颗粒细，笔石少，表面风化为灰绿色、灰褐色（图3-52f），镜下纹层发育，见少量石英呈分散状分布（图3-55i、j）。

GR 幅度值一般为 140～184cps。TOC 低于 0.28%，岩石矿物组成为石英 31.5%～43.2%、长石 4.9%～7.1%、黏土矿物 52.1%～61.5%。

从 GR 响应、地球化学和岩石矿物学等地质特征看，五峰组—鲁丹阶底部（1—4 层）为坳陷期深水陆棚相沉积组合，厚度约为 7.3m。鲁丹阶中部—上部（5—11 层）为前陆初期半深水陆棚相，陆源黏土质、钙质和长石含量显著增高（黏土平均为 31.2%，方解石平均为 4.8%，白云石平均为 5.4%，钾长石平均为 3.4%，斜长石平均为 11.2%），12 层及以浅则为前陆期浅水陆棚相，主要为贫有机质的黏土质页岩（黏土含量一般在 50.0% 以上）。该剖面岩相组合和电性特征在渝东南地区具有典型性，可以与彭页 1 井对比。

2. 海平面

根据鹿角剖面干酪根 $\delta^{13}C$ 资料，在五峰组沉积期—鲁丹早期（1—4 层），$\delta^{13}C$ 值主体为 –30.6‰～–29.6‰ 且基本保持稳定，显示彭水地区海平面处于高位；在鲁丹晚期（5—11 层以浅），$\delta^{13}C$ 值出现显著正漂移并介于 –29.3‰～–28.6‰（平均 –29.1‰），表明海平面已下降至中等水位；进入埃隆期，$\delta^{13}C$ 值由 –29.3‰ 快速升至 –27.3‰，表明海平面已迅速降至低水位（图 3–51）。这说明，彭水海域在五峰组沉积期和大部分鲁丹期始终处于有利于有机质保存的中—高水位状态，进入埃隆阶沉积期则主要处于低水位状态。

3. 海域封闭性与古地理

彭水地区在奥陶纪—志留纪之交处于川东坳陷东南缘，与秀山大田坝、道真巴渔等剖面相邻，海域封闭性与后者具有相似变化特征。根据鹿角剖面资料（图 3–51），S/C 值在凯迪阶—鲁丹阶底部（1—4 层）普遍为 0.01～0.27（平均 0.08）低值，反映古水体处于低盐度、弱封闭状态；在鲁丹阶中部（5—8 层），S/C 值升至中等水平，一般介于 0.35～0.63（平均 0.52），反映古水体主体处于正常盐度、半封闭状态；在鲁丹阶上部—埃隆阶，S/C 比值升高至 0.75 以上，反映古水体处于高盐度、强封闭状态（图 3–51）。

另据微量元素资料显示（图 3–56），彭水海域在五峰组—鲁丹阶具有较高 Mo 含量，在埃隆阶 Mo 含量较低（0.57～2.62μg/g）。在五峰组—鲁丹阶底部，Mo 值处于 47.1～71.6μg/g 的高水平，与巫溪白鹿地区相当，高于威远 W205 井区和利川毛坝，显弱封闭的缺氧环境。在鲁丹阶中段及以浅，Mo 值下降至 0.67～13.2μg/g（平均 7.3μg/g），与威远和利川相近，显半封闭—强封闭的贫氧—氧化环境。

这说明，彭水海域在五峰组沉积期—鲁丹中期处于弱—半封闭、缺氧—贫氧环境，在鲁丹晚期以后则处于强封闭的贫氧—氧化环境。

4. 古生产力

在彭水地区，古海洋营养物质总体富含磷，Ba 含量总体保持在正常及偏低水平（图 3–51，表 3–25、表 3–26）。Ba 含量在五峰组、鲁丹阶和埃隆阶分别为 352～533μg/g（平均 481μg/g）、514～624μg/g（平均 583μg/g）和 516～702μg/g（平均 625μg/g）。与长宁、石柱和利川等地区相比，彭水五峰组 Ba 含量明显偏低，但仍处于该时期正常水平（平均值高于长宁地区的低值 405μg/g），鲁丹阶和埃隆阶 Ba 含量则大大低于邻区水平（平均值均低于石柱地区的低值 1111μg/g），这可能与该区邻近物源、后期水体变浅和黏土质输入量高有关。

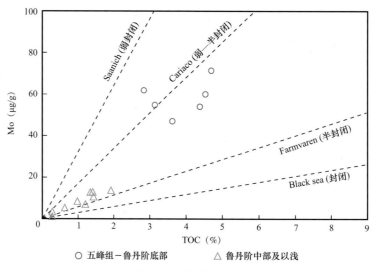

图 3-56 彭水五峰组—龙马溪组 Mo 与 TOC 关系图版

○ 五峰组—鲁丹阶底部　　△ 鲁丹阶中部及以浅

表 3-25　彭水及邻区五峰组—龙马溪组页岩 Ba 含量对比　　　　　　　单位：μg/g

序号	页岩段	长宁 N211	石柱漆辽	彭水鹿角	利川毛坝
1	埃隆阶	1496～2503/1947（32）	1887～2943/2410（30）	516～702/625（9）	2032～7057/4295（9）
2	鲁丹阶	1239～2054/1608（11）	1111～2173/1710（30）	514～624/583（10）	1440～2440/1970（4）
3	五峰组	405～1092/892（5）	481～2480/990（22）	352～533/481（4）	888～1991/1296（11）

注：表中数值区间表示为最小值～最大值／平均值，括号内为样品数。

表 3-26　彭水及邻区五峰组—龙马溪组页岩 P_2O_5/TiO_2 比值对比

序号	页岩段	秀山大田坝	石柱漆辽	彭水鹿角	道真巴渔	利川毛坝
1	埃隆阶	0.17～0.24/0.21	0.05～0.23/0.14	0.16～0.19/0.17（9）	0.13～0.21/0.16	0.06～0.20/0.12
2	鲁丹阶	0.20～0.27/0.24	0.06～0.22/0.14	0.17～0.19/0.18（8）	0.05～0.20/0.14	0.05～0.23/0.12
3	五峰组	0.15～0.38/0.21	0.09～1.01/0.41	0.12～0.25/0.20（6）	0.07～0.61/0.20	0.08～2.42/0.50

注：表中数值区间表示为最小值～最大值／平均值，括号内为样品数。

与 Ba 含量偏低相反，P_2O_5/TiO_2 比值总体保持在较高水平，一般介于 0.12～0.25，在五峰组—鲁丹阶底部达到 0.12～0.25（平均 0.20）的高水平，向上略有减少，一般稳定在 0.16～0.19（表 3-26）。

从 P_2O_5/TiO_2 比值变化趋势看，该海域古生产力在五峰组—龙马溪组沉积期总体较高，与道真、秀山、石柱、利川等地区基本相当。

5. 沉积速率

彭水地区沉积速率在五峰组沉积期—鲁丹早期（*Dicellograptus complexus—Cystograptus vesiculosus* 带沉积期）总体较小，为 0.92～1.45m/Ma（与巫溪五峰组沉积期—鲁丹期沉积速率相当），在鲁丹晚期（*Coronograptus cyphus* 带沉积期）迅速加快至 47.83m/Ma，在埃隆期达到 17.6m/Ma 以上较高水平（表 3-27）。与巫溪地区相比，彭水地区沉积速率变化趋势与长宁、秀山（沉积速率加快期为鲁丹期 *Coronograptus cyphus* 沉积期）相似，加快时间明显早于川东—川北地区。

表 3-27　彭水鹿角五峰组—龙马溪组沉积速率统计表

统	阶	笔石带	沉积时间（Ma）	彭水鹿角			巫溪白鹿		
				厚度（m）	沉积速率（m/Ma）	TOC（%）	厚度（m）	沉积速率（m/Ma）	TOC（%）
下志留统	特列奇阶	*Spirograptus guerichi*	0.36				>25	>100	0.20～1.00
	埃隆阶	*Stimulograptus sedgwickii*	0.27				7.20	26.67	1.20～2.60
		Lituigrapatus convolutus	0.45				11.36	25.24	2.50～3.10
		Demirastrites triangulatus	1.56	>27.50	>17.60	<0.28	2.46	1.58	2.10～3.20
	鲁丹阶	*Coronograptus cyphus*	0.80	38.26	47.83	0.60～1.90/1.20			
		Cystograptus vesiculosus	0.90				27.77	7.59	1.70～5.10
		Parakidograptus acuminatus	0.93	2.63	0.92	3.63～4.38			
		Akidograptus ascensus	0.43						
上奥陶统	赫南特阶	*Normalograptus persculptus*	0.60						
		Hirnantian	0.73				0.30	2.37	3
		Normalograptus extraordinarius		4.62	1.45	2.83～4.49	1.43		4.20～4.60
	凯迪阶	*Paraorthograptus pacificus*	1.86				6.57	2.67	8.02
		Dicellograptus complexus	0.60						

注：笔石带划分和沉积时间资料引自文献（邹才能等，2015；陈旭等；2017；樊隽轩等，2012）。

6.氧化还原条件

彭水鹿角剖面 V/（V+Ni）值和 Ni/Co 值与 TOC 相关性总体较好（图 3-51），是反映氧化还原条件的有效指标。其中，V/（V+Ni）值在五峰组—鲁丹阶底部（1-4 层）为 0.76～0.93，平均 0.84（6个样品），在鲁丹阶中部—上部（5-11 层）下降至 0.69～0.75（平均 0.73），在埃隆阶（12 层及以浅）基本保持在 0.71～0.73（平均 0.72）（图 3-51）；Ni/Co 值在五峰组—鲁丹阶底部为 4.05～38.96，平均 15.44（6 个样品），在鲁丹阶中部—上部下降至 2.51～3.25（平均 2.97），在埃隆阶基本保持在 2.15～4.01（平均 3.04）（图 3-51）。需要说明的是，V/（V+Ni）值和 Ni/Co 值受黏土质含量影响较大，黏土质含量越高数据可靠性越小，即埃隆阶两项数据可靠性较差。

可见，彭水海域在五峰组沉积期和鲁丹早中期主体为缓慢沉积深水缺氧环境，在鲁丹晚期为快速沉积的半深水贫氧环境，在埃隆期随着海平面快速下降则迅速转为快速沉积的富氧环境。因此，五峰组沉积期和鲁丹早中期为有机质富集的主要时期。

第六节　华蓥山三百梯剖面

华蓥山三百梯剖面位于四川省华蓥市溪口镇三百梯煤矿附近，五峰组—龙马溪组厚 88.5m。（五峰组厚 6.77m，龙马溪组厚 81.73m），出露完整（图 3-57），关键界面清楚，化石丰富（图 3-58），交通便利，易于观察与测量。

图 3-57　华蓥山三百梯五峰组—鲁丹阶剖面全景

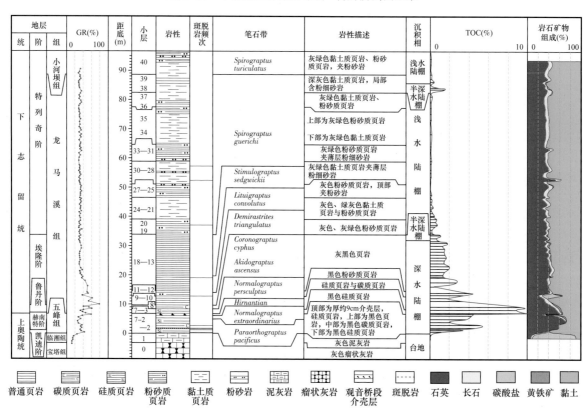

图 3-58　华蓥山三百梯五峰组—龙马溪组综合柱状图

一、剖面地层和岩性特征

华蓥山三百梯剖面共分 40 个小层 21 个岩性段，其中临湘组 1 个岩性段，五峰组细分为 3 个岩性段，龙马溪组细分为 16 个岩性段（图 3-58—图 3-61）。

(a) 五峰组下段（第1岩性段），薄层状硅质页岩夹多层斑脱岩　　(b) 五峰组上段（第2岩性段），黑色硅质页岩

(c) 五峰组顶界（7-2层），观音桥段介壳层，
厚9cm，硅质页岩　　(d) 鲁丹阶，硅质页岩与碳质页岩

(e) 埃隆阶下段，黑色页岩夹粉砂质页岩　　(f) 埃隆阶中段，黑色粉砂质页岩，水平层理发育，
粉砂质含量较高

(g) 埃隆阶上段，灰黑色页岩，块状　　(h) 特列奇阶下段，灰色、灰绿色黏土质页岩，块状

(i) 特列奇阶中段（32层），灰色粉砂质页岩夹薄层粉细砂岩，层面见波痕

(j) 特列奇阶上段（38层），深灰色黏土质页岩夹灰色薄层粉砂岩，风化后呈深灰色、褐色

图 3-59　华蓥山三百梯五峰组—龙马溪组重点层段露头照片

(a) 五峰组尖笔石

(b) 观音桥段（7-2层）见头足类、腕足类和腹足类化石

(c) 埃隆阶中部（16层）盘旋喇嘛笔石

(d) 特列奇阶底部（19层）螺旋笔石、营笔石

(e) 特列奇阶下部（20层）螺旋笔石、单笔石

(f) 特列奇阶上部（39层）螺旋笔石、单笔石

图 3-60　华蓥山三百梯五峰组—龙马溪组化石照片

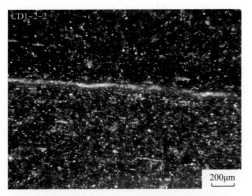

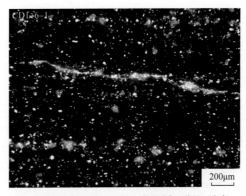

（a）五峰组底部（2层，×5），硅质页岩，纹层不发育，　　　（b）五峰组上部（6层，×5），硅质页岩，纹层不发育，
亮色为放射虫、石英等颗粒　　　　　　　　　　　　亮色为放射虫、石英等颗粒

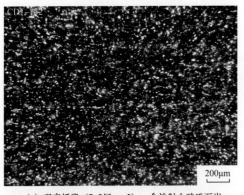

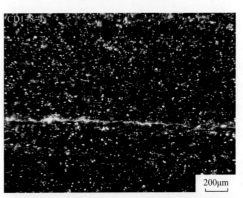

（c）观音桥段（7-2层，×5），含放射虫硅质页岩，　　　　（d）鲁丹阶上部（8层，×5），硅质页岩，纹层不发育，
纹层不发育　　　　　　　　　　　　　　　　　　亮色为放射虫、石英等颗粒

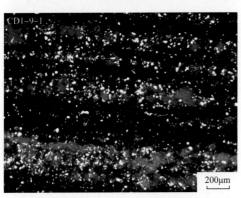

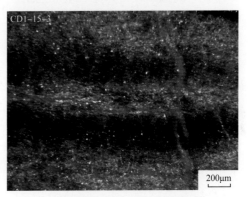

（e）埃隆阶底部（9层，×5），灰黑色页岩，纹层发育，　　　（f）埃隆阶中部（15层，×5），灰黑色页岩，
亮色为放射虫、石英等颗粒　　　　　　　　　　　黏土增多，纹层发育

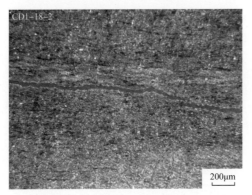

（g）埃隆阶上部（18层，×2），黏土质页岩，纹层发育，　　　（h）特列奇阶底部（20层，×5），黏土质页岩，
亮色为石英颗粒　　　　　　　　　　　　　　纹层发育，亮色为分散状石英颗粒

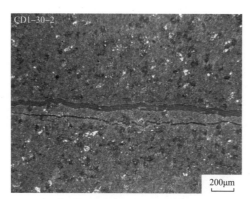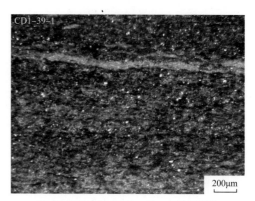

(i) 特列奇阶中部（30层，×5），黏土质页岩，亮色为陆源石英颗粒

(j) 特列奇阶上部（39层，×5），黏土质页岩，纹层发育，亮色为分散状石英颗粒

图 3-61 华蓥山三百梯五峰组—龙马溪组重点层段薄片照片

（1）上奥陶统宝塔组。小层序号为 0 层，在本区出露完好，其岩性为灰色中厚—厚层状泥晶灰岩夹深灰色瘤状灰岩，质地坚硬，"龟裂纹"发育。岩石矿物组成为石英 6.1%、斜长石 1.6%、方解石 83.3% 和黏土矿物 9.0%。宝塔组与上覆临湘组整合接触。

（2）临湘组。小层序号为 1 层，厚 3.1m，岩性为灰色中—厚层状泥晶灰岩，单层厚 15～68cm，并见小瘤状体。岩石矿物组成为石英 10.2%、斜长石 3.2%、方解石 74.2% 和黏土矿物 12.4%。临湘组与上覆五峰组呈整合接触。

（3）五峰组第 1 岩性段。小层序号为 2—4 层，厚度为 3.2m。下部（2—3 层）较薄，厚 1.7m，岩性主要为黑色硅质页岩夹多层斑脱岩，质地较硬，部分黑色硅质页岩表面风化呈土黄色、褐色（图 3-59a）。镜下纹层不发育，见大量放射虫、石英颗粒（图 3-61a）。斑脱岩厚度多小于 1cm，风化后呈灰白色、土黄色。上部（4 层）厚 1.5m，岩性为黑色碳质页岩，内有斑脱岩夹层，含碳质较高，染手。见大量尖笔石、叉笔石（图 3-60a）。岩石矿物组成为石英 33.3%～59.2%、斜长石 0～4.8% 和黏土矿物 40.8%～61.9%（图 3-58）。

（4）五峰组第 2 岩性段。小层序号为 5 层、6 层和 7-1 层，厚度为 3.48m。岩性主要为黑色硅质页岩（图 3-59b），镜下纹层不发育，见大量放射虫颗粒（图 3-61b）。下部（5 层）页岩含有粉砂，见水平层理，风化较严重，呈土黄色；中部（6 层）为中层状黑色含钙质硅质页岩，质地硬；上部（7 层 1 小段）厚 38cm，岩性为黑色页岩，底部为 1～3mm 厚的斑脱岩。岩石矿物组成为石英 29.5%～72.9%、斜长石 0～8.1%、黄铁矿 0～3.8% 和黏土矿物 27.1%～62.9%（图 3-58）。

（5）五峰组观音桥段。小层序号为 7-2 层，厚度为 9cm（图 3-59c），远小于长宁双河地区（1m）和綦江观音桥地区（0.7m）。岩性主要为深灰色硅质页岩，风化色为土黄色、土褐色，镜下纹层不发育，见大量放射虫颗粒（图 3-61c）。化石丰富，见大量腕足类、腹足类、头足类（角石）化石，其中腹足类化石个体小（2～3mm），腕足类、头足类个体 3cm 左右（图 3-60b）。观音桥段与龙马溪组整合接触，反映该地区在赫南特期为连续深水沉积。GR 显峰值响应，岩石矿物组成为石英 59.5%、斜长石 3.8%、黄铁矿 1.3% 和黏土矿物 35.4%（图 3-58）。

（6）龙马溪组第 1 岩性段。即鲁丹阶下段，小层序号为 7-3 层，厚度为 1.53m。岩性为黑色硅质页岩，岩石硬，多呈薄层状（厚 1～8cm）（图 3-59c）。岩石矿物组成为石英 54.4%、斜长石 5.6%、黄铁矿 3.3% 和黏土矿物 36.7%（图 3-58）。

（7）龙马溪组第 2 岩性段。即鲁丹阶上段，小层序号为 8 层，厚度为 1.2m（图 3-59d）。下部以黑色碳质页岩为主，页理发育，上部为黑色含粉砂质页岩，水平层理较发育，风化后尤为明显，显示向上水体变浅。镜下纹层不发育，见大量放射虫、石英颗粒（图 3-61d）。笔石丰富，见大量尖笔石。岩石矿物组成为石英48.6%、斜长石6.4%、黄铁矿5.8%和黏土矿物39.2%（图3-58）。

（8）龙马溪组第3岩性段。即埃隆阶下段，小层序号为9—10层，厚度为3.1m（图3-59e），主要为黑色页岩夹粉砂质页岩，镜下纹层发育，见大量放射虫、石英等颗粒呈星点状分布（图3-61e）。下部（第9层）厚2.3m，岩石表面风化为土黄色，水平层理较发育，见耙笔石、锯笔石；上部（第10层）厚0.8m，为黑色页岩夹粉砂质页岩，粉砂含量较高，页理发育，见锯笔石，顶部见厚2mm斑脱岩。岩石矿物组成为石英31.0%～32.3%、斜长石7.6%～10.1%和黏土矿物57.6%～61.4%（图3-58）。

（9）龙马溪组第4岩性段。即埃隆阶中段，小层序号为11—12层，厚度为4.3m，黑色粉砂质页岩（图3-59f）。第11层厚1.3m，水平层理较发育，粉砂质含量较高，风化后呈土黄色。笔石丰富，见锯笔石、耙笔石和花瓣笔石；第12层厚3.0m，岩性为黑色、深灰色粉砂质页岩，粉砂含量较11层增加，水平层理发育，岩石风化后呈土黄色、黄褐色等。见花瓣笔石、半耙笔石、单笔石等化石。岩石矿物组成为石英21.7%～41.1%、斜长石0～5.9%、方解石0～11.1%、铁白云石0～24.3%、黄铁矿0～2.9%和黏土矿物33.8%～61.1%（图3-58）。

（10）龙马溪组第5岩性段。即埃隆阶上段，小层序号为13—18层，厚度为16.9m（图3-59g）。岩性为灰黑色页岩，页理发育，含钙质少，层理、节理及裂缝发育，球形风化作用强，风化后呈竹叶状，表面显灰黑色、杂色、黄褐色、土黄色等。该段下部粉砂含量较少，风化后水平层理明显。上部（18层）粉砂含量有所增加，并见水平层理。笔石丰富，在第13—14层见大量锯笔石、花瓣笔石等；第15—18层中笔石数量少且个体小，见盘旋喇嘛笔石（图3-60c）。镜下纹层发育，见大量石英颗粒呈分散状分布（图3-61g）。岩石矿物组成为石英30.7%～44.5%、斜长石3.4%～5.5%、黄铁矿0～3.4%和黏土矿物48.7%～63.0%（图3-58）。

（11）龙马溪组第6岩性段。即特列奇阶底部，小层序号为19—20层，厚度为6.1m，为深灰色粉砂质页岩，水平层理较发育，球形风化特征明显。下部（第19层）颜色较浅，以灰色为主，与下伏的第18层（以灰黑色、褐色为主）反差较大，笔石较少。上部（第20层）以深灰色为主，并出现土黄色、褐色等风化色，镜下纹层发育，见分散状石英颗粒（图3-61h），笔石数量有所增加，见单笔石、营笔石、螺旋笔石等（图3-60d、e），个体较小，反映沉积水体有所加深。岩石矿物组成为石英29.5%～37.2%、斜长石3.5%～5.8%和黏土矿物57.0%～65.6%（图3-58）。

（12）龙马溪组第7岩性段。小层序号为21—23层，厚度为3.0m，为深灰色页岩（图3-59h）。下部（第21—22层）风化后呈深灰色与灰绿色互层（韵律层），但以灰绿色为主，见大量水平纹层，笔石少；上部（第23层）风化色以灰绿色为主，球形风化特征明显，见锯笔石、半耙笔石。岩石矿物组成为石英31.8%～36.3%、斜长石4.4%～6.3%和黏土矿物57.4%～63.8%（图3-58）。

（13）龙马溪组第8岩性段。小层序号为24层，厚度为3.5m。岩性为深灰色黏土质页岩，风化后呈浅灰色、灰绿色，水平层理较发育，见球形风化，风化程度较第16—18层弱，且球形风化面直径小。笔石数量少。岩石矿物组成为石英28.1%～36.4%、斜长石5.2%～7.6%和黏土矿物57.6%～66.7%（图3-58）。

（14）龙马溪组第9岩性段。小层序号为25层，厚度为0.4m。岩性为灰色粉细砂岩夹深灰色页岩，薄层粉细砂岩厚1～3cm不等，见沙纹层理、沙波层理。从本岩性段向上出现含沙波结构的粉细砂岩，反映古水体较浅、水动力增强且陆源碎屑供给较充分。页岩矿物组成为石英33.0%、斜长石7.3%和黏土矿物59.7%（图3-58）。

（15）龙马溪组第10岩性段。小层序号为26—27层，厚度为6.1m，岩性为深灰色页岩、粉砂质页岩，风化后显灰色、灰绿色，页理较发育并见水平层理。球形风化特征不明显，见少量单笔石、锯笔石等，笔石个体较小。岩石矿物组成为石英29.6%～39.2%、斜长石7.0%～8.7%和黏土矿物50.9%～63.4%（图3-58）。

（16）龙马溪组第11岩性段。小层序号为28—30层，厚度为6.1m，主要岩性为深灰色、灰绿色黏土质页岩夹薄层粉细砂岩。第28层厚1.4m，风化后呈土黄色，粉细砂岩含量较高，与第27层区别较明显，与下伏26—27层组成向上变浅的反韵律沉积旋回，笔石数量较少。其顶部为一层厚1～3cm斑脱岩，反映此时期有构造事件引起的火山喷发活动。第29层见至少6层薄粉细砂岩，风化后呈土黄色，笔石少。第30层为深灰色页岩，厚1.6m，在底部见1～2mm厚的斑脱岩，在上部笔石突然增多，见半耙笔石、单笔石等，镜下纹层发育，见分散状陆源石英颗粒（图3-61i）。岩石矿物组成为石英30.2%～39.5%、斜长石4.3%～6.7%和黏土矿物53.8%～63.6%（图3-58）。

（17）龙马溪组第12岩性段。小层序号为31—32层，厚6.1m，为灰色粉砂质页岩夹多个粉细砂岩薄层，具波状层理、沙纹层理及平行层理，沙波厚度为2～4cm不等，呈不对称型，沙波面宽35cm（图3-59i）。沙波表面风化呈褐色、土黄色，反映水体较浅、水动力较强特征。岩石矿物组成为石英32.4%～32.8%、斜长石4.7%～5.9%和黏土矿物61.3%～62.9%（图3-58）。

（18）龙马溪组第13岩性段。小层序号为33层，厚2.4m，为深灰色粉砂质页岩，风化后页理较发育，出现不均匀水平层理，中下部笔石较多，见半耙笔石、螺旋笔石、单笔石等。岩石矿物组成为石英30.4%～40.9%、斜长石4.3%～7.1%和黏土矿物52.0%～65.3%（图3-58）。

（19）龙马溪组第14岩性段。小层序号为34—35层，厚12.8m，岩性为灰绿色黏土质页岩、粉砂质页岩，笔石较少。粉砂质页岩中水平纹层较发育。球形风化特征明显，风化面直径一般大于20cm，最大可达60cm。岩石矿物组成为石英32.6%～35.0%、斜长石4.8%～7.0%和黏土矿物59.0%～62.1%（图3-58）。

（20）龙马溪组第15岩性段。小层序号为36—37层，厚5.0m，主要为灰色粉砂质页岩夹薄层粉细砂岩。第36层下部为灰色粉砂质页岩，页理发育，风化后呈土黄色；第36层上部为灰色粉砂质页岩夹薄层粉细砂岩，厚1.8m，见厚1～3cm的沙波沉积构造，沙波中平行层理、沙纹层理发育，球形风化特征明显，风化色以褐色、紫褐色、土黄色为主，见耙笔石，但数量较少。第37层厚0.6m，为灰色薄层粉细砂岩夹灰色粉砂质页岩，沙波发育，其沉积特征与第31—32层相近，笔石少，为陆源供给较充分的浅水陆棚相。岩石矿物组成为石英30.7%～34.4%、斜长石6.0%～9.2%和黏土矿物54.8%～63.3%（图3-58）。

（21）龙马溪组第16岩性段。即特列奇阶顶部，小层序号为38—39层，厚度为6.1m。岩性为深灰色黏土质页岩夹灰色薄层粉砂岩，风化后呈深灰色、褐色等（图3-59j），镜下纹层发育，见分散状石英颗粒（图3-61j）。第38层特征与第16—20层相似，颜色较深且球形风化明显，笔石增多，反映古水体明显加深。第39层下部为深灰色粉砂质页岩，水平层理较发育，笔石种类、数量明显增多，见耙笔石、锯笔石、螺旋笔石和单笔石等（图3-60f）。第39层上部为灰色、灰绿色粉砂质页岩夹薄层灰色粉砂岩，沙纹层理较发育，笔石较少，颜色明显变浅。此段与上覆小河坝组整合接触。岩石矿物组成为石英27.6%～37.1%、斜长石3.9%～9.1%和黏土矿物53.8%～65.8%（图3-58）。

（22）下志留统小河坝组。小层序号为40层，厚度在6m以上。小河坝组在该剖面点沉积较厚，下部岩性为灰绿色黏土质页岩与泥质粉砂岩互层，风化后呈褐色，粉砂岩中见平行层理，成层性好，化石数量很少。岩石矿物组成为石英30.2%～39.1%、斜长石4.7%～12.7%和黏土矿物50.4%～63.5%（图3-58）。

根据上述岩相和岩石矿物特征（图3-58），仅五峰组—鲁丹阶（3—8层）为深水陆棚相高脆性页岩段，厚度约 8m；埃隆阶为深水—半深水相碳质页岩和黏土质页岩组合，特列奇阶主要为浅水相黏土质页岩夹粉砂岩组合。

二、有机地球化学特征

根据剖面资料（图 3-58），华蓥地区五峰组—特列奇阶（2—39 层）TOC 值一般为 0.06%～11.00%，平均 1.41%（81 个样品）（图 3-58）。其中，五峰组—埃隆阶下段（2—13 层中部）为 TOC＞2% 的富有机质页岩段，厚 18m，TOC 介于 0.51%～11.00%，平均 4.31%，TOC 峰值（11.00%）出现在观音桥段；在埃隆阶上段（13 层中部—18 层），TOC 普遍下降至 2.0% 以下，一般为 0.71%～1.97%，平均 1.47%；在特列奇阶（19—39 层），TOC 值普遍较低，一般介于 0.06%～0.74%（平均 0.25%），仅在 38 层和 39 层底部（厚约 2m）达到 0.87%～1.49%。可见，华蓥地区五峰组—龙马溪组 TOC＞1% 的黑色页岩段约 34m，其中 TOC＞2% 的富有机质页岩约 18m。

综合岩相、岩石矿物和有机质丰度等参数看，华蓥地区五峰组—龙马溪组主力产层为 3—8 层，厚度约 8m。

三、富有机质页岩沉积模式

华蓥地区在奥陶纪—志留纪之交总体处于川中隆起东斜坡带，富有机质页岩总厚度约 18m，分布于五峰组—埃隆阶下部低沉积速率段，其中在五峰组—鲁丹阶厚 9.5m，在埃隆阶下部厚 8.5m。这说明，华蓥地区五峰组—龙马溪组有机质富集受静水陆棚斜坡带缓慢沉积作用控制（图 3-62）。

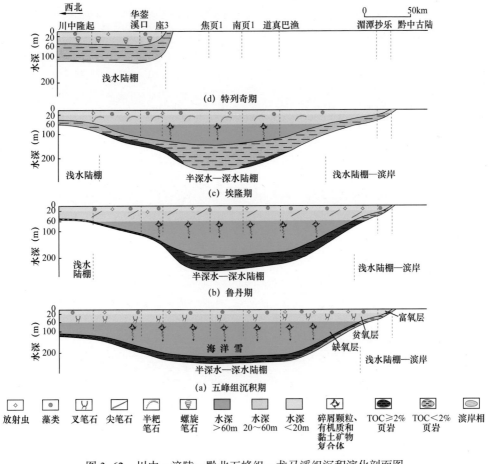

图 3-62　川中—涪陵—黔北五峰组—龙马溪组沉积演化剖面图

在五峰组沉积中期至埃隆早期，华蓥地区位于川中隆起与川东坳陷过渡带，距离东南物源区（黔中隆起）远，区域构造稳定，陆源黏土质输入量相对较少，沉积速率低于10m/Ma，海平面始终处于中高水位且受赫南特冰期影响小，表层水体营养丰富，藻类、放射虫、笔石等浮游生物繁盛，海底则为缺氧环境，大量浮游生物死亡后通过"海洋雪"方式沉入海底并得以保存下来，进而形成高有机质丰度页岩。

在埃隆中期和晚期，华蓥地区转入前陆发展期，随着沉降沉积中心向西北迁移，来源于黔中隆起的陆源黏土质大量输入到川东坳陷区，沉积速率迅速上升至30m/Ma以上，海平面下降至中—低水位，表层水体营养物质浓度下降，藻类、放射虫、笔石等浮游生物繁殖量大幅度减少，导致以低有机质丰度页岩为主。

第四章　湘鄂西隆起志留系页岩典型剖面地质特征

湘鄂西隆起是奥陶纪—志留纪之交紧邻川东坳陷东侧的大型水下隆起（亦称为宜昌上升）（图1-2、图1-6、图4-1），在五峰组沉积早中期出现雏形，在五峰组沉积晚期至鲁丹中期进一步隆升和扩大，在鲁丹晚期基本消失。隆起区腹部位于龙山、鹤峰、恩施和长阳一带，面积超过20000km²，缺失赫南特阶—*Coronograptus cyphus*笔石带中上部（缺失至少5.5个笔石带），其中鲁丹阶缺失至少3.5个笔石带（*Akidograptus ascensus*笔石带至*Coronograptus cyphus*笔石带中上部），沉积时间不足0.4Ma。在鲁丹晚期随着斑脱岩密集段④出现，湘鄂西隆起快速沉降为大川东坳陷的东南斜坡（图4-1），并进入前陆期沉积。

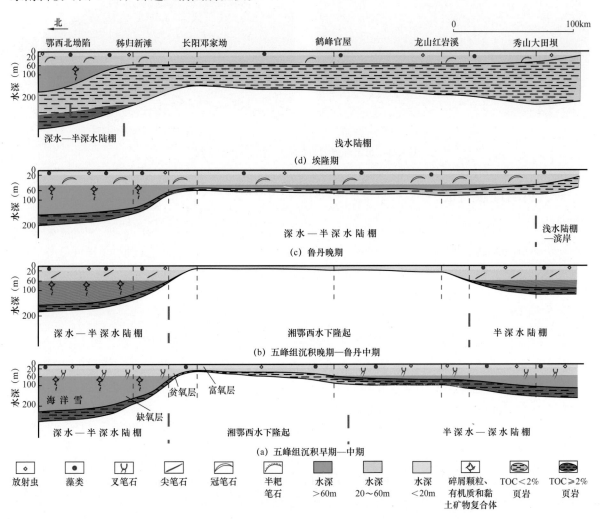

图4-1　湘鄂西隆起及周缘五峰组—龙马溪组沉积演化剖面图

湘鄂西隆起对川东—湘鄂西地区五峰组—龙马溪组富有机质页岩沉积具有重要的控制作用。为了解该地区五峰组—龙马溪组黑色页岩分布特征，本书作者对区内龙山红岩溪、来凤三胡、鹤峰官屋、巴东思阳桥、宣恩高罗、恩施太阳河和长阳邓家坳等剖面进行了详测，现重点对风化程度相对较低的前四个剖面进行详细描述。

第一节 龙山红岩溪剖面

龙山红岩溪五峰组—龙马溪组剖面位于湘西龙山县红岩溪镇，分为红岩溪镇西（距红岩溪镇2km，为龙马溪组中上部出露点）和比沙村（五峰组—鲁丹阶底部出露点）两个剖面点（图4-2），沿国道G209自北向南展开，出露厚度在86m以上（图4-3），地层产状为130°∠49°。

(a) 比沙村五峰组和鲁丹阶*Coronograptus cyphus*带出露点   (b) 红岩溪镇西2km处埃隆阶出露点

图4-2 龙山红岩溪五峰组—龙马溪组出露点

一、页岩地层特征

龙山红岩溪位于湘鄂西水下隆起南部，五峰组和龙马溪组之间缺失赫南特阶 *Normalograptus extraordinarius* 带至鲁丹阶 *Coronograptus cyphus* 带中部（缺失至少5.5个笔石带）（图4-3），自下而上仅见凯迪阶、鲁丹阶顶部和埃隆阶共3阶少部分笔石带（图4-3至图4-5）。

1. 五峰组

厚6.84m，下部1.88m为中厚层状含碳质硅质页岩，黏土质相对较多，纹层发育，见 *Dicellograptus complexus* 笔石；中部3.58m为含放射虫硅质页岩，纹层少，见 *Dicellograptus complexus* 笔石；上部1.38m为薄层状硅质页岩（图4-4a、b，图4-5a、b、c）。未发现赫南特阶笔石带和介壳层。GR值一般为135～213cps（图4-3）。

2. 鲁丹阶

仅沉积 *Coronograptus cyphus* 带上段，厚7.6m，沉积时间不足0.4Ma。下部1.3m为中层状硅质页岩，黏土质增多，纹层发育（图4-5d），中部为碳质页岩，上部为黏土质硅质混合页岩。其中，底部1.2m为斑脱岩密集段④，笔石丰富，见 *Coronograptus cyphus* 笔石，在距底80cm、90cm处见2层厚2～3cm斑脱岩层（图4-3、图4-4c、图4-5f），GR曲线出现峰值响应（308～381cps）。

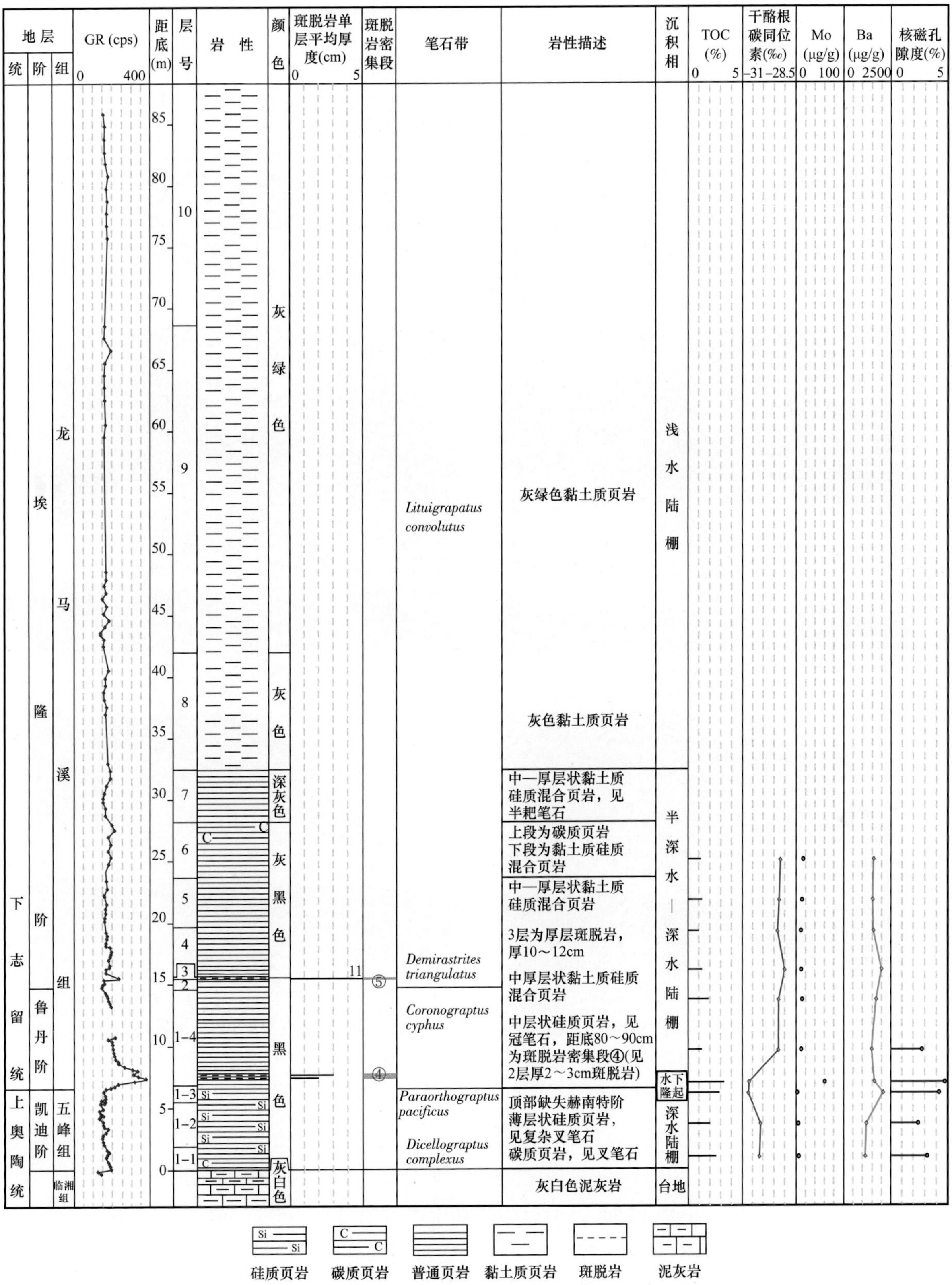

图4-3 龙山红岩溪五峰组—龙马溪组综合柱状图的各项内容：

表头列：

地层（统/阶/组）	GR (cps) 0~400	距底(m)	层号	岩性	颜色	斑脱岩单层平均厚度(cm) 0~5	斑脱岩密集段	笔石带	岩性描述	沉积相	TOC(%) 0~5	干酪根碳同位素(‰) -31~-28.5	Mo(μg/g) 0~100	Ba(μg/g) 0~2500	核磁孔隙度(%) 0~5

地层划分：
- 统：下志留统、上奥陶统
- 阶：埃隆阶、鲁丹阶、凯迪阶
- 组：龙马溪组、五峰组、临湘组

层号（由上至下）： 10、9、8、7、6、5、4、3、2、1-4、1-3、1-2、1-1

颜色： 灰绿色、灰色、深灰色、灰黑色、黑色、灰白色

笔石带：
- Lituigrapatus convolutus
- Demirastrites triangulatus
- Coronograptus cyphus
- Paraorthograptus pacificus
- Dicellograptus complexus

岩性描述（由上至下）：
- 灰绿色黏土质页岩
- 灰色黏土质页岩
- 中—厚层状黏土质硅质混合页岩，见半耙笔石
- 上段为碳质页岩 下段为黏土质硅质混合页岩
- 中—厚层状黏土质硅质混合页岩
- 3层为厚层斑脱岩，厚10~12cm
- 中厚层状黏土质硅质混合页岩
- 中层状硅质页岩，见冠笔石，距底80~90cm为斑脱岩密集段④(见2层厚2~3cm斑脱岩)
- 顶部缺失赫南特阶 薄层状硅质页岩，见复杂叉笔石
- 碳质页岩，见叉笔石
- 灰白色泥灰岩

斑脱岩密集段： ⑤、④

斑脱岩单层平均厚度标注： 11

沉积相：
- 浅水陆棚
- 半深水—深水陆棚
- 水下隆起
- 深水陆棚
- 台地

图例： 硅质页岩　碳质页岩　普通页岩　黏土质页岩　斑脱岩　泥灰岩

图 4-3　龙山红岩溪五峰组—龙马溪组综合柱状图

(a) 五峰组下部含碳质硅质页岩

(b) 五峰组中上部薄层状硅质页岩

(c) 龙马溪组底部硅质页岩与碳质页岩组合，
夹2层斑脱岩（箭头所示）

(d) 半粑笔石带厚层斑脱岩（3层），
厚10~12cm，GR为235cps

(e) 半粑笔石带，黏土质硅质混合页岩与碳质页岩组合

(f) 龙马溪组上部，灰色、灰绿色黏土质页岩

图4-4　龙山红岩溪五峰组—龙马溪组剖面重点层段露头照片

3. 埃隆阶

出露厚度超过70m。下部17.4m为中厚层状黏土质硅质混合页岩，局部夹碳质页岩和斑脱岩，纹层发育，在底部出露 *Demirastrites triangulatus* 带厚层斑脱岩（厚10~12cm，编号⑤），见粑笔石。中部44.4m为灰色黏土质页岩，颜色较下部明显变浅。上部为浅灰色、灰绿色黏土质页岩，笔石较少（图4-3，图4-4d—f，图4-5g、h）。埃隆阶总体为中等幅度GR响应，GR值一般为150~235cps，峰值出现在厚层斑脱岩（235cps）。

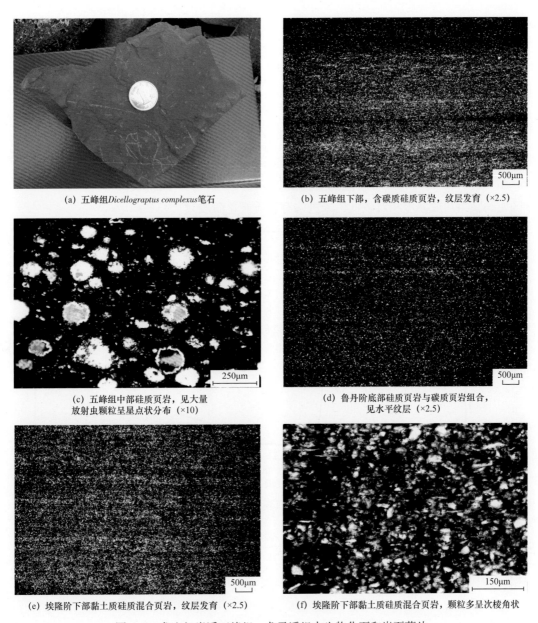

(a) 五峰组Dicellograptus complexus笔石

(b) 五峰组下部,含碳质硅质页岩,纹层发育(×2.5)

(c) 五峰组中部硅质页岩,见大量
放射虫颗粒呈星星点状分布(×10)

(d) 鲁丹阶底部硅质页岩与碳质页岩组合,
见水平纹层(×2.5)

(e) 埃隆阶下部黏土质硅质混合页岩,纹层发育(×2.5)

(f) 埃隆阶下部黏土质硅质混合页岩,颗粒多呈次棱角状

图4-5 龙山红岩溪五峰组—龙马溪组古生物化石和岩石薄片

二、有机地球化学特征

1.有机质类型

龙山五峰组—龙马溪组黑色页岩段干酪根 $\delta^{13}C$ 值普遍介于 –30.7‰~–29.0‰,在五峰组—鲁丹阶底部普遍偏轻(介于 –30.7‰~–30.1‰),在鲁丹阶下段及以浅偏重(–29.4‰~–29.0‰)(图4-3)。另据利川毛坝干酪根显微组分检测显示,五峰组—龙马溪组有机质主要为壳质组无定形体(占96%~97%)。这表明,龙山五峰组—龙马溪组干酪根应属 I—II₁ 型。

2.有机质丰度

本书仅对红岩溪剖面下部25m黑色页岩段进行地球化学分析测试,结果显示(图4-3):五峰组 TOC 值一般为 1.99%～2.87%，平均 2.47%（3 个样品）；鲁丹阶 TOC 值一般为 1.22%～3.29%，平均 2.12%（3 个样品），高值出现在底部高 GR 段；埃隆阶有机质丰度总体较低，一般为 0.97%～1.27%，平均 1.16%（4 个样品）。这说明，五峰组—鲁丹阶底部为 TOC＞2% 的富有机质页岩集中段，厚约 8m，即五峰组是富有机质页岩的主体。

3. 热成熟度

根据有机质激光拉曼光谱检测结果，龙山龙马溪组 R_o 为 2.8%，D 峰与 G 峰峰间距和峰高比分别为 260 和 0.65，在 G' 峰位置（对应拉曼位移 2649.39cm^{-1}）呈下倾斜坡状（尚未成峰）（图 4-6），说明该区龙马溪组热成熟度相对较低，未进入有机质炭化阶段。

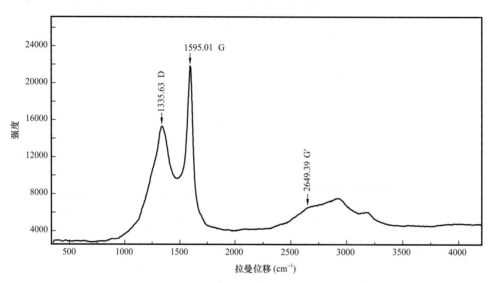

图 4-6　龙山红岩溪龙马溪组有机质激光拉曼图谱

三、页岩物性特征

根据比沙村剖面点新鲜样品核磁检测资料（表 4-1），该地区五峰组至龙马溪组底部有效孔隙度介于 2.4%～4.2%，平均 3.4%（图 4-3）。

表 4-1　龙山比沙村剖面点五峰组—鲁丹阶页岩核磁孔隙度

样品序号	距底（m）	层位	称重孔隙度（%）	核磁孔隙度（%）
1	0.94	五峰组	3.0	3.2
2	3.60	五峰组	2.4	2.4
3	6.11	五峰组	4.0	4.2
4	6.99	鲁丹阶	4.6	4.7
5	9.60	鲁丹阶	2.7	2.7
平均			3.3	3.4

第二节　来凤三胡剖面

来凤三胡五峰组—龙马溪组剖面位于湖北省来凤县三胡乡西北 5km 的三堡岭村香树坪公路边，沿来凤至咸丰公路 S248 自西向东展开，出露五峰组—鲁丹阶黑色页岩 15.48m（图 4-7、图 4-8），地层产状为 75°∠65°。

图 4-7　来凤三胡五峰组—鲁丹阶出露点

一、页岩地层与岩性特征

在来凤三胡地区，五峰组和龙马溪组之间存在地层缺失，缺失赫南特阶 *Normalograptus extraordinarius* 带至鲁丹阶 *Akidograptus ascensus* 带 3 个笔石带，在电测曲线中未见赫南特阶 GR 峰，自下而上仅见凯迪阶和鲁丹阶上部笔石带，五峰组厚 5.94m，鲁丹阶厚 9.54m（图 4-8、图 4-9）。现分小层描述如下。

临湘组为浅灰色泥灰岩，与五峰组整合接触，产状为 75°∠65°。

1 层为五峰组，厚 2.7m，产状为 85°∠45°。下部 0.55m 为含碳质硅质页岩，中层状，黑色，见叉笔石。中部为薄层状硅质页岩，夹 1 层斑脱岩（厚 0.5～1cm）。上段为薄层状硅质页岩，因挤压变形和层间滑动，风化严重，出现碳质页岩特征，见 2 层斑脱岩（厚度分别为 2～3cm、1～2cm）。GR 响应为中等幅度值，一般为 166～252cps。

2 层为五峰组，厚 2.44m，薄层状硅质页岩，因挤压变形和层间滑动，风化严重，部分出现碳质页岩特征，硅质页岩层质硬，见大量双列笔石。GR 响应为中高幅度值，一般为 246～292cps。

3-1 层为五峰组，厚 0.8m，薄—中层状硅质页岩，质硬，见太平洋拟笔石（*Paraorthograptus pacificus*）和大量尖细小笔石、雕笔石。GR 响应为中高幅度值，一般为 273～294cps。

3-2 层为鲁丹阶，厚 1.86m，薄—中层状硅质页岩，质硬，顶部见 8～10cm 碳质层。见 *Parakidograptus acuminatus* 笔石和大量尖细小笔石、雕笔石。该小层与 3-1 层间并未出现黏土风化层，两层岩性一致（图 4-9c）。GR 响应为中高幅度值，一般为 236～302cps 且自下而上增高，未出现赫南特阶 GR 峰。

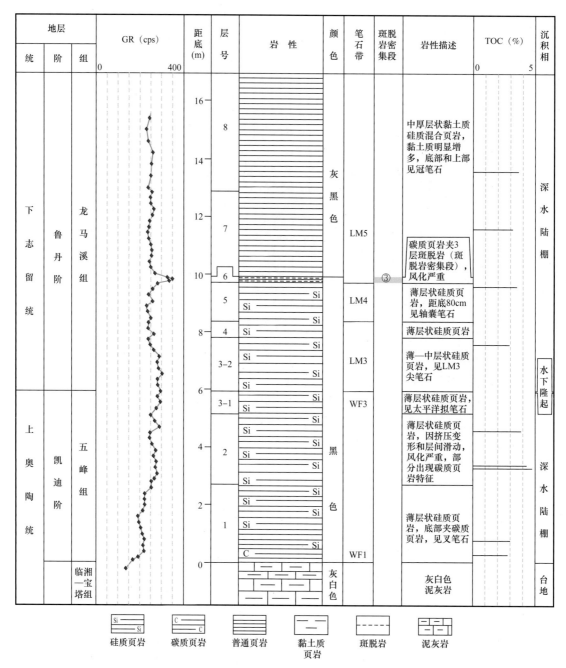

图 4-8 来凤三胡五峰组—鲁丹阶综合柱状图

4 层为鲁丹阶，厚 0.57m，薄层状硅质页岩，顶部见 1 层 2cm 厚斑脱岩。见大量尖细小笔石、雕笔石。GR 响应为中高幅度值，一般为 235～264cps。

5 层为鲁丹阶，厚 1.34m，薄层状硅质页岩，中间夹 1～2cm 厚斑脱岩层。见大量尖细小笔石、雕笔石，在距底 80cm 见轴囊笔石（*Cystograptus vesiculosus*）。GR 响应为中高幅度值，一般为 228～281cps。

6 层为鲁丹阶，厚 0.21m，碳质页岩夹 3 层斑脱岩层（斑脱岩密集段③），风化严重，大部分呈土黄色和铅灰色（图 4-9e），GR 响应显尖峰特征，达 350cps。

(a) 五峰组下部，含碳质硅质页岩

(b) 五峰组中部，薄层状硅质页岩

(c) 五峰组与鲁丹阶界限，两层岩性一致，未发现黏土风化层

(d) 轴囊笔石带（5层），薄层状硅质页岩，中间夹1～2cm厚斑脱岩

(e) LM5底斑脱岩密集段，碳质页岩夹斑脱岩组合

(f) 鲁丹阶上部，中厚层状黏土质硅质混合页岩，见冠笔石

图 4-9　来凤三胡五峰组—龙马溪组露头照片

　　7 层为鲁丹阶，厚 2.96m，中层状黏土质硅质混合页岩，黏土质增多，顶部见 1 层斑脱岩（厚 0.5cm），底部见冠笔石。GR 响应为中高幅度值，一般为 234～266cps。

　　8 层为鲁丹阶，厚 2.6m，中厚层状黏土质硅质混合页岩，黏土质明显增多（图 4-9f），见冠笔石。GR 响应为中高幅度值，一般为 229～258cps。

二、有机地球化学特征

　　通过对三胡剖面采样和分析测试（图 4-7），五峰组 TOC 值一般为 2.79%～4.73%，平均 3.72%（5 个样品）；鲁丹阶 TOC 值一般为 2.90%～3.62%，平均 3.30%（4 个样品）。这说明，斑脱岩密集段③对来凤地区鲁丹阶 TOC 影响不大，五峰组—鲁丹阶为 TOC＞2% 页岩集中段，厚度超过 15m。

第三节 鹤峰官屋剖面

鹤峰官屋五峰组—龙马溪组剖面位于湖北省鹤峰县太平乡官屋场，距省道 25km，顶、底界限清晰，出露厚度为 59.35m，产状为 0°∠58°（图 4-10）。因剖面风化严重，未采样分析。

图 4-10 鹤峰官屋五峰组—鲁丹阶出露点

鹤峰官屋剖面位于奥陶纪—志留纪之交宜昌上升腹部，该地区五峰组和龙马溪组之间存在严重地层缺失，主要缺失 *Paraorthograptus pacificus* 带顶部至鲁丹阶 *Coronograptus cyphus* 带中部（缺失至少 5.5 个笔石带）（图 4-10、图 4-11），自下而上仅见凯迪阶中下段、鲁丹阶上段（*Coronograptus cyphus* 带上部）和埃隆阶等部分笔石带以及 3 个斑脱岩密集段（编号分别为①、④和⑤），其中五峰组厚 8.19m，鲁丹阶厚 4.3m，埃隆阶厚 46.96m（图 4-11、图 4-12）。现分小层描述如下。

宝塔组为灰白色泥灰岩，GR 值为 101～139cps。

1 层为五峰组，厚 2.24m，与宝塔组整合接触，灰色黏土质页岩（图 4-12a）。断面细腻，GR 响应为中低幅度值，一般为 128～164cps。

2 层为五峰组，厚 0.93m，浅灰—灰色粉砂质页岩（图 4-12b），GR 响应为中低幅度值，一般为 136～162cps。

3 层为五峰组，厚 0.7m，灰绿—灰色粉砂质页岩，夹 3 层斑脱岩（位于顶部、中部和底部，厚度分别为 2cm、3cm、1cm，即斑脱岩密集段①）（图 4-12c）。GR 响应为低幅度值，一般为 130～135cps。

4 层为五峰组，厚 2.24m，灰—灰黑色页岩。颜色向上变深，颗粒较细（图 4-12d）。GR 响应为低幅度值，一般为 109～132cps。

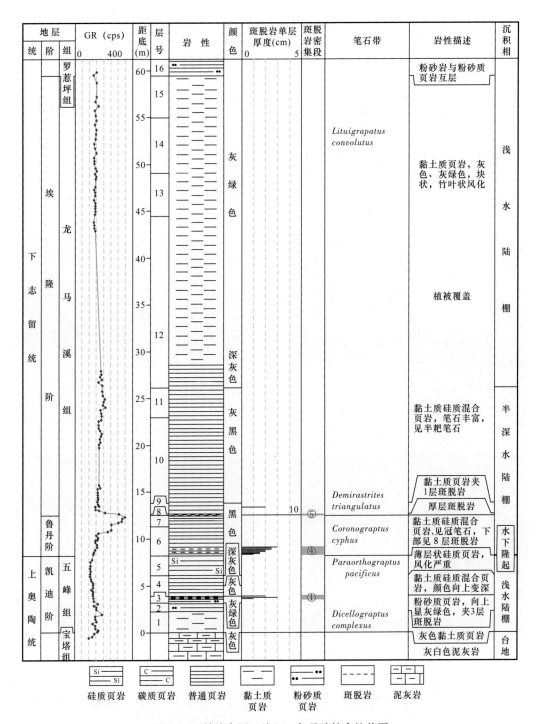

图 4-11　鹤峰官屋五峰组—鲁丹阶综合柱状图

　　5 层为五峰组，厚 2.08m，硅质页岩，风化严重（图 4-12d）。GR 响应为低幅度值，一般为 107～123cps。

　　6 层为龙马溪组，厚 3.17m，黏土质硅质混合页岩，灰黑色，笔石丰富，见冠笔石，下部 1.1m 为斑脱岩密集段④，薄层状黏土质硅质混合页岩与 8 层斑脱岩间互，斑脱岩单层厚 2～3cm，风化为土黄色（图 4-12e）。GR 幅度值自下而上增加，一般为 131～258cps。

　　7 层为龙马溪组，厚 1.22m，黏土质硅质混合页岩，黏土含量增高（图 4-12f）。GR 幅度值显著增大，一般为 256～350cps。

（a）五峰组底界灰色黏土质页岩，与下伏泥灰岩整合接触

（b）五峰组下段浅灰—灰色粉砂质页岩

（c）五峰组中段灰绿—灰色粉砂质页岩，夹3层斑脱岩

（d）五峰组中上段黑色页岩与硅质页岩组合，风化严重

（e）LM5底斑脱岩密集段黏土质硅质混合页岩与斑脱岩间互

（f）LM5上部黏土质硅质混合页岩，黏土含量增高，见冠笔石

（g）LM6底厚层斑脱岩层（8层），厚10cm

（h）LM6中部黏土质硅质混合页岩，中上段覆盖严重

(i) 埃隆阶上部灰绿色黏土质页岩　　　　　　　(j) 龙马溪组与罗惹坪组界限

图 4-12　鹤峰官屋五峰组—龙马溪组重点层段露头照片

8 层为埃隆阶半耙笔石带厚层斑脱岩（斑脱岩密集段⑤），厚 0.1m（图 4-12g）。GR 幅度值为 308cps。

9 层为龙马溪组，厚 1.16m，黏土质页岩，夹 1 层 2cm 厚斑脱岩。GR 幅度值显著下降，一般为 143～173cps。

10 层为龙马溪组，厚 9.12m，黏土质硅质混合页岩（图 4-12h），中上段覆盖严重。GR 响应为中等幅度值，一般为 158～190cps。

11 层为龙马溪组，厚 3.19m，中厚层状黏土质硅质混合页岩，灰黑色，笔石丰富，见半耙笔石。GR 响应为中高幅度值，一般为 179～215cps。

12 层为龙马溪组，厚 18.4m，下部岩性与 11 层相同，中部覆盖严重，上部为灰色、灰绿色黏土质页岩（图 4-12i），表面呈竹叶状风化。GR 幅度值由 188API 下降至 130cps。

13 层为龙马溪组，厚 4.5m，灰绿色黏土质页岩（图 4-12i）。GR 响应为中低幅度值，一般为 134～151cps。

14 层为龙马溪组，厚 5.9m，灰绿色黏土质页岩。GR 响应为中低幅度值，一般为 135～153cps。

15 层为龙马溪组，厚 4.5m，灰绿色黏土质页岩。GR 响应为中低幅度值，一般为 140～165cps。

16 层为罗惹坪组，粉砂岩与页岩互层（图 4-12j）。GR 响应为中低幅度值，一般为 129～152cps。

从岩相和 GR 响应特征看，五峰组（1—5 层）主体为浅水相沉积，笔石少；鲁丹阶和埃隆阶底部（6—11 层）为半深水陆棚相，笔石丰富；埃隆阶中部和上部（12 层及以浅）为浅水相，笔石少。富有机质页岩主要为第 6 层至第 10 层底部，厚 5～6m。

第四节　巴东思阳桥剖面

巴东思阳桥五峰组—龙马溪组剖面位于湖北省巴东县绿葱坡镇思阳桥村，沿国道 209 自巴东县城向南 40km 到三尖关（观）岔口，改走乡村路下至思阳桥村的古桥边即到剖面点。海拔 630m，地层底界清晰，出露厚度超过 160m，产状 5°∠20°，剖面风化严重（图 4-13）。

一、基本地质特征

在巴东思阳桥地区，五峰组和龙马溪组之间缺失赫南特阶 *Normalograptus extraordinarius*、

Normalograptus persculptus 2 个笔石带（图 4-14—图 4-16），自下而上仅见凯迪阶、鲁丹阶和埃隆阶笔石页岩地层。依据笔石和 GR 曲线分层，五峰组厚 7.4m，鲁丹阶厚 3.75m，埃隆阶厚度在 140m 以上，现分小层描述如下（图 4-14，表 4-2）。

图 4-13 巴东思阳桥五峰组—鲁丹阶剖面全景

表 4-2 巴东思阳桥五峰组—龙马溪组地球化学和岩矿参数

小层	距底（m）	地球化学与元素数据							岩石矿物百分含量（%）			
		TOC（%）	S/C	干酪根 $\delta^{13}C$（‰）	P_2O_5/TiO_2	Mo（μg/g）	Ba（μg/g）	Ni/Co	石英	钾长石	斜长石	黏土矿物
4	9.2	3.07	0.01	−28.2	0.04	12.90	1535	8.70	62.7	1.8	7.3	28.2
8	26.5	1.41	0.01	−28.8	0.10	10.10	2135	4.49	41.2	1.1	6.6	51.1
17	66.0	0.15	0.29	−28.2	0.22	1.47	1241	3.19	48.1	0.5	10.3	41.1
20	74.0	1.84	0.01	−29.2	0.08	6.13	1852	13.51	38.3	0.7	6.6	54.4
24	86.1	0.42	0.02	−27.7	0.12	2.71	1714	10.98	28.0	0.7	4.9	66.4
27	146.3	0.08	0.05	−29.1	0.20	3.07	609	2.73	43.7	0.5	11.6	44.2

宝塔组为灰白色泥灰岩，中厚层状（图 4-16a），GR 值为 85cps。

1 层为五峰组，厚 2.3m，与宝塔组整合接触，碳质页岩为主，表面风化为土黄色（图 4-16b）。GR 响应为中等幅度值，一般为 143～169cps。

2 层为五峰组，厚 2.4m，薄层状硅质页岩（图 4-16c），表面风化为土黄色。GR 响应为低幅度值，一般为 119～144cps。

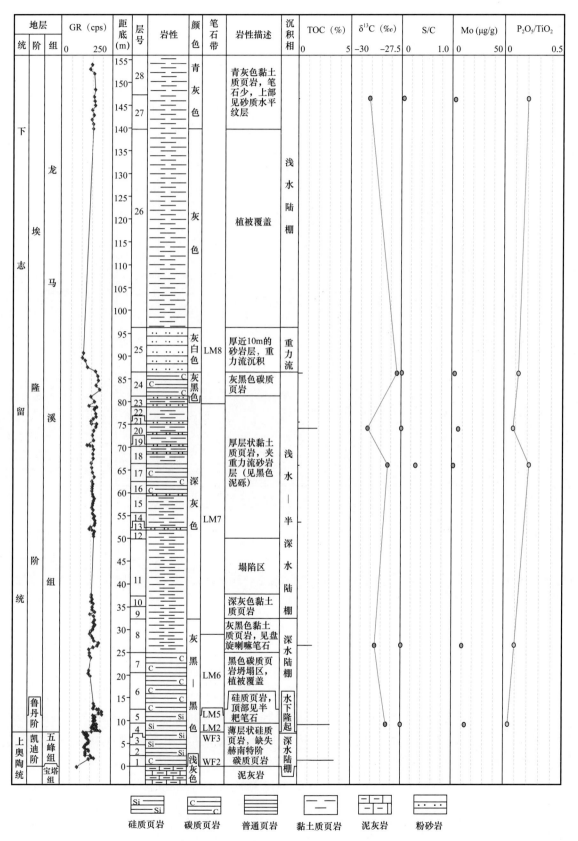

图 4-14 巴东思阳桥五峰组—鲁丹阶综合柱状图

硅质页岩   碳质页岩   普通页岩   黏土质页岩   泥灰岩   粉砂岩

3层为五峰组，厚1.7m，薄层状硅质页岩（图4-16c）。GR响应为低幅度值，一般为130～147cps。

4层厚3.1m，薄层状硅质页岩（图4-16d），顶部见冠笔石。下部1m为低幅度GR响应，幅度值一般为117～139cps。上部2.1m为中高幅度GR响应，幅度值一般为156～200cps。因上、下段GR幅度平均值相差44cps（GR值出现小幅度跳跃，但未出现赫南特阶高幅度差峰值响应），因此将下部1m定为凯迪阶，上部2.1m划为鲁丹阶（图4-15）。该层TOC为3.07%，主要矿物质量百分含量为石英62.7%、钾长石1.8%、斜长石7.3%、黏土矿物28.2%（图4-14，表4-2）。

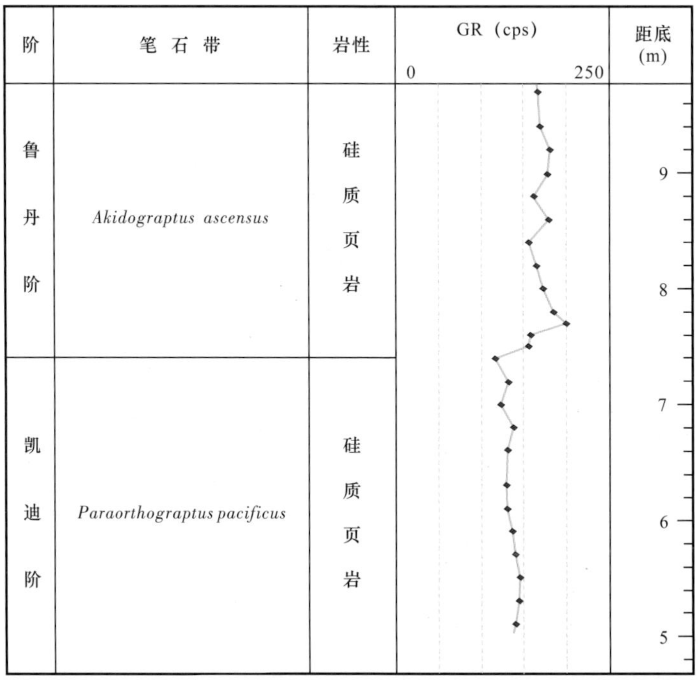

阶	笔 石 带	岩性	GR (cps) 0 250	距底 (m)
鲁丹阶	*Akidograptus ascensus*	硅质页岩		9 8
凯迪阶	*Paraorthograptus pacificus*	硅质页岩		7 6 5

图4-15 巴东思阳桥五峰组与龙马溪组界限附近GR响应图

5层厚3.0m，中下段为黑色薄—中层状硅质页岩，笔石丰富，见冠笔石。顶部50cm为碳质页岩，表面风化为褐灰色（图4-16e），见半耙笔石。因下部1.65m为中等幅度GR响应（165～175cps），上部1.35m为中高幅度GR响应（192～207cps），上、下段幅度差32cps，因此将下段划为鲁丹阶，上段划为埃隆阶。

6层厚8m，埃隆阶*Demirastrites triangulatus*笔石带，黑色碳质页岩（图4-16e），植被覆盖严重。GR响应为中等幅度值，一般为140～185cps。

7层厚4.5m，黑色碳质页岩，坍塌严重。GR响应为中低幅度值，一般为144～156cps。

8层厚7.3m，灰黑色黏土质页岩，顶部见*Lituigrapatus convolutus*笔石。镜下纹层发育，亮色颗粒主要为石英，其次为少量黄铁矿，石英颗粒粒径介于15～25μm，大多18μm，磨圆度为次圆（图4-17a、b）。GR出现中高幅度响应值，一般为143～190cps。该层TOC为1.41%，矿物组成为石英41.2%、钾长石1.1%、斜长石6.6%、黏土矿物51.1%（图4-14，表4-2）。

9层厚2.8m，灰黑色黏土质页岩（图4-16f）。GR响应为中等幅度值，一般为149～170cps。

10层厚2.4m，深灰色黏土质页岩。GR响应为中等幅度值，一般为151～163cps。

11层厚12.4m，坍塌区。

12层厚2.0m，厚层状黏土质页岩。GR响应为中等幅度值，一般为155～168cps。

(a) 宝塔组，中厚层状泥灰岩，灰白色

(b) 五峰组底界，与下伏泥灰岩整合接触

(c) 五峰组中段，薄层状硅质页岩

(d) 五峰组上段—鲁丹阶下段，薄层状硅质页岩

(e) 鲁丹阶上段—埃隆阶底部，黑色碳质页岩

(f) 埃隆阶下部，黏土质页岩

(g) 埃隆阶中下部，黏土质页岩与泥质粉砂岩层（19层）

(h) 埃隆阶中部，重力流粉砂岩，见大量泥砾（箭头所指）

(i) 埃隆阶中部（25层），厚砂岩层　　　　　　　　(j) 埃隆阶上部（27层），青灰色黏土质页岩

图 4-16　巴东思阳桥五峰组—龙马溪组重点层段露头照片

13 层厚 0.45m，泥质砂岩层，为重力流沉积。GR 响应为低幅度值，一般为 143～149cps。

14 层厚 3.3m，厚层状黏土质页岩。GR 响应为中等幅度值，一般为 158～172cps。

15 层厚 4.2m，厚层状黏土质页岩，顶部见厚 10～20cm 砂岩。GR 响应为中等幅度值，一般为 156～169cps。

16—17 层厚 7.6m，厚层状碳质页岩。镜下纹层不发育，石英颗粒粒径主要为 20～40μm，局部粒度稍粗（30～55μm），磨圆度为次圆（图 4-17c、d）。GR 响应为中等幅度值，一般为 151～162cps。该层 TOC 为 0.15%，矿物组成为石英 48.1%、钾长石 0.5%、斜长石 10.3%、黏土矿物 41.1%（图 4-14，表 4-2）。

18 层厚 3.7m，黏土质页岩夹粉砂岩薄层（单层厚 5～10cm）。GR 响应为中等幅度值，一般为 157～163cps。

19 层砂岩层，厚 20～55cm，中间见透镜体（图 4-16g）。GR 响应为低幅度值，一般为 131～143cps。

20 层厚 4.57m，黏土质页岩夹粉砂岩薄层。镜下纹层欠发育，石英颗粒粒径主要为 15～25μm，磨圆度为次圆（图 4-17e、f）。GR 响应为中等幅度值，一般为 157～175cps。该层 TOC 为 1.84%，矿物组成为石英 38.3%、钾长石 0.7%、斜长石 6.6%、黏土矿物 54.4%（图 4-14，表 4-2）。

21 层厚 0.6m，重力流砂岩层，见黑色泥砾（图 4-16h）。GR 值为 150cps。

22 层厚 3.3m，块状黏土质页岩。GR 响应为中等幅度值，一般为 159～179cps。

23 层厚 2.3m，顶、底两层为厚层砂岩（单层厚 50～80cm），中间为黏土质页岩，见具刺笔石。GR 值为 140～167cps。

24 层厚 5.27m，下部为深灰色黏土质页岩，上部为灰黑色碳质页岩。GR 响应为中高幅度值，一般为 172～192cps。该层 TOC 为 0.42%，矿物组成为石英 28.0%、钾长石 0.7%、斜长石 4.9%、黏土矿物 66.4%（图 4-14，表 4-2）。

25 层厚 9.8m，重力流砂岩层（图 4-16i），与焦页 1 井可对比。GR 值为 106～132cps。

26 层厚 42.5m，植被覆盖。

27—28 层厚 14.0m，青灰色黏土质页岩（图 4-16j），笔石少，上部见砂质水平纹层。镜下纹层发育，单层厚 200～500μm，纹层中石英颗粒粒径主要为 30～50μm（图 4-17g、h）。GR 值为 142～166cps，TOC 为 0.08%，矿物组成为石英 43.7%、钾长石 0.5%、斜长石 11.6%、黏土矿物 44.2%（图 4-14，表 4-2）。

从露头岩性观察和 GR 响应特征看，深水陆棚相页岩主要位于 1—10 层，厚 30～40m。

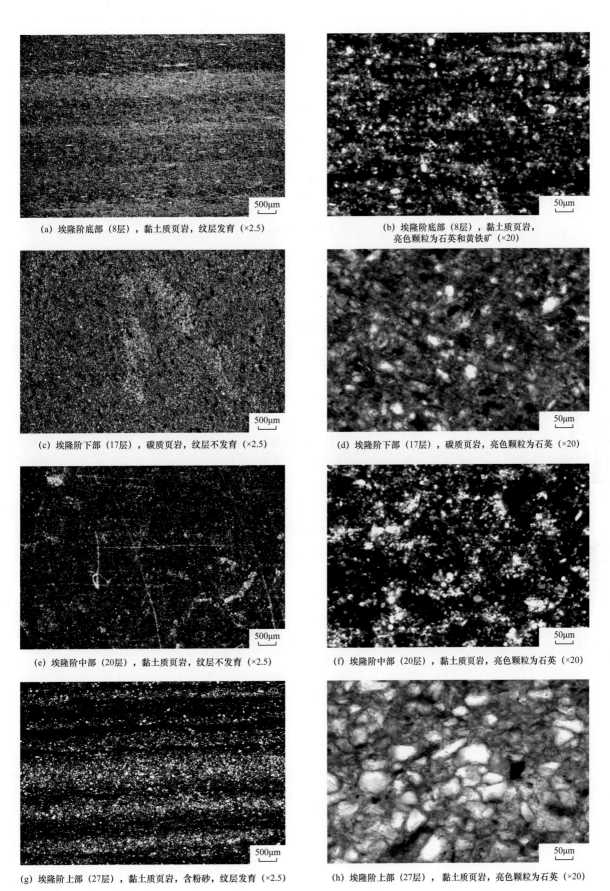

(a) 埃隆阶底部（8层），黏土质页岩，纹层发育（×2.5）

(b) 埃隆阶底部（8层），黏土质页岩，
亮色颗粒为石英和黄铁矿（×20）

(c) 埃隆阶下部（17层），碳质页岩，纹层不发育（×2.5）

(d) 埃隆阶下部（17层），碳质页岩，亮色颗粒为石英（×20）

(e) 埃隆阶中部（20层），黏土质页岩，纹层不发育（×2.5）

(f) 埃隆阶中部（20层），黏土质页岩，亮色颗粒为石英（×20）

(g) 埃隆阶上部（27层），黏土质页岩，含粉砂，纹层发育（×2.5）

(h) 埃隆阶上部（27层），黏土质页岩，亮色颗粒为石英（×20）

图 4-17 巴东思阳桥龙马溪组岩石薄片

二、地球化学特征

由于巴东思阳桥剖面风化较严重，仅采集 9 块新鲜样品开展有机地球化学和元素地球化学分析（图 4-14，表 4-2），现重点对该剖面 TOC、干酪根碳同位素、S/C 比值、Mo 含量和 P_2O_5/TiO_2 等指标进行描述。

五峰组—鲁丹阶 TOC 值较高，一般为 3.0%～3.4%；埃隆阶下部 20m（6—8 层）TOC 值介于 1.0%～2.0%，埃隆阶中部和上部（9 层及以浅）TOC 值普遍低于 1.0%。这说明，TOC>1% 页岩段主要位于 1—8 层，厚 30～32m；五峰组—埃隆阶底部为 TOC>2% 页岩集中段，厚度为 13～15m，其中优质页岩段（页岩气主力产层）为五峰组—鲁丹阶，厚 12.5m。

鲁丹阶—埃隆阶下部页岩段干酪根碳同位素总体偏重，$\delta^{13}C$ 值普遍介于 -28.8‰～-28.2‰，反映巴东海域在龙马溪组沉积早期受湘鄂西隆起影响较大，古水体较利川、秭归地区浅；在埃隆阶中部和上部，干酪根 $\delta^{13}C$ 值出现先偏轻后偏重特征（介于 -29.2‰～-27.7‰），反映古水体在龙马溪组沉积晚期出现先加深再变浅的变化趋势。

该剖面 S/C 比值普遍较低，在五峰组—埃隆阶上部一般为 0.01～0.29（平均 0.06），显示巴东海域在五峰组沉积期和龙马溪组沉积期始终处于低盐度、弱封闭状态，盐度和封闭性与保康、巫溪地区相近。

该剖面 Mo 含量呈现下部高、中部和上部低的显著特征，即在五峰组—埃隆阶底部高于 10μg/g，在埃隆阶中部和上部介于 1.47～6.13μg/g（平均 3.35μg/g），显示巴东海域在五峰组沉积期和龙马溪组沉积早期处于还原环境，在龙马溪组沉积中期和晚期处于氧化环境。

该剖面点 P_2O_5/TiO_2 比值总体介于 0.04～0.22（平均 0.13），显示巴东海域营养物质在五峰组沉积期和龙马溪组沉积期总体较丰富。

另据有机质激光拉曼检测资料，该剖面点五峰组—龙马溪组 D 峰和 G 峰峰间距、峰高比分别为 257.2～261.4cm^{-1} 和 0.65～0.72，在 G′ 峰位置（对应拉曼位移 2687.0cm^{-1}）呈斜坡状，未出现石墨峰（图 4-18），计算 R_o 值为 3.0%～3.3%，说明巴东龙马溪组热成熟度较高，但尚未出现有机质石墨化特征，热演化程度明显低于石柱和巫溪探区，处于有效生气窗内。

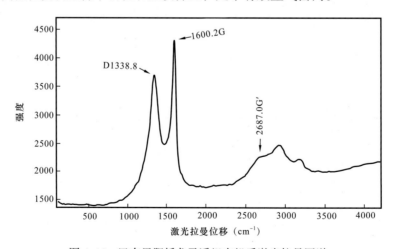

图 4-18 巴东思阳桥龙马溪组有机质激光拉曼图谱

第五章 鄂西北坳陷志留系页岩典型剖面地质特征

鄂西北坳陷是中扬子地区五峰组—龙马溪组的重要沉积区，也是页岩气有利勘探区，主要包括荆门以西、湘鄂西隆起龙马溪组缺失线以北的湖北省西北部地区（图 1-2、图 1-6），面积约为 $3 \times 10^4 \text{km}^2$。该区五峰组—龙马溪组黑色页岩主要在黄陵背斜周边出露，如远安嫘祖、保康歇马、神龙架松柏、秭归新滩、兴山麦仓村、南漳李庙和宜昌王家湾等，本书作者对秭归新滩、保康歇马和神龙架松柏进行了详测（图 1-2），现重点对这三个剖面进行详细描述。

第一节 秭归新滩剖面

秭归新滩五峰组—龙马溪组剖面位于湖北省宜昌市秭归县屈原镇长江村，剖面长度为 145.4m，地层沿乡村公路自南向北展布，厚度超过 80m，产状 268°∠37°，其中五峰组—埃隆阶下部黑色页岩段全部出露，厚度超过 20m（图 5-1）。

图 5-1 秭归新滩五峰组—龙马溪组下部剖面图
O_3b—宝塔组；O_3w—五峰组；S_1rh—鲁丹阶；S_1er—埃隆阶

一、页岩地层特征

在秭归地区，五峰组—龙马溪组连续沉积，厚度超过 80m，笔石丰富且带化石齐全，自下而上见凯迪阶、赫南特阶、鲁丹阶和埃隆阶共 4 阶 11 个笔石带（图 5-2—图 5-4）。

1. 五峰组

厚 5.3m，底部为黑色碳质页岩，并与临湘—宝塔组整合接触（图 5-2a），中上部为黑色薄层状含放射虫硅质页岩夹斑脱岩层（图 5-2b、图 5-3f），顶部观音桥段为黑色含钙质硅质页岩，厚 0.18～0.2m，见赫南特介壳化石（图 5-2c、图 5-3c）。笔石丰富（图 5-3a、b），见 *Dicellograptus complexus*、*Paraorthograptus pacificus*、*Normalograptus extraordinarius* 等典型带化石。

（a）五峰组底部，碳质页岩

（b）五峰组中段，薄层状硅质页岩，夹斑脱岩薄层

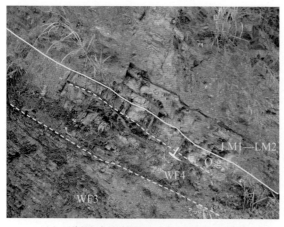

（c）五峰组与龙马溪组界限，5层为观音桥段介壳层

（d）龙马溪组第1—2个笔石带（LM1—LM2），薄层硅质页岩

（e）龙马溪组第3—4个笔石带（LM3—LM4），薄层硅质页岩

（f）龙马溪组第5个笔石带（LM5），中层状硅质页岩

(g) 龙马溪组第6个笔石带（LM6），碳质页岩，夹斑脱岩

(h) 龙马溪组第7个笔石带（LM7），灰绿、浅灰色黏土质页岩

(i) 龙马溪组第8个笔石带（LM8），灰、深灰色黏土质页岩

(j) 龙马溪组黏土质页岩与罗惹坪组砂泥岩互层界限

图 5-2　秭归新滩五峰组—龙马溪组重点层段露头照片

2. 鲁丹阶

厚 7.8m，岩相总体简单，下部为黑色薄层状含放射虫硅质页岩，向上渐变为灰黑色中层状含放射虫硅质页岩（图 5-2d、e、f，图 5-3g—i）。笔石丰富，见 *Normalograptus persculptus*、*Akidograptus ascensus*、*Parakidograptus acuminatus*、*Cystograptus vesiculosus*、*Coronograptus cyphus* 等典型带化石。

3. 埃隆阶

厚 61.7m，自下而上为硅质页岩、碳质页岩、黏土质页岩和黏土质页岩夹粉砂岩组合（图 5-2g—j，图 5-4）。底部 1.5m 为灰黑色厚层状硅质页岩，见半耙笔石带厚层斑脱岩（厚 10cm），下段为灰黑色厚层—块状碳质页岩、黏土质页岩，中段为灰绿色、灰色黏土质页岩，局部夹薄层粉砂岩，上段为深灰色块状黏土质页岩，见多层中层状粉砂岩层。下部化石丰富，中上部笔石较少，见 *Demirastrites triangularis*、*Lituigraptus convolutus*、*Stimulograptus sedgwickii* 等典型带笔石（图 5-3d、e）和放射虫（图 5-3j）。

（a）五峰组下部叉笔石和尖笔石

（b）五峰组下部复杂叉笔石

（c）观音桥段赫南特介壳

（d）埃隆阶LM7笔石带单笔石

（e）埃隆阶上部*Stimulograptus sedgwickii*笔石、耙笔石

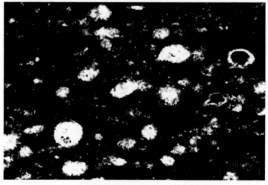

（f）五峰组中部硅质页岩，见大量放射虫

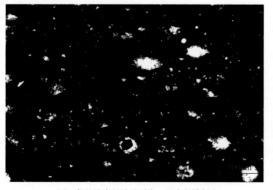

（g）鲁丹阶底部硅质页岩，见大量放射虫

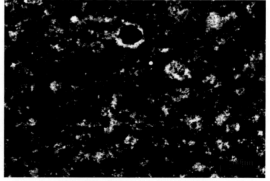

（h）鲁丹阶中部硅质页岩，见大量放射虫

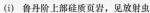

图 5-3　秭归新滩五峰组—龙马溪组古生物化石

二、电性特征

秭归地区五峰组—龙马溪组 GR 值普遍较高（150～650cps），并呈双峰响应特征（图 5-4）：凯迪阶 GR 幅度值相对较低，一般为 120～200cps；在 5 层与 6 层界限处出现赫南特阶 GR 峰（在观音桥段顶部—*Normalograptus persculptus* 笔石带出现第 1 个 GR 峰）（图 5-4、图 5-5），峰值 500～650cps（相当于凯迪阶 GR 值的 2～5 倍），峰宽（以顶、底半幅点计）0.5m，在中上扬子坳陷区广泛存在并可区域对比；鲁丹阶（*Akidograptus ascensus*—*Coronograptus cyphus* 笔石带）GR 幅度值总体较凯迪阶高，且基本稳定，一般介于 200～250cps；埃隆阶底部出现第 2 个 GR 峰（14 层顶界—半耙笔石带厚层斑脱岩）平台，峰值达 350～400cps，在川中—川东北—中扬子北部普遍存在，是识别埃隆阶底界的重要标志；埃隆阶中上部 GR 幅度值相对较低，且保持稳定，一般在 150cps 左右。

三、有机地球化学特征

该剖面点凯迪阶—埃隆阶底部为连续深水沉积的富有机质页岩段，干酪根类型为 I—II₁ 型，热成熟度较高。

1. 有机质类型

秭归新滩五峰组—龙马溪组下部 20m 黑色页岩段干酪根 $\delta^{13}C$ 值普遍介于 –30.5‰～–29.0‰，仅在赫南特阶偏重（介于 –29.0‰～–28.7‰），在龙马溪组中上部为 –30.0‰～–29.3‰（图 5-4）。另据干酪根显微组分检测资料（表 5-1），五峰组—龙马溪组壳质组无定形体占 92%～93%。这表明，秭归地区五峰组—龙马溪组有机质类型属 I—II₁ 型。

2. 有机质丰度

五峰组—龙马溪组下段 20m 黑色页岩段 TOC 值一般为 1.3%～5.8%，平均 2.6%（43 个样品）（图 5-4），且自下而上总体呈递减趋势。下部 12m（五峰组—鲁丹阶）为 TOC＞2% 的富有机质页岩集中段，TOC 值一般为 1.5%～5.8%，平均 2.9%（33 个样品），峰值出现在龙马溪组第 1 个笔石带（6 层，赫南特阶上部）（图 5-4）；埃隆阶底部 6 m 有机质含量有所降低，一般为 1.3%～2.3%，平均 1.8%（8 个样品）；埃隆阶下部及以上（距底 18m 以上）为贫有机质页岩段，TOC 值一般为 0.1%～1.4%，平均 0.5%（25 个样品）。从有机质丰度分析结果看，秭归新滩五峰组—龙马溪组 TOC＞2% 富有机质页岩段总厚度为 13～14m。

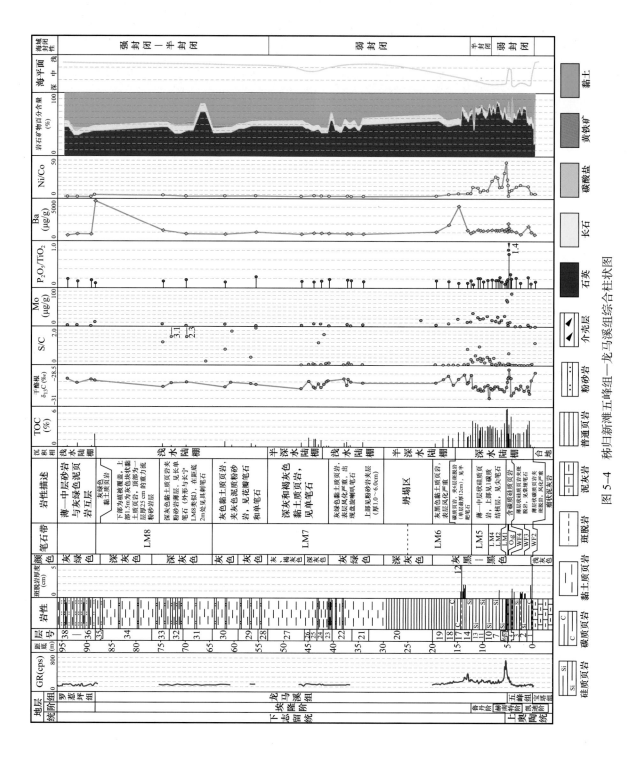

图 5-4　秭归新滩五峰组—龙马溪组综合柱状图

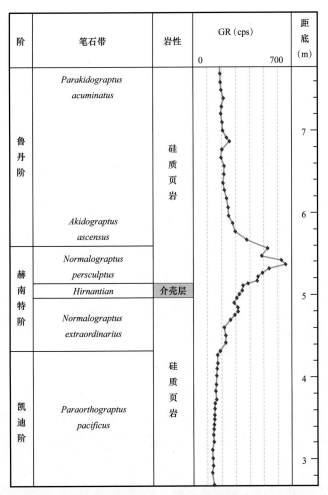

图 5-5　秭归新滩五峰组与龙马溪组界限附近 GR 响应图

表 5-1　秭归新滩五峰组—龙马溪组黑色页岩干酪根显微组分表

样品序号	层位	腐泥组			壳质组						镜质组			惰性组	类型系数	有机质类
		藻类体	无定形体	小计	角质体	木栓质体	树脂体	孢粉体	腐殖无定形体	壳质碎屑体	小计	正常镜质体	富氢镜质体	小计			
1	五峰组			0					92		92	6		6	2	40	II$_1$
2	五峰组			0					92		92	6		6	2	40	II$_1$
3	龙马溪组			0					93		93	4		4	3	41	II$_1$

3. 热成熟度

根据有机质激光拉曼谱显示，秭归五峰组—龙马溪组 D 峰与 G 峰峰间距和峰高比分别为 257.1 和 0.78，在 G′ 峰位置（对应拉曼位移 2652.0cm^{-1}）呈下倾斜坡状（尚未成峰）（图 5-6），计算的拉曼 R_o 为 2.5%～2.7%，说明该区龙马溪组热成熟度与威远气田相近，尚未进入有机质炭化阶段，处于有效生气窗内。

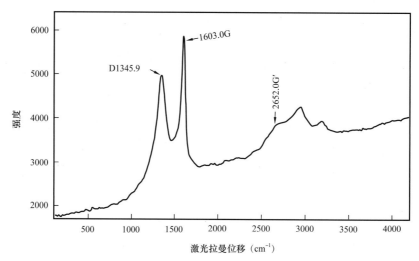

图 5-6 秭归新滩龙马溪组有机质激光拉曼图谱

四、沉积特征

1. 岩相与岩石学特征

秭归五峰组—埃隆阶底部主要为含放射虫硅质页岩，纹层总体较少（不发育或欠发育，仅在局部层段见纹层），埃隆阶下部及以上（17层以浅）由碳质页岩、黏土质页岩逐渐过渡到黏土质页岩夹薄—中层状粉砂岩层，岩性纵向变化大，纹层总体较发育（图5-2—图5-4、图5-7）。自下而上分层描述如下。

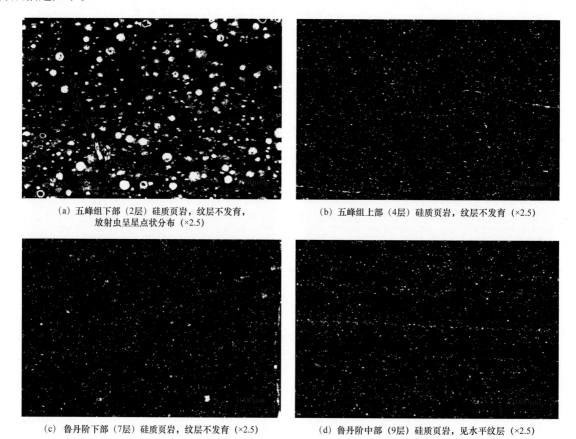

（a）五峰组下部（2层）硅质页岩，纹层不发育，放射虫呈星点状分布（×2.5）

（b）五峰组上部（4层）硅质页岩，纹层不发育（×2.5）

（c）鲁丹阶下部（7层）硅质页岩，纹层不发育（×2.5）

（d）鲁丹阶中部（9层）硅质页岩，见水平纹层（×2.5）

(e) 鲁丹阶上部（13层）硅质页岩，见水平纹层（×2.5）　　　　（f）埃隆阶底部（17层）碳质页岩，见水平纹层（×2.0）

(g) 埃隆阶中部（24层）黏土质页岩，纹层发育（×2.5）　　　　（h）埃隆阶上部（32层）黏土质页岩，纹层发育（×2.5）

图 5-7　秭归新滩五峰组—龙马溪组重点层段岩石薄片

宝塔组为瘤状灰岩，浅灰色。

1层（WF1—WF2）厚1.3m，产状2°∠37°，以黑色碳质页岩为主，染手，薄层状，部分风化为土黄色，夹斑脱岩层，其中下段厚60cm，表层风化严重，夹2层斑脱岩，其中底层斑脱岩厚5cm，呈浅灰色；上段厚70cm，黑色碳质页岩，夹1层斑脱岩（厚1cm）。黑色页岩段TOC为0.4%～4.01%，GR值为153～167cps，矿物组成为石英44.6%～53.8%、长石8.4%～10.8%、黏土矿物36.1%～47.0%（图5-4）。

2层厚1.5m，下段50cm为薄层碳质页岩与硅质页岩互层，夹2层斑脱岩（单层厚0.5～1.0cm），上段为薄层硅质页岩，夹4层斑脱岩（单层厚0.5～1.0cm）。镜下纹层不发育，见大量放射虫呈星点状分布（图5-7a）。TOC为2.1%～2.7%，GR值为137～154cps，矿物组成为石英65.8%～71.3%、长石3.3%～5.1%、黏土矿物20.6%～29.1%（图5-4）。

3层厚1.6m，薄层硅质页岩（单层厚4～8cm），夹2层斑脱岩（单层厚1.0～1.5cm），见棠垭笔石。TOC为2.0%～2.2%，GR值为132～188cps，矿物组成为石英59.5%～75.4%、长石2.8%～4.6%、黏土矿物21.8%～35.9%（图5-4）。

4层厚60cm，中层状硅质页岩夹碳质页岩，为赫南特阶早期沉积（WF4），GR出现大幅度上升（超过300cps），TOC为1.3%～4.6%，GR值为214～314cps，矿物组成为石英53.8%～61.9%、长石1.2%～8.1%、黏土矿物6.1%～35.9%（图5-4）。镜下纹层不发育，显均质层理（图5-7b）。

5层（观音桥段介壳层）厚15～18cm，主要为硅质页岩，部分含钙质（滴HCl起泡），见赫南特贝，纹层不发育，GR出现321～385cps的高值（为赫南特阶GR峰底部）（图5-5），TOC为0.38%～2.07%，矿物组成为石英58.1%～59.1%、长石5.3%～8.7%、方解石0～23.1%、黏土矿物

12.6%～32.2%（图 5-4）。

6 层厚 20cm，主要为硅质页岩，含碳质，纹层不发育，见 *Normalograptus persculptus* 笔石。GR 出现 450～653cps 的峰值（赫南特阶 GR 峰主体）（图 5-5），TOC 为 5.7%-5.8%，矿物组成为石英 59.6%～70.0%、长石 8.0%～9.3%、黏土矿物 22.0%～31.1%（图 5-4）。

7 层厚 1.6m，薄层状硅质页岩，夹 1 层斑脱岩（厚 1.0～1.5cm），纹层不发育，显均质层理（图 5-7c），见 *Akidograptus ascensus* 笔石。TOC 为 1.5%～3.6%，GR 值为 198～528cps，矿物组成为石英 66.8%～84.7%、长石 3.2%～6.6%、黏土矿物 12.1%～26.6%（图 5-4）。

8 层厚 1.15m，薄层状硅质页岩，见水平细纹层，可能为 *Parakidograptus acuminatus* 笔石带，TOC 为 2.6%～3.2%，GR 值为 188～219cps，矿物组成为石英 66.1%～75.7%、长石 5.5%～8.0%、黏土矿物 18.8%～24.0%（图 5-4）。

9 层厚 0.95m，薄层状硅质页岩，可能为 *Cystograptus vesiculosus* 笔石带，局部见水平细纹层（图 5-7d），TOC 为 2.8%～3.3%，GR 值为 183～237cps，矿物组成为石英 60.8%～77.7%、长石 5.8%～11.3%、黏土矿物 16.5%～25.5%（图 5-4）。

10 层厚 0.8m，薄层状硅质页岩，可能为 *Coronograptus cyphus* 笔石带，纹层欠发育，见大量放射虫呈星点状分布。TOC 为 2.5%～3.2%，GR 值为 206～218cps，矿物组成为石英 65.4%～77.1%、长石 4.9%～9.7%、黏土矿物 18.0%～21.1%（图 5-4）。

11 层厚 0.77～0.88m，中层状硅质页岩，镜下见水平纹层，TOC 为 3.0%～3.1%，GR 值为 216～256cps，矿物组成为石英 66.4%～68.8%、长石 8.6%～9.9%、黄铁矿 1.7%～3.8%、黏土矿物 18.8%～22.0%（图 5-4）。

12 层厚 0.15～0.35m，结核层，结核体长轴 0.5m、短轴 0.3m，核部含碳质为主，核外部为硅质页岩。镜下见水平纹层，TOC 为 1.3%～2.5%，GR 值为 188～201cps，矿物组成为石英 36.3%～70.8%、长石 7.6%～11.6%、黄铁矿 0～2.9%、黏土矿物 18.7%～38.8%（图 5-4）。

13 层位于鲁丹阶顶部，厚 1.35m，为中层状硅质页岩，见水平细纹层（图 5-7e）。TOC 为 3.5%～4.0%，GR 值为 211～256cps，矿物组成为石英 55.5%～68.1%、长石 6.2%～8.7%、黄铁矿 1.2%～5.5%、黏土矿物 22.7%～34.6%（图 5-4）。

14 层（*Demirastrites triangulatus* 带底部）厚 0.8m，见半耙笔石。薄层状硅质页岩，见厚 10cm 的结核层。局部见水平细纹层。TOC 为 1.7%～1.9%，GR 值为 235～368cps，矿物组成为石英 60.1%～63.8%、长石 10.7%～11.1%、黄铁矿 0～1.5%、黏土矿物 25.5%～27.3%（图 5-4）。

15 层厚 0.18m，硅质页岩层，见水平纹层，TOC 为 1.5%，GR 值为 276～298cps，矿物组成为石英 72.1%、长石 6.9%、黄铁矿 3.7%、黏土矿物 17.3%（图 5-4）。

16 层厚 2.1m，与 13—15 层重复。

17 层厚 1.95m，灰黑色碳质页岩，夹 6 层斑脱岩（单层厚 1.0～12.0cm），其中距底 70cm 处为半耙笔石带厚层斑脱岩，厚 10.0～12.0cm，可与长宁、綦江剖面对比，标志着秭归地区已进入前陆挠曲发展期。页岩纹层发育，单层厚 0.5mm（图 5-7f）。TOC 为 2.2%～2.3%，GR 值为 203～306cps，矿物组成为石英 48.9%～51.0%、长石 10.0%～10.1%、方解石 0～4.2%、黏土矿物 34.8%～41.0%（图 5-4）。

18 层厚 2.0m，灰黑色黏土质页岩，纹层发育，表层风化严重。TOC 为 1.4%～1.7%，GR 值为 173～221cps，矿物组成为石英 46.0%～47.5%、长石 8.7%～10.2%、黏土矿物 42.3%～45.3%（图 5-4）。

19 层厚 2.58m，灰黑色黏土质页岩，纹层发育，表层风化严重。TOC 为 0.5%～1.3%，GR 值为 151～188cps，矿物组成为石英 44.2%～56.2%、长石 7.4%～10.9%、方解石 0～3.4%、黏土矿物 32.9%～45.0%（图 5-4）。

20 层坍塌区，无法测量。仅采 1 个样品，TOC 为 0.7%，主要矿物含量为石英 50.4%、长石 10.9%、黏土矿物 38.7%（图 5-4）。

21 层厚 3.4m，灰绿色黏土质页岩，纹层发育，表层风化严重，出现盘旋喇叭笔石，为龙马溪组第 7 个笔石带（*Lituigrapatus convolutus* 带）。TOC 为 0.2%～0.8%，GR 值为 146～156cps，矿物组成为石英 41.2%～46.9%、长石 6.9%～10.2%、黏土矿物 42.9%～51.9%（图 5-4）。

22 层厚 3.9m，灰绿色黏土质页岩，见粉砂岩夹层（厚 1.0～6.0cm）。TOC 为 0.1%～0.6%，GR 值为 146cps，矿物组成为石英 38.0%～48.4%、长石 8.8%～10.5%、黏土矿物 41.1%～53.2%（图 5-4）。

23 层厚 1.75m，下段 90cm 为灰绿色黏土质页岩与浅灰色粉砂岩互层，反映水体较浅；上段 85cm 为灰—深灰色黏土质页岩，反映水体变深。TOC 为 0.1%～1.0%，GR 值为 142～165cps，矿物组成为石英 37.1%～56.5%、长石 7.7%～11.6%、黏土矿物 30.3%～54.5%（图 5-4）。

24 层厚 1.2m，深灰色黏土质页岩，见较多单笔石，顶部见 1 薄层粉砂岩（厚 1.0～2.0cm），纹层发育（图 5-7g）。TOC 为 1.1%～1.2%，GR 值为 159～160cps，矿物组成为石英 40.2%～42.3%、长石 7.7%～8.6%、黏土矿物 50.0%～51.2%（图 5-4）。

25 层厚 1.54m，深灰色黏土质页岩，纹层发育，见单笔石。TOC 为 1.4%，GR 值为 129～169cps，矿物组成为石英 43.9%、长石 9.1%、黏土矿物 47%（图 5-4）。

26 层厚 1.12m，深灰色黏土质页岩，见单笔石。镜下见波状纹层。TOC 为 0.7%，GR 值为 156～158cps，矿物组成为石英 47.9%、长石 9.2%、黏土矿物 42.9%（图 5-4）。

27 层灰、褐灰色黏土质页岩，见较多单笔石，植被覆盖严重。

28 层厚 1.9m，浅灰、灰色黏土质页岩，夹灰色泥质粉砂岩，见花瓣笔石和单笔石。TOC 为 0.3%～0.5%，GR 值为 157～165cps，矿物组成为石英 43.7%～47.7%、长石 8.4%～8.7%、黄铁矿 0～1.7%、黏土矿物 41.9%～47.9%（图 5-4）。

29 层厚 4.1m，灰色黏土质页岩夹粉砂岩薄层，见花瓣笔石和单笔石。TOC 为 0.3%，GR 值为 157～165cps，矿物组成为石英 37.3%、长石 9.2%、黄铁矿 1.3%、黏土矿物 52.2%（图 5-4）。

30 层厚 5.35m，灰色黏土质页岩夹粉砂岩薄层，见花瓣笔石和单笔石，TOC 为 0.7%，GR 值为 143～159cps，矿物组成为石英 36.8%、长石 8.1%、黄铁矿 3.7%、黏土矿物 51.4%（图 5-4）。镜下见波状纹层。

31 层为深灰色黏土质页岩夹粉砂岩薄层，在距底 2m 处见具刺笔石。TOC 为 0.3%，GR 值为 140～162cps，矿物组成为石英 40.7%、长石 7.7%、方解石 3.4%、黄铁矿 2.5%、黏土矿物 45.7%（图 5-4）。

32 层厚 2.85m，薄—中层状粉砂岩与黏土质页岩互层，纹层发育（图 5-7h）。TOC 为 0.2%，GR 值为 131～153cps，矿物组成为石英 36.0%、长石 11.8%、方解石 2.7%、黏土矿物 49.5%（图 5-4）。

33 层为深灰色块状黏土质页岩夹粉砂岩薄层，顶部见厚 20cm 砂岩层。TOC 为 0.5%，GR 值为 141～150cps，矿物组成为石英 46.5%、长石 8.0%、黄铁矿 2.2%、黏土矿物 43.3%（图 5-4）。

34 层下部为植被覆盖，上部 1.5m 为灰色块状黏土质页岩，顶部为一层厚 25cm 的重力流粉砂岩层。TOC 为 1.9%，GR 值为 133～181cps，矿物组成为石英 40.3%、长石 8.4%、黏土矿物 51.3%（图 5-4）。

35 层（龙马溪组顶部）厚 1.05m，灰绿色黏土质页岩。TOC 为 0.2%，GR 值为 159cps，矿物组成为石英 37.2%、长石 8.4%、黏土矿物 54.4%（图 5-4）。

36—38 层（罗惹坪组）为薄—中层砂岩与灰绿色泥页岩互层，GR 值为 113～165cps。在泥页岩段，TOC 为 0.1%～0.5%，矿物组成为石英 33.2%～46%、长石 8.2%～10%、黏土矿物 44%～54.3%（图 5-4）。

2. 海平面

根据新滩剖面干酪根 $\delta^{13}C$ 资料（图 5-4），在凯迪间冰期，秭归海域海平面处于高位，$\delta^{13}C$ 值为 −30.3‰～−29.4‰；在赫南特冰期，随着海平面快速下降，$\delta^{13}C$ 值发生大幅度正漂移并介于 −29.3‰～−28.7‰；在鲁丹期，随着气候变暖，海平面大幅度飙升至高水位，$\delta^{13}C$ 值再次发生负漂移，一般为 −30.5‰～−29.7‰；进入埃隆期，海平面下降至中等—低水位，$\delta^{13}C$ 值基本保持正漂移和小幅度波动，普遍介于 −29.9‰～−29.1‰。可见，在五峰组沉积期—埃隆早期，秭归海域始终处于有利于有机质保存的中—高水位状态。

3. 海域封闭性与古地理

秭归地区在五峰组—龙马溪组沉积期处于中扬子北部坳陷的南部缓坡区（图 1-6），北邻秦岭海槽，海域封闭性总体较弱。根据古海洋研究成果，可以利用 S/C 比值来反映海盆水体的盐度和封闭性（Berner R A，1983；王清晨等，2008），进而判断古地理环境。在秭归新滩地区，S/C 值在凯迪阶—埃隆阶中部普遍较低，在埃隆阶上部较高，具体表现为在五峰组—鲁丹阶中部，S/C 比值介于 0.01～0.20，反映古水体处于低盐度、弱封闭状态；在鲁丹阶上部，S/C 比值有所上升，一般介于 0.16～0.52（平均 0.35），显示古水体以正常盐度和半封闭状态为主；在埃隆阶下部，S/C 比值与五峰组相近，一般介于 0.02～0.14（仅在距底 42～43m 灰绿色页岩段出现 1.17、1.61 两个异常值，反映氧化环境）；在埃隆阶上部，S/C 比值普遍较高，大多介于 0.3～3.1（平均 1.08），显示古水体以高盐度、强封闭状态为主，局部为正常盐度和半封闭状态（图 5-4）。

另据微量元素资料显示（图 5-4、图 5-8），秭归海域在五峰组沉积期—埃隆期具有较高 Mo 含量，在五峰组—埃隆阶底部 Mo 值大多介于 8～86μg/g（与巫溪白鹿地区相当，略高于威远 W205 井区），显弱封闭—半封闭的缺氧环境。

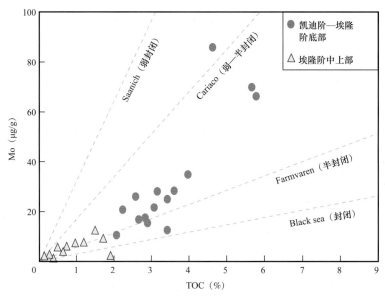

图 5-8　秭归新滩五峰组—龙马溪组 Mo 与 TOC 关系图版

这说明，秭归海域在五峰组沉积期—埃隆中期的较长时期内处于弱—半封闭陆棚环境。

4. 古生产力

在秭归地区，受海域封闭性弱和海水交换频繁等因素影响，古海洋 P、Ba 等营养物质含量丰富（图 5-4）。P_2O_5/TiO_2 比值在五峰组—鲁丹阶较高，一般为 0.1～1.43（平均 0.27），峰值出现在观音桥段，在埃隆阶受黏土含量高和沉积速度加快等因素影响略有降低，普遍介于 0.11～0.24（平均 0.15）。Ba 含量在五峰组、鲁丹阶和埃隆阶总体保持稳定，分别为 889～2153μg/g（平均 1413μg/g）、1153～1452μg/g（平均 1326μg/g）、827～4725μg/g（平均 1456μg/g，峰值出现在观音桥段、埃隆阶下部 17 层和埃隆阶顶部 34 层，平均水平与长宁、石柱等地区基本相当（表 5-2）。从 P_2O_5/TiO_2 比值和 Ba 含量变化趋势看，该海域古生产力在奥陶纪—志留纪之交普遍较高，峰值出现在赫南特冰期。

表 5-2　秭归新滩五峰组—龙马溪组页岩 Ba 含量对比　　　　　　　　　　　　单位：μg/g

序号	页岩段	N211	石柱漆辽	秭归新滩
1	埃隆阶	1496～2503/1947（32）	1887～2943/2410（30）	827～4725/1456（17）
2	鲁丹阶	1239～2054/1608（11）	1111～2173/1710（30）	1153～1452/1326（13）
3	五峰组	405～1092/892（5）	481～2480/990（22）	889～2153/1413（8）

注：表中数值区间表示为最小值～最大值/平均值，括号内为样品数。

5. 沉积速率

根据新滩剖面生物地层资料（表 5-3），秭归地区沉积速率在五峰组沉积期—鲁丹期（*Dicellograptus complexus—Coronograptus cyphus* 带沉积期）总体较小，为 0.55～4.06m/Ma（与巫溪五峰组沉积期—鲁丹期沉积速率相当），在埃隆早期（*Demirastrites triangulatus* 带沉积期）开始加快，为 13.5m/Ma，在埃隆中晚期达到 77.3m/Ma 高值。与上扬子地区相比，秭归地区沉积速率加快时间明显晚于川南—川东南地区（沉积速率加快期为鲁丹期 *Coronograptus cyphus* 带沉积期），但早于巫溪地区（沉积速率加快期为埃隆期 *Lituigrapatus convolutus* 带沉积期）。

表 5-3　秭归新滩五峰组—龙马溪组沉积速率统计表

统	阶	笔石带	沉积时间（Ma）	秭归新滩			巫溪白鹿		
				厚度（m）	沉积速率（m/Ma）	TOC（%）	厚度（m）	沉积速率（m/Ma）	TOC（%）
下志留统	特列奇阶	*Spirograptus guerichi*	0.36				>25	>100	0.2～1.0
	埃隆阶	*Stimulograptus sedgwickii*	0.27	55.64	77.30	0.1～1.4	7.20	26.67	1.2～2.6
		Lituigrapatus convolutus	0.45				11.36	25.24	2.5～3.1
		Demirastrites triangulatus	1.56	21	13.50	0.5～2.3	2.46	1.58	2.1～3.2

统	阶	笔石带	沉积时间（Ma）	秭归新滩 厚度（m）	沉积速率（m/Ma）	TOC（%）	巫溪白鹿 厚度（m）	沉积速率（m/Ma）	TOC（%）
下志留统	鲁丹阶	*Coronograptus cyphus*	0.80	3.25	4.06	2.5～4.0	27.77	7.59	1.7～5.1
		Cystograptus vesiculosus	0.90	2.03	1.11	2.6～3.3			
		Parakidograptus acuminatus	0.93						
		Akidograptus ascensus	0.43	1.53	3.56	1.5～3.6			
上奥陶统	赫南特阶	*Normalograptus persculptus*	0.60	0.33	0.55	5.6～5.8		2.37	
		Hirnantian	0.73	0.18	1.61	2.07	0.30		3
		Normalograptus extraordinarius					1.43		4.2～4.6
	凯迪阶	*Paraorthographtus pacificus*	1.86	4.96	1.61	2.0～4.6	6.57	2.67	8.02
		Dicellograptus complexus	0.60						

注：笔石带划分和沉积时间资料引自文献（邹才能等，2015；王玉满等，2017；樊隽轩等，2012）。

6. 氧化还原条件

在秭归新滩剖面点，Ni/Co 值与 TOC 相关性总体较好（图 5-4），是反映氧化还原条件的有效指标。Ni/Co 值在五峰组—鲁丹阶（厚 12.3m）为 6.3～42.5，平均 16.2（21 个样品）（图 5-4），在埃隆阶底部 6m 为 5.3～6.7，平均 6.1（4 个样品），在埃隆阶下部及以浅（距底 18m 以浅）为 2.8～4.9，平均 3.4（14 个样品），在罗惹坪组降至 2.9 以下。这说明，秭归海域在五峰组沉积期—鲁丹期主体为深水缺氧环境，在埃隆期以后随着海平面下降相继出现早期贫氧环境、中晚期富氧环境。

五、富有机质页岩发育模式

秭归地区在奥陶纪—志留纪之交处于鄂西北坳陷南部斜坡区，紧邻湘鄂西隆起，富有机质页岩发育于五峰组—埃隆阶底部（图 5-9），与宜昌分乡、黔北斜坡沉积模式相似（图 5-10），即富有机质页岩形成于缓慢沉降的古隆起斜坡区，海平面处于中高水位，上升洋流不活跃，水体较安静，但弱—半封闭环境确保古生产力保持较高水平，沉积速度长期缓慢（一般低于 15m/Ma），富有机质页岩沉积厚度介于 10～40m。

六、储集特征

与上扬子地区下志留统页岩储集空间类型相似，秭归及周边地区龙马溪组为基质孔隙（包括脆性矿物内孔隙、有机质孔隙、黏土矿物晶间孔等）和裂缝双孔隙介质。本书应用双孔隙介质孔隙度解释模型，对位于秭归新滩剖面以东 70km 的 J101 井开展目的层孔隙体积定量评价，以揭示秭归及周缘龙马溪组富有机质页岩段储集特征。

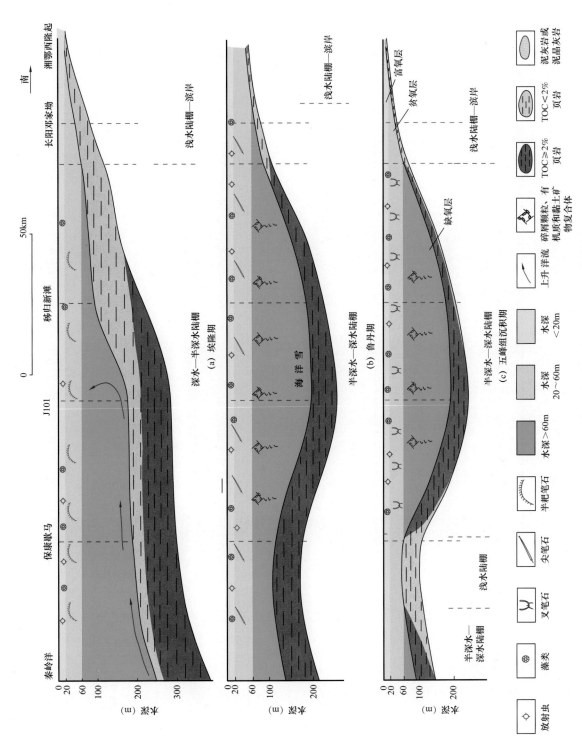

图 5-9 长阳—秭归—保康五峰组—龙马溪组沉积演化剖面图

（a）埃隆期

（b）鲁丹期

（c）五峰组沉积期

秦岭洋　保康歇马　J1O1　秭归新滩　长阳邓家坳　湘鄂西隆起

南

0　50km

深水—半深水陆棚　　浅水陆棚—滨岸

半深水—深水陆棚　　浅水陆棚—滨岸

半深水—深水陆棚　　浅水陆棚—滨岸

半深水—深水陆棚

浅水陆棚

海洋雪

富氧层　贫氧层　缺氧层

水深>60m　水深20~60m　水深<20m　五峰组沉积期

放射虫　藻类　叉笔石　尖笔石　半耙笔石　上升洋流　碎屑颗粒、有机质和黏土矿物复合体　TOC≥2%页岩　TOC<2%页岩　泥灰岩或泥晶灰岩

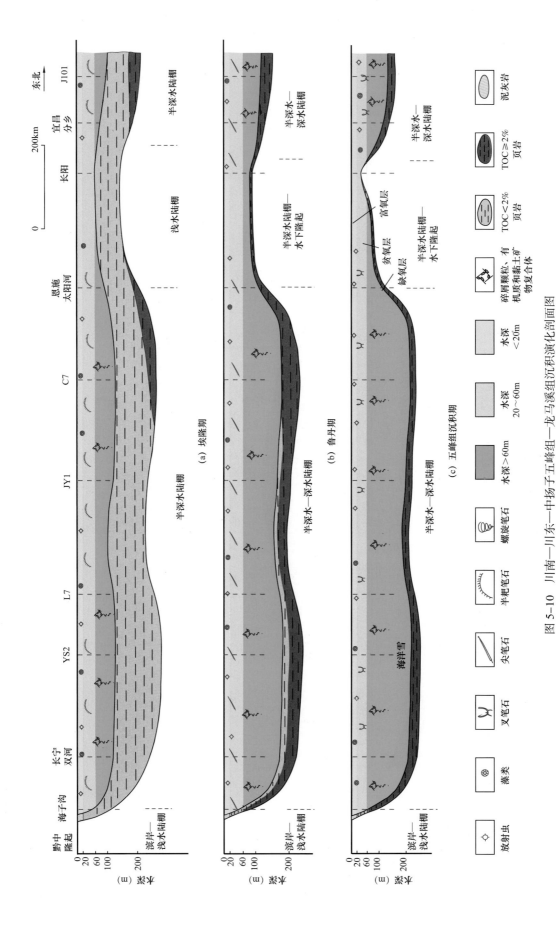

图 5-10 川南—川东—中扬子五峰组—龙马溪组沉积演化剖面图

J101 井是一口钻于当阳复向斜的页岩气评价井，钻探显示（表 5-4）：五峰组—龙马溪组为连续深水沉积，富有机质页岩主要分布于凯迪阶—埃隆阶下部，自下而上为硅质页岩与碳质页岩组合，厚度超过 40m，TOC 值一般为 2.0%～6.0%（平均 3.8%），石英含量介于 37.0%～72.0%（平均 47.7%），黏土含量一般为 18.0%～53.0%（平均 38.5%），电阻率一般在 20Ω·m，实测岩心孔隙度为 2.3%～4.9%（平均为 3.8%），含气量为 2.7～4.2m³/t。

表 5-4　J101 井龙马溪组下段主要地质参数表

深度（m）	层位	TOC（%）	岩石矿物百分含量（%）						体积密度（g/cm³）	岩心孔隙度（%）
			石英	长石	方解石	白云石	黄铁矿	黏土		
4061.6	龙马溪组	3.0	43.0	7.0				50.0	2.7	2.3
4064.9	龙马溪组	2.8	38.0	7.0			2.0	53.0	2.7	4.9
4068.4	龙马溪组	2.0	42.0	7.0			1.0	50.0	2.7	
4071.8	龙马溪组	3.6	39.0	7.0			3.0	51.0	2.6	
4075.2	龙马溪组	3.7	49.0	6.0			3.0	42.0	2.5	2.9
4079.0	龙马溪组	3.4	50.0	8.0	9.0		6.0	27.0	2.6	4.8
4082.6	龙马溪组	4.9	37.0	13.0			4.0	46.0	2.6	3.6
4086.3	五峰组	4.9	62.0	5.0		5.0	3.0	25.0	2.5	4.4
4089.9	五峰组	4.7	48.0	6.0	12.0	14.0	2.0	18.0	2.6	4.7
4092.2	五峰组	6.0	72.0	2.0	3.0	3.0	2.0	18.0	2.7	3.2
4096.3	五峰组	3.3	45.0	5.0		1.0	5.0	44.0	2.7	3.6
平均		3.8	47.7	6.6	2.2	2.1	2.8	38.5	2.6	3.8

根据双孔隙介质孔隙度解释模型评价流程，首先，在 J101 井选择 3 个重要深度点（3 个裂缝孔隙不发育且 TOC、岩矿、岩心孔隙度和岩石体积密度等测试资料齐全的典型深度点）对龙马溪组下部脆性矿物、黏土和有机质三种物质单位质量孔隙体积（分别为 V_{Bri}、V_{Clay} 和 V_{TOC}，单位为 m³/t，是模型中的关键参数）进行刻度计算；然后，依据 V_{Bri}、V_{Clay} 和 V_{TOC} 刻度值以及 J101 井目的层段的岩矿和 TOC 资料计算基质孔隙度构成（包括脆性矿物内孔隙度、有机质孔隙度和黏土矿物晶间孔隙度），并结合岩心测试总孔隙度数据计算裂缝孔隙度（王玉满等，2015，2017）。此模型的计算方法和主要参数取值要求见王玉满等（2015，2017）。

经过评价发现：中扬子北部龙马溪组有机质、黏土矿物和脆性矿物三种物质产生孔隙的能力分别为 V_{TOC} 0.115m³/t、V_{Clay} 0.02m³/t、V_{Bri} 0.0012m³/t，与 Woodford 气田十分接近（表 5-5）；在大部分深度点，计算基质孔隙度与实测孔隙度吻合（图 5-11），说明 V_{Bri}、V_{Clay} 和 V_{TOC} 三个关键参数计算值是合理的，可以作为预测中扬子北部龙马溪组基质孔隙及其构成的有效地质依据，同时也说明该井区储集空间在大多数深度点以基质孔隙为主，仅少量深度点发育裂缝孔隙；龙马溪组富有机质页岩段总孔隙度为 3.22%～4.89%（平均 4.03%），基质孔隙度为 2.59%～4.08%（平均

3.41%），裂缝孔隙度为 0～2.07%（平均 0.62%）（图 5-11、图 5-12，表 5-5）；在基质孔隙度构成中，有机质孔隙度为 0.86%～1.83%（平均 1.15%），黏土矿物晶间孔隙度为 0.94%～2.90%（平均 2.06%），脆性矿物内孔隙度为 0.15%～0.26%（平均 0.19%）。裂缝孔隙分布于 4064.9m、4079m、4086.3～4092.2m 等局部深度点或段，尤其在底部 6m 段发育（裂缝孔隙度达到 0.16%～2.07%，平均 1.24%）（图 5-12）。这表明，中扬子北部龙马溪组富有机质页岩主体以基质孔隙为主，但五峰组为基质孔隙 + 裂缝型储层。

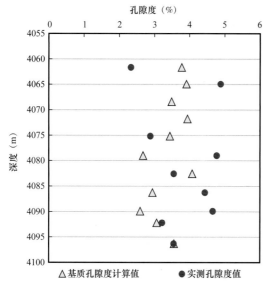

图 5-11　J101 井龙马溪组基质孔隙度计算值与实测孔隙度对比图

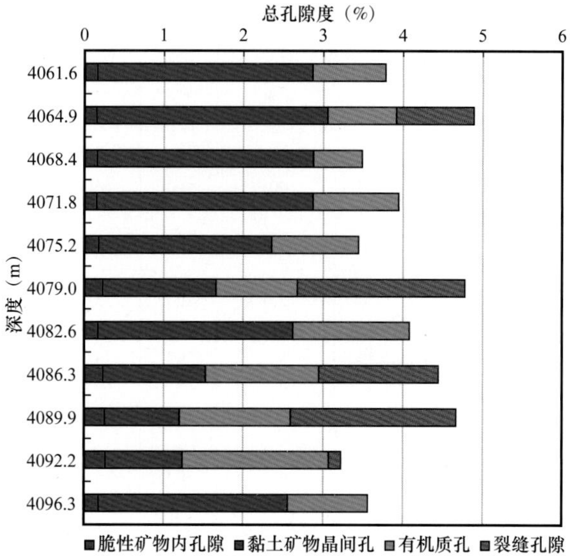

图 5-12　J101 井龙马溪组富有机质页岩孔隙度构成图

表 5-5　J101 井龙马溪组储集空间评价表

探区或井区	岩相	R_o（%）	总孔隙度构成（%）					三种物质单位质量孔隙体积（m³/t）			资料来源
			脆性矿物内孔隙度	黏土矿物晶间孔隙度	有机质孔隙度	裂缝孔隙度	合计	V_{Bri}	V_{Clay}	V_{TOC}	
J101	硅质页岩	3.0	0.15～0.26/0.19	0.94～2.90/2.06	0.86～1.83/1.15	0～2.07/0.62	3.22～4.89/4.03	0.0012	0.020	0.115	
Woodford	硅质页岩	2.0～2.2	0.07～0.08/0.07	1.99～2.88/2.52	0.9～2.36/1.68	0～4.46/1.55	4.2～7.5/5.83	0.0004	0.035	0.120	王玉满等，2016，2017

注：表中数值区间表示为最小值～最大值 / 平均值，V_{Bri}、V_{Clay} 和 V_{TOC} 分别为页岩中脆性矿物、黏土和有机质单位质量孔隙体积，参见文献（王玉满等，2014，2017）。

第二节　保康歇马剖面

保康歇马剖面位于湖北省保康县歇马镇欧店村，剖面长度为 230m，地层较平缓，自下而上出露宝塔组、临湘组（泥灰岩含碳质页岩，镜下见大量介壳化石）、五峰组和龙马溪组（图 5-13—图 5-16），反映上奥陶统至下志留统为连续沉积，其中五峰组—龙马溪组出露厚度约 40m（图 5-13、图 5-14），界限清晰。

(a) 五峰组出露点

(b) 鲁丹阶—埃隆阶出露点

图 5-13　保康歇马五峰组—龙马溪组剖面全景图

一、基本地质特征

在保康歇马地区，五峰组和龙马溪组之间为连续沉积（图 5-14），自下而上见凯迪阶、赫南特阶、鲁丹阶和埃隆阶下部共 4 阶黑色页岩（图 5-14—图 5-16），GR 响应在赫南特阶、鲁丹阶底部和埃隆阶中下部等层段显多峰特征。

1. 五峰组

厚 10.02m，下部 2.42m 为中厚层状碳质页岩，夹 2 层泥灰岩层（厚度分别为下层 8cm、上层 15～20cm）（图 5-15b），该段 GR 响应为中等幅度值，一般为 151～168cps（图 5-14）；中部 6.6m 为中厚层状碳质页岩与薄层状硅质页岩组合，见两个斑脱岩密集段（编号①和②），其中密集段①位于 4 层底部 60cm（GR 一般为 142～166cps，见 3 层斑脱岩，单层厚 2.0cm），密集段②位于 4 层上部（见 4 层斑脱岩，单层厚度为下部 3 层 0.5～1.0cm、顶层 5cm）（图 5-15c），GR 响应表现为下段中高幅度值（165～194cps）、中段中低幅度值（133～158cps）、上段中高幅度值（176～208cps）（图 5-14）；上部 0.75m（5 层）为碳质页岩与硅质页岩互层，岩性与秭归新滩剖面 *Normalograptus extraordinarius* 带相似，为赫南特阶下部层段，GR 响应显中等幅度值，一般为 153～168cps；顶部 0.25m（6 层）为硅质页岩，未发现化石，GR 响应显中高幅度值（173～232cps）并在顶部出现峰值（232cps），露头特征与新滩剖面观音桥段相似，为赫南特阶中段（观音桥段）（图 5-15d）。五峰组因构造滑脱变形严重，未发现笔石和腕足类。

2. 鲁丹阶

厚 10.45m（含赫南特阶上段），底部 0.32m（7 层）为赫南特阶 *Normalograptus persculptus* 带碳质页岩，GR 显高峰特征（峰值 274cps）（图 5-14，图 5-15d）。向上 4.55m 段（8 层和 9 层）为薄层状含放射虫硅质页岩，镜下纹层不发育（图 5-16c、d），GR 响应为中下段（8 层）高幅度值（182～297cps）、上段（9 层）中等幅度值（152～171cps）（图 5-14），未见笔石。中段 4.28m（10、11 和 12 层）为薄层状硅质页岩，出现顺层揉皱现象（图 5-15e），硅质页岩单层厚 5～8cm，未见笔石，镜下纹层不发育，见大量放射虫、石英等颗粒呈星点状分布（图 5-16e、f），GR 响应为中等幅度值，一般为 164～187cps（图 5-14）。上段 1.3m（13 层）为薄层状硅质页岩，在中部和顶部见 2 层斑脱岩（单层厚度分别为中部 3cm、顶部 2cm），见顺层褶皱现象（图 5-15f），GR 响应为中等幅度值，一般为 156～178cps（图 5-14）。

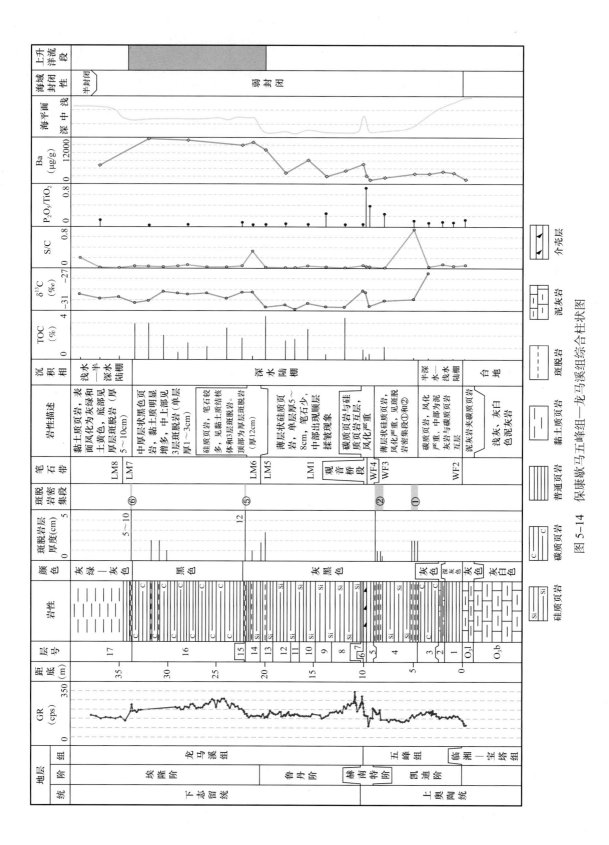

图 5-14 保康歇马五峰组—龙马溪组综合柱状图

（a）五峰组底部灰色碳质页岩，与临湘组整合接触

（b）五峰组下部中厚层状碳质页岩，夹2层泥灰岩层

（c）五峰组中上部（4层）硅质页岩夹多层斑脱岩（箭头所示）

（d）五峰组与龙溪组界限，5—7层为赫南特阶

（e）鲁丹阶中部硅质页岩，见顺层褶皱

（f）鲁丹阶顶部（13层）硅质页岩，见顺层褶皱

（g）埃隆阶底部硅质页岩，中间为半耙笔石带厚
层斑脱岩（箭头所指），上部为碳质页岩

（h）埃隆阶中部（17层）*Lituigraptus convolutus*
带黏土质页岩，底部见厚层斑脱岩（箭头所指）

图 5-15　保康歇马五峰组—龙马溪组重点层段露头照片

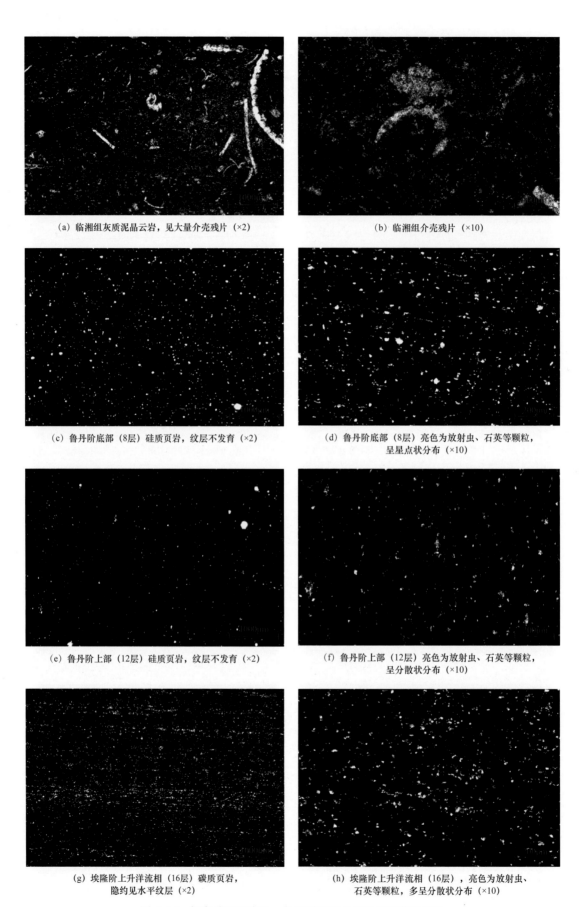

(a) 临湘组灰质泥晶云岩，见大量介壳残片（×2）　　　　　（b）临湘组介壳残片（×10）

(c) 鲁丹阶底部（8层）硅质页岩，纹层不发育（×2）　　　（d）鲁丹阶底部（8层）亮色为放射虫、石英等颗粒，呈星点状分布（×10）

(e) 鲁丹阶上部（12层）硅质页岩，纹层不发育（×2）　　　（f）鲁丹阶上部（12层）亮色为放射虫、石英等颗粒，呈分散状分布（×10）

(g) 埃隆阶上升洋流相（16层）碳质页岩，隐约见水平纹层（×2）　　　（h）埃隆阶上升洋流相（16层），亮色为放射虫、石英等颗粒，多呈分散状分布（×10）

图 5-16　保康歇马五峰组—龙马溪组重点层段岩石薄片照片

3. 埃隆阶

出露厚度超过30m，黑色页岩主要分布于 *Demirastrites triangulatus* 带和 *Lituigraptus convolutus* 带，为高 GR、高钡含量的上升洋相碳质页岩（图5-14）。

Demirastrites triangulatus 带（14—16层下段）厚约6m，底部（14层）为薄—中层状硅质页岩（单层厚5~45cm），笔石较多，见黏土质结核体（60cm×25cm）和3层斑脱岩（单层厚1~2cm），层内见扭折构造（图5-15g）；中部（15层）见半耙笔石带厚层斑脱岩（斑脱岩密集段⑤），厚12cm（图5-15g），GR值为188~195cps，可与长宁、綦江剖面对比；上段（16层下段）为上升洋流相碳质页岩，厚层状，黏土质明显增多，钡含量高达10114~10785μg/g，层内揉皱现象少，镜下见水平纹层，见大量放射虫、石英等颗粒呈星点状分布（图5-16g、h）。该笔石带在斑脱岩密集段⑤附近出现岩相突变，GR响应为底部159~177cps、中上段189~260cps。

Lituigraptus convolutus 带出露厚度约8m，主体位于16层中部和上部，为上升洋流相黑色碳质页岩，厚层状，钡含量为11386~11719μg/g，GR响应一般为高幅度值（187~231cps）。在中部见3层斑脱岩（位于16层上部），单层厚1~3cm。在上部（16层和17层界限处）见厚层斑脱岩，编号为⑥，厚5~10cm，GR出现225cps的峰值响应，可与石柱漆辽、城口明中剖面对比。顶部页岩位于斑脱岩密集段⑥以浅和17层底部，露头显示岩相突变，为浅水相黏土质页岩，块状，见锯笔石和花瓣笔石，表面风化为紫灰色，GR响应为中等幅度值（140~162cps）（图5-14）。

Stimulograptus sedgwickii 带出露厚度超过20m，位于17层中部和上部，为浅水相黏土质页岩，块状，灰绿色和土黄色，植被覆盖严重（图5-15h），笔石稀少，GR响应为中低等幅度值（140~171cps）（图5-14）。

根据埃隆阶岩相特征发现，鄂西北坳陷在埃隆期（前陆挠曲发展期）经历过2次沉降中心的大规模迁移，第1次迁移发生在斑脱岩密集段⑤出现以后，沉降中心迁移至鄂西北坳陷北部；第2次迁移发生在斑脱岩密集段⑥出现以后，沉降中心向西北移出鄂西北地区。上升洋流相页岩主要分布于斑脱岩密集段⑤和⑥之间，在露头显示为块状，其GR曲线呈中高幅度箱型，响应值一般为186~268cps。

二、有机地球化学特征

1. 有机质丰度

根据保康歇马剖面地球化学测试资料（图5-14），五峰组有机质丰度较低，TOC值一般为0.10%~1.06%，平均0.32%（7个样品）；鲁丹阶和埃隆阶下段（*Demirastrites triangulatus* 带和 *Lituigraptus convolutus* 带）有机质丰度较高，前者TOC值一般为0.45%~3.56%，平均2.01%（7个样品），后者受上升洋流控制，TOC值一般为0.31%~2.99%，平均1.75%（9个样品）；埃隆阶上段（*Stimulograptus sedgwickii* 带）有机质丰度低，TOC值一般为0.15%~0.29%，平均0.20%（3个样品）。

由于该剖面点风化较严重，综合TOC和GR响应等检测结果认为，凯迪阶上部至埃隆阶 *Lituigraptus convolutus* 带为富有机质页岩（TOC>2%）集中段，厚约30m。

2. 热成熟度

根据有机质激光拉曼光谱检测结果，保康龙马溪组 R_o 为3.1%，D峰与G峰峰间距和峰高比分别为251.5和0.79，在G'峰位置（对应拉曼位移2667.1cm^{-1}）呈下倾斜坡状（尚未成峰）（图5-17），说明该区龙马溪组热成熟度较高，但未进入有机质炭化阶段，仍处于有效生烃窗内。

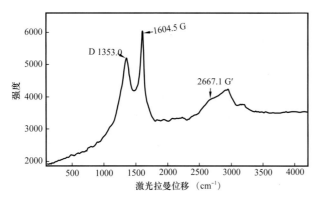

图 5-17　保康歇马龙马溪组有机质激光拉曼图谱

三、富有机质页岩沉积主控因素

1. 海平面

根据保康歇马有机地球化学资料，五峰组—龙马溪组黑色页岩段干酪根 $\delta^{13}C$ 值普遍介于 –30.8‰～–29.2‰（图 5-14），在五峰组中上部和鲁丹阶普遍显负漂移（介于 –30.8‰～–29.9‰），在赫南特阶和埃隆阶出现小幅度正漂移（一般介于 –29.8‰～–29.1‰），在五峰组下部出现大幅度正漂移，达 –27.5‰（图 5-14）。这说明，保康海域在五峰组沉积早期为水体较浅的水下低隆，并在鄂西北坳陷与秦岭洋之间形成分隔作用，在五峰组沉积晚期水体开始加深，在赫南特期—埃隆早期虽历经水体小幅度变浅，但总体处于深水—半深水沉积状态，在埃隆晚期（*Stimulograptus sedgwickii* 带沉积期）随着沉降沉积中心西移，海平面迅速下降至低水位状态（图 5-14）。

2. 海域封闭性与古地理

在保康歇马地区，S/C 值在凯迪阶—埃隆阶中部普遍很低，一般介于 0.01～0.33（平均 0.08），反映古水体处于低盐度、弱封闭状态（图 5-14）。

这说明，保康歇马在奥陶纪—志留纪之交处于中扬子坳陷北缘（图 1-7），紧邻秦岭洋，海域封闭性弱，为上升洋流活动创造了有利条件。尤其在埃隆阶半把笔石带厚层斑脱岩出现以后，扬子海盆沉降沉积中心大幅度向台盆区北缘附近迁移，该海域封闭性进一步变弱，上升洋流大量涌入，促进该地区富有机质页岩沉积，页岩碳质含量明显高于台盆区相同层段。

3. 古生产力

在保康地区，受海域封闭性弱和上升洋流等因素影响，古海洋 P、Ba 等营养物质含量丰富。五峰组—龙马溪组 P_2O_5/TiO_2 比值一般为 0.03～0.73（平均 0.14）（图 5-14），在五峰组较高，为 0.03～0.73（平均 0.25），峰值 0.73 出现在观音桥段，在鲁丹阶和埃隆阶基本稳定，普遍介于 0.03～0.25。Ba 含量在五峰组、鲁丹阶和埃隆阶分别为 1111～3241μg/g（平均 2344μg/g）、2046～8844μg/g（平均 4752μg/g）、4916～11719μg/g（平均 9784μg/g），明显高于长宁、石柱等台盆区对应层段（表 5-6）。从 Ba 含量变化趋势看，保康海域古生产力在五峰组沉积期—鲁丹期虽高于台盆区相同层段，但仍处于静海陆棚正常水平；在埃隆阶出现 Ba 元素显著异常，说明该海域在埃隆期受上升洋流控制，古生产力明显高于台盆区内部（表 5-6）。

表 5-6　保康歇马五峰组—龙马溪组页岩 Ba 含量　　　　　　　　　　单位：μg/g

序号	页岩段	N211	石柱漆辽	保康歇马
1	埃隆阶	1496～2503/1947（32）	1887～2943/2410（30）	4916～11719/9784（5）
2	鲁丹阶	1239～2054/1608（11）	1111～2173/1710（30）	2046～8844/4752（6）
3	五峰组	405～1092/892（5）	481～2480/990（22）	1111～3241/2344（7）

注：表中数值区间表示为最小值～最大值 / 平均值，括号内为样品数。

四、富有机质页岩发育模式

保康地区在五峰组沉积期为分隔鄂西北坳陷与秦岭洋之间的水下低隆，总体为浅水相，富有机质页岩不发育，在鲁丹期和埃隆中期沉降为半深水—深水陆棚，在埃隆晚期抬升为浅水陆棚，总体存在两种富有机质页岩沉积模式（图5-18）。

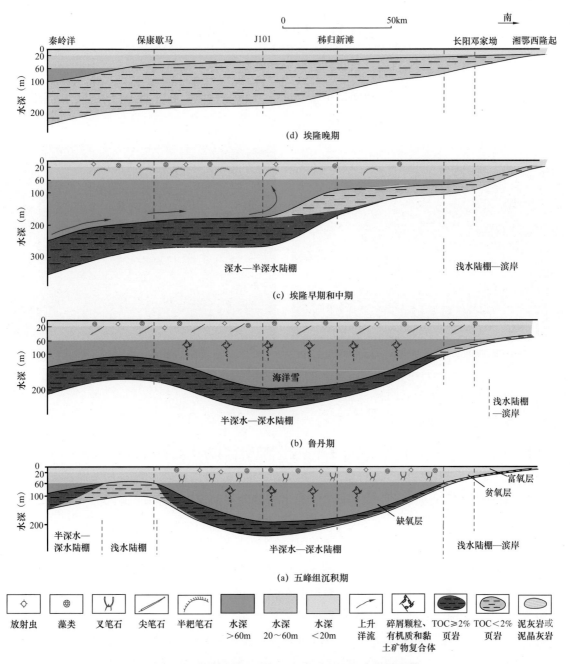

图5-18　保康歇马五峰组—龙马溪组沉积演化剖面图

（1）第1种为鲁丹阶静水陆棚斜坡沉积模式，即在鲁丹期，鄂西北坳陷中心区位于远安地区，保康总体处于鄂西北坳陷北部斜坡区，海平面处于中—高水位，上升洋流不活跃，水体较安静，但半封闭环境确保古生产力保持较高水平，沉积速度长期缓慢（一般低于10m/Ma），沉积厚度为10m（图5-14）。

（2）第2种为埃隆期上升洋流相沉积模式，即在前陆挠曲发展期（主要在斑脱岩密集段⑤和⑥之间），随着沉降沉积中心迁移至鄂西北部，进而导致保康海域封闭性变弱，上升洋流大规模涌入，古生产力显著提高（Ba含量为台盆区4倍以上），进而促进了富有机质页岩沉积，沉积厚度达13m（图5-14）。

第三节　神龙架松柏剖面

神龙架松柏剖面位于湖北省神龙架林区松柏镇南5km的国道边，由龙沟剖面点和龙沟村半坡剖面点组成，剖面长度约600m，地层较平缓，出露五峰组—龙马溪组175m（图5-19、图5-20），底界清晰。

(a) 龙沟村国道边剖面点五峰组，厚8.22m，与宝塔组假整合接触　　　(b) 龙沟村半坡剖面点龙马溪组，风化较严重

图5-19　神龙架松柏五峰组—龙马溪组出露点全景图

一、基本地质特征

在神龙架地区，五峰组和龙马溪组发育齐全，两者之间为连续深水沉积（图5-20、图5-21），自下而上见凯迪阶、赫南特阶、鲁丹阶和埃隆阶底部共4阶黑色页岩（图5-20—图5-22），GR曲线在赫南特阶上部—鲁丹阶底部、鲁丹阶中上部和埃隆阶底部等层段显峰值响应。

1. 五峰组

厚8.22m，自下而上划分为4小层（图5-20，图5-21a—d）。1小层厚1.76m，为碳质页岩夹斑脱岩，与宝塔组呈假整合接触，GR值一般为120～196cps，峰值出现在底部。2小层厚1.84m，GR值一般为111～136cps，下部为含碳质硅质页岩，上部为硅质页岩夹4层斑脱岩（单层1～3cm）。3小层厚3.85m，为薄层状硅质页岩夹6层斑脱岩（单层1～5cm），GR值一般为109～151cps，峰值出现在中部。4小层为赫南特阶，厚0.77m，其中下部50cm为薄层状硅质页岩，GR值一般为137～145cps，上部20～25cm为观音桥段介壳层，含碳质硅质页岩，风化严重，见角石、三叶虫（达尔曼虫）和赫南特贝，GR达到188cps峰值。

五峰组TOC值一般为1.36%～3.33%，平均2.14%（4个样品），其中观音桥段受风化影响TOC仅1.36%，说明五峰组整体为深水沉积。

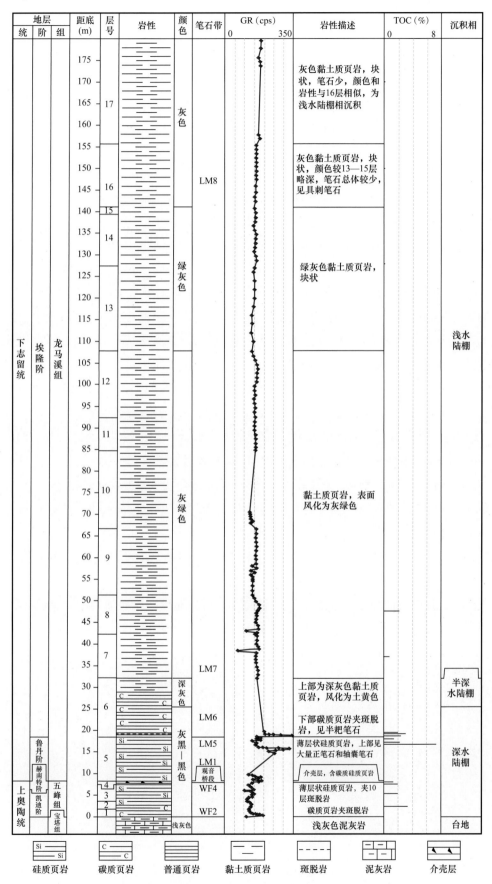

图 5-20　神龙架松柏五峰组—龙马溪组综合柱状图

2. 鲁丹阶

厚10.15m（5小层），位于农家房屋南侧和屋后，黑色薄层状硅质页岩，镜下纹层不发育，见大量石英、放射虫呈星点状分布（图5-21e、f，图5-22a、b）。上部见大量正笔石和轴囊笔石，GR响应值波动较大，一般为121～329cps，峰值位于中上部（图5-20）。

鲁丹阶TOC值介于1.50%～7.36%，平均3.71%（3个样品），总体较五峰组高。

3. 埃隆阶

出露厚度约150m，主要为 *Demirastrites triangulatus*、*Lituigraptus convolutus*、*Stimulograptus sedgwickii* 带，自下而上划分为12个小层（图5-20，图5-21g—j）。

6层位于农家房屋西北侧，底部为黑色碳质页岩夹斑脱岩（单层3cm），见半耙笔石，GR响应值异常高，一般为197～345cps，TOC介于1.96%～3.05%，平均2.49%（3个样品）。中部为农舍遮挡，且风化严重。上部为深灰色黏土质页岩，镜下纹层发育（图5-22c、d），风化严重，表层呈土黄色，GR响应值较低，一般为161～168cps。

7层为黏土质页岩，表面风化为灰绿色，从岩性判断为 *Lituigraptus convolutus* 带（LM7），GR响应值较低，一般为155～170cps。TOC下降至0.75%，反映水体变浅。

8—12层为黏土质页岩，块状，表面风化为灰绿色，见水平纹层和少量薄砂层，12层上部开始转为绿灰色、灰色。GR响应值较低，一般为128～163cps，反映水体较浅。

13—15层为绿灰色黏土质页岩，块状，镜下见大量波状和交错纹层（图5-22e、f）。GR响应值较低，一般为134～160cps。TOC下降至0.06%，反映水体较浅。

16层为灰色黏土质页岩，块状，颜色较13—15层略深，镜下见大量波状和交错纹层（图5-22g、h）。GR响应值一般为155～159cps。笔石总体较少，见具刺笔石（*Stimulograptus sedgwickii*）。TOC仅0.07%，反映水体较浅。

17层以浅为灰色黏土质页岩，块状，笔石少，颜色和岩性与16层相似，为浅水陆棚。GR响应值一般为151～166cps。TOC仅0.07%。

根据岩性、GR响应值和TOC数据判断，该剖面五峰组至埃隆阶底部为连续深水沉积，富有机质页岩为1小层至6小层中上部，厚度为25～30m。

（a）五峰组底部黑色碳质页岩，与宝塔组假整合接触　　　（b）五峰组中下部薄层状硅质页岩夹4层斑脱岩
（箭头所示）

(c) 五峰组中上部（3层）薄层状硅质页岩夹多层斑脱岩（箭头所示）

(d) 五峰组与龙溪组界限，赫南特阶

(e) 鲁丹阶中部硅质页岩，薄层状

(f) 鲁丹阶上部硅质页岩

(g) 埃隆阶底部碳质页岩夹斑脱岩，见半耙笔石

(h) 埃隆阶下部灰色、灰绿色黏土质页岩

(i) 埃隆阶中部灰绿色黏土质页岩

(j) 埃隆阶上部灰色黏土质页岩，块状

图 5-21　神龙架松柏五峰组—龙马溪组重点层段露头照片

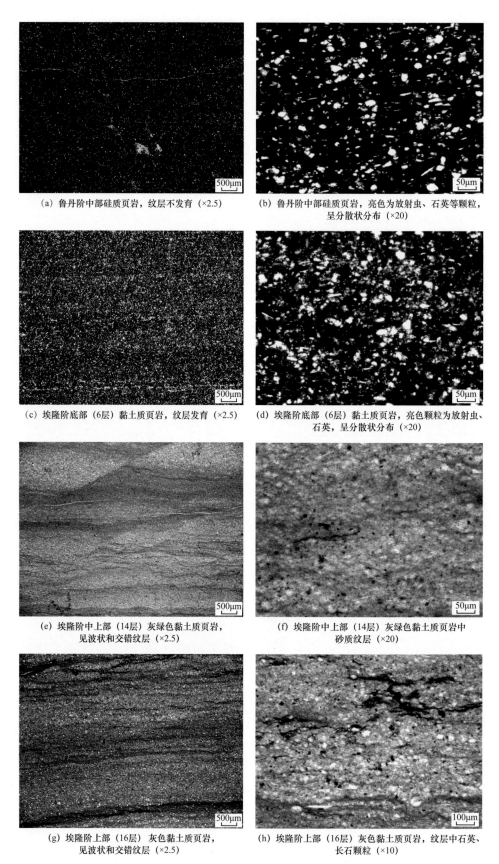

(a) 鲁丹阶中部硅质页岩，纹层不发育（×2.5）

(b) 鲁丹阶中部硅质页岩，亮色为放射虫、石英等颗粒，呈分散状分布（×20）

(c) 埃隆阶底部（6层）黏土质页岩，纹层发育（×2.5）

(d) 埃隆阶底部（6层）黏土质页岩，亮色颗粒为放射虫、石英，呈分散状分布（×20）

(e) 埃隆阶中上部（14层）灰绿色黏土质页岩，见波状和交错纹层（×2.5）

(f) 埃隆阶中上部（14层）灰绿色黏土质页岩中砂质纹层（×20）

(g) 埃隆阶上部（16层）灰色黏土质页岩，见波状和交错纹层（×2.5）

(h) 埃隆阶上部（16层）灰色黏土质页岩，纹层中石英、长石颗粒（×10）

图 5-22　神龙架松柏五峰组—龙马溪组岩石薄片

第六章　川东北—川北志留系页岩典型剖面地质特征

川东北—川北地区位于四川盆地北缘，主要包括重庆东北部、四川北部和陕南等地区（图 1-2），面积约为 $4 \times 10^4 km^2$。该区五峰组—龙马溪组黑色页岩主要在巫溪、城口、南江、旺苍、镇巴、南郑等地区出露，如巫溪白鹿、城口明中、巫溪田坝、南江桥亭、旺苍石岗、镇巴观音和南郑福成等剖面，本书著者对前 5 个剖面点进行了详测，现重点对这 5 个剖面地质特征进行详细描述。

第一节　巫溪白鹿剖面

巫溪白鹿五峰组—龙马溪组剖面位于重庆市巫溪县白鹿镇北侧，地层沿省道 201 自北向南展布，厚度超过 100m，产状 190°∠84°，其中下部黑色页岩段全部出露，厚度超过 60m（图 6-1）。

图 6-1　巫溪白鹿五峰组—龙马溪组剖面全景图
O_3b—宝塔组；O_3w—五峰组；S_1rh—鲁丹阶；S_1er—埃隆阶；S_1te—特列奇阶

一、页岩地层特征

在巫溪白鹿地区，五峰组—龙马溪组连续沉积，厚度超过 100m，笔石丰富且带化石齐全，自下而上发育凯迪阶、赫南特阶、鲁丹阶、埃隆阶和特列奇阶共 5 阶 12 个笔石带（图 6-2—图 6-4）。

1. 五峰组

厚 8.3m，底部为黑色碳质页岩，并与临湘—宝塔组整合接触，中上部为黑色薄层状含放射虫硅质页岩（图 6-2a，图 6-3e、f），顶部观音桥段为黑色硅质页岩，厚 0.2～0.3m。笔石丰富

（图 6-3a），见 *Dicellograptus complexus*、*Paraorthograptus pacificus*、*Normalograptus extraordinarius* 等典型带化石。

(a) 五峰组上部—鲁丹阶底部   (b) 鲁丹阶中下段

(c) 鲁丹阶上段   (d) 埃隆阶下段

(e) 埃隆阶中段   (f) 特列奇阶底部

图 6-2 巫溪白鹿五峰组—龙马溪组重点层段露头照片

2. 鲁丹阶

厚 27.8m，岩相简单，下部为黑色薄层状含放射虫硅质页岩（图 6-2b，图 6-3g、h），向上渐变为灰黑色中层状含放射虫硅质页岩（图 6-2c、图 6-3i）。笔石丰富，见 *Normalograptus*.

persculptus、*Akidograptus ascensus*、*Parakidograptus acuminatus*、*Cystograptus vesiculosus*、*Coronograptus cyphus* 等典型带化石（图 6-3b）。在 *Coronograptus cyphus* 带中段（5—6 层）发现斑脱岩密集段④，即在厚约 1.2m 的硅质页岩段，见 6 层斑脱岩，单层厚 1～2.5cm（图 6-4）；该密集段与石柱漆辽斑脱岩密集段④同层，可以进行区域对比。

3. 埃隆阶

厚 21.7m，岩性趋于复杂且与川南、川东和湘鄂西地区差异大（图 6-4）。底部 1m 为灰黑色厚层状硅质页岩，在半耙笔石带见厚层斑脱岩（厚 5～10cm）；中下部 14m 为灰黑色厚层—块状碳质页岩夹多层高 GR 粉砂岩薄层和大量重晶石结核（图 6-2d、e），与台盆区静水陆棚缓慢沉积岩相组合（邹才能等，2015；王玉满等，2016，2017，2018，2019）差异显著；上部 6.7m 为深灰色块状黏土质页岩（图 6-2f）。化石丰富，见 *Demirastrites triangulatus*、*Lituigraptus convolutus*、*Stimulograptus sedgwickii* 等典型带笔石（图 6-3c）和放射虫（图 6-3j）。

勘探和研究证实，巫溪地区在奥陶纪—志留纪之交处于低纬度被动大陆边缘，且紧邻秦岭洋，为上升洋流控制区，埃隆阶复杂岩性段（中下部 14m）显示出具有受上升洋流控制的沉积建造特征。

(a) 五峰组上部笔石

(b) 鲁丹阶*Cystograptus vesiculosus*笔石

(c) 埃隆阶*Stimulograptus sedgwickii*笔石

(d) 特列奇阶*Spirograptus guerichi*笔石

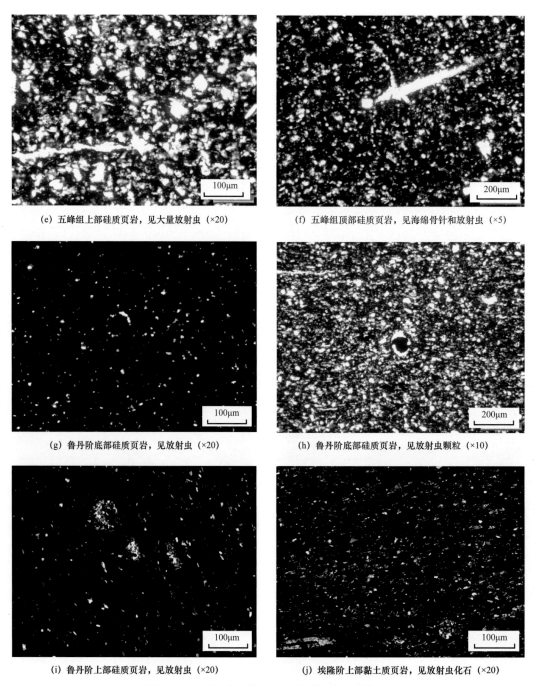

(e) 五峰组上部硅质页岩，见大量放射虫（×20）　　　　　(f) 五峰组顶部硅质页岩，见海绵骨针和放射虫（×5）

(g) 鲁丹阶底部硅质页岩，见放射虫（×20）　　　　　　(h) 鲁丹阶底部硅质页岩，见放射虫颗粒（×10）

(i) 鲁丹阶上部硅质页岩，见放射虫（×20）　　　　　　(j) 埃隆阶上部黏土质页岩，见放射虫化石（×20）

图 6-3　巫溪白鹿五峰组—龙马溪组古生物化石

4. 特列奇阶

厚度普遍超过 50m，未见顶，底部为深灰色块状黏土质页岩（图 6-2f），颗粒较细，见 *Spirograptus guerichi* 笔石（图 6-3d），中上部为灰绿色黏土质页岩，见粉砂质纹层，笔石少。

二、电性特征

巫溪地区 GR 曲线值普遍较高（150～350cps），并呈多峰响应特征（图 6-4）：赫南特阶 GR 峰位于 2 层与 3 层界限处，峰值为 300～310cps，峰宽（以顶、底半幅点计）为 0.5m；鲁丹阶底部

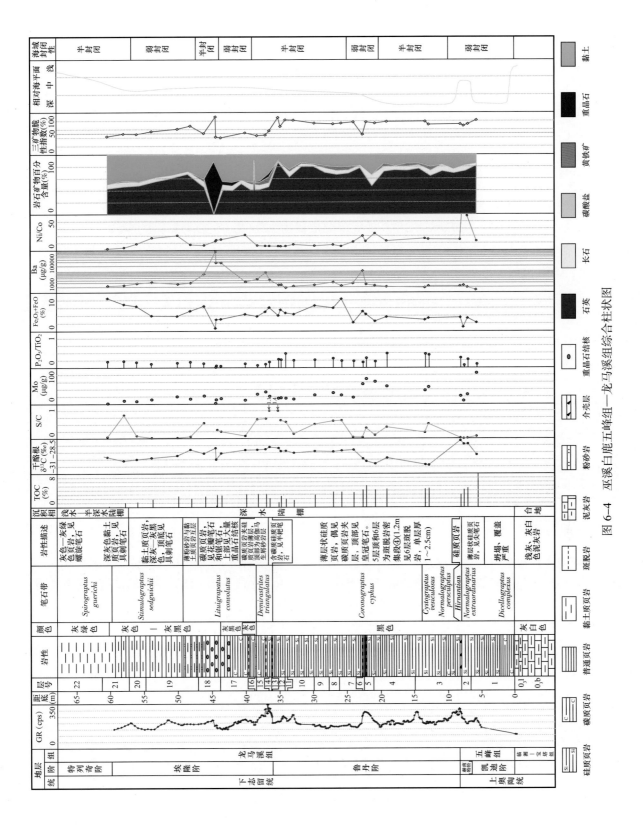

图 6-4 巫溪白鹿五峰组—龙马溪组综合柱状图

（3层下部，与赫南特阶GR峰相邻）、下部（3层顶）和中部（5—6层斑脱岩密集段段）分别出现3个高峰，峰值依次为275～285cps、280cps、275～285cps；埃隆阶底部GR峰位于14—15层厚层斑脱岩附近，峰值最高达350cps，在川中—川东北—中扬子北部普遍存在，是识别埃隆阶底界的重要标志。

三、有机地球化学特征

该剖面点凯迪阶—特列奇阶底部为连续深水沉积的富有机质页岩段，厚度一般为55m，干酪根类型为Ⅰ—Ⅱ₁型，热成熟度总体处于无烟煤阶段。

1. 有机质类型

巫溪白鹿五峰组—龙马溪组黑色页岩段干酪根 $\delta^{13}C$ 值普遍介于 –28.7‰～–30.4‰，仅在赫南特阶偏重（介于 –28.7‰～–29.0‰），在其他大部分层段为 –29.0‰～–30.4‰（图6-4）。干酪根显微组分检测显示（表6-1），壳质组无定形体占95%～96%。这表明，巫溪地区五峰组—龙马溪组属Ⅰ—Ⅱ₁型干酪根。

表6-1　巫溪白鹿五峰组—龙马溪组黑色页岩干酪根显微组分表

样品序号	层位	腐泥组			壳质组							镜质组			惰性组	类型系数	有机质类
		藻类体	无定形体	小计	角质体	木栓质体	树脂体	孢粉体	腐殖无定形体	壳质碎屑体	小计	正常镜质体	富氢镜质体	小计			
1	五峰组			0					95		95	3		3	2	43	Ⅱ₁
2	五峰组			0					96		96	2		2	2	45	Ⅱ₁
3	龙马溪组			0					95		95	3		3	2	43	Ⅱ₁

2. 有机质丰度

巫溪白鹿60m黑色页岩段TOC值一般为1.0%～8.0%，平均3.1%（31个样品）（图6-4），且自下而上总体呈递减趋势，即下部30m（五峰组—鲁丹阶中上段）为TOC>3%的富有机质页岩集中段，TOC值一般为2.9%～8.0%，平均4.3%（14个样品）（图6-4）；鲁丹阶上部6m有机质含量有所降低，一般为1.2%—2.1%，平均1.3%（4个样品）；埃隆阶中下部17m为TOC>2%的富有机质页岩集中段，TOC值一般为1.9%～3.2%，平均2.4%（11个样品）；埃隆阶上部—特列奇阶底部（厚10m以上）为贫有机质页岩段，TOC值一般为0.2%～1.2%。从有机质丰度分析结果看，巫溪白鹿五峰组—龙马溪组TOC>2%富有机质页岩段总厚度为47m。

3. 热成熟度

根据巫溪地区X202井有机质激光拉曼图谱显示，该地区五峰组—龙马溪组D峰与G峰峰间距和峰高比分别为272.7和0.63，在G′峰位置已形成低幅度石墨峰（图6-5），计算的拉曼 R_o 为3.48%～3.51%，说明该地区龙马溪组恰好处于有机质炭化的热成熟度门限（R_o=3.5%）附近，并已出现有机质炭化特征。

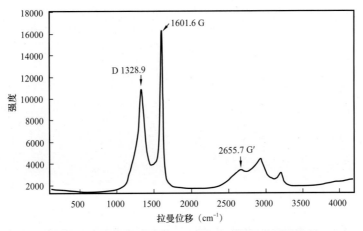

图 6-5 巫溪 X202 井龙马溪组有机质激光拉曼图谱

显然，巫溪龙马溪组是 R_o 值相对较低的有机质炭化区典型代表，其富有机质页岩段（X202井）测井电阻率一般介于 $2\sim8\Omega\cdot m$，总体处于有机质弱炭化状态（图 6-6）。与之不同，鄂西龙马溪组（LY1 井）则与美国宾夕法尼亚州东北部 Marcellus 有机质炭化特征相似，为有机质严重炭化区的典型代表，其激光拉曼谱出现中—高幅度石墨峰，拉曼 R_o 为 $3.56\%\sim3.73\%$，富有机质页岩段测井电阻率普遍低于 $1\Omega\cdot m$，一般介于 $0.1\sim1.0\Omega\cdot m$（图 6-6）。

从拉曼谱和电阻率响应特征判断，巫溪龙马溪组已进入生烃衰竭阶段。

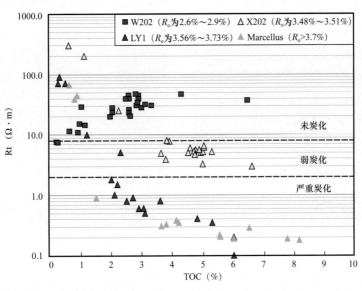

图 6-6 W202、X202、LY1 井龙马溪组和 Marcellus 页岩测井电阻率与 TOC 关系图

四、沉积特征

1. 岩相与岩石学特征

巫溪白鹿五峰组—鲁丹阶主要为含放射虫硅质页岩（图 6-2a—c），底部—中部纹层不发育或欠发育，上部出现纹层（图 6-7）；埃隆阶及以浅岩相相对较复杂，且纵向变化大，纹层总体较发育（图 6-7、图 6-8）。现自下而上对该套富有机质页岩（1—21 层底部）进行分层描述，以详细了解其变化趋势（图 6-4、图 6-7—图 6-9）。

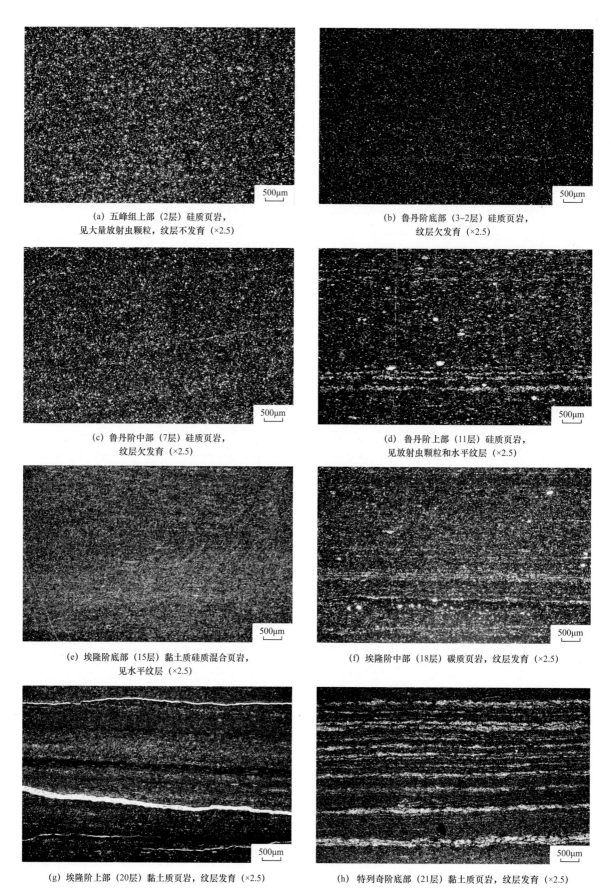

(a) 五峰组上部（2层）硅质页岩，
见大量放射虫颗粒，纹层不发育（×2.5）

(b) 鲁丹阶底部（3-2层）硅质页岩，
纹层欠发育（×2.5）

(c) 鲁丹阶中部（7层）硅质页岩，
纹层欠发育（×2.5）

(d) 鲁丹阶上部（11层）硅质页岩，
见放射虫颗粒和水平纹层（×2.5）

(e) 埃隆阶底部（15层）黏土质硅质混合页岩，
见水平纹层（×2.5）

(f) 埃隆阶中部（18层）碳质页岩，纹层发育（×2.5）

(g) 埃隆阶上部（20层）黏土质页岩，纹层发育（×2.5）

(h) 特列奇阶底部（21层）黏土质页岩，纹层发育（×2.5）

图 6-7　巫溪白鹿五峰组—龙马溪组纹层发育特征

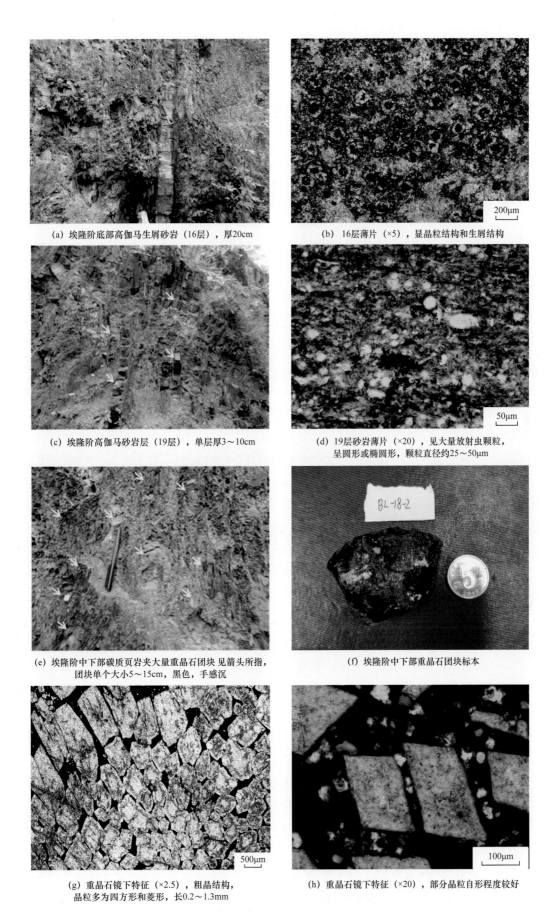

(a) 埃隆阶底部高伽马生屑砂岩（16层），厚20cm

(b) 16层薄片（×5），显晶粒结构和生屑结构

200μm

(c) 埃隆阶高伽马砂岩层（19层），单层厚3～10cm

(d) 19层砂岩薄片（×20），见大量放射虫颗粒，呈圆形或椭圆形，颗粒直径约25～50μm

50μm

(e) 埃隆阶中下部碳质页岩夹大量重晶石团块 见箭头所指，团块单个大小5～15cm，黑色，手感沉

(f) 埃隆阶中下部重晶石团块标本

BL-18-2

(g) 重晶石镜下特征（×2.5），粗晶结构，晶粒多为四方形和菱形，长0.2～1.3mm

500μm

(h) 重晶石镜下特征（×20），部分晶粒自形程度较好

100μm

图6-8 巫溪白鹿龙马溪组埃隆阶上升洋流相岩相组合

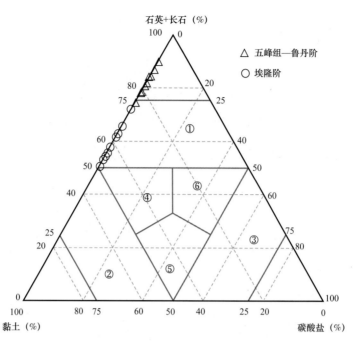

图 6-9 巫溪白鹿五峰组—埃隆阶岩相划分图

依据海相页岩三端元法岩相分类方案（王玉满等，2016）：①—硅质页岩；②—黏土质页岩；③—钙质页岩；④—黏土质硅质混合页岩；⑤—黏土质钙质混合页岩；⑥—钙质硅质混合页岩

1—12 层为呈薄—中层状含大量放射虫的硅质页岩，厚 36.07m，韵律层特征不明显，GR 值为 150～310cps，矿物组成为石英 66.5%～87.5%、长石 1.2%～18.0%、黄铁矿 0～7.1%、无重晶石、黏土矿物 10.2%～34.4%，三矿物脆性指数高达 67.1%～82.6%（平均 74.0%）（图 6-2a—c，图 6-3、图 6-4、图 6-9）。

13 层为黑色碳质页岩，夹斑脱岩，厚 5～15cm，GR 值为 250～267cps。

14 层为高伽马含碳质硅质页岩相，厚 0.4m，见半耙笔石，TOC 为 2.1%，GR 值为 277～316cps，矿物组成为石英 46.5%、长石 6.5%、黄铁矿 9.5%、重晶石 5.9%、黏土矿物 31.5%（图 6-4）。

15 层厚 1.94m，以碳质页岩为主，黏土含量显著增加，夹硅质页岩薄层（单层厚 3～5cm），局部出现碳质页岩与硅质页岩韵律层。镜下见水平纹层（图 6-7e），距底 50cm 处见厚层斑脱岩（厚 5～10cm，呈铅灰色，在中上扬子地区广泛分布）（王玉满等，2017，2018，2019）。TOC 为 3.16%，GR 值为 208～347cps，岩石矿物组成为石英 42.0%、长石 7.1%、黄铁矿 4.5%、重晶石 2.3%、黏土矿物 44.1%（图 6-4）。

16 层厚 20cm，灰色、灰白色生屑砂岩层，质纯，未见泥砾，GR 值为 185～203cps，与上下黑色页岩呈平行接触（图 6-8a）。根据薄片鉴定资料（图 6-8b），该砂岩层显晶粒结构和生屑结构，岩石矿物主要为燧石和石英，其次为方解石，见少许黏土矿物和黄铁矿，黄铁矿呈零星分布；镜下见大量有孔虫呈星点状分布，生屑颗粒呈圆环状、斑点状，重结晶强烈，圆环内填充黏土矿物且呈隐晶状，壳体主要由方解石组成，钙质含量达 35%。根据岩性观察和薄片鉴定结果，此砂岩层显中高伽马响应特征，具阵发性，含大量深海相生物颗粒，物源应来源于大洋深部缺氧环境，为上升流相沉积体。可见，该砂岩层与涪陵—巴东龙马溪组上段砂岩层差异明显，后者厚度大（累计厚度超过 5m，单层厚 0.5～0.8m），显低伽马响应特征（70～90cps），见大量分散状黑色泥砾，为典型重力流沉积。

17 层厚 5.1m，碳质页岩，偶见薄层粉砂岩，底部见 2 层斑脱岩层（单层厚 1～3cm），上部见大量灰黑色重晶石结核呈分散状分布，显椭球状、团块状，单个大小 5～15cm，手感沉（图 6-8e、f），镜下显粗晶结构，晶粒多为四方形和菱形，长 0.2～1.3mm，部分自形程度较好（图 6-8g、h）。笔石丰富，见花瓣笔石和锯笔石。TOC 为 2.8%～3.1%，GR 值为 150～224cps，矿物组成为石英 39.9%～51.8%、长石 5.5%～7.6%、重晶石 0～6.5%、黏土矿物 42.7%～46%。

18 层厚 3.3m，碳质页岩为主，纹层发育（图 6-7f），下部见大量小型灰黑色重晶石结核（形态和分布特征同 17 层上段），中部见 1 层斑脱岩层（厚 4cm），中上部偶见薄层状砂岩（单层厚 3cm）。黑色页岩 TOC 为 2.5%～2.9%，GR 值为 161～221cps，矿物组成为石英 41.6%～46.1%、长石 8.7%～8.9%、重晶石 0.9%～6.2%、黏土矿物 40.1%～44.3%。17—18 层黑色页岩中重晶石结核主要为重晶石晶体（含量为 89.2%）和黏土矿物（含量 10.2%）（图 6-4）。据昝博文等（2017）、严德天等（2009）研究表明，龙马溪组中重晶石结核与碳质页岩共生，主要形成于上开洋流控制区的缺氧环境，即上升洋流带来丰富的营养及富钡物质促使表层海水生物繁盛，海水中的钡通过生物作用富集形成生物钡，生物钡在埋藏过程中的硫酸盐耗竭区通过硫酸盐细菌作用溶解激活提供了钡的来源，并最终赋存于早期成岩阶段松软沉积物的孔隙水中。因此，重晶石结核及其高钡含量的碳质页岩是上升洋流相的重要标志之一。

19 层厚 7.66m，岩相组合自下而上差异明显。下段（19-1 层）见数层灰色高伽马砂岩（图 6-8c），质纯，颗粒细，无泥砾，单层厚 3～10cm，GR 值为 180～210cp，镜下见大量放射虫颗粒呈星点状分布（颗粒直径约 25～50μm）（图 6-8d），显示物源来自大洋深部，并与粉砂质页岩、黏土质页岩构成韵律层结构，单个韵律层一般厚 10～30cm，具有上升流相阵发性和周期性特征，沉积构造不明显，黑色页岩 TOC 为 2.0%，主要矿物为石英 68%、长石 3.8%、黏土矿物 28.2%，三矿物脆性指数为 68%。上段（19-2 层）为黏土质硅质混合页岩，深灰—灰黑色，底部见具刺笔石，TOC 为 1.9%～2.6%，GR 值为 151～225cps，主要矿物组成为石英 55.1%～60.8%、长石 4.7%～6.6%、黏土矿物 34.5%～38.3%，三矿物脆性指数为 55.1%～60.8%。

20 层厚 2.55m，深灰色黏土质页岩，块状，见具刺笔石（*Stimulograptus sedgwickii*）。TOC 为 1.2%，GR 值为 151～201cps，矿物组成为石英 48.3%、长石 5%、重晶石 1.4%、黏土矿物 45.3%（图 6-4）。

21 层未见顶，下部 2m 为深灰色黏土质页岩，见叶状花瓣笔石、长具刺笔石，TOC 为 1.0%，GR 值为 166～179cps，主要矿物组成为石英 47.1%、长石 7.4%、黄铁矿 1.9%、黏土矿物 43.6%。向上为灰色、灰绿色页岩，并且在距底 2.5m、3.5m 见螺旋笔石（*Spirograptus guerichi*），TOC 为 0.2%，GR 值为 151～160cps，主要矿物为石英 43%、长石 7.2%、黏土矿物 49.8%（图 6-4）。

可见，五峰组—鲁丹阶以硅质（页）岩为主，岩性总体简单、均质（图 6-9），三矿物脆性指数普遍大于 70%（图 6-4），而埃隆阶富含有机质和钡元素，黏土质显著增加，纹层发育，自下而上依次出现厚层状碳质页岩夹多层硅质页岩、碳质页岩与硅质页岩韵律层、碳质页岩夹高伽马生屑砂岩层（含大量有孔虫、放射虫等深海相生物颗粒）、碳质页岩和黏土质页岩夹重晶石团块、黏土质页岩与高伽马砂岩层韵律层、厚层—块状黏土质页岩等多种深水相岩性组合，岩相较五峰组—鲁丹阶复杂，与川南—川东坳陷埃隆阶相比也更具特殊性（后者一般不含重晶石，且有机质丰度大多低于 2%），显示出上升洋流相的基本特征，三矿物脆性指数介于 40%～70% 的中高水平（图 6-4、图 6-9）。另外，由于埃隆阶沉积构造不明显，高伽马砂岩层可以成为上升洋流相的重要识别标志。从岩相组合看，巫溪五峰组—鲁丹阶总体为静水陆棚沉积，埃隆阶主体为上升洋流相沉积；黑色页岩中硅质主要来源于放射虫、海绵骨针等生物碎屑，并与 TOC 呈正相关（图 6-10），显示以生物成因为主。

巫溪白鹿剖面是研究扬子地区龙马溪组上升洋流相的经典剖面。根据该剖面埃隆阶岩相与岩石学特征，埃隆阶上升洋流系统主要分布于距底 36～50m 的复杂岩性段（半耙笔石带厚层斑脱岩以浅，自然伽马值一般为150～260cps），三矿物脆性指数为40%～70%（上部出现脆性指数大于50%的高脆性段），其重要的岩石相标志包括如下四种。

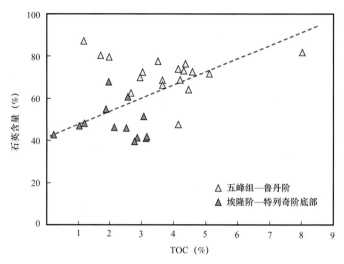

图 6-10　巫溪白鹿五峰组—龙马溪组硅质含量与TOC关系图版

（1）高伽马砂岩层。即第16层和第19层中具阵发性、自然伽马值超过180cps的生屑砂岩层，沉积构造不明显，镜下显晶粒结构和生屑结构，含大量深海相有孔虫、放射虫颗粒，其物源主体来自大洋深部，一般需要上升流营力搬运至陆棚边缘区沉积。

（2）重晶石团块和高Ba含量黑色页岩。在龙马溪组分布区，目前仅在巫溪、城口、保康等大陆边缘区（无断裂和热液活动）发现重晶石团块以及具有高Ba含量的碳质页岩、硅质页岩和黏土质硅质混合页岩，说明上述地区龙马溪组重晶石主要来自大洋深部。

（3）碳质页岩层。在埃隆期，扬子海盆整体进入前陆沉积期（王玉满等，2018，2019），来自东南物源区的黏土矿物与来自大洋深部的营养物质（Ba、Fe、P等）在巫溪海域同期显著增加，导致巫溪地区沉积速度明显加快，并使有机质再次富集，在白鹿剖面点第15层、第17层、第18层和第19层下部沉积具有较高黏土含量和高TOC的碳质页岩。这些碳质层中TOC为现今高—过成熟阶段的残余有机质，无疑是高原始生产力的重要体现，也是上升流相的重要沉积产物。

（4）韵律层。巫溪地区埃隆阶自下而上发育碳质页岩与硅质页岩互层（第15层）、碳质页岩与高伽马砂岩互层（第19层，含深海相放射虫）等多种韵律层，这与上升洋流阵发性和周期性特征相吻合，属上升洋相的重要沉积组合。

2. 海平面

根据巫溪白鹿剖面干酪根δ¹³C资料（图6-4），在凯迪间冰期，海平面处于中高位，δ¹³C值为-29.7‰；在赫南特冰期，海平面出现快速下降（降幅50～100m）（戎嘉余等，2011），δ¹³C值发生大幅度正漂移，一般介于-28.9‰～-28.7‰；在鲁丹早中期，随着气候变暖，海平面大幅度飙升至高水位，δ¹³C值再次发生负漂移，一般为-30.4‰～-29.9‰；在鲁丹晚期—埃隆中期，海平面开始持续下降至中高水位，δ¹³C值基本保持正漂移，普遍介于-29.6‰～-29.1‰；在埃隆晚期—特列奇早期，海平面再次上升，δ¹³C值再次出现负漂移，普遍介于-30.1‰～-29.7‰；特列奇中晚期，海平面快速下降至低水位，广泛发育灰绿色黏土质页岩。可见，在五峰组沉积期—特列奇早期，巫溪海域始终处于有利于有机质保存的中—高水位状态。

3. 海域封闭性与古地理

巫溪地区在五峰组—龙马溪组沉积期处于扬子克拉通北缘深水域中央（图1-7），据巫溪白鹿地球化学资料，凯迪阶—特列奇阶底部普遍具有低S/C比值，显示特有的古地理和海域弱封闭性是其古环境的显著特征。五峰组S/C比值介于0.01～0.07，反映古水体处于低盐度、弱封闭状态；鲁丹阶S/C比值有所上升，一般介于0.04～0.54（平均0.38），显示古水体以正常盐度和半封闭状态为主，仅在底部和中部出现低盐度和弱封闭状态；埃隆阶—特里奇阶底部S/C比值总体较鲁丹阶低，一般介于0.02～0.58（在距底36～50m段普遍为0.02～0.45），显示古水体以低盐度、弱封闭状态为主，局部为正常盐度和半封闭状态（图6-4）。

另据微量元素资料显示（图6-11），巫溪海域在五峰组沉积期—埃隆期具有较高Mo含量，在TOC＞1%页岩段Mo含量介于8～85μg/g（普遍高于威远W205井区），显弱封闭—半封闭的缺氧环境。

这说明，在奥陶纪—志留纪之交，巫溪海域长期处于弱—半封闭的深水缺氧环境，海域封闭性明显较台盆区（威远W205井区）弱，有利于洋流活动。

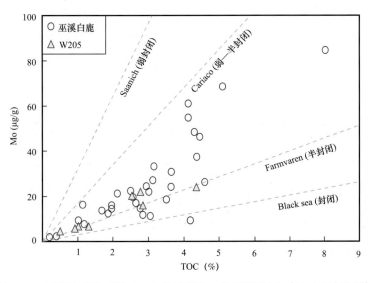

图6-11　巫溪白鹿和威远W205井五峰组—龙马溪组Mo与TOC关系图版

4. 古生产力

在巫溪白鹿地区，受海域封闭性弱和上升洋流影响，古海洋P、Fe、Ba等营养物质含量丰富（图6-4）。P_2O_5/TiO_2比值在五峰组—鲁丹阶较高，一般为0.1～0.39（平均0.24），在埃隆阶—特列奇阶底部略有降低（受沉积速度加快影响），普遍介于0.05～0.18（平均0.11）。Fe_2O_3+FeO含量在五峰组—鲁丹阶中部较低，一般为1.1%～5.1%（平均3.1%），在鲁丹阶上段—特列奇阶底部出现高水平状态，普遍介于3.0%～8.5%（平均5.1%）。Ba含量在五峰组—鲁丹阶一般为1325～3082μg/g，总体保持在正常水平（与长宁、石柱、秭归等地区总体相当）（表6-2），在埃隆阶下部升高到3135～91330μg/g，局部达到25990～91330μg/g峰值，远高于扬子海盆其他地区（图6-4，表6-2），显示出上升洋流对古生产力的突出贡献，在埃隆阶上部—特列奇阶底部下降至2105～3094μg/g的中高水平。从P_2O_5/TiO_2比值、Fe_2O_3+FeO含量和Ba含量变化趋势看，该海域古生产力在奥陶纪—志留纪之交普遍较高，在埃隆期上升流活跃期达到高峰。

表 6-2　上扬子地区五峰组—龙马溪组页岩 Ba 含量对比　　　　　　单位：μg/g

序号	页岩段	N211	石柱漆辽	秭归新滩	巫溪白鹿
1	特列奇阶				2105～2162/2134（2）
2	埃隆阶	1496～2503/1947（32）	1887～2943/2410（30）	827～4725/1456（17）	2461～91330/15250（12）
3	鲁丹阶	1239～2054/1608（11）	1111～2173/1710（30）	1153～1452/1326（13）	1702～3082/2200（13）
4	五峰组	405～1092/892（5）	481～2480/990（22）	889～2153/1413（8）	1325～2205/1832（4）

注：表中数值区间表示为最小值～最大值 / 平均值，括号内为样品数。

5. 沉积速率

低沉积速率是扬子台盆区富有机质页岩沉积的重要控制要素。研究发现，五峰组—龙马溪组沉积速率在川南—川东南地区具有相似的变化趋势，在川中—川东北地区则明显不同，总体呈现早期缓慢、晚期加快、西北缓慢、东南加快的显著特征（王玉满等，2017；邹才能等，2015）。根据 WX2 井和巫溪白鹿剖面资料（表 6-3），巫溪地区沉积速率在五峰组沉积期—埃隆早期（*Dicellograptus complexus*—*Demirastrites triangulatus* 带沉积期）为 0.27～7.59m/Ma（与长宁、石柱五峰组沉积期—鲁丹中期沉积速率相当），在埃隆中期（*Lituigrapatus convolutus* 带沉积期）开始加快，为 25.24～26.22m/Ma，在埃隆晚期—特列奇期达到 26.67～149.42m/Ma 高值。

表 6-3　巫溪地区五峰组—龙马溪组沉积速率统计表

统	阶	笔石带	沉积时间（Ma）	WX2 厚度（m）	WX2 沉积速率（m/Ma）	WX2 TOC（%）	巫溪白鹿 厚度（m）	巫溪白鹿 沉积速率（m/Ma）	巫溪白鹿 TOC（%）	备注
下志留统	特列奇阶	*Spirograptus guerichi*	0.36	>53.79	149.42	0.8～2.5	>25	>100	0.2～1.0	上升洋流相
	埃隆阶	*Stimulograptus sedgwickii*	0.27	34.90	129.26	2.0～4.0	7.20	26.67	1.2～2.6	
		Lituigrapatus convolutus	0.45	11.80	26.22	3.2～4.0	11.36	25.24	2.5～3.1	
		Demirastrites triangulatus	1.56	2.95	1.89	4.2～5.2	2.46	1.58	2.1～3.2	
	鲁丹阶	*Coronograptus cyphus*	0.80	6.61	3.89	3.9～5.4	27.77	7.59	1.7～5.1	
		Cystograptus vesiculosus	0.90							
		Parakidograptus acuminatus	0.93	4.20	3.09	5.9～6.8				
		Akidograptus ascensus	0.43							
上奥陶统	赫南特阶	*Normalograptus persculptus*	0.60	4.23	7.05	>10				静水陆棚相缓慢沉积
		Hirnantian	0.73	0.20	0.27		0.30	2.37	3	
		Normalograptus extraordinarius					1.43		4.2～4.6	
	凯迪阶	*Paraorthograptus pacificus*	1.86	6.90	2.80	3.0～8.0				
		Dicellograptus complexus	0.60				6.57	2.67	8.02	

注：笔石带划分和沉积时间资料引自文献（邹才能等，2015；王玉满等，2017；樊隽轩等，2012）。

可见，在巫溪地区，埃隆中期以后沉积速率（25m/Ma 以上）远高于川南—川东—川东北坳陷五峰组沉积期—鲁丹中期静水陆棚沉积速率（普遍低于 10m/Ma）（王玉满等，2017；邹才能等，2015），且仍能控制形成厚 18～50m、TOC 2.0%～4.0% 的富有机质页岩（表 6-3），说明巫溪埃隆阶上升洋流系统不仅具有高生产力，而且具有高埋藏率，对龙马溪组沉积中晚期富有机质页岩沉积具有明显的控制作用。

6. 氧化还原条件

在巫溪白鹿剖面点，Ni/Co 值与 TOC 相关性较好（图 6-4），是反映氧化还原条件的有效指标。测试资料显示，Ni/Co 值在五峰组—鲁丹阶中上段（厚 33m）为 6.3～70.2，平均 19.0（15 个样品）（图 6-4），在鲁丹阶上部—埃隆阶下部（厚 6m）为 5.5～6.7，平均 6.0（6 个样品），在埃隆阶中上部（厚 10m）为 7.0～15.0，平均 13.0（6 个样品），在埃隆阶顶部—特列奇阶底部下降至 4 以下。这说明，巫溪白鹿海域在五峰组沉积期—埃隆期主体为深水缺氧环境，在埃隆晚期以后随着海平面下降出现浅水氧化环境。

五、富有机质页岩发育模式

巫溪五峰组—龙马溪组存在 2 种富有机质页岩沉积模式（图 6-12，表 6-4）。

表 6-4　巫溪五峰组—龙马溪组富有机质页岩沉积要素对比表

要素		巫溪龙马溪组下段	巫溪龙马溪组中段
厚度（m）		20～40	15～50
发育层位		五峰组—鲁丹阶	埃隆阶—特列奇阶底部
构造背景		缓慢沉降的坳陷区	陆架斜坡
岩相古地理		泥质深水陆棚中心	泥质陆棚边缘
海平面		海侵，高海平面	海侵，高海平面
海域封闭性		弱—半封闭	弱—半封闭
古生产力	P_2O_5/TiO_2	0.10～0.39/0.24	0.05～0.18/0.11
	Ba（μg/g）	1702～3082/2200	2461～91330/15250
沉积速率（m/Ma）		0.3～7.6	早期 1.5～1.9，中晚期 25～150
沉积模式		静水陆棚中心缓慢沉积	上升洋流相沉积

注：表中数值区间表示为最小值～最大值/平均值，括号内为样品数。

（1）第 1 种为五峰组—鲁丹阶继承性静水陆棚中心沉积模式，即富有机质页岩均形成于持续缓慢沉降的深水陆棚中心区，海平面处于高位，上升洋流不活跃，水体安静，弱—半封闭环境确保古生产力保持较高水平，沉积速率慢（一般低于 10m/Ma），沉积厚度大，一般介于 20～40m（表 6-4）。

（2）第 2 种为埃隆阶及以浅的上升洋流相沉积模式，即富有机质页岩形成于大陆边缘向深海盆地过渡的斜坡区。随着扬子海盆进入前陆挠曲发展期，沉降沉积中心自东南迁移至巫溪地区，海域封闭性弱，上升洋流活跃，古生产力远高于静水陆棚区，沉积速度加快（早期 1.5～1.9m/Ma，中晚期 25～150m/Ma），沉积厚度介于 15～50m（表 6-4），其中三矿物脆性指数大于 50% 的高脆性段超过 10m（图 6-4）。

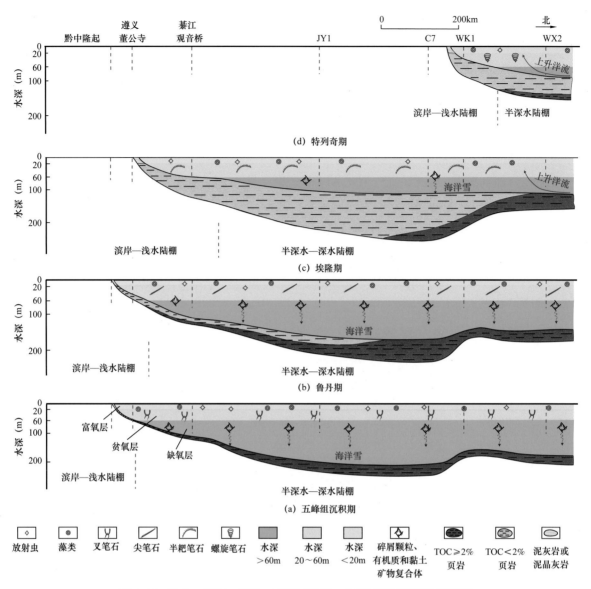

図 6-12 黔北—綦江—涪陵—巫溪五峰组—龙马溪组沉积演化剖面图

六、储集特征

1. 储集空间类型

根据巫溪地区钻井岩心测试资料，龙马溪组孔缝类型主要为有机质孔、黏土矿物晶间孔、脆性矿物粒内孔（晶间孔）、微裂缝等多种孔隙空间（图 6-13），其中部分有机质孔出现白边现象，显示有机质出现炭化特征（图 6-13a、b）。总孔隙度为 2.40%～8.78%（平均 3.85%），明显低于长宁、威远和涪陵气田。

2. 储集空间构成

本书应用双孔隙介质孔隙度解释模型对巫溪 X202 井 1965～1989m 富有机质页岩段进行孔隙度构成测算，以了解该地区龙马溪组储集空间构成。X202 井是一口钻于巫溪田坝背斜东部的页岩气评价井，钻探结果显示（图 6-14）：五峰组—龙马溪组为连续深水沉积，"甜点层"主要分布于凯迪阶—埃隆阶，以硅质页岩为主，厚度超过 40m，TOC 值一般为 3.0%～6.5%，硅质含量平均值在 60% 以上，黏土含量一般低于 30%，电阻率一般为 3～7Ω·m（比长宁筇竹寺组高 1 个数量级）（图 6-14），R_o 值为 3.48%～3.51%，在激光拉曼谱的 G′ 峰位置出现低幅度石墨峰；总孔隙度为 2.40%～8.78%（平均为 3.85%），明显高于长宁筇竹寺组，但低于长宁、威远和涪陵气田；含气量为 1.38～3.00m³/t，压裂测试为微气。

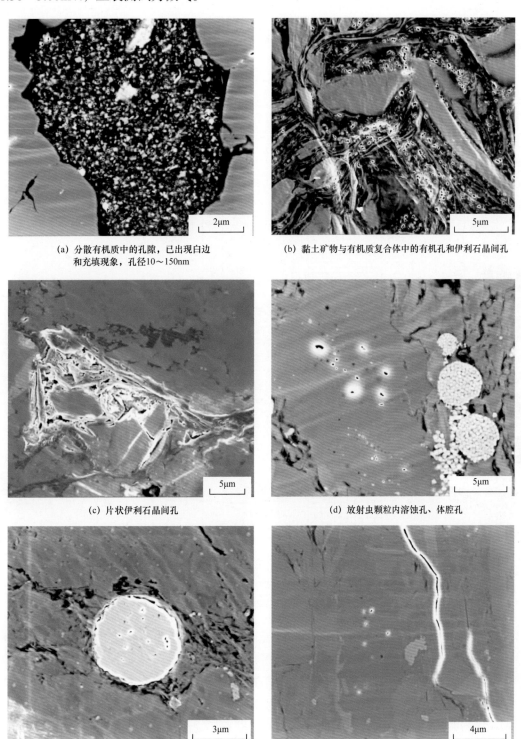

(a) 分散有机质中的孔隙，已出现白边和充填现象，孔径10～150nm

(b) 黏土矿物与有机质复合体中的有机孔和伊利石晶间孔

(c) 片状伊利石晶间孔

(d) 放射虫颗粒内溶蚀孔、体腔孔

(e) 球状黄铁矿粒内孔及边缘孔

(f) 微裂缝

图 6-13　巫溪 WX2 井龙马溪组孔缝类型（据武瑾等，2017）

根据双孔隙介质孔隙度解释模型计算程序和流程，首先，利用评价区可靠资料点对模型中的脆性矿物、黏土和有机质三种物质单位质量孔隙体积（分别为 V_{Bri}、V_{Clay} 和 V_{TOC}，单位为 m^3/t，是模型中的关键参数）进行刻度计算；然后，依据 V_{Bri}、V_{Clay} 和 V_{TOC} 刻度值以及评价区目的层段的岩矿和 TOC 资料计算基质孔隙度构成（包括脆性矿物内孔隙度、有机质孔隙度和黏土矿物晶间孔隙度），并结合岩心测试总孔隙度数据计算裂缝孔隙度（王玉满等，2015，2017）。

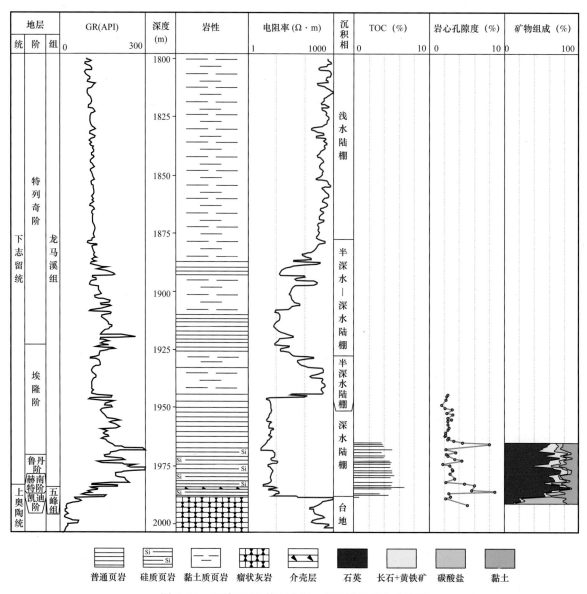

图 6-14 巫溪 X202 井五峰组—龙马溪组综合柱状图

为此，首先对巫溪地区龙马溪组的 V_{Bri}、V_{Clay} 和 V_{TOC} 三个关键参数进行刻度计算与检验。在 X202 井选择 1971.53m、1976.13m 和 1988.32m 三个深度点（对应的 TOC 分别为 3.80%、4.75%、0.51%，渗透率均低于 0.001mD），分别对基质孔隙度计算模型进行刻度（表 6-5），计算程序和过程如上所述。经过计算，X202 井区 V_{Bri}、V_{Clay} 和 V_{TOC} 值分别为 0.005m³/t、0.020m³/t、0.088m³/t（表 6-5）。

依据 X202 井 V_{Bri}、V_{Clay} 和 V_{TOC} 刻度值、TOC、岩石矿物测试数据，再应用双孔隙介质孔隙度解释模型中的式（2-2）对该井 1965～1989m 22 个深度点（对应的 TOC 为 0.4%～6.59%）进行基质孔隙度测算和检验，结果显示（图 6-15）：该井大部分深度点的计算基质孔隙度与实测孔隙度吻合较好，但在少部分深度点计算值远低于实测值，此差异可能为这部分深度点裂缝孔隙发育所致。这说明，X202井的V_{Bri}、V_{Clay}和V_{TOC}刻度值符合巫溪地区龙马溪组页岩储集空间的实际地质状况，可以作为预测川东北地区龙马溪组基质孔隙体积及其构成的有效地质依据。

表6-5 X202井龙马溪组三个采样点参数表

采样点	基础数据					三种物质单位质量孔隙体积（m³/t）		
	石英+长石+钙质含量（%）	黏土矿物含量（%）	有机质含量（%）	总孔隙度（%）	岩石密度（g/cm³）	V_{Bri}	V_{Clay}	V_{TOC}
1971.53	82	8.12	3.80	2.40	2.53			
1976.13	71	15.80	4.75	2.80	2.49	0.005	0.020	0.088
1988.32	55	36.40	0.51	2.90	2.72			

经过上述刻度计算发现，巫溪地区龙马溪组三种物质单位质量所产生的孔隙体积为有机质最大、黏土矿物次之、脆性矿物最小，即有机质和黏土矿物对该区龙马溪组基质孔隙体积贡献大。

然后，应用双孔隙介质孔隙度数学模型，依据X202井龙马溪组TOC、岩石矿物、岩心孔隙度等测试资料和V_{Bri}、V_{Clay}和V_{TOC}计算值，对X202井1965~1989m页岩段的22个深度点开展基质孔隙度构成（包括脆性矿物内孔隙度、黏土矿物晶间孔隙度和有机质孔隙度三部分）和裂缝孔隙度测算，结果如下（图6-16）。

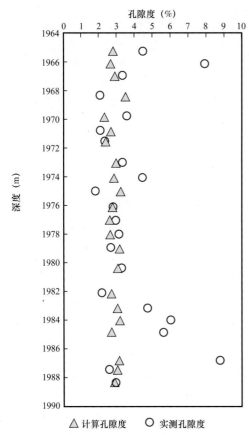

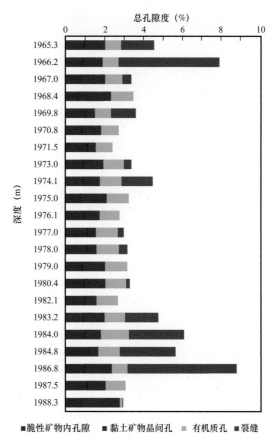

图6-15 X202井龙马溪组基质孔隙度计算值与实测孔隙度对比图

图6-16 X202井龙马溪组富有机质页岩段孔隙度构成图

X202 井富有机质页岩总孔隙度为 2.40%~8.78%（平均 3.85%），其中基质孔隙度为 2.33%~3.24%（平均 2.72%），裂缝孔隙度为 0~5.6%（平均 1.13%）（图 6-16）。在基质孔隙度构成中，有机质孔隙度为 0.12%~1.43%（平均 0.98%），黏土矿物晶间孔隙度为 0.41%~1.96%（平均 0.96%），脆性矿物孔隙度为 0.66%~1.23%（平均 0.96%）。该井区裂缝孔隙总体较发育，22 个深度点中有 14 个点存在裂缝孔隙，尤其以底部 5m 段最发育（裂缝孔隙度一般为 0.05%~5.6%，平均 2.18%）（图 6-16）。这表明，巫溪龙马溪组富有机质页岩总体为基质孔隙＋裂缝型储层，储集类型与涪陵气田相似。

与长宁和涪陵气田龙马溪组以及长宁筇竹寺组相比（表 6-6），巫溪龙马溪组富有机质页岩段物性参数有好有差，主要表现：其裂缝孔隙发育程度明显好于长宁，并与涪陵和 Woodford 气田基本相当；其基质孔隙度仅为长宁龙马溪组的 54%、涪陵龙马溪组的 64%，略高于长宁筇竹寺组，其中有机质孔隙度平均值为长宁 82%、涪陵气田的 75%，略高于长宁筇竹寺组，黏土矿物晶间孔隙度平均值仅为长宁气田的 34%、涪陵气田的 41%，与长宁筇竹寺组相当。可见，巫溪地区龙马溪组基质孔隙度仅为正常水平的 50% 左右，但裂缝孔隙度远高于川南。

表 6-6　巫溪龙马溪组与其他探区海相页岩储集条件对比表

探区或井区	岩相	R_o（%）	总孔隙度构成（%）					三种物质单位质量孔隙体积（m³/t）			资料来源
			脆性矿物内孔隙度	黏土矿物晶间孔隙度	有机质孔隙度	裂缝孔隙度	合计	V_{Bri}	V_{Clay}	V_{TOC}	
巫溪 X202 龙马溪组	硅质页岩	3.48~3.51	0.66~1.23/0.96	0.41~1.96/0.96	0.12~1.43/0.98	0~5.60/1.13	2.40~8.78/3.85	0.0050	0.020	0.088	
Woodford	硅质页岩	2.00~2.20	0.07~0.08/0.07	1.99~2.88/2.52	0.9~2.36/1.68	0~4.46/1.55	4.2~7.5/5.83	0.0004	0.035	0.120	王玉满等，2016
涪陵 JY4 龙马溪组	硅质页岩	3.30	0.63~1.23/0.93	1.23~3.63/2.36	0.58~1.95/1.29	0~3.28/1.26	4.57~7.80/5.83	0.0061	0.025	0.170	王玉满等，2015，2017
长宁长芯 1 龙马溪组	钙质硅质混合页岩	3.42~3.47	0.74~1.78/1.30	0.78~5.83/2.81	0.71~1.90/1.28	0~1.16/0.12	3.42~8.35/5.51	0.0079	0.039	0.140	
长宁—昭通筇竹寺组	硅质页岩	4.09	0.03~0.05/0.04	0.81~1.56/1.07	0.41~0.66/0.55		1.43~2.01/1.66	0.0002	0.022	0.069	王玉满等，2014

注：表中数值区间表示为最小值~最大值/平均值，V_{Bri}、V_{Clay} 和 V_{TOC} 分别为页岩中脆性矿物、黏土和有机质单位质量孔隙体积。

3. 储集空间影响因素分析

巫溪龙马溪组总体表现为基质孔隙度低于正常水平，但裂缝孔隙十分发育的显著特征。在川东北地区，龙马溪组整体已进入有机质炭化阶段，其总孔隙度为 2.40%~8.78%（平均 3.85%），有机质和黏土矿物两种物质（储集空间的主要贡献者）产生孔隙的能力总体较低，富有机质页岩基质孔隙度小，关键指标大大低于 Woodford、长宁和涪陵等气田，与长宁—昭通筇竹寺组相当（表 6-6），具体表现：龙马溪组 V_{TOC} 值为 0.088m³/t，仅为长宁气田的 63%、涪陵气田的 50%，略高于长宁—昭通筇竹寺组；V_{Clay} 值 0.020m³/t，仅为长宁气田的 51%；V_{Bri} 值为 0.005m³/t，与涪陵相当，总体处于 0.0004~0.0079m³/t 的正常范围值内；基质孔隙度为 2.33%~3.24%（平均 2.72%，远低于 3.8%~6% 的正常水平），其中有机质孔隙度介于 0.12%~1.43%（平均 0.98%，低于 1.28%~1.68% 的正常水平），黏土矿物晶间孔隙度介于 0.41%~1.96%（平均 0.96%，远低于

2.36%~2.81%的正常水平），脆性矿物内孔隙度为0.66%~1.23%（平均0.96%，处于0.07%~1.3%正常范围值内）。这说明，有机质炭化导致页岩有机质孔隙和黏土矿物晶间孔大量减少甚至消失，是巫溪龙马溪组基质孔隙度大量减少（仅为正常水平的50%左右）的主要原因。

关于巫溪龙马溪组裂缝孔隙发育的地质原因，本书认为，这与巫溪龙马溪组高脆性岩相和受晚期构造强改造作用有关。根据白鹿剖面资料，巫溪五峰组—鲁丹阶为高脆度富有机质页岩段，硅质含量一般为62.7%~87.5%（平均72.1%），黏土含量一般介于10.2%~24.5%（平均18.5%），三矿物脆性指数高达67.1%~82.6%（平均74.0%）；埃隆阶上升洋流相总体为较高脆性富有机质页岩段，硅质含量一般为50.0%~68.0%（平均58.6%），黏土含量一般介于28.2%~40.1%（平均35.3%），三矿物脆性指数50.0%~68.0%（平均58.6%）。巫溪地区在构造上位于南大巴山弧形褶皱带南部，区内发育众多近东西向的小型褶皱（以背斜为主），如田坝背斜等（梁峰等，2016）。在晚期南北向强烈挤压应力作用下，巫溪地区五峰组—鲁丹阶、埃隆阶上升洋流相等脆性段极易产生大量裂缝，在纵向上可形成多个裂缝孔隙集中发育段，进而大幅度增加储集空间。

第二节　城口明中剖面

城口明中五峰组—龙马溪组剖面位于重庆市城口县明中乡燕麦村新开村道旁（图6-17），海拔1636m。地层底界和内部关键界面清晰，出露厚度超过100m，其中凯迪阶、赫南特阶、鲁丹阶、埃隆阶和特列奇阶黑色页岩出露完整，是了解城口地区五峰组—龙马溪组地层和优质页岩发育特征的经典剖面。

图6-17　城口明中鲁丹阶剖面全景

一、基本地质特征

在城口明中地区，五峰组—龙马溪组厚度超过100m，其中深色页岩段为五峰组—特列奇阶底部，厚度近45m（小层编号为1—35）（图6-18—图6-20）。针对该剖面地层、岩相和有机地球化学等基本地质特征，按阶（组）和小层描述如下。

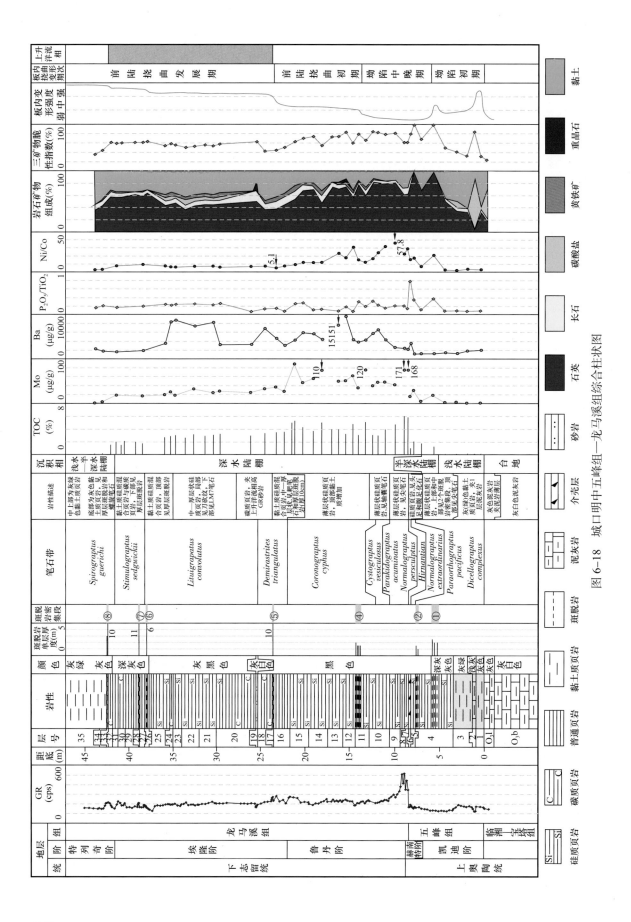

图 6-18 城口明中五峰组—龙马溪组综合柱状图

(a) 五峰组下部，灰色黏土质页岩与泥灰岩(2层)

(b) 五峰组上段，薄层状硅质页岩与斑脱岩密集段②，箭头所指为斑脱岩

(c) 观音桥段(6层)，厚20～25cm，灰黑色含碳质硅质页岩，黏土质较围岩略高

(d) 观音桥段化石，见深水相头足类、腹足类化石

(e) 鲁丹阶底部（7—9层），薄层硅质页岩

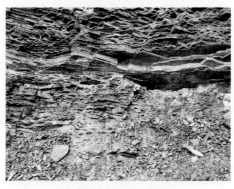

(f) 鲁丹阶中部（11—12层），薄层硅质页岩与斑脱岩密集段④

(g) 鲁丹阶上段（14—15层），薄—中厚层状硅质页岩，见冠笔石

(h) 埃隆阶上升洋流相全景（16—23层），下部为碳质页岩夹高伽马砂岩层，中部为中厚层状硅质页岩

(i) 半耙笔石带厚层斑脱岩（17层），单层，厚10cm

(j) 埃隆阶下部上升洋流相砂岩（19层），灰白色，夹持于碳质页岩中

(k) 埃隆阶中部上升洋流相，中厚层状硅质页岩（21—24层），含钙质

(l) 埃隆阶LM7顶部，碳质页岩与厚层斑脱岩（编号⑥，黄色箭头所指）

(m) 埃隆阶LM8下部，黏土质硅质混合页岩与厚层斑脱岩(编号⑦，28层)

(n) 埃隆阶LM8上部，黏土质硅质混合页岩，笔石丰富

(o) 特列奇阶底部，黏土质页岩与厚层斑脱岩(编号⑧，黄色箭头所指)

(p) 特列奇阶笔石，螺旋笔石

图6-19 城口明中五峰组—龙马溪组重点层段露头照片

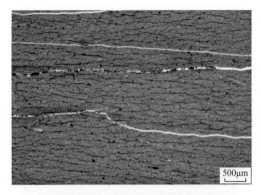

(a) 五峰组中下部（3层）灰色、灰绿色黏土质岩与 　泥灰岩，见大量波状层理（×2）

(b) 五峰组中下部(3层)波状层理（×10）

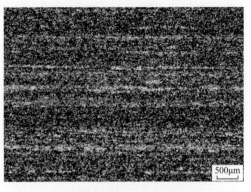

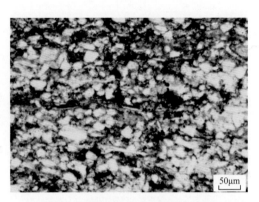

(c) 观音桥段（6层）含碳质硅质页岩， 　纹层发育（×2）

(d) 观音桥段（6层），亮色为石英、放射虫和 　长石颗粒（×20）

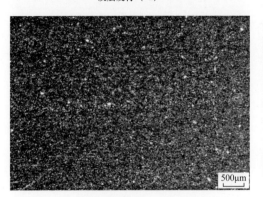

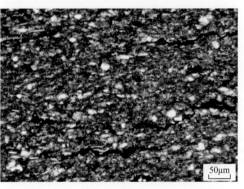

(e) 鲁丹阶下部（9层）硅质页岩， 　纹层不发育（×2）

(f) 鲁丹阶下部（9层），亮色为放射虫、石英等颗粒， 　呈分散状（×20）

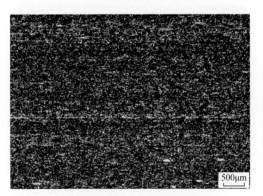

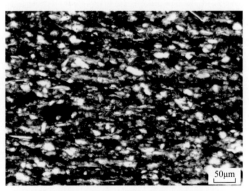

(g) 鲁丹阶中部（11层）硅质页岩， 　见少量水平纹层（×2）

(h) 鲁丹阶中部（11层），亮色为放射虫、石英等颗粒， 　呈分散状分布（×20）

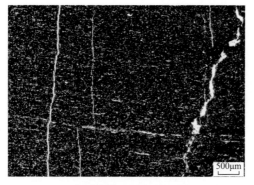

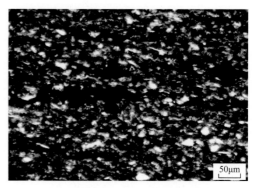

(i) 鲁丹阶上部（15层）硅质页岩，
见裂缝和水平细纹层（×2）

(j) 鲁丹阶上部（15层），亮色为石英、
放射虫等颗粒，呈分散状分布（×20）

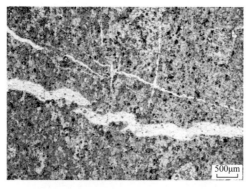

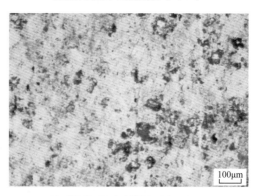

(k) 埃隆阶下部上升洋流相砂岩(19层)，显晶粒结构，
主要为石英和燧石，其次为黏土矿物，发育数条裂缝
且充填石英或硬石膏（×2）

(l) 埃隆阶下部上升洋流相砂岩(19层)，
见大量生物颗粒，显晶粒结构（×10）

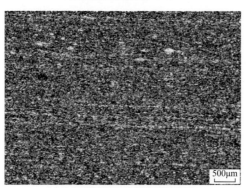

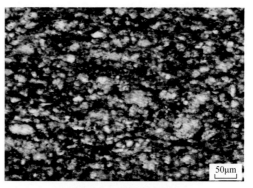

(m) 埃隆阶中部上升洋流相(22层)，
硅质页岩，隐约见水平细纹层（×2）

(n) 埃隆阶中部上升洋流相(22层)，
亮色为有孔虫、放射虫、石英等（×20）

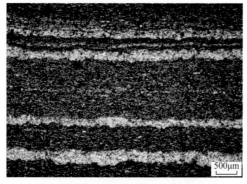

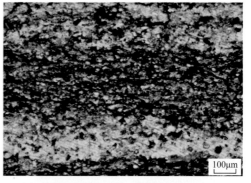

(o) 特列奇阶底部(32层)，黏土质硅质混合页岩，
见水平纹层（×2）

(p) 特列奇阶底部(32层)，亮纹层厚150～500μm，
由石英和长石组成，次圆状—次棱角状，
粒径20～50μm，镶嵌接触（×10）

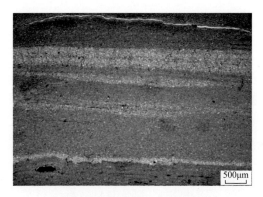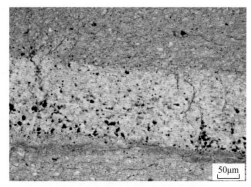

(q) 特列奇阶下部(34层)，黏土质页岩，
见砂质纹层，单层厚200～400μm（×2）

(r) 特列奇阶下部(34层)，砂质纹层
由石英和长石组成（×20）

图 6-20　城口明中五峰组—龙马溪组重点层段岩石薄片照片

1. 五峰组

厚度为 8.44m，小层编号为 1—6 层。下段（1—3 层）为灰色、灰绿色黏土质页岩与浅灰色泥灰岩组合，总体为潮坪—浅水陆棚相沉积，未见笔石，TOC 为 0.08%～0.17%。中段（4 层）为灰色、深灰色硅质页岩，局部含碳质，TOC 为 0.09%～1.75%，显示水深逐渐增加，并在中部和顶部发现斑脱岩密集段段①和斑脱岩密集段段②。上段（5—6 层）为赫南特阶下部和中部薄—中层状硅质页岩，厚 0.75m，为深水相沉积，见 *Normalograptus extraordinarius* 尖笔石和观音桥段介壳层，TOC 为 1.00%～2.08%。可见，在五峰组沉积期，城口地区位于陆棚边缘斜坡带，主体为浅水—半深水海域。

1 层厚 0.9m，灰色黏土质页岩，块状，断面细腻，未见笔石。GR 为中低值响应，一般为 165～172cps。TOC 为 0.13%，岩石矿物组成为石英 31.6%、长石 5.2%、方解石 5.2%、黏土矿物 58.0%，三矿物脆性指数为 31.6%。

2 层厚 0.38m，浅灰色泥灰岩（图 6-19a），与保康歇马剖面 2 层可对比。GR 为 124～149cps 的低值响应，岩石矿物组成为石英 4.8%、方解石 3.5%、白云石 78.8%、黏土矿物 12.9%。

3 层厚 2.18m，下部 80cm 为深灰色黏土质页岩，上段为灰色—灰绿色黏土质页岩，未见笔石，镜下见大量波状层理，显示为浅水相沉积。GR 为中等幅度值响应，一般介于 154～195cps。TOC 为 0.08%～0.17%，岩石矿物组成为石英 32.6%～33.9%、长石 5.4%～6.6%、方解石 0～3.9%、白云石 0～7.5%、黏土矿物 49.3%～60.8%，三矿物脆性指数为 32.6%～41.4%。

4 层厚 4.23m，下段 50cm 为灰色硅质页岩，笔石少；中段 1.4m 为含碳质硅质页岩，见斑脱岩密集段①（3 层斑脱岩，单层厚 2～3cm，间距 30cm）；上段 1.6m 为硅质页岩，硬而脆，顶部为斑脱岩密集段②，见 2 层斑脱岩（单层厚 1～2cm），夹于 15cm 厚的碳质页岩中（图 6-19b）。GR 为 126～169cps 的低值响应，TOC 为 0.09%～1.75% 且自下而上增加，岩石矿物组成为石英 49.6%～99.0%、长石 0～1.9%、黏土矿物 1.0%～29.6%，三矿物脆性指数为 49.6%～99.0%。

5 层厚 0.50m，薄层状硅质页岩，见 WF4 尖笔石，为赫南特阶下段。GR 介于 158～184cps，为中低值响应。TOC 为 2.08%，岩石矿物组成为石英 99.0%、黏土矿物 1.0%，三矿物脆性指数为 99.0%。

6 层观音桥段，厚 20～25cm，灰黑色含碳质硅质页岩，黏土质较围岩略高，见深水相头足类、腹足类化石，表层已风化为灰褐色、土黄色，易生草木（图 6-19c、d）。镜下纹层发育，见大量石英、放射虫和长石颗粒呈分散状分布（图 6-20c、d）。GR 值为 170～190cps，向顶部升高。TOC 为 1.00%，岩石矿物组成为石英 79.8%、长石 5.6%、黏土矿物 14.6%，三矿物脆性指数为 79.8%。

2. 鲁丹阶

厚度为11.5m（含赫南特阶上部），小层编号为7—15层，TOC为3.04%～6.05%。岩相总体简单、均质，以薄层状硅质页岩为主，顶部为中厚层状硅质页岩，黏土质开始增多。受中部断层错动影响，未发现斑脱岩密集段③以及 *Cystograptus vesiculosus* 带与 *Coronograptus cyphus* 带界限。

7—8层厚0.93m，薄层状硅质页岩（图6-19e），见LM1尖笔石，GR出现峰值响应（351～521cps），即赫南特阶GR峰。TOC出现5.88%～6.05%的峰值，岩石矿物组成为石英61.7%～62.2%、长石10.4%～10.6%、黏土矿物27.2%～27.9%，三矿物脆性指数为61.7%～62.2%。

9层厚1.25m，薄层状硅质页岩，GR值下降至263～338cps，见尖笔石。镜下纹层不发育，见大量放射虫、石英颗粒呈分散状分布（图6-20e、f）。TOC值为4.76%，岩石矿物组成为石英81.2%、长石3.4%、黏土矿物15.4%，三矿物脆性指数为81.2%。

10层厚2.24m，薄层状硅质页岩，笔石丰富，距底60cm处见轴囊笔石。GR为中高值响应，一般为215～247cps。TOC值为3.04%～4.00%，岩石矿物组成为石英79.2%～81.6%、长石3.4%～4.5%、黄铁矿0～2.8%、黏土矿物12.1%～16.3%，三矿物脆性指数为79.2%～84.4%。

11层厚1.55m，下段为薄层状硅质页岩；上段为斑脱岩密集段④，即薄层状硅质页岩夹4层灰黄色斑脱岩（单层厚1.5～2cm，已发生蚀变）组合（图6-19f）。镜下见少量纹层，石英、放射虫等颗粒呈分散状分布（图6-20g、h）。GR为中高值响应，一般为191～241cps。TOC值为3.11%～5.14%，岩石矿物组成为石英59.8%～77.4%、长石5.8%～8.3%、黄铁矿1.9%～6.1%、黏土矿物14.9%～25.8%，三矿物脆性指数为65.9%～79.3%。

12—14层厚5.18m，薄层状硅质页岩，见尖笔石和轴囊笔石。GR为中高值响应，一般为190～255cps。TOC值为3.25%～5.07%，岩石矿物组成为石英47.6%～74.1%、长石3.8%～12.3%、黄铁矿0～7.4%、黏土矿物12.6%～32.7%，在12层上部和13层下部出现少量重晶石（含量为3.9%～4.1%），三矿物脆性指数为59.7%～83.6%。

15层厚2.1m，下段为薄层状硅质页岩；上段为中厚层状硅质页岩，黏土质开始增多（图6-19g）。镜下见少量纹层，石英、放射虫等颗粒呈分散状分布（图6-20i、j）。GR为中高值响应，一般为216～272cps。TOC值为4.32%～5.33%，岩石矿物组成为石英53.3%～67.5%、长石10.0%～13.2%、黄铁矿2.9%～9.6%、黏土矿物19.6%～23.9%，三矿物脆性指数为55.0%～83.6%。

3. 埃隆阶

实测厚度约20m，小层编号为16—31层中部，TOC为1.48%～3.6%。下段（16—18层）为中—厚层状黏土质硅质混合页岩、半耙笔石带厚层斑脱岩（编号⑤）和碳质页岩，黏土质显著增多，见耙笔石；中段（19—25层）为上升洋流相组合，岩性相对较复杂，包括高GR砂岩、高钡含量碳质页岩和中—厚层状硅质页岩等（图6-19h），GR值一般介于170～224cps，TOC处于2.66%～3.26%的中高水平；上段（26—31层）为黏土质硅质混合页岩、碳质页岩夹2层厚层斑脱岩（编号⑥和⑦），风化较严重，见具刺笔石，TOC略有下降，一般介于1.48%～2.00%。

16层厚1.86m，中—厚层状黏土质硅质混合页岩，黏土质显著增多，在下部见耙笔石。GR为中高值响应，一般为206～281cps。TOC值为3.51%～3.60%，岩石矿物组成为石英37.6%～45.7%、长石11.8%～12.5%、黄铁矿5.6%～7.3%、黏土矿物36.9%～42.6%，三矿物脆性指数为44.9%～51.3%。

17层LM6厚层斑脱岩（编号⑤），单层，厚10cm，GR为高值响应（248～271cps），在中上扬子地区稳定分布（图6-19i）。

18层厚1.67m，碳质页岩，表层风化严重。GR为中高值响应，一般为191～231cps。TOC值为3.39%，岩石矿物组成为石英36.7%、长石9.5%、黄铁矿6.4%、黏土矿物47.4%，三矿物脆性指数为43.1%。

19层厚0.2m，高GR砂岩层，灰白色，镜下显晶粒结构（图6-19j，图6-20k、l），GR值为165～190cps，为上升洋流相沉积，在巫溪白鹿剖面有出露，岩石矿物组成为石英49.7%、长石17.8%、重晶石13.2%、黏土矿物19.3%，三矿物脆性指数为62.9%。

20层厚4.5m，下段为碳质页岩，与18层相似；上部2m为厚层状硅质页岩，见LM7笔石，黏土质较7—13层多。GR为中高值响应，一般为199～212cps。TOC值3.00%～3.26%，岩石矿物组成为石英45.7%、长石6.3%、白云石6.6%、黄铁矿5.9%、黏土矿物35.5%，三矿物脆性指数为58.2%。

21层厚1.95m，中层状硅质页岩。GR为中高值响应，一般为193～224cps。TOC值为2.96%～3.10%，岩石矿物组成为石英44.4%～45.7%、长石6.8%～7.7%、白云石5.0%～6.0%、黄铁矿4.5%～5.3%、黏土矿物36.3%～39.3%，三矿物脆性指数为53.9%～56.0%。

22层厚2.02m，厚层状硅质页岩，表面显刀砍纹特征（图6-19k）。镜下隐约见水平细纹层，有孔虫、放射虫、石英等颗粒呈分散状分布（图6-20m、n）。GR为中等幅度值响应，一般介于187～218cps。TOC值为2.66%～3.19%，岩石矿物组成为石英36.8%～42.8%、长石7.2%～8.0%、白云石5.5%～9.5%、黄铁矿4.0%～4.6%、黏土矿物39.1%～42.5%，三矿物脆性指数为50.3%～52.9%。

23层厚1m，中厚层状硅质页岩，颗粒较细，与筇竹寺组下段硅质页岩相似。GR为中等幅度值响应，一般为181～204cps。TOC值为3.06%，岩石矿物组成为石英47.5%、长石7.8%、白云石3.8%、黄铁矿4.3%、黏土矿物36.6%，三矿物脆性指数为55.6%。

24层厚0.37m，顶、底部为碳质页岩，中部为硅质页岩。GR显中等幅度值响应，一般为196～201cps。TOC值为2.89%，岩石矿物组成为石英46.0%、长石6.7%、白云石7.1%、黄铁矿5.5%、黏土矿物34.7%，三矿物脆性指数为58.6%。

25层厚2.25m，下段为中厚层状硅质页岩；上段为黏土质硅质混合页岩，黏土质增高。GR值自下而上快速下降，由201cps下降至146cps。TOC值为2.73%，岩石矿物组成为石英43.1%、长石7.4%、白云石6.3%、黄铁矿4.9%、黏土矿物38.3%，三矿物脆性指数为54.3%。

26层厚0.55m，LM7顶部斑脱岩密集段（编号⑥），即碳质页岩夹1层厚斑脱岩。其中，斑脱岩厚5～8cm，GR值为188cps，位于LM7顶部，与石柱漆辽、保康歇马和长阳邓家坳等剖面点可对比（图6-19l）；碳质页岩段岩石矿物组成为石英63.7%、长石5.5%、黏土矿物30.8%，三矿物脆性指数为63.7%。

27层厚0.54m，黏土质硅质混合页岩，风化严重，见具刺笔石（LM8）。GR为中低幅度值响应，一般为169～171cps。TOC值为1.75%，岩石矿物组成为石英58.7%、长石6.3%、黄铁矿2.5%、黏土矿物32.5%，三矿物脆性指数为61.2%。

28层为厚层斑脱岩（编号⑦），厚10～11cm（图6-19m），为LM8笔石带首次发现。GR显高值响应，一般为191～209cps。

29层厚1.57m，黏土质硅质混合页岩，见具刺笔石，表层风化严重。GR为中低值响应，一般为160～207cps。TOC值为2.00%，岩石矿物组成为石英61.3%、长石4.3%、黏土矿物34.4%，三矿物脆性指数为61.3%。

30—31层厚1.42m，黏土质硅质混合页岩（图6-19n）。GR值波动较大，一般为151～228cps。TOC值1.48%～1.97%，岩石矿物组成为石英56.7%～57.0%、长石6.1%～6.9%、黄铁矿2.3%～3.3%、黏土矿物33.6%～34.1%，三矿物脆性指数为59.0%～60.3%。

4. 特列奇阶

实测厚度约3m，见螺旋笔石，小层编号为32—35层（图6-19o、p），TOC为0.1%～1.53%。底部为深灰色黏土质页岩和厚层斑脱岩（编号⑧），中部和上部为黏土质页岩，颜色由灰色快速变为灰绿色，断面细腻，向上出现粉砂岩薄层，TOC由1.53%快速减小至0.2%以下，反映水体显著变浅。现分小层详细描述。

32层厚0.43m，黏土质页岩，深灰色，断面颗粒细腻。镜下纹层发育，亮纹层单层厚150～500μm，由石英和长石组成，次圆状—次棱角状，粒径为20～50μm，镶嵌接触（图6-20o、p）。GR为中高值响应，一般为184～219cps。TOC值为1.53%，岩石矿物组成为石英57.5%、长石8.4%、黄铁矿3.4%、黏土矿物30.7%，三矿物脆性指数为60.9%。

33层厚0.25m，斑脱岩密集段（编号⑧）。下段为厚层斑脱岩，厚10cm；中段为黏土质页岩，厚5cm；上段为薄层斑脱岩，厚3cm。此密集段为特列奇阶首次发现。GR为中高值响应，一般为206～210cps。

34层厚0.8m，灰色黏土质页岩，断面细腻。镜下见大量砂质纹层，单层厚200～400μm，由石英和长石组成（图6-20q、r），反映水体较浅，水动力增强。GR显低值响应，一般为154～185cps。TOC值为0.15%，岩石矿物组成为石英43.0%、长石7.8%、黄铁矿1.3%、黏土矿物47.9%，三矿物脆性指数为44.3%。

35层实测厚度在1.52m以上，灰绿色黏土质页岩，上部出现薄层粉砂岩。GR显低值响应，一般为148～160cps。TOC值为0.10%，岩石矿物组成为石英36.0%、长石8.5%、黏土矿物55.5%，三矿物脆性指数为36.0%。

从岩性、GR响应、TOC和脆性指数变化趋势看，龙马溪组在斑脱岩密集段⑧出现以后发生岩相突变并快速转为浅水相沉积，反映沉降沉积中心向西已发生大规模迁移；TOC>1%页岩主要分布于斑脱岩密集段①和⑧之间，总厚度约37m；富有机质页岩主要分布于五峰组顶部—埃隆阶（5—31层），总厚度约35m；高脆性段主要分布于五峰组上部—鲁丹阶（4—15层，厚18.2m）、埃隆阶中段—特列奇阶底部（19—32层，厚16.9m）；上升洋流相页岩主要分布于斑脱岩密集段⑤和⑧之间，厚19m，主要为高GR生屑砂岩、碳质页岩、硅质页岩和黏土质硅质混合页岩，属较高脆性段（脆性指数大多介于50%～64%）。

二、斑脱岩发育特征及地质意义

1. 斑脱岩发育特征

在城口明中凯迪阶—特列奇阶底部（厚约43m）共观察到单层厚度在0.5cm以上的斑脱岩14层（单层厚度变化大，一般介于1～11cm），且不均匀地分布在7个笔石带6个小层段（4层、11层、17层、26层、28层和33层）（图6-18）。从斑脱岩发育频次和规模看（表6-7），火山灰主要赋存于*Dicellograptus complexus*带中上部、*Paraorthograptus pacificus*带顶部、*Coronograptus cyphus*带下部、*Demirastrites triangulatus*带下部、*Lituigrapatus convolutus*带顶部、*Stimulograptus sedgwickii*带底部和

表 6-7 川东北及周缘五峰组—龙马溪组斑脱岩发育参数统计表

阶	笔石带	笔石带编号	沉积时间（Ma）	石柱漆辽剖面斑脱岩发育特征					城口明中剖面斑脱岩发育特征				
				斑脱岩层数（层）	斑脱岩累计厚度（cm）	斑脱岩单层厚度（cm）	斑脱岩发育速率（cm/Ma）	说明	斑脱岩层数（层）	斑脱岩累计厚度（cm）	斑脱岩单层厚度（cm）	斑脱岩发育速率（cm/Ma）	说明
特列奇阶	*Spirograptus guerichi*	LM9	0.36						2	13.0	3.0~10.0/6.5	36.1	
埃隆阶	*Stimulograptus sedgwickii*	LM8	0.27					植被覆盖严重	1	11.0	11	40.7	
	Lituigrapatus convolutus	LM7	0.45	2	10.8	0.50~10.00/5.40	24		1	6.0	5.0~8.0/6.0	13.3	
	Demirastrites triangulatus	LM6	1.56	5	16.8	0.50~10.00/3.40	10.8		1	10.0	10.0	6.4	
	Coronograptus cyphus	LM5	0.80	16	19.95	0.50~4.00/1.20	24.9	底部植被覆盖1.5m	4	7.2	1.5~2.0/1.8	9.0	
鲁丹阶	*Cystograptus vesiculosus*	LM4	0.90	1	0.75	0.50~1.00/0.75	0.8						底界不清
	Parakidograptus acuminatus	LM3	0.93										
	Akidograptus ascensus	LM2	0.43										
	Normalograptus persculptus	LM1	0.60										
赫南特阶	*Hirnantian*	O₃w	0.73										
	Normalograptus extraordinarius	WF4											
凯迪阶	*Paraorthograptus pacificus*	WF3	1.86	2	6	2.00~4.00/3.00	3.2		2	3	1.0~2.0/1.5	1.6	
	Dicellograptus complexus	WF2	0.60	5	10	0.50~5.00/2.00	16.7		3	7.5	2.0~3.0/2.5	12.5	

注：笔石带划分和沉积时间资料引自文献（陈旭，2014；樊隽轩，2012）。

Spirograptus guerichi 带底部。从百万年斑脱岩发育速率看（表 6-7），仅 *Paraorthograptus pacificus* 带斑脱岩发育速率较小（仅 1.6cm/Ma），其他 6 个笔石带斑脱岩发育速率较大（均超过 6cm/Ma），其中 *Dicellograptus complexus*、*Lituigrapatus convolutus*、*Stimulograptus sedgwickii* 和 *Spirograptus guerichi* 4 个笔石带斑脱岩发育速率在 12.5cm/Ma 以上，即凯迪初期、鲁丹晚期、埃隆早期和晚期、特列奇早期是斑脱岩发育（火山喷发）的主要时期，与长宁和石柱地区的发育特征（王玉满等，2018，2019）基本相似。但与川南—川东坳陷不同的是，该地区 *Lituigrapatus convolutes*—*Spirograptus guerichi* 笔石带斑脱岩发育速率明显高于其他笔石带。

明中剖面共发现 7 个斑脱岩密集段（编号分别为①、②、④、⑤、⑥、⑦和⑧）（图 6-18），其中埃隆阶及以浅斑脱岩密集段多为 1 层厚度在 5cm 以上的厚层斑脱岩，即层数少，但单层厚；五峰组—鲁丹阶斑脱岩密集段主要为多层厚度在 3cm 以下的薄层斑脱岩集中出现，即层数多，且单层薄。在城口明中 *Lituigrapatus convolutus* 带及以浅新发现 3 层厚度在 5cm 以上的厚层脱岩层（斑脱岩密集段⑥—⑧），分别位于 *Lituigrapatus convolutus* 带顶部、*Stimulograptus sedgwickii* 带底部和 *Spirograptus guerichi* 带底部（图 6-18，图 6-19l、m、o）。由于密集段①—⑤的发育特征和地质意义已在石柱漆辽剖面章节中总结，密集段⑥仅在石柱漆辽剖面点被发现和简单介绍（王玉满等，2019），密集段⑦和⑧为在中上扬子地区的首次发现，因此本章节重点介绍⑥—⑧号厚层脱岩层的分布特征和地质意义。

该剖面是扬子地区龙马溪组斑脱岩出露最为齐全的资料点，为了解⑥—⑧厚层脱岩层在扬子地区的分布特征，本书作者围绕川北—鄂西五峰组—龙马溪组分布区开展了大面积野外地质考察，在长阳邓家坳、保康歇马、石柱漆辽、城口明中、南江杨坝等剖面点发现上述斑脱岩层，厚度一般为 5～11cm（图 6-21）。在川北—鄂西地区，龙马溪组上段斑脱岩密集段⑥—⑧主要为单层、厚度在 5cm 以上的厚层斑脱岩，且大多出现于黏土质含量较高层段，在 GR 曲线上呈峰值响应，这与密集段⑤典型特征相似。这说明，该地区龙马溪组上段 3 个斑脱岩密集段的性质与密集段⑤相似，与赫南特阶 GR 峰（冰期—间冰期转换界面）完全不同，应属构造界面，亦为龙马溪组沉积晚期扬子地块在与周缘地块持续碰撞和拼合作用下发生板内挠曲变形的直接反应。

2. 龙马溪组上段厚层斑脱岩的地质意义

在城口地区及周缘，斑脱岩密集段⑥—⑧具有单层厚度大、区域分布稳定、GR 普遍显峰值响应等显著特征，在野外和现场工作中易识别，因此可以成为该地区龙马溪组上段重要的地层对比界面。另外，厚层斑脱岩或斑脱岩密集段是反应扬子海盆挠曲强弱的重要沉积记录（王玉满等，2017，2018，2019），目前地质人员对埃隆晚期—特列奇早期扬子台盆区北缘的构造活动及其对富有机质页岩沉积的控制作用仍不十分清楚。因此，通过开展斑脱岩密集段⑥—⑧发育期构造活动研究，对揭示龙马溪组沉积晚期扬子海盆北缘有机质富集规律具有重要意义。

1）龙马溪组上段主要界面确定

在川北—鄂西地区，埃隆阶及以浅一般发育 3～4 个笔石带，其中 *Lituigrapatus convolutus* 带与 *Stimulograptus sedgwickii* 带界限确定难度大。通过对龙马溪组上段斑脱岩层发育特征研究发现，斑脱岩密集段⑥是划分和确定川北—鄂西 *Lituigrapatus convolutus* 带与 *Stimulograptus sedgwickii* 带界限的重要参考界面（图 6-18、图 6-21）。密集段⑥一般出现于 *Lituigrapatus convolutus* 带上部—顶部，其 GR 峰在川北—鄂西坳陷区广泛分布，可以将该 GR 峰以上的首个低谷作为 *Lituigrapatus convolutus* 带顶界（*Stimulograptus sedgwickii* 带底界）（图 6-18、图 6-21）。

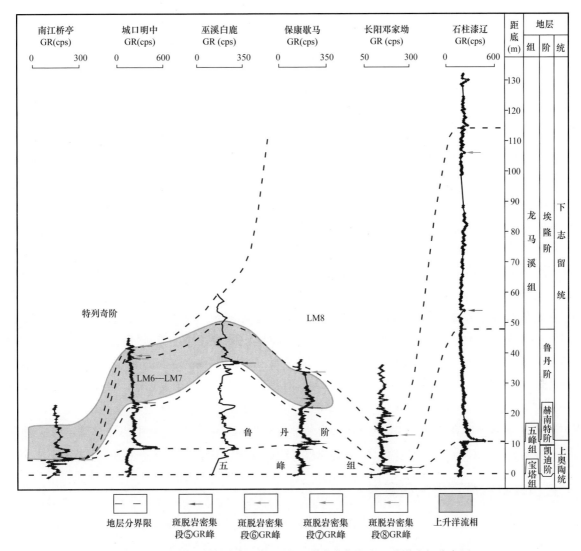

图 6-21　鄂西—川北龙马溪组上段斑脱岩密集段和上升洋流相分布图

另外，斑脱岩密集段⑧在川北—川东北地区分布稳定，纵向上位于 *Spirograptus guerichi* 带底部且距底界 0.2～0.5m，可以作为确定特列奇阶底界的参考界面（图 6-18、图 6-21）。在野外和现场工作中，首先将该 GR 峰以下的首个低谷暂定为特列奇阶底界，再结合现场螺旋笔石、赫南特阶介壳等化石观察进行修订，这样可以大大提高工作效率和认识准确性。

2）对富有机质页岩沉积的控制作用

研究认为，厚层斑脱岩或斑脱岩密集段在某个地区的分布特征及其对富有机质页岩形成的影响主要通过构造活动改变该地区黑色页岩的沉积要素（沉降沉积中心迁移、海域封闭性、海平面升降、古生产力、沉积速率等），进而影响有机质和硅质的富集（王玉满等，2017，2018，2019）。

在奥陶纪—志留纪之交，川东坳陷及周缘历经坳陷初期（台地陆棚转换期）、坳陷中晚期（大隆大坳形成期）、前陆挠曲初期（斑脱岩密集段④—⑤之间）和前陆挠曲发展期（斑脱岩密集段⑤出现以后）等 4 个构造活动期次（图 6-18）。城口地区及周边在斑脱岩密集段⑥—⑧发育期正好处于前陆挠曲发展阶段的后期，说明在埃隆晚期和特列奇早期发生过至少两次强烈的前陆挠曲活动（图 6-18）。

密集段⑥和⑦相距不足 1m（图 6-18），反映在 *Lituigrapatus convolutus* 带沉积末期—*Stimulograptus sedgwickii* 带沉积初期，川东—鄂西周缘出现大规模火山喷发，扬子台盆前陆挠曲再次进入强烈活动期。在鄂西保康至长阳地区，埃隆阶在斑脱岩密集段⑥以浅出现岩相突变，由黑色页岩转为灰绿色黏土质页岩和灰绿色黏土质页岩夹粉砂岩组合，TOC 由 1% 以上快速下降至 0.3% 以下。在川南、黔北和渝东南等地区，*Stimulograptus sedgwickii* 带或缺失或整体出现浅水相钙质页岩、黏土质页岩夹砂岩组合，笔石十分稀少（陈旭等，2017；戎嘉余等，2011；王怿等，2011）。这说明，此次火山活动（构造运动）导致扬子台盆区东南部整体迅速抬升，埃隆晚期（*Stimulograptus sedgwickii* 带沉积期）沉降沉积中心大规模向西、向北迁移，鄂西北、湘鄂西、渝东南、黔北和川南迅速转为浅水相沉积区或剥蚀区，巫溪—城口一带为沉降沉积中心，有利于富有机质页岩沉积（图 6-18）。

密集段⑧在密集段⑥之后 0.27Ma 出现，说明在特列奇初期前陆挠曲活动再次突然增强，导致扬子台盆区主体迅速抬升，*Spirograptus guerichi* 带沉降沉积中心再次迅速向西北迁移至巫溪、城口、南江和威远地区（图 1-8、图 6-18、图 6-21），并控制川北—川东北及川中地区特列奇阶黑色页岩沉积。

在密集段⑤和⑥之间的大约 1.9Ma 期间，斑脱岩总体较少（图 6-18、图 6-21），显示此期间火山活动和前陆挠曲活动相对较平静，川东—鄂西坳陷沉降沉积中心变化不大，这为该地区富有机质页岩沉积提供了相对稳定的构造环境。这说明，*Demirastrites triangulatus* 带和 *Lituigrapatus convolutus* 带是川东—鄂西地区埃隆阶烃源岩和富有机质页岩发育的主要层段。

另外，从密集段⑤至密集段⑧，大规模火山喷发的间隔时间由 1.9Ma 快速下降至 0.27Ma，火山灰沉积速率显著增高（超过 36cm/Ma），反映前陆挠曲活动和沉降沉积中心迁移频率显著加快、规模不断增大，导致特列奇阶沉降沉积中心与鲁丹阶、埃隆阶相距较远（图 1-6—图 1-8）。

三、富有机质页岩沉积要素

在城口明中地区，赫南特阶—鲁丹阶岩相总体较简单、均质，以深水陆棚相硅质页岩为主；凯迪阶、埃隆阶和特列奇阶岩相相对复杂，凯迪阶自下而上由浅水陆棚相黏土质页岩与泥灰岩组合过渡到深水陆棚相硅质页岩，埃隆阶受上升洋流相控制主要发育黏土质硅质混合页岩、碳质页岩、高 GR 砂岩和中—厚层状硅质页岩组合，特列奇阶主体为浅水相黏土质页岩夹粉砂岩，仅底部为深水相黏土质硅质混合页岩。上述岩相的变化说明，自凯迪阶至特列奇阶，受区域构造活动控制，城口地区海平面、海域封闭性、古生产力、沉积速率和氧化还原条件等沉积要素均发生显著变化。

1. 海平面

根据城口明中剖面 TOC 和岩矿资料（图 6-18），在凯迪初期（斑脱岩密集段①出现以前），以贫有机质、含钙质、富黏土质页岩沉积为主，显示海平面处于低位，城口海域处于隆起区或上斜坡区；在凯迪中晚期（斑脱岩密集段①出现以后）—赫南特期，富有机质、富硅质页岩大量出现，显示海平面快速上升至中高水位；在鲁丹期，以高有机质丰度、低黏土质的硅质页岩沉积为主，显示海平面持续处于高位；在埃隆期，以上升洋流相沉积为主，显示海平面仍保持在较高水位；进入特列奇期（尤其在斑脱岩密集段⑧出现以后），随着沉积中心迅速向西迁移，海平面快速下降，由中高水位迅速下降至低水位。可见，在凯迪中晚期—特列奇早期（在斑脱岩密集段①—⑧之间），城口海域始终处于有利于有机质保存的中—高水位状态，显示构造活动对海平面变化具有重要的控制作用。

2. 海域封闭性与古地理

城口地区在奥陶纪—志留纪之交处于扬子克拉通北缘，特有的古地理和海域弱封闭性是其古环境的显著特征。据微量元素资料显示（图 6-18、图 6-22），城口海域在五峰组—埃隆阶沉积期具有较高 Mo 含量，在 TOC＞1% 页岩段（斑脱岩密集段①—⑧之间）Mo 含量值普遍介于 16～171μg/g，明显高于威远 W205 井区（5～24μg/g），显弱封闭—半封闭的缺氧环境。

这说明，城口海域在斑脱岩密集段①至⑧沉积期处于弱—半封闭的深水缺氧环境，海域封闭性明显较同期台盆区（威远 W205 井区）弱，有利于洋流活动。

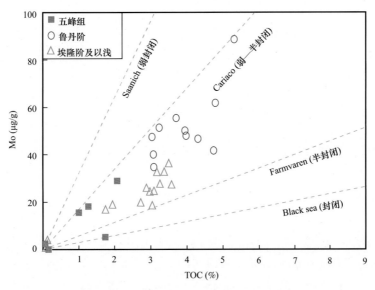

图 6-22　城口明中五峰组—龙马溪组 Mo 与 TOC 关系图版

3. 古生产力

在城口明中地区，受海域封闭性弱和洋流活动影响，古海洋 P、Ba、Si 等营养物质含量丰富（图 6-18）。P_2O_5/TiO_2 比值在五峰组下段（斑脱岩密集段①以深）较低（一般为 0.08～0.09），在五峰组上段（斑脱岩密集段①及以浅）至特列奇阶底部总体较高，一般为 0.1～0.78（平均 0.22），峰值 0.78 出现在观音桥段，高值段分别为五峰组上部—鲁丹阶下段（4 层中部—11 层，一般为 0.15～0.78，平均 0.28）、鲁丹阶顶部（15 层，为 0.26～0.28）、埃隆阶中部—特列奇阶底部（20 层上部—34 层，一般为 0.17～0.26，平均 0.23）。Ba 含量在五峰组—鲁丹阶底部（1—9 层）一般为 1150～3477μg/g（平均 1895μg/g），总体保持在正常水平（与巫溪、石柱、秭归等地区总体相当）（表 6-8），在鲁丹阶中部—埃隆阶中上部（11—25 层）升高到 3814～8688μg/g，局部达到 9516～15151μg/g 峰值，远高于扬子海盆内部（表 6-8），显示出前陆挠曲期（斑脱岩密集段④出现以后）洋流活动对古生产力升高具有突出贡献，在埃隆阶上部—特列奇阶底部（27—35 层）受黏土质含量升高影响则下降至 1610～2271μg/g 的中高水平。硅质含量在五峰组上部—鲁丹阶（4 层中部—15 层）处于高值水平，石英含量一般为 50%～99%（平均 72%），在埃隆阶—特列奇阶底部（16—32 层）处于较高水平，石英含量一般为 40%～64%（平均 49%），在斑脱岩密集段⑧以浅降至中低水平，石英含量一般低于 40%。从 P_2O_5/TiO_2 比值、Ba 含量和硅质含量变化趋势看，该海域古生产力在斑脱岩密集段①—⑧之间普遍较高且明显高于同期台盆区，显示出台盆区北缘洋流活动对古生产力的突出贡献。

表 6-8　上扬子地区五峰组—龙马溪组页岩 Ba 含量对比　　　　　　　　单位：μg/g

序号	页岩段	N211	石柱漆辽	秭归新滩	巫溪白鹿	城口明中
1	特列奇阶				2105～2162/2134（2）	1746～2271/2009（2）
2	埃隆阶	1496～2503/1947（32）	1887～2943/2410（30）	827～4725/1456（17）	2461～91330/15250（12）	1610～8688/5045（12）
3	鲁丹阶	1239～2054/1608（11）	1111～2173/1710（30）	1153～1452/1326（13）	1702～3082/2200（13）	2233～15151/5418（15）
4	五峰组	405～1092/892（5）	481～2480/990（22）	889～2153/1413（8）	1325～2205/1832（4）	1150～3477/1691（8）

注：表中数值区间表示为最小值～最大值/平均值，括号内为样品数。

4. 沉积速率

根据明中剖面生物地层资料（表 6-9），城口地区沉积速率在五峰组沉积期—埃隆早期（*Dicellograptus complexus—Demirastrites triangulatus* 带沉积期）为 1.11～11.34m/Ma，在埃隆中后期（*Lituigrapatus convolutus* 带及以浅沉积期）加快，为 12.30～28.53m/Ma，在斑脱岩密集段⑧出现以后达到 139m/Ma 以上的高值（表 6-9）。

可见，在城口地区，埃隆中期以后沉积速率远高于川南—川东坳陷五峰组沉积期—鲁丹中期静水陆棚沉积速率（普遍低于 10m/Ma）（王玉满等，2017；邹才能等，2015），且仍能控制形成厚度超过 10m、TOC 为 1.5%～3.3% 的富有机质页岩（表 6-9），说明城口地区埃隆阶上升洋流系统不仅具有高生产力，而且具有较高埋藏率，对龙马溪组沉积中晚期富有机质页岩沉积具有明显的控制作用。

5. 氧化还原条件

在城口明中剖面点，Ni/Co 值与 TOC 相关性较好（图 6-18），是反映氧化还原条件的有效指标。据该剖面测试资料（图 6-18），Ni/Co 值在斑脱岩密集段①以深（厚 5m）为 2.29～3.64，平均 2.95（4 个样品），在斑脱岩密集段①以浅—鲁丹阶（厚 17m）为 6.94～57.82，平均 20.4（19 个样品），在埃隆阶为 5.07～9.38，平均 7.05（12 个样品），在斑脱岩密集段⑧以浅（厚 3m）下降至 3.02～3.28。这说明，城口明中海域在五峰组沉积晚期—埃隆期主体为深水缺氧环境，在五峰组沉积早期（斑脱岩密集段①出现以前）和特列奇早期（斑脱岩密集段⑧出现以后）出现浅水氧化环境，氧化还原条件主要受构造活动和海平面升降控制。

四、富有机质页岩发育模式

城口五峰组—龙马溪组存在 2 种富有机质页岩沉积模式（图 6-23）。

（1）第 1 种为五峰组沉积晚期—鲁丹期静水陆棚斜坡沉积模式，即在五峰组沉积期—鲁丹期，川东坳陷深水陆棚中心区位于石柱—巫溪地区，城口明中总体处于陆棚斜坡带，海平面处于中低—中高水位，上升洋流总体不活跃，水体较安静，但弱封闭环境确保古生产力保持较高水平，沉积速度长期缓慢（一般低于 15m/Ma），沉积厚度为 14m。

表 6-9　川东北地区五峰组—龙马溪组沉积速率统计表

统	阶	笔石带	沉积时间（Ma）	城口明中			巫溪白鹿			备注
				厚度（m）	沉积速率（m/Ma）	TOC（%）	厚度（m）	沉积速率（m/Ma）	TOC（%）	
下志留统	特列奇阶	*Spirograptus guerichi*	0.36	>50	>139	0.10~1.53	>25	>100	0.20~1.00	早期缓慢、中期加快
	埃隆阶	*Stimulograptus sedgwickii*	0.27	3.32	12.30	1.48~2.00	7.20	26.67	1.20~2.60	
		Lituigrapatus convolutus	0.45	12.84	28.53	2.66~3.26	11.36	25.24	2.50~3.10	
		Demirastrites triangulatus	1.56	3.67	2.35	3.39~3.60	2.46	1.58	2.10~3.20	
	鲁丹阶	*Coronograptus cyphus*	0.80	9.07	11.34	3.11~5.33	27.77	7.59	1.70~5.10	缓慢沉积
		Cystograptus vesiculosus	0.90	2	2.22	3.04~4.00				
		Parakidograptus acuminatus	0.93	2.18	1.11	4.76~6.05				
		Akidograptus ascensus	0.43							
上奥陶统	赫南特阶	*Normalograptus persculptus*	0.60							
		Hirnantian		0.25	1.03	1.00~2.08	0.30	2.37	3	
		Normalograptus extraordinarius	0.73	0.50			1.43		4.20~4.60	
	凯迪阶	*Paraorthograptus pacificus*	1.86	7.69	3.13	0.08~1.75	6.57	2.67	8.02	
		Dicellograptus complexus	0.60							

注：笔石带划分和沉积时间资料引自文献（邹才能等，2015；樊隽轩等，2012）。

（2）第 2 种为埃隆期上升洋流相沉积模式，即在前陆挠曲发展期（斑脱岩密集段⑤和⑧之间），随着沉降沉积中心迁移至鄂西北—巫溪—城口地区，进而导致上述海域封闭性变弱，上升洋流大规模涌入，古生产力显著提高，进而促进了富有机质页岩沉积，沉积厚度达 19m（图 6-21）。

通过上述分析，扬子海盆北缘在前陆挠曲发展期经历了埃隆初期（密集段⑤形成期）、埃隆晚期（密集段⑥和⑦形成期）和特列奇初期（密集段⑧形成期）等至少 3 次强烈的火山喷发和前陆挠曲活动，导致沉降沉积中心向西、向北相应发生了 3 次大规模迁移，进而导致台盆区北缘海域封闭性变弱，上升洋流大规模涌入（影响）川北—鄂西海域，极大地促进了该地区富有机质页岩沉积。龙马溪组上升洋流相富有机质页岩是斑脱岩密集段⑤出现前后前陆挠曲活动的产物，并随着斑脱岩密集段⑥—⑧的出现向西层位逐渐变新。密集段⑤至⑥之间为火山活动间歇期（持续时间大约 1.9Ma），前陆挠曲活动相对较平静，是埃隆阶上升洋流相富有机质页岩沉积的主要时期。

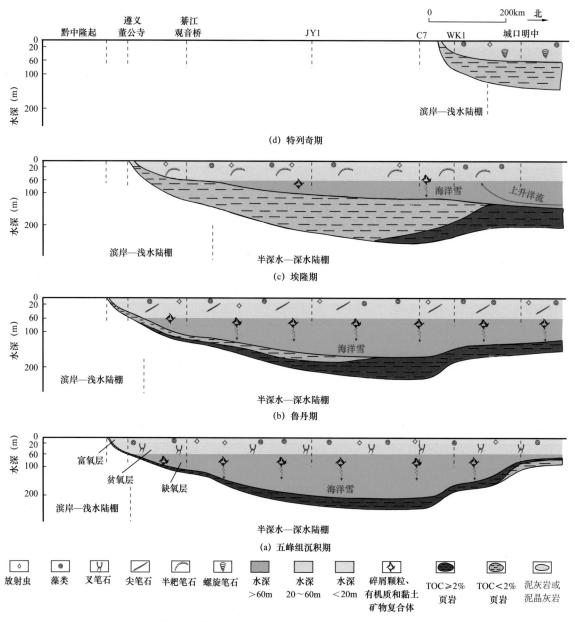

图 6-23 黔北—綦江—涪陵—城口五峰组—龙马溪组沉积演化剖面图

第三节　巫溪田坝剖面

巫溪田坝剖面位于重庆市巫溪县田坝乡东侧的田坝背斜北翼和南翼（图 6-24）。五峰组—龙马溪组沉积厚度超过 100m，产状 200°∠36°，其中下部黑色页岩段大部分出露，厚度超过 80m。受田坝背斜南北两翼存在不同程度植被覆盖和露头风化影响，针对五峰组和龙马溪组的勘测工作分别在背斜北翼和南翼进行。

一、基本地质特征

在巫溪田坝地区，五峰组—龙马溪组连续沉积，厚度超过 100m，笔石丰富且化石带齐全，自下而上发育凯迪阶、赫南特阶、鲁丹阶、埃隆阶和特列奇阶共 5 阶黑色页岩（图 6-25—图 6-27）。

(a) 田坝背斜北翼剖面点，五峰组出露完整且顶底界限清晰，龙马溪组覆盖较严重

(b) 田坝背斜南翼，五峰组—鲁丹阶出露完整且顶底界限清晰，埃隆阶覆盖较严重

图 6-24 巫溪田坝五峰组—龙马溪组剖面全景图

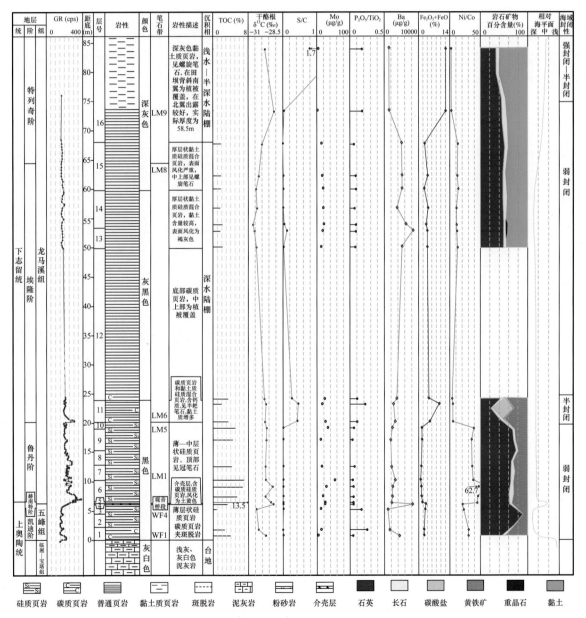

图 6-25 巫溪田坝五峰组—龙马溪组综合柱状图

1. 五峰组

厚6.29m，小层编号1—4层。底部（1层）为黑色碳质页岩，并与宝塔组整合接触（图6-26a），镜下纹层不发育。中部（2层）和上部（3层）为黑色薄层状含放射虫硅质页岩，纹层不发育（图6-26b，图6-27a、b）。顶部20cm（4层）为观音桥段，灰黑色含碳质硅质页岩且表层已风化为土黄色，见小型介壳化石（图6-26c）。五峰组笔石丰富，见 *Dicellograptus complexus*、*Paraorthograptus pacificus*、*Normalograptus extraordinarius* 等典型带化石。

根据X衍射测试结果，五峰组底部富含黏土质，岩石矿物组成为石英46.4%、长石6.3%、黏土矿物47.3%；中部和上部富含硅质，岩石矿物组成为石英71.7%～91.0%、长石0～1.6%、黏土矿物9.0%～26.7%；在观音桥段，黏土质明显增多，岩石矿物组成为石英61.9%、长石4.6%、黏土矿物33.5%（图6-25）。

2. 鲁丹阶

厚13.86m（含 *Normalograptus persculptus* 带0.2m），小层编号5—10层。岩相总体简单、均质（图6-25，图6-26c、d）。底部20cm（5层）为硅质页岩和碳质页岩组合，GR显尖峰特征，TOC出现13.5%的峰值，为赫南特阶顶部页岩层（*Normalograptus. persculptus* 带）。下部（6—7层）为黑色薄层状含放射虫硅质页岩，纹层不发育（图6-27c—f），向上渐变为灰黑色中层状含放射虫硅质页岩（8—10层），见水平纹层（图6-27g、h）。笔石丰富（图6-26e），见 *Cystograptus vesiculosus*、*Coronograptus cyphus* 等典型带化石。

根据X衍射测试结果，鲁丹阶岩石矿物组成为石英60.7%～76.2%、长石3.6%～10.1%、黏土矿物20.0%～30.4%（图6-25）。

3. 埃隆阶

厚约45.0m（11层至15层中部），主体为碳质页岩和黏土质硅质混合页岩组合，黏土质含量明显增高，纹层发育（图6-25，图6-26f、g，图6-27i—l）。底部4m（11层和12层底部）以碳质页岩为主，含钙质（滴酸起泡），见半耙笔石，黏土质增多，岩石矿物百分含量为石英22.9%～46.0%、长石3.0%～6.0%、白云石0～42.2%、黄铁矿1.8%～4.2%、黏土矿物28.8%～48.6%。中部25.41m（12层）为植被覆盖。上部为厚层状黏土质硅质混合页岩，黏土含量高，表面已风化为褐灰色，岩石矿物组成为石英46.6%～51.6%、长石3.9%～9.7%、重晶石0～1.6%、黏土矿物41.8%～47.5%。

埃隆阶化石丰富，见 *Demirastrites triangulatus*、*Lituigraptus convolutus*、*Stimulograptus sedgwickii* 笔石和放射虫（图6-27j、l）。

4. 特列奇阶

厚度在60m以上（15层上段及以浅），见螺旋笔石（图6-25，图6-26g、h），在南翼剖面点植被覆盖严重，在北翼剖面点出露较好。在北翼露头点测导线85m，颜色自下而上由黑色逐渐转变为灰色、灰绿色，估算厚度为60m，其中下部深灰色—灰黑色黏土质页岩厚45m，上部15m为灰绿色黏土质页岩夹粉砂岩薄层，见大量粗纹层（图6-27m、n）。岩石矿物组成为石英33.1%～44.5%、长石5.0%～7.8%、黄铁矿0～0.2%、黏土矿物47.7%～61.6%。

(a) 五峰组底部（1层）碳质页岩，与宝塔组整合接触

(b) 五峰组中部和上部（2层和3层）薄层状硅质页岩

(c) 五峰组与龙马溪组界限，4层为观音桥段，已风化为土黄色

(d) 鲁丹阶上段（10层）中层状硅质页岩

(e) 鲁丹阶笔石，尖笔石（9层）

(f) 埃隆阶底部碳质页岩，含钙质，见耙笔石

(g) 埃隆阶顶部—特列奇阶底部（15层）黏土质页岩

(h) 特列奇阶笔石，*Spirograptus guerichi*笔石（15层）

图 6-26　巫溪田坝五峰组—龙马溪组重点层段露头照片

(a) 五峰组中段硅质页岩，纹层不发育（×2）

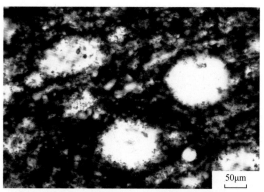

(b) 五峰组中段硅质页岩，见大量放射虫（×20）

(c) 鲁丹阶底部（6层）硅质页岩，纹层不发育（×2）

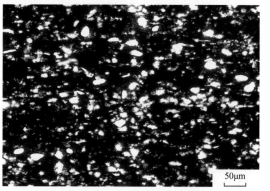

(d) 鲁丹阶底部硅质页岩，亮色为次棱角状、椭球状石英、放射虫颗粒（×20）

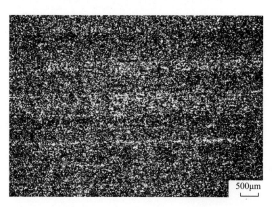

(e) 鲁丹阶中下部（7层）硅质页岩，纹层不发育（×2）

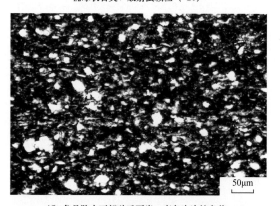

(f) 鲁丹阶中下部硅质页岩，亮色为次棱角状、椭球状石英、放射虫颗粒（×20）

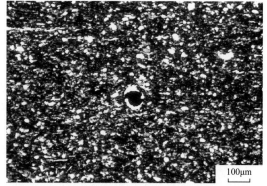

(g) 鲁丹阶上部（10层）硅质页岩，见水平纹层（×2）

(h) 鲁丹阶上部硅质页岩，见放射虫颗粒（×10）

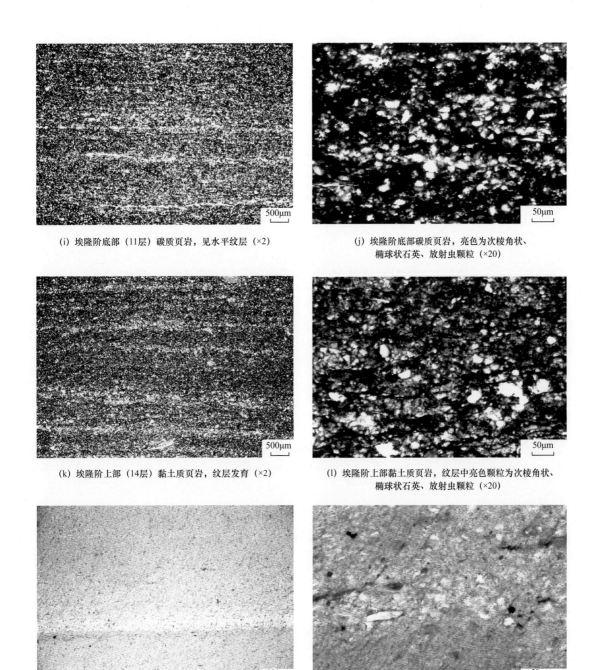

(i) 埃隆阶底部（11层）碳质页岩，见水平纹层（×2）

(j) 埃隆阶底部碳质页岩，亮色为次棱角状、椭球状石英、放射虫颗粒（×20）

(k) 埃隆阶上部（14层）黏土质页岩，纹层发育（×2）

(l) 埃隆阶上部黏土质页岩，纹层中亮色颗粒为次棱角状、椭球状石英、放射虫颗粒（×20）

(m) 特列奇阶底部（16层）灰绿色黏土质页岩，纹层发育（×2）

(n) 特列奇阶底部灰绿色黏土质页岩，纹层中陆源碎屑颗粒（×20）

图 6-27　巫溪田坝五峰组—龙马溪组岩石薄片照片

二、电性特征

巫溪田坝 GR 响应值普遍介于 150～379cps，并呈多峰响应特征（图 6-25）：GR 峰主要出现于五峰组底部（1 层底部）、五峰组顶部—龙马溪组底部（5—6 层下部）、鲁丹阶中部（8 层下部）和埃隆阶底部（11 层下部），峰值分别为 196～214cps、240～379cps、220～278cps 和 211～303cps。上述 4 个 GR 峰在川东—鄂西地区分布较稳定，可开展区域对比。

三、有机地球化学特征

与巫溪白鹿地区相似，田坝地区凯迪阶—特列奇阶底部为连续深水沉积的富有机质页岩段，厚度在55m左右，干酪根类型为Ⅰ—Ⅱ₁型，热成熟度高。

1. 有机质类型

巫溪田坝五峰组—龙马溪组黑色页岩段干酪根$\delta^{13}C$值普遍介于$-30.6‰\sim-29.2‰$，仅在赫南特阶偏重（介于$-29.4‰\sim-29.2‰$），在其他大部分层段为$-30.6‰\sim-29.7‰$（图6-25）。干酪根显微组分检测显示（表6-10），壳质组无定形体占95%～98%。这表明，巫溪地区五峰组—龙马溪组有机质类型属Ⅰ—Ⅱ₁型。

表6-10　巫溪田坝五峰组—龙马溪组黑色页岩干酪根显微组分表

| 样品序号 | 层位 | 腐泥组 | | | 壳质组 | | | | | | 镜质组 | | | 惰性组 | 类型系数 | 有机质类 |
		藻类体	无定形体	小计	角质体	木栓质体	树脂体	孢粉体	腐殖无定形体	壳质碎屑体	小计	正常镜质体	富氢镜质体	小计			
1	五峰组			0					98		98	1		1	1	47	Ⅱ₁
2	五峰组			0					95		95	4		4	4	44	Ⅱ₁
3	龙马溪组			0					96		96	2		2	2	45	Ⅱ₁

2. 有机质丰度

巫溪田坝深色页岩段厚度超过80m，TOC值一般为0.78%～13.5%，平均3.74%（21个样品），峰值出现于赫南特阶上部（观音桥段与龙马溪组界限附近），且自下而上总体呈递减趋势（图6-25），即五峰组TOC为0.78%～3.92%（平均2.62%），鲁丹阶TOC为4.26%～13.5%（平均6.61%），埃隆阶TOC为1.66%～3.45%（平均2.21%），特列奇阶下部TOC值一般为1.6%～1.8%。从有机质丰度变化趋势看，五峰组—埃隆阶中上段为TOC＞2%的富有机质页岩集中段，TOC值一般为0.78%～13.5%，平均4.2%（17个样品），厚度约55m（图6-25）。

3. 热成熟度

根据WX2井龙马溪组激光拉曼谱显示，巫溪地区五峰组—龙马溪组R_o为3.48%～3.52%，D峰与G峰峰间距和峰高比分别为272.7和0.63，在G′峰位置已形成低幅度石墨峰（王玉满等，2018），说明该地区龙马溪组出现了石墨化特征，并已进入有机质炭化的无烟煤阶段。

四、富有机质页岩沉积要素

在奥陶纪—志留纪之交，扬子台盆区富有机质页岩的形成主要受弱—半封闭静水陆棚缓慢沉积所控制，即受缓慢沉降的稳定海盆、相对较高的海平面、弱—半封闭和低—正常盐度水体、低沉积速率等四大要素叠加控制，其中稳定的构造背景是核心控制因素（邹才能等，2016；王玉满等，2017）；在台盆区北缘（保康、巫溪和城口等地区），海域封闭性弱，埃隆阶及以浅富有机质页岩沉积则受上升洋流相控制。本节通过对巫溪田坝剖面地球化学和元素分析,进一步揭示该海域主要沉积要素的变化特征。

1. 海平面

根据巫溪田坝剖面干酪根 $\delta^{13}C$ 资料(图 6-25),在凯迪间冰期,巫溪海盆构造稳定,海平面处于高位,$\delta^{13}C$ 值为 -30.4‰～-29.8‰;在赫南特冰期,海平面下降,$\delta^{13}C$ 值发生小幅度正漂移,一般介于 -29.4‰～-29.2‰;在鲁丹期—埃隆早中期,巫溪海盆构造仍较稳定,随着气候变暖,海平面飙升至中高水位,$\delta^{13}C$ 值再次发生负漂移,一般为 -29.8‰～-29.7‰;在埃隆晚期—特列奇早期,随着沉降中心北移至巫溪地区,出现相对海平面上升,$\delta^{13}C$ 值再次出现负漂移,普遍介于 -30.6‰～-29.8‰;在特列奇中晚期,海平面快速下降至低水位,广泛发育灰绿色黏土质页岩。可见,在五峰组沉积期—特列奇早期,巫溪海域始终处于有利于有机质保存的中—高水位状态。

2. 海域封闭性与古地理

巫溪田坝在奥陶纪—志留纪之交处于扬子克拉通北缘深水域(图 1-6),特有的古地理和海域弱封闭性是其古环境的显著特征。研究发现,在巫溪田坝地区,五峰组—龙马溪组黑色页岩段普遍具有低 S/C 比值(图 6-25),其中:五峰组—鲁丹阶 S/C 比值介于 0.01～0.02,反映古水体处于低盐度、弱封闭状态;埃隆阶底部 S/C 比值有所上升,一般介于 0.26～0.45(平均 0.38),显示古水体以正常盐度和半封闭状态为主;埃隆阶中部—特里奇阶底部 S/C 比值再次降低,一般介于 0.01～0.12,显示古水体以低盐度、弱封闭状态为主(图 6-25)。

另据微量元素资料显示(图 6-28),巫溪海域在五峰组—埃隆阶沉积期具有较高 Mo 含量。在 TOC>1% 页岩段,Mo 值介于 3.2～53.9μg/g(平均 19.8μg/g),显示以弱封闭的缺氧环境为主。

这说明,在奥陶纪—志留纪之交,巫溪田坝海域长期处于弱封闭的深水缺氧环境,海域封闭性明显较台盆区(威远 W205 井区)弱,这为洋流活动和该海域古生产力提高创造了良好条件。

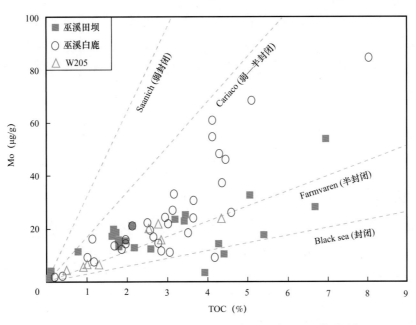

图 6-28 巫溪和威远五峰组—龙马溪组 Mo 与 TOC 关系图版

3. 古生产力

在巫溪田坝地区，受海域封闭性弱和晚期上升洋流影响，古海洋 P、Fe、Ba 等营养物质丰富（图 6-25）。P_2O_5/TiO_2 比值在五峰组较高，一般为 0.05～0.25（平均 0.13），在龙马溪组略有降低，普遍介于 0.04～0.22（平均 0.09）。Fe_2O_3+FeO 含量在五峰组—鲁丹阶较低，一般为 0.94%～3.33%（平均 1.92%，峰值出现在观音桥段），在埃隆阶—特列奇阶出现高水平状态，普遍介于 2.8%～12.2%（平均 5.8%）。Ba 含量在五峰组—鲁丹阶大部分层段一般为 1054～4384μg/g（平均 2292～2402μg/g），总体保持在正常水平（与长宁、石柱、秭归等地区总体相当）（表 6-11），在观音桥段和埃隆阶分别升高至 8198μg/g、2666～8470μg/g（平均 4857μg/g），远高于扬子海盆其他地区（表 6-11），在特列奇阶底部下降至 1477～5083μg/g 的中高水平。从 P_2O_5/TiO_2 比值、Fe_2O_3+FeO 含量和 Ba 含量变化趋势看，该海域古生产力在奥陶纪—志留纪之交普遍较高，并在赫南特冰期和埃隆上升流活跃期达到高峰。

表 6-11　巫溪田坝五峰组—龙马溪组页岩 Ba 含量与其他剖面对比表　　　　单位：μg/g

序号	页岩段	长宁 N211	石柱漆辽	秭归新滩	巫溪白鹿	巫溪田坝
1	特列奇阶				2105～2162/2134（2）	1477～5083/2680（3）
2	埃隆阶	1496～2503/1947（32）	1887～2943/2410（30）	827～4725/1456（17）	2461～91330/15250（12）	2666～8470/4857（9）
3	鲁丹阶	1239～2054/1608（11）	1111～2173/1710（30）	1153～1452/1326（13）	1702～3082/2200（13）	1899～3194/2402（6）
4	五峰组	405～1092/892（5）	481～2480/990（22）	889～2153/1413（8）	1325～2205/1832（4）	1054～8198/3473（5）

注：表中数值区间表示为最小值～最大值／平均值，括号内为样品数。

4. 沉积速率

根据巫溪田坝剖面资料（表 6-12），该地区沉积速率在五峰组沉积期—埃隆早期（*Dicellograptus complexus—Demirastrites triangulatus* 带沉积期）为 1.97～3.79m/Ma（与鄂西秭归五峰组沉积期—鲁丹期速率相当），在埃隆中期（*Lituigrapatus convolutus* 带沉积期）加快至 56.94m/Ma，并在特列奇期达到 100m/Ma 以上高值。

尽管巫溪田坝埃隆中期以后沉积速率远高于川南—川东坳陷五峰组沉积期—鲁丹中期（沉积速率普遍低于 10m/Ma），但仍能控制形成厚 25～30m 富有机质页岩（表 6-12），这缘于扬子海盆北缘埃隆阶上升洋流系统对富有机质页岩沉积具有明显的控制作用。

5. 氧化还原条件

在巫溪田坝剖面点，Ni/Co 值与 TOC 相关性较好（图 6-25），是反映氧化还原条件的有效指标。测试资料显示，Ni/Co 值在五峰组—鲁丹阶（厚 20m）为 20.71～62.74，平均 37.07（11 个样品）（图 6-25），在埃隆阶下部（厚 5m）为 4.0～12.8，平均 6.8（4 个样品），在埃隆阶中上部—特列奇阶底部（厚 45m）为 10.8～13.9，平均 12.4（6 个样品），在特列奇阶中下部下降至 2.8 以下。这说明，巫溪田坝海域在五峰组沉积期—特列奇早期主体为深水缺氧环境，在特列奇中期以后随着海平面快速下降出现氧化环境。

表 6-12 巫溪地区及周缘五峰组—龙马溪组沉积速率统计表

统	阶	笔石带	沉积时间(Ma)	秭归新滩 厚度(m)	沉积速率(m/Ma)	TOC(%)	巫溪田坝 厚度(m)	沉积速率(m/Ma)	TOC(%)	利川毛坝 厚度(m)	沉积速率(m/Ma)	TOC(%)
下志留统	特列奇阶	*Spirograptus guerichi*	0.36				>25	>100	0.10~1.80			
	埃隆阶	*Stimulograptus sedgwickii*	0.27	55.64	77.30	0.10~1.40	41	56.94	1.66~3.41/2.07	>18	>67	0.38~0.76
		Lituigrapatus convolutus	0.45			0.50~2.30				20	44.44	2.12~2.73
		Demirastrites triangulatus	1.56	21	13.50	2.50~4.00	3.77	2.42	1.95~3.45	24.87	15.94	3.09
	鲁丹阶	*Coronograptus cyphus*	0.80	3.25	4.06	2.60~3.30	13.86	3.79	4.26~13.5/6.61	6.15	7.69	2.21
		Cystograptus vesiculosus	0.90	2.03	1.11	1.50~3.60				3.43	1.20	3.77~4.45
		Parakidograptus acuminatus	0.93			5.60~5.80						
		Akidograptus ascensus	0.43	1.53	3.56							
上奥陶统	赫南特阶	*Normalograptus persculptus*	0.60	0.33	0.55							
		Hirnantian	0.73	0.18	1.61	2.07	0.2		3.19	12.41	3.89	1.40~3.20/2.10
		Normalograptus extraordinarius										
	凯迪阶	*Paraorthograptus pacificus*	1.86	4.96	1.61	2.00~4.60	6.09	1.97	0.78~3.92/2.43			
		Dicellograptus complexus	0.60									

注：笔石带划分和沉积时间资料引自文献（邹才能等，2015；陈旭等，2017；樊隽轩等，2012）。

第四节 南江志留系剖面

南江志留系剖面位于川北高陡构造区,并在杨坝镇新坝村公路边和桥亭乡桥亭村水库边出露(图6-29、图6-30)。五峰组在新坝村(距县城20km)出露完整,顶、底界限清晰,沿省道自北向南展开,海拔698m,产状150°∠90°。龙马溪组仅发育特列奇阶,缺失鲁丹阶和埃隆阶,黑色页岩在桥亭村水库边出露厚度超过25m,在新坝村出露较少。因此,该剖面由新坝村五峰组和桥亭村特列奇阶两部分组成,以桥亭剖面为主。

图6-29 南江县杨坝镇新坝村五峰组—特列奇阶剖面全景图

图6-30 南江县桥亭乡桥亭村五峰组—特列奇阶剖面全景图

一、基本地质特征

在南江地区，五峰组发育完整，未缺失观音桥段，龙马溪组则缺失 *Normalograptus persculptus*—*Stimulograptus sedgwickii* 8个笔石带（缺失鲁丹阶和埃隆阶）（图6-31）。依据笔石、斑脱岩和GR曲线分层，五峰组厚4.77m，特列奇阶下部黑色页岩段（仅 *Spirograptus guerichi* 段）厚17m（图6-31、图6-32）。五峰组—龙马溪组共划分22小层，其中1—12小层在新坝村勘测，13层及以浅在桥亭村勘测。现分小层描述如下。

1. 宝塔组

龟裂纹泥灰岩，灰色，中层状，GR值为94～99cps。

2. 临湘组

厚10cm，薄层状泥灰岩。

3. 五峰组

厚4.77m，自下而上为黏土质页岩、硅质页岩夹斑脱岩组合，共分9小层（图6-31）。

1层厚1.12m，灰绿色黏土质页岩，断面细腻（图6-32a），为浅水相沉积。GR响应为中等幅度值，一般介于133～164cps。

2层厚1.1m，下段为浅灰色黏土质页岩，表层呈竹叶状风化，块状，笔石少，为浅水相沉积；上段以黏土质页岩为主，夹4层斑脱岩（单层厚0.5～1cm），为第1个斑脱岩密集段。此小层自下而上颜色变深，反映水体由浅变深。GR响应为中等幅度值，一般为128～159cps。

3层厚0.56m，薄层状硅质页岩，单层厚1～6cm，黑色，质地脆（图6-32b）。GR响应为低幅度值，一般介于123～139cps。

4层厚0.17m，中层状硅质页岩（图6-32b），GR值介于95～128cps。

5层厚0.53m，薄层状硅质页岩（图6-32b），GR值一般介于99～116cps。

6层厚0.61m，薄层状硅质页岩，在下部和顶部见2层斑脱岩，其中下层斑脱岩厚1～6cm，顶层斑脱岩厚1～3.5cm。该段为第2个斑脱岩密集段，GR响应为低幅度值，一般介于120～123cps，在斑脱岩层出现204cps的峰值。

7层厚0.28m，中层状硅质页岩，见WF4尖笔石。GR响应为92～93cps的低幅度值。

8层厚0.3m，薄层状硅质页岩（图6-32c），GR响应为低幅度值，一般介于101～151cps。

9层厚0.1m，下段和上段岩性差异显著，GR响应显中高幅度值，一般介于188～235cps且自下而上增高。下段（厚5～7cm）为黏土质硅质混合页岩，黏土质含量高，GR值为188～198cps。上段（厚3～5cm）为硅质页岩，硅质含量明显增高，化石丰富，见头足类、细小腹足类化石（图6-32c、d），GR出现235cps峰值（赫南特阶GR峰）。根据化石和GR响应特征判断，该小层为观音桥段介壳层。

4. 龙马溪组（特列奇阶）

实测厚度在17m以上，主要为黏土质硅质混合页岩、硅质页岩、碳质页岩夹厚层斑脱岩组合，小层编号为10—22（图6-31）。

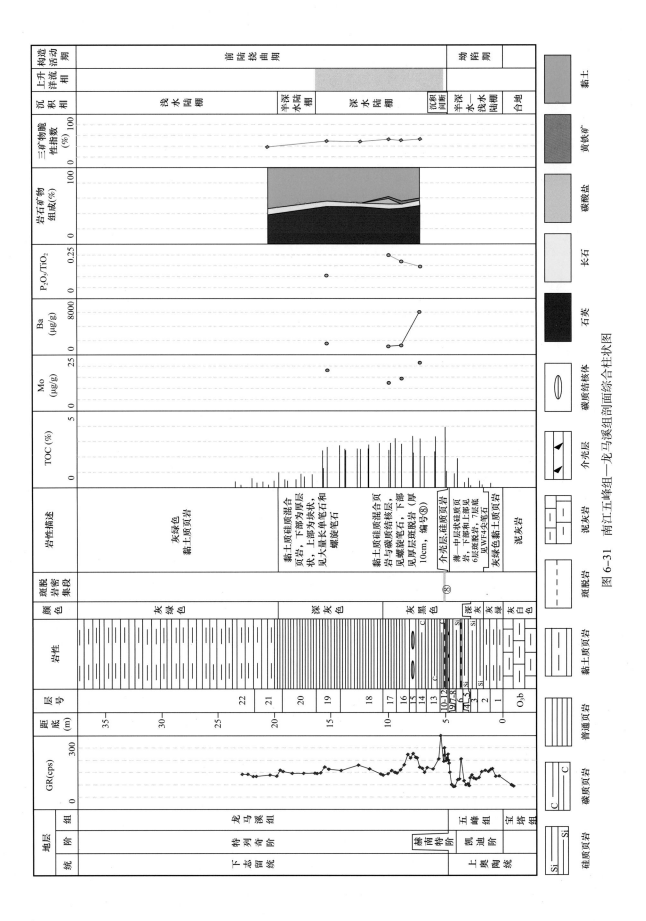

图 6-31 南江五峰组—龙马溪组剖面综合柱状图

(a) 五峰组底部黏土质页岩，灰色、灰绿色

(b) 五峰组中部碳质页岩与硅质页岩

(c) 五峰组与龙马溪组界限，在五峰组顶部见观音桥介壳层（9层），龙马溪组底部为薄层状黏土质硅质混合页岩（10层），见螺旋笔石

(d) 观音桥段硅质页岩，见深水相角石

(e) LM9底部厚层斑脱岩(密集段⑧)与碳质页岩组合，厚层斑脱岩位于11层上部（箭头所指），单层，厚10cm

(f) LM9下部碳质层（15层），呈结核层产出

(g) LM9下部黏土质硅质混合页岩（17层），厚层状，含碳质，见螺旋笔石

(h) LM9下部笔石（17层），见大量螺旋笔石

(i) LM9中部（20—21层）黏土质页岩，块状，深灰色

(j) LM9上部（22层）黏土质页岩，灰色、灰绿色

图 6-32　南江五峰组—龙马溪组重点层段露头照片

图中地质锤长 33cm，箭头所指为斑脱岩层；LM7—*Lituigrapatus convolutus* 带；

LM8—*Stimulograptus sedgwickii* 带；LM9—*Spirograptus guerichi* 带

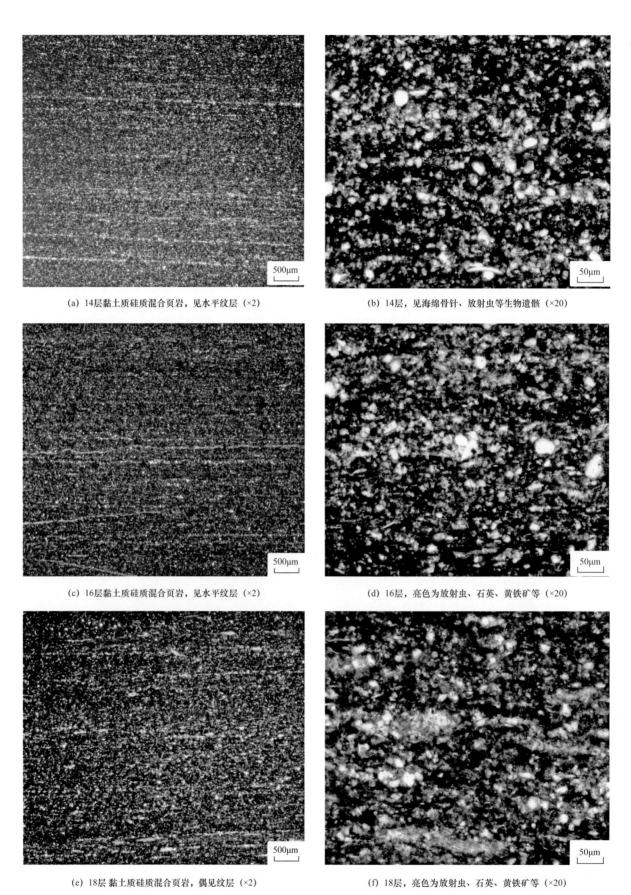

(a) 14层黏土质硅质混合页岩，见水平纹层（×2）

(b) 14层，见海绵骨针、放射虫等生物遗骸（×20）

(c) 16层黏土质硅质混合页岩，见水平纹层（×2）

(d) 16层，亮色为放射虫、石英、黄铁矿等（×20）

(e) 18层黏土质硅质混合页岩，偶见纹层（×2）

(f) 18层，亮色为放射虫、石英、黄铁矿等（×20）

图 6-33　南江五峰组—龙马溪组重点层段岩石薄片

10 层厚 0.13m，中层状硅质页岩，黏土质较观音桥段明显增多，笔石丰富，底部见 *Spirograptus guerichi* 笔石（N1 第 21 号笔石）。GR 显中高幅度值，一般介于 185～208cps。

11 层厚 0.22m，为斑脱岩密集段（编号为⑧，与城口明中剖面 33 层对应），底部为 1 层厚 1～3cm 斑脱岩，中部为硅质页岩，上部为 1 层厚 10cm 的厚层斑脱岩，表面风化为褐色黏土层，新鲜色仍为灰白色，呈橡皮泥状（图 6-32e），GR 显峰值响应（217cps）。此密集段在城口—南江地区特列奇阶底部出现，说明扬子海盆前陆挠曲活动在特列奇初期再次突然增强，并导致沉降沉积中心迅速向西北迁移至城口—南江地区，促使南江海域封闭性显著变弱，洋流趋于活跃。

12 层厚 0.37m，碳质页岩，上部已风化为土壤层（图 6-32e），见螺旋笔石。GR 显峰值响应（298cps）。

13—14 层厚 2.10m，黏土质硅质混合页岩，厚层状，灰黑色，含碳质，笔石丰富，见 *Spirograptus guerichi* 笔石、单笔石和营笔石。Ba 含量达到 6074μg/g 的高水平，为典型的上升洋流相页岩。镜下见水平纹层以及海绵骨针、放射虫等生物遗骸（图 6-33a、b）。GR 显中等幅度值，一般介于 151～208cps。TOC 为 2.0%～3.18%，岩石矿物组成为石英 50.5%、长石 6.9%、黄铁矿 2.7%、黏土矿物 39.9%，三矿物脆性指数为 53.2%。

15 层厚 0.57m，为上升洋流相碳质层，在桥亭剖面点呈结核状产出，结核体呈透镜状，尺寸为 30cm×80cm，中心为高碳质黏土层，向边部硅质增多，GR 值由中心向边部降低（图 6-32f）。GR 显高幅度值，一般为 209～227cps。

16—20 层厚 11.19m，黏土质硅质混合页岩，黏土质增多，断面颗粒较细（图 6-32g—j），笔石丰富，镜下见水平纹层，亮色为放射虫、石英、黄铁矿等（图 6-33c—f）。颜色自下而上变浅，GR 显中高幅度值，一般介于 150～223cps。下部和中部（16—19 层）为受上升洋流控制的深水陆棚相沉积，含碳质，局部含钙质，颜色显灰黑—深灰色，TOC 一般为 2.44%～3.21%，岩石矿物组成为石英 45.5%～49.4%、长石 5.3%～7.3%、方解石 0～2.7%、白云石 0～5.0%、黄铁矿 0～3.5%、黏土矿物 38.0%～46.2%，三矿物脆性指数为 48.5%～52.7%（平均 50.2%）；上部（20 层）为半深水陆棚相沉积，总体显灰色、深灰色，TOC 为 0.42%～0.85%。

21 层及以浅厚度超过 8m，为浅水陆棚相黏土质页岩，颜色显灰色、灰绿色。GR 响应下降为中低幅度值，一般介于 133～142cps。TOC 一般为 0.17%～0.54%，岩石矿物组成为石英 38.5%、长石 8.1%、黏土矿物 53.4%，三矿物脆性指数降为 38.5%。

根据岩相和 GR 响应特征判断，南江地区在五峰组沉积期主体为浅水相沉积，仅上部 0.7m 为深水岩相组合，在鲁丹期—埃隆期为水下隆起（沉积间断），在特列奇早期（10—19 层）为深水相沉积，沉积速率在 33m/Ma 以上，在特列奇晚期（20 层以浅）则转为半深水—浅水相沉积（图 6-31）。特列奇阶黑色页岩主体为上升洋流相沉积，在斑脱岩密集段⑧以浅共发现上升洋流相页岩 11.2m（12—19 层），典型岩相包括高钡含量碳质页岩（GR 值为 150～300cps，Ba 含量超过 6000μg/g）、碳质结核（GR 值为 209～227cps）、含碳质黑色页岩（主要为厚层状黏土质硅质混合页岩，含碳质，GR 值一般为 140～180cps）。

二、页岩地球化学特征

根据剖面分析测试资料（图 6-31），南江五峰组—特列奇阶下部（1—22 层）TOC 值一般为 0.18%～3.94%（平均 1.50%）（图 6-31）。其中，五峰组有机质丰度较低，TOC 值一般为

0.15%～1.89%（平均0.66%），仅在顶部赫南特阶（7—9层）达到1%以上；特列奇阶下部10m（10—19层）为TOC>2%的富有机质页岩段，TOC介于2.04%～3.94%（平均2.76%），向上（20—22层）有机质丰度快速降低，TOC一般为0.18%～0.98%（平均0.57%）。可见，南江地区五峰组—龙马溪组TOC>1%的黑色页岩段约12m，其中TOC>2%的富有机质页岩仅10m。

与台盆区五峰组—鲁丹阶静水缓慢沉积环境不同，南江特列奇阶富有机质页岩段形成于弱—半封闭、洋流活跃的大陆边缘缺氧环境（图6-34），营养物质总体较丰富。

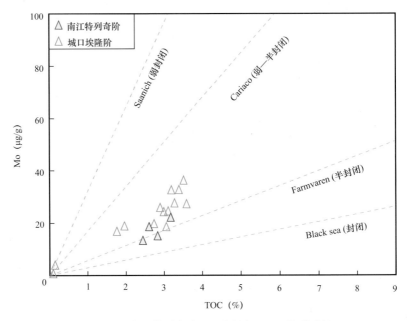

图6-34 南江特列奇阶Mo含量与TOC关系图版

剖面元素化学资料显示（图6-31、图6-34），南江海域在特列奇阶具有较高Mo含量、P_2O_5/TiO_2比值、Ba含量和硅质含量。在TOC>1%页岩段，Mo含量值普遍介于12.5～21.5μg/g，与城口埃隆阶相近，显弱封闭—半封闭的缺氧环境。P_2O_5/TiO_2比值一般介于0.10～0.20（平均0.16），Ba含量一般为1161～6074μg/g（平均2531μg/g），与巫溪—城口埃隆阶上部—特列奇阶底部相当。硅质含量处于较高水平，石英含量一般为45.5%～50.5%（平均48.1%），明显高于台盆区埃隆阶上部（一般为20.0%～49.6%，平均38.7%）。从P_2O_5/TiO_2比值、Ba含量和硅质含量变化趋势看，南江海域古生产力在特列奇阶较高且明显高于台盆区。

三、富有机质页岩沉积模式

南江地区在奥陶纪—志留纪之交大致经历了由浅水陆棚—水下隆起—深水陆棚—浅水陆棚沉积演化过程（图6-31、图6-35），在五峰组沉积时期总体处于浅水陆棚区，在赫南特晚期快速隆升为水下隆起并一直持续到埃隆期末（未接受沉积），在特列奇早期快速沉降为沉积中心（半深水—深水陆棚区），沉积速率上升至33m/Ma以上，来自北部秦岭洋的上升洋流在此趋于活跃，进而控制特列奇阶下段深色页岩与富有机质页岩沉积（图1-8、图6-35），即在斑脱岩密集段⑧出现以后，随着沉降沉积中心自东南迁移至川北地区（图6-36），进而导致南江海域封闭性变弱，上升洋流大规模涌入，古生产力显著提高，进而促进了富有机质页岩沉积，沉积厚度达10m（图1-8、图6-35）。

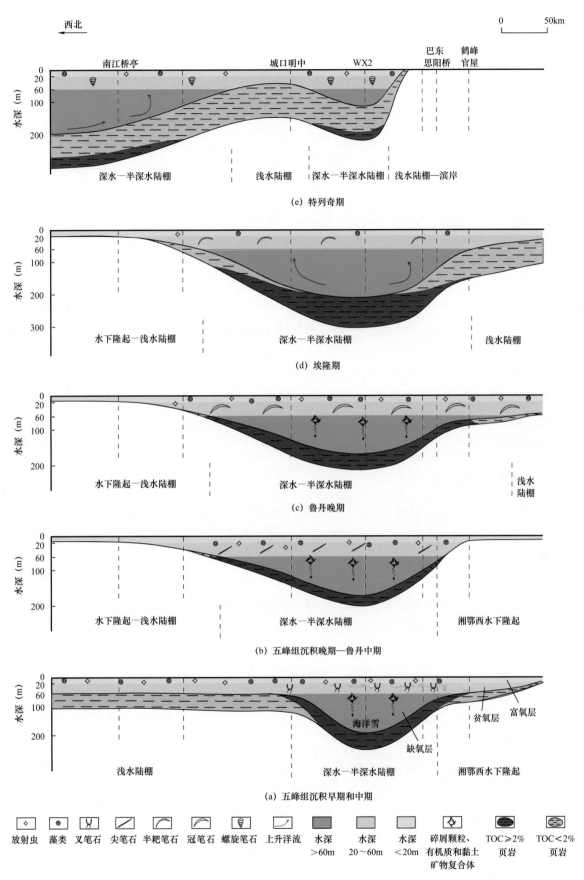

西北

0   50km

南江桥亭   城口明中   WX2   巴东 鹤峰
思阳桥 官屋

深水—半深水陆棚   浅水陆棚   深水—半深水陆棚   浅水陆棚—滨岸

(e) 特列奇期

水下隆起—浅水陆棚   深水—半深水陆棚   浅水陆棚

(d) 埃隆期

水下隆起—浅水陆棚   深水—半深水陆棚   浅水
陆棚

(c) 鲁丹晚期

水下隆起—浅水陆棚   深水—半深水陆棚   湘鄂西水下隆起

(b) 五峰组沉积晚期—鲁丹中期

海洋雪   贫氧层 富氧层

缺氧层

浅水陆棚   深水—半深水陆棚   湘鄂西水下隆起

(a) 五峰组沉积早期和中期

放射虫   藻类   叉笔石   尖笔石   半耙笔石   冠笔石   螺旋笔石   上升洋流   水深
>60m   水深
20~60m   水深
<20m   碎屑颗粒、
有机质和黏土
矿物复合体   TOC≥2%
页岩   TOC<2%
页岩

图6-35   鄂西—川东北—川北五峰组—龙马溪组沉积演化剖面

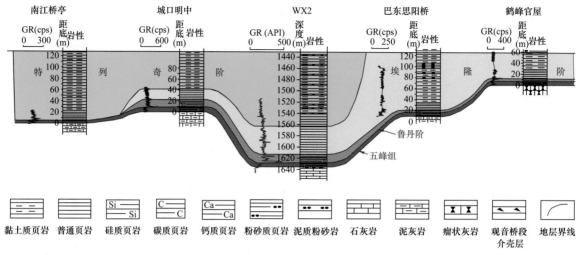

图 6-36　南江—城口—巫溪—鄂西五峰组—龙马溪组剖面图

第五节　旺苍石岗剖面

旺苍石岗五峰组—龙马溪组剖面位于四川省旺苍县国华镇石岗村河东侧，海拔 604m，产状 185°∠51°。底界和观音桥段界面清晰，出露厚度超过 80m，其中凯迪阶、赫南特阶、鲁丹阶黑色页岩出露完整，埃隆阶风化和覆盖较严重。该剖面是了解川北旺苍地区五峰组—龙马溪组优质页岩发育特征的重点剖面。

一、基本地质特征

旺苍国华镇五峰组—龙马溪组厚度超过 80m（小层编号为 1—28 层）（图 6-37、图 6-38），其中黑色页岩段为五峰组—埃隆阶下部，厚度近 15m。现分小层描述如下。

1. 五峰组

厚度为 5.13m，自下而上为黏土质页岩、硅质页岩和含介壳钙质硅质混合页岩，小层编号为 1—5 层。

1 层厚度为 1.37m，下部 50cm 为青灰、灰色黏土质页岩，向上颜色变深：上段为灰色、深灰色硅质页岩，中层状，反映在坳陷初期，该地区经历了台地—浅水陆棚—深水陆棚的快速转换。GR 为中高幅度值，一般介于 189～241cps。

2 层厚度为 1.55m，薄层状硅质页岩，灰黑色，单层厚 1～10cm，质地硬而脆（图 6-38a）。GR 为中等幅度值，一般介于 158～193cps。

3 层厚度为 1.53m。硅质页岩与碳质页岩互层，硅质页岩单层厚 15cm，碳质页岩单层厚 15～20cm。GR 为中高幅度值，一般介于 197～260cps。

4 层厚度为 0.4m，为观音桥段下部，含钙质介壳层，滴酸起泡，见大量赫南特贝和棘皮类化石，质地硬，黑色，岩性主体为含钙质硅质页岩，黏土少（图 6-38b，图 6-39a、b）。GR 为中高幅度值，一般介于 240～246cps。

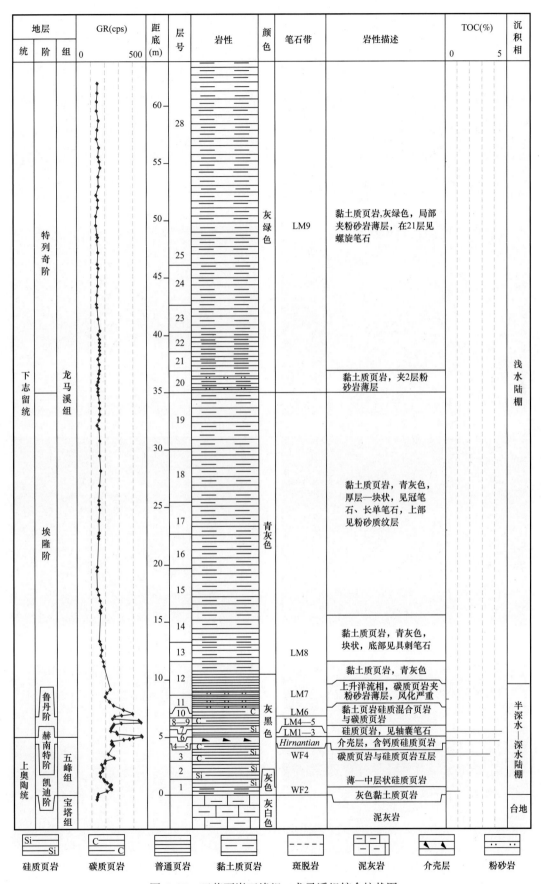

图 6-37　旺苍石岗五峰组—龙马溪组综合柱状图

(a) 五峰组中段薄—中层状硅质页岩

(b) 观音桥段（4—5层）厚0.68m，含钙质硅质页岩

(c) 观音桥段（5层）化石，赫南特贝

(d) 鲁丹阶（6—9层）厚1.55m，薄层状硅质页岩与碳质页岩

(e) 埃隆阶下部上升洋流相，灰黑色碳质页岩夹硅质岩

(f) 埃隆阶上部青灰色黏土质页岩，厚层—块状，
断面见粉砂质纹层

(g) 特列奇阶底部灰绿色黏土质页岩夹粉砂层（单层厚3～5cm）

(h) 特列奇阶笔石化石，螺旋笔石（21层）

图6-38　旺苍石岗五峰组—龙马溪组重点层段露头照片

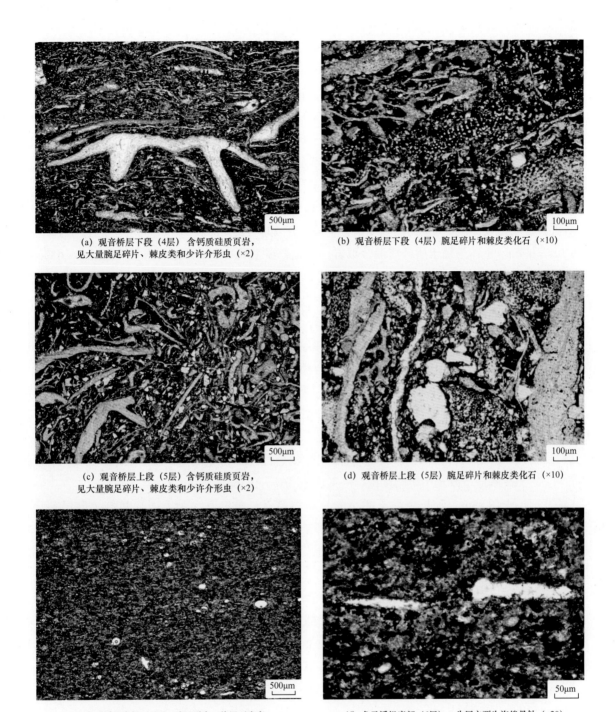

(a) 观音桥层下段（4层）含钙质硅质页岩，
见大量腕足碎片、棘皮类和少许介形虫（×2）

(b) 观音桥层下段（4层）腕足碎片和棘皮类化石（×10）

(c) 观音桥层上段（5层）含钙质硅质页岩，
见大量腕足碎片、棘皮类和少许介形虫（×2）

(d) 观音桥层上段（5层）腕足碎片和棘皮类化石（×10）

(e) 龙马溪组底部（6层）硅质页岩，纹层不发育，
见大量针状、圆形或椭圆形生物碎屑呈星星点状分布（×2）

(f) 龙马溪组底部（6层），生屑主要为海绵骨针（×20）

图6-39　旺苍石岗五峰组—龙马溪组重点层段岩石薄片

5层厚度为0.28m，为观音桥段上部，深水相含钙质硅质页岩，滴酸起泡，化石丰富，见大量腕足类、三叶虫和棘皮类化石，局部见头足类（图6-38b、c），顶部出现GR峰（400cps，即赫南特阶GR峰）。镜下见大量腕足碎片、棘皮类和少许介形虫（图6-39c、d）。表层风化为灰褐色土壤层。

2. 龙马溪组

厚度65m以上，自下而上为硅质页岩、碳质页岩、粉砂质页岩和黏土质页岩夹粉砂岩组合，小层编号为6—28层。其中，鲁丹阶主要为6—9层，厚约1.55m；埃隆阶主要为10—19层，厚约28.28m；特列奇阶为20层及以浅，厚度超过30m。

6层厚0.3m，薄层硅质页岩，质地硬，见大量尖笔石（LM1—LM3），笔石丰度高，分异度小。镜下纹层不发育，见大量针状、圆形或椭圆形生物碎屑呈星点状分布，生屑主要为海绵骨针（图6-39e、f）。GR出现高峰值响应（峰值456~462cps，即赫南特阶GR峰上段）。

7层厚0.55m，薄—中层状硅质页岩，笔石丰富（图6-38d），底部见轴囊笔石、微细笔石、尖笔石。GR为高幅度值，一般介于233~277cps。

8层厚0.3m，下部15cm为黑色碳质页岩，质地软，风化为灰褐色土壤层；上部15cm为中层状硅质页岩，质地硬而脆。GR为高幅度值，一般介于247~259cps。

9层厚0.4m。主体为黏土质硅质混合页岩，风化严重（图6-38d），GR出现峰值437~453cps。

10层厚0.4m，底部10cm为薄层状硅质页岩，上部为碳质页岩，并出现GR峰，为LM6段底。GR值介于248~312cps。

11层厚1.6m，灰黑色碳质页岩夹4层粉砂岩（单层厚1~4cm），下部0.5m为LM6笔石带碳质页岩，向上出现碳质页岩与粉砂层互层（韵律层）（图6-38e），该韵律层为LM7笔石带下部上升洋流相，与巫溪白鹿剖面LM7带底部岩相组合相似。GR为高幅度值，一般介于227~393cps。

12层厚2.96m，下部1m为碳质层与粉砂层薄互层（粉砂层单层厚2~3cm），中部覆盖严重。上部50cm为青灰色黏土质页岩，黏土含量明显增高，局部风化为灰绿色。GR值出现明显下降，为中高幅度值，一般介于188~235cps。

13层厚1.67m，青灰色黏土质页岩，底部见具刺笔石（LM8笔石），黏土质高，块状，表面风化为竹叶状。GR响应下降至中等幅度值，一般介于164~183cps。

14—18层厚18.83m，青灰色黏土质页岩，见冠笔石、单笔石，黏土质含量高，厚层—块状（图6-38f）。上部见粉砂质纹层。GR响应保持中等幅度值，一般介于140~174cps。

19层厚2.82m，青灰色、灰绿色黏土质页岩，块状，见大量粉砂质纹层。GR响应保持中等幅度值，一般介于142~163cps。

20层厚1.98m，灰绿色黏土质页岩夹2层粉砂层（单层厚3~5cm），黏土质页岩见大量粉砂质纹层（单层厚1~5mm）（图6-38g）。GR响应保持中低幅度值，一般介于141~155cps。

21层及以浅厚25m以上，灰绿色黏土质页岩，局部夹粉砂层，在21层处见螺旋笔石（图6-38h）。GR响应为中低幅度值，一般介于135~164cps。

根据岩相和GR响应特征判断，五峰组—龙马溪组黑色页岩总体较薄，其中半深水—深水相页岩段为1—12层，厚度约12m。

二、页岩有机地球化学特征

根据剖面资料（图6-37），1—11层为黑色页岩段，厚度为8.7m，TOC值一般为0.27%~4.56%（平均2.8%），其中3—10层为TOC>2%的高伽马段。12层及以浅为青灰色、灰绿色页岩，TOC值一般为0.09%~0.15%（图6-37）。可见，旺苍地区五峰组—埃隆阶底部为TOC>1%页岩段，厚度仅8m左右，其中TOC>2%的富有机质页岩厚约4.2m。

参 考 文 献

拜文华, 王强, 孙莎莎, 等, 2019. 五峰组—龙马溪组页岩地化特征及沉积环境——以四川盆地西南缘为例 [J]. 中国矿业大学学报, 48 (6): 1276-1289.

陈旭, BERGSTR ÖM Stig M, 张元动, 等, 2014. 中国三大块体晚奥陶世凯迪早期区域构造事件 [J]. 科学通报, 59 (1) 59-65.

陈旭, 陈清, 甄勇毅, 等, 2018. 志留纪初宜昌上升及其周缘龙马溪组黑色笔石页岩的圈层展布模式 [J]. 中国科学: 地球科学, 48 (9): 1198-1206.

陈旭, 樊隽轩, 陈清, 等, 2014. 论广西运动的阶段性 [J]. 中国科学: 地球科学, 44 (5): 842-850.

陈旭, 樊隽轩, 王文卉, 等, 2017. 黔渝地区志留系龙马溪组黑色笔石页岩的阶段性渐进展布模式 [J]. 中国科学: 地球科学, 47 (6): 720-732.

陈旭, 丘金玉, 1986. 宜昌奥陶纪的古环境演变 [J]. 地层学杂志, 10 (1): 1-15.

陈旭, 戎嘉余, 樊隽轩, 等, 2006. 奥陶系上统赫南特阶全球层型剖面和点位的建立 [J]. 地层学杂志, 30 (4): 289-305.

陈旭, 戎嘉余, 周志毅, 等, 2001. 上扬子区奥陶—志留纪之交的黔中隆起和宜昌上升 [J]. 科学通报, 46 (12): 1052-1056.

丁文龙, 许长春, 久凯, 等, 2011. 泥页岩裂缝研究进展 [J]. 地球科学进展, 26 (2): 135-144.

董大忠, 高世葵, 黄金亮, 等, 2014. 论四川盆地页岩气资源勘探开发前景 [J]. 天然气工业, 34 (12): 1-15.

董大忠, 施振生, 孙莎莎, 等, 2018. 黑色页岩微裂缝发育控制因素——以长宁双河剖面五峰组—龙马溪组为例 [J]. 石油勘探与开发, 45 (5): 1-12.

董大忠, 王玉满, 黄旭楠, 等, 2016. 中国页岩气地质特征、资源评价方法及关键参数 [J]. 天然气地球科学, 27 (9): 1583-1601.

董大忠, 王玉满, 李登华, 等, 2012. 全球页岩气发展启示与中国未来发展前景展望 [J]. 中国工程科学, 14 (6): 69-76.

董大忠, 王玉满, 李新景, 等, 2016. 中国页岩气勘探开发新突破及发展前景思考 [J]. 天然气工业, 36 (1): 19-32.

董大忠, 邹才能, 戴金星, 等, 2016. 中国页岩气发展战略对策建议 [J]. 天然气地球科学, 27 (3): 397-406.

董大忠, 邹才能, 杨桦, 等, 2012. 中国页岩气勘探开发进展与发展前景 [J]. 石油学报, 33 (S1): 107-114.

樊隽轩, Michael J MELCHIN, 陈旭, 等, 2012. 华南奥陶—志留系龙马溪组黑色笔石页岩的生物地层学 [J]. 中国科学 (地球科学), 42 (1): 130-139.

范琳沛, 李勇军, 白生宝, 2014. 美国 Haynesville 页岩气藏地质特征分析 [J]. 长江大学学报 (自然科学版), 11 (2): 81-83.

付金华, 李士祥, 徐黎明, 等, 2018. 鄂尔多斯盆地三叠系延长组长 7 段古沉积环境恢复及意义 [J]. 石油勘探与开发, 45 (6): 1-11.

管全中, 董大忠, 王淑芳, 等, 2016. 海相和陆相页岩储层微观结构差异性分析 [J]. 天然气地球科学, 27 (3): 524-531.

管全中, 董大忠, 王玉满, 等, 2015. 层次分析法在四川盆地页岩气勘探区评价中的应用 [J]. 地质科技情报, 34 (5): 91-97.

郭彤楼, 张汉荣, 2014. 四川盆地焦石坝页岩气田形成与富集高产模式 [J]. 石油勘探与开发, 41 (1): 28-35.

郭彤楼，2016.中国式页岩气关键地质问题与成藏富集主控因素［J］.石油勘探与开发，43（3）：1-10.

郭彤楼，刘若冰，2013.复杂构造区高演化程度海相页岩气勘探突破的启示——以四川盆地东部盆缘JY1井为例［J］，天然气地球科学，4（4）：643-651.

郭旭升，胡东风，李宇平，等，2017.涪陵页岩气田富集高产主控地质因素［J］.石油勘探与开发，44（4）：481-491.

郭旭升，李宇平，腾格尔，等，2020.四川盆地五峰组—龙马溪组深水陆棚相页岩生储机理探讨［J］.石油勘探与开发，47（1）：1-9.

郭英海，李壮福，李大华，等，2004.四川地区早志留世岩相古地理［J］.古地理学报，6（1）：20-29.

胡望水，柴华，鄢菲，等，2009.华北地块中—上元古界上升流岩相类型及相模式［J］.石油天然气学报，31（6）：32-37.

胡望水，吕炳全，王红罡，等，2004.扬子地块东南陆缘寒武系上升流沉积特征［J］江汉石油学院学报，26（4）：9-11.

胡艳华，周继彬，宋彪，等，2008.中国湖北宜昌王家湾剖面奥陶系顶部斑脱岩 SHRIMP 锆石 U—Pb 定年［J］.中国科学（D辑：地球科学），38（1）：72-77.

黄金亮，邹才能，李建忠，等，2012.川南志留系龙马溪组页岩气形成条件与有利区分析［J］.煤炭学报，37（5）：782-787.

蒋珊，王玉满，王书彦，等，2018.四川盆地川中古隆起及周缘下寒武统筇竹寺组页岩有机质石墨化区预测［J］.天然气工业，38（10）：19-27.

金若谷，1989.一种深水沉积标志——"瘤状结核"及其成因［J］.沉积学报，7（2）：51-61.

李登华，李建忠，黄金亮，等，2014.火山灰对页岩油气成藏的重要作用及其启示［J］.天然气工业，34（5）：56-65.

李双建，孙冬胜，郑孟林，等，2014.四川盆地寒武系盐相关构造及其控油气作用［J］.石油与天然气地质，35（5）：622-631.

李双建，肖开华，沃玉进，等，2008.南方海相上奥陶统—下志留统优质烃源岩发育的控制因素［J］.沉积学报，26（5）：872-880.

李新景，陈更生，陈志勇，等，2016.高过成熟页岩储层演化特征与成因［J］.天然气地球科学，27（3）：407-416.

梁狄刚.郭彤楼，边立曾，等，2009.中国南方海相生烃成藏研究的若干新进展（三）——南方四套区域性海相烃源岩的沉积相及发育的控制因素［J］.海相油气地质，14（2）：1-19.

梁峰，拜文华，邹才能，等，2016.渝东北地区巫溪2井页岩气富集模式及勘探意义［J］.石油勘探与开发，43（3）：350-358.

梁峰，王红岩，拜文华，等，2017.川南地区五峰组—龙马溪组页岩笔石带对比及沉积特征［J］.天然气工业，37（7）：20-26.

刘宝珺，许效松，1994.中国南方岩相古地理图集（震旦纪—三叠纪）［M］.北京：科学出版社，1-239.

刘德汉，肖贤明，田辉，等，2013.固体有机质拉曼光谱参数计算样品热演化程度方法与地质应用［J］.科学通报，58（13）：1228-1241.

刘峰，蔡进功，吕炳全，等，2011.下扬子五峰组上升流相烃源岩沉积特征［J］同济大学学报（自然科学版），39（3）：440-444.

刘万洙，王璞珺，1997.松辽盆地嫩江组白云岩结核的成因及其环境意义［J］.岩相古地理，17（1）：22-26.

吕炳全，王红罡，胡望水，等，2004.扬子地块东南古生代上升流沉积相及其与烃源岩的关系［J］.海洋地质与第四纪地质，24（4）：29-35.

吕炳全，王红罡，胡望水，等，2004.扬子地块东南古生代上升流沉积相及其与烃源岩的关系［J］.海洋地质与第四
　　系地质，24（4）：29.

马新华，谢军，雍锐，2020.四川盆地南部龙马溪组页岩气地质特征及高产控制因素［J］.石油勘探与开发，47（5）：
　　1-15.

马新华，谢军，2018.川南地区页岩气勘探开发进展及发展前景［J］.石油勘探与开发，45（1）：161-169.

马新华，2018.四川盆地南部页岩气富集规律与规模有效开发探索［J］.天然气工业，38（10）：1-10.

马永生，蔡勋育，赵培荣，2018.中国页岩气勘探开发理论认识与实践［J］.石油勘探与开发，45（4）：561-574.

盂庆峰，侯贵廷，2012.阿巴拉契亚盆地 Marcellus 页岩气藏地质特征及启示［J］.中国石油勘探，17（1）：67-73.

聂海宽，金之钧，边瑞康，等，2016.四川盆地及其周缘上奥陶统五峰组—下志留统龙马溪组页岩气"源—盖控藏"
　　富集［J］.石油学报，37（5）：557-571.

聂海宽，金之钧，马鑫，等，2017.四川盆地及邻区上奥陶统五峰组—下志留统龙马溪组底部笔石带及沉积特征［J］.
　　石油学报，38（2）：160-174.

庞谦，李凌，胡广，等，2017.川北地区下寒武统筇竹寺组钙质结核特征及成因机制［J］.沉积学报，35（4）：681-
　　690.

蒲泊伶，董大忠，吴松涛，等，2014.川南地区下古生界海相页岩微观储集空间类型［J］.中国石油大学学报（自然
　　科学版），38（4）：19-25.

邱振，江增光，董大忠，等，2017.巫溪地区五峰组—龙马溪组页岩有机质沉积模式［J］.中国矿业大学学报，46（5）：
　　1134-1142.

邱振，卢斌，陈振宏，等，2019.火山灰沉积与页岩有机质富集关系探讨——以五峰组—龙马溪组含气页岩为例［J］.
　　沉积学报，37（6）：1296-1308.

邱振，卢斌，江增光，等，2017.五峰组—龙马溪组有机质富集因素及沉积模式——以四川盆地石柱地区为例［J］.
　　天然气工业，（第37卷增刊），1：32-41.

邱振，邹才能，2020.非常规油气沉积学：内涵与展望［J］.沉积学报，38（1）：1-29.

戎嘉余，陈旭，王怿，等，2011.奥陶—志留纪之交黔中古陆的变迁：证据与启示［J］.中国科学：地球科学，41（10）：
　　1407—1415.

戎嘉余，魏鑫，詹仁斌，等，2018.奥陶纪末期深水介壳动物群在湘西北的发现及其古生态意义［J］.中国科学：地
　　球科学，48（6）：753-766.

盛莘夫，1974.中国奥陶系划分和对比［M］.北京：地质出版社，1-153.

施振生，董大忠，王红岩，等，2020.含气页岩不同纹层及组合储集层特征差异性及其成因——以四川盆地下志留
　　统龙马溪组一段典型井为例［J］.石油勘探与开发，47（4）：1-12.

施振生，邱振，董大忠，等，2018.四川盆地巫溪2井龙马溪组含气页岩细粒沉积纹层特征［J］.石油勘探与开发，
　　45（2）：339-348.

舒逸，陆永潮，刘占红，等，2017.海相页岩中斑脱岩发育特征及对页岩储层品质的影响——以涪陵地区五峰组—
　　龙马溪组一段为例［J］.石油学报，38（12）：1371-1381.

苏文博，何龙清，王永标，等，2002.华南奥陶—志留系五峰组及龙马溪组底部斑脱岩与高分辨综合地层［J］.中国
　　科学（D辑），32（3）：207-219.

苏文博，李志明，Ettensohn F R，等，2007.华南五峰组—龙马溪组黑色岩系时空展布的主控因素及其启示［J］.地
　　球科学（中国地质大学学报），32（6）：819-827.

苏文博，李志明，史晓颖，等，2006.华南五峰组—龙马溪组与华北下马岭组的钾质斑脱岩及黑色岩系——两个地

史转折期板块构造运动的沉积响应 [J]. 地学前缘, 13 (6): 82-95.

孙庆峰, 2006. 新疆柯坪中奥陶统结核状灰岩的沉积环境及成因 [J]. 岩石矿物学杂志, 25 (2): 137-147.

孙莎莎, 芮昀, 董大忠, 等, 2018. 中、上扬子地区晚奥陶世——早志留世古地理演化及页岩沉积模式 [J]. 石油与天然气地质, 39 (6): 1087-1106.

孙云铸, 1943. 就中国古生代地层论划分地史时代之原则 [J]. 中国地质学会志, 23: 35-56.

万方, 许效松, 2003. 川滇黔桂地区志留纪构造——岩相古地理 [J]. 古地理学报, (2): 180-186.

王红岩, 郭伟, 梁峰, 等, 2017. 宣汉——巫溪地区五峰组——龙马溪组黑色页岩生物地层特征及分层对比 [J]. 天然气工业, 37 (7): 27-33.

王红岩, 郭伟, 梁峰, 等, 2018. 川南自 201 井区奥陶系——志留系间黑色页岩生物地层 [J]. 地层学杂志, 42 (4): 455-460.

王宏坤, 吕修祥, 王玉满, 等, 2018. 鄂西下志留统龙马溪组页岩储集特征 [J]. 天然气地球科学, 29 (3): 415-423.

王民, Li Zhongsheng, 2016. 激光拉曼技术评价沉积有机质热成熟度 [J]. 石油学报, 37 (9): 1129-1136.

王清晨, 严德天, 李双建, 2008. 中国南方志留系底部优质烃源岩发育的构造——环境模式 [J]. 地质学报, 82 (3): 289-297.

王淑芳, 董大忠, 王玉满, 等, 2014. 四川盆地南部志留系龙马溪组富有机质页岩沉积环境的元素地球化学判别指标 [J]. 海相油气地质, 19 (3): 27-34.

王淑芳, 董大忠, 王玉满, 等, 2015. 四川盆地志留系龙马溪组富气页岩地球化学特征及沉积环境 [J]. 矿物岩石地球化学通报, 34 (6): 1203-1212.

王淑芳, 董大忠, 王玉满, 等, 2015. 中美海相页岩气地质特征对比研究 [J]. 天然气地球科学, 26 (9): 1666-1678.

王淑芳, 张子亚, 董大忠, 等, 2016. 四川盆地下寒武统筇竹寺组页岩孔隙特征及物性变差机制探讨 [J]. 天然气地球科学, 27 (9): 1619-1628.

王淑芳, 邹才能, 董大忠, 等, 2014. 四川盆地富有机质页岩硅质生物成因及对页岩气开发的意义 [J]. 北京大学学报 (自然科学版), 50 (3): 476-486.

王怿, 樊隽轩, 张元动, 等, 2011. 湖北恩施太阳河奥陶纪——志留纪之交沉积间断的研究 [J]. 地层学杂志, 35 (4): 361—367.

王玉满, 陈波, 李新景, 等, 2018. 川东北地区下志留统龙马溪组上升洋流相页岩沉积特征 [J]. 石油学报, 39 (10): 1092-1102.

王玉满, 董大忠, 程相志, 等, 2014. 海相页岩有机质炭化的电性证据及其地质意义——以四川盆地南部地区下寒武统筇竹寺组页岩为例 [J]. 天然气工业, 34 (8): 1-7.

王玉满, 董大忠, 黄金亮, 等, 2016. 四川盆地及周边上奥陶统五峰组观音桥段岩相特征及对页岩气选区意义 [J]. 石油勘探与开发, 43 (1): 42-50.

王玉满, 董大忠, 李建忠, 等, 2012. 川南下志留统龙马溪组页岩气储层特征 [J]. 石油学报, 33 (4): 551-561.

王玉满, 董大忠, 李新景, 等, 2015. 四川盆地及其周缘下志留统龙马溪组层序与沉积特征 [J]. 天然气工业, 35 (3): 12-21.

王玉满, 董大忠, 杨桦, 等, 2014. 川南下志留统龙马溪组页岩储集空间定量表征 [J]. 中国科学 (地球科学), 44 (6): 1348-1356.

王玉满, 黄金亮, 李新景, 等, 2015. 四川盆地下志留统龙马溪组页岩裂缝孔隙定量表征 [J]. 天然气工业, 35 (9):

8-15.

王玉满，黄金亮，王淑芳，等，2016.四川盆地长宁、焦石坝志留系龙马溪组页岩气刻度区精细解剖［J］.天然气地球科学，27（3）：423-432.

王玉满，李新景，陈波，等，2018.海相页岩有机质炭化的热成熟度下限及勘探风险［J］.石油勘探与开发，45（3）：385-395.

王玉满，李新景，陈波，等，2018.中上扬子地区埃隆阶最厚斑脱岩层分布特征及地质意义［J］.天然气地球科学，29（1）：42-54.

王玉满，李新景，董大忠，等，2016.海相页岩裂缝孔隙发育机制及地质意义［J］.天然气地球科学，27（9）：1602-1610.

王玉满，李新景，董大忠，等，2017.上扬子地区五峰组—龙马溪组优质页岩沉积主控因素［J］.天然气工业，37（4）：9-20.

王玉满，李新景，王皓，等，2019.四川盆地东部上奥陶统五峰组—下志留统龙马溪组斑脱岩发育特征及地质意义［J］.石油勘探与开发，46（4）：653-665.

王玉满，李新景，王皓，等，2019.四川盆地下志留统龙马溪组结核体发育特征及沉积环境意义［J］.天然气工业，39（10）：10-21.

王玉满，李新景，王皓，等，2020.中上扬子地区下志留统龙马溪组有机质炭化区预测［J］.天然气地球科学，31（2）：151-162.

王玉满，王宏坤，张晨晨，等，2017.四川盆地南部深层五峰组—龙马溪组裂缝孔隙评价［J］.石油勘探与开发，44（4）：531-539.

王玉满，王淑芳，董大忠，等，2016.川南下志留统龙马溪组页岩岩相表征［J］.地学前缘，23（1）：119-133.

魏祥峰，李宇平，魏志红，等，2017.保存条件对四川盆地及周缘海相页岩气富集高产的影响机制［J］.石油实验地质，39（2）：147-153.

吴蓝宇，陆永潮，蒋恕，等，2018.上扬子区奥陶系五峰组—志留系龙马溪组沉积期火山活动对页岩有机质富集程度的影响［J］.石油勘探与开发，45（5）：806-816.

吴伟，谢军，石学文，等，2017.川东北巫溪地区五峰组—龙马溪组页岩气成藏条件与勘探前景［J］.天然气地球科学，28（5）：734-743.

武瑾，梁峰，客文，等，2017.渝东北地区巫溪2井五峰组—龙马溪组页岩气储层及含气性特征［J］.石油学报，38（5）：512-524.

肖斌，刘树根，冉波，等，2019.基于元素Mn、Co、Cd、Mo的海相沉积岩有机质富集因素判别指标在四川盆地北缘的应用［J］.地质评论，65（6）：1316-1330.

肖贤明，王茂林，魏强，等，2015.中国南方下古生界页岩气远景区评价［J］.天然气地球科学，26（8）：1433-1445.

谢军，2018.长宁—威远国家级页岩气示范区建设实践与成效［J］.天然气工业，38（2）：1-7.

谢尚克，汪正江，王剑，等，2012.湖南桃源郝坪奥陶系五峰组顶部斑脱岩LA—ICP—MS锆石U—Pb年龄［J］.沉积与特提斯地质，32（4）：65-69.

严德天，汪建国，王卓卓，2009.扬子地区上奥陶—下志留统生物钡特征及其古生产力意义［J］.西安石油大学学报（自然科学版），24（4）：16-19.

杨小兵，张树东，张志刚，等，2015.低阻页岩气储层的测井解释评价［J］.成都理工大学学报（自然科学版），42（6）：692-699.

尹赞勋，1949.中国南部志留纪地层之分类与对比 [J].中国地质学会志，29：1-62.

于兴河，瞿建华，谭程鹏，等，2014.玛湖凹陷百口泉组扇三角洲砾岩岩相及成因模式 [J].新疆石油地质，35（6）：619-627.

昝博文，刘树根，冉波，等，2017.扬子板块北缘下志留统龙马溪组重晶石结核特征及其成因机制分析 [J].岩石矿物学杂志，36（2）：213-226.

张晨晨，王玉满，董大忠，等，2016.川南长宁地区五峰组—龙马溪组页岩脆性特征 [J].天然气地球科学，27（9）：1629-1639.

张晨晨，王玉满，董大忠，等，2016.四川盆地五峰组—龙马溪组页岩脆性评价与"甜点层"预测 [J].天然气工业，36（9）：51-60.

张晨晨，王玉满，董大忠，等，2017.页岩储集层脆性研究进展 [J].新疆石油地质，38（1）：111-118.

张春明，张维生，郭英海，2012.川东南—黔北地区龙马溪组沉积环境及对烃源岩的影响 [J].地学前缘，19（1）：136-145.

张尚锋，许光彩，朱锐，等，2012.上升流沉积的研究现状和发展趋势 [J].石油天然气学报，34（1）：7-11.

张先进，彭松柏，李华亮，等，2013.峡东地区的"三峡奇石"——沉积结核 [J].地质论评，59（4）：627-636.

赵文智，李建忠，杨涛，等，2016.中国南方海相页岩气成藏差异性比较及意义 [J].石油勘探与开发，43（4）：499-510.

郑和荣，高波，彭勇民，等，2013.中上扬子地区下志留统沉积演化与页岩气勘探方向 [J].古地理学报，15（5）：645-656.

邹才能，董大忠，王玉满，等，2015.中国页岩气特征、挑战及前景（一）[J].石油勘探与开发，42（6）：689-701.

邹才能，董大忠，王玉满，等，2016.中国页岩气特征、挑战及前景（二）[J].石油勘探与开发，43（2）：166-178.

邹才能，董大忠，杨桦，等，2011.中国页岩气形成条件及勘探实践 [J].天然气工业，31（12）：26-39+125.

邹才能，杨智，张国生，等，2014.常规—非常规油气"有序聚集"理论认识及实践意义 [J].石油勘探与开发，41（1）：14-25+27+26.

邹才能，杨智，朱如凯，等，2015.中国非常规油气勘探开发与理论技术进展 [J].地质学报，89（6）：979-1007.

Alessandretti L，Warren L V，Machado R，2015.Septarian carbonate concretions in the Permian Rio do Rasto Formation：birth，growth and implications for the early diagenetic history of southwestern Gondwana succession [J]. Sedimentary Geology，326：115.

Astin T R，1986.Septarian crack formation in carbonate concretions from shales and mudstones [J]. Clay Minerals，21（4）：617-631.

Berner R A，Raiswell R，1983. Burial of organic carbon and pyrite sulfur in sediments over Phanerozoic time：a new theory [J].Geochimica et Cosmoshimica Acta，47（5）：855-862.

Bojanowski M J，Barczuk A，Wetzel A，2014.Deep-burial alteration of early-diagenetic carbonate concretions formed in Palaeozoic deepmarine greywackes and mudstones（Bardo Unit，Sudetes Mountains，Poland）[J]. Sedimentology，61（5）：1211-1239.

Brian Le Compte，Javier A Franquet，David Jacobi，et al，2009.Evaluation of Haynesville shale vertical well completions with mineralogy based approach to reservoir geomechanics [C]. SPE124227 presented at the 2009 SPE Annual Technical Conference and Exhibition held in New Orleans，Louisiana，U.S.A，4-7 October.

Buseck P R, Beyssac O, 2014.From organic matter to graphite : Graphitization [J] . Elements, 10 (6): 421-426.

C R Clarkson, N Solano, R M Bustin, et al, 2013.Pore structure characterization of North American shale gas reservoirs usingUSANS/SANS, gas adsorption, and mercury intrusion [J] . Fuel, 103: 606-616.

Cardott B J, Landis C R, Curtis M E, 2015.Post-oil solid bitumen network in the Woodford Shale, USA—A potential primary migration pathway [J] . International Journal of Coal Geology, 139: 106-113.

Christoph spötl, Houseknecht D W, Jaques R C, 1998.Kerogen maturation and incipient graphitization of hydrocarbon source rocks in the Arkoma Basin, Oklahoma and Arkansas : a combined petrographic and Raman spectrometric study [J] . Org. Geochem, 28 (9/10): 535-542.

Curtis J B, 2002.Fractured shale-gas systems [J] .AAPG, 86: 1921-1938.

Daniel J K Ross, R Marc Bustin, 2008.Characterizing the shale gas resource potential of Devonian-Mississippian strata in the Western Canada sedimentary basin : Application of an integrated formation evaluation [J] . AAPG, 92 (1): 87-125.

Daniel JK Ross, R Marc Bustin, 2009.The importance of shale composition and pore structure upon gas storage potential of shale gas reservoirs [J] . Marine and Petroleum Geology, 26: 916-927.

Gaines R R, Vorhies J S, 2016.Growth mechanisms and geochemistry of carbonate concretions from the Cambrian Wheeler Formation (U tah, U S A)[J] . Sedimentology, 63 (3): 662-698.

Hammes U, Hamlin H S, Ewing T E, 2011.Geologic analysis of the Upper Jurassic Haynesville shale in east Texas and west Louisiana [J] . AAPG Bulletin, 95 (10): 1643-1666.

Hank Zhao, Natalie B Givens, Brad Curtis, 2007.Thermal maturity of the Barnett Shale determined from well-log analysis [J] . AAPG, 91 (4l): 535-549.

Jacobi D, Hughes B, Breig J, et al, 2009.Effective Geochemical and Geomechanical Characterization of Shale Gas Reservoirs from the Wellbore Environment : Caney and the Woodford shale [C] . SPE Annual Technical Conference and Exhibition, 4-7 October, New Orleans, Louisiana. SPE124231.

Jomes B, Manning David A C, 1994.Comparison of geochemical indices used for the interpretation of palaeoredox conditions in ancient mudstones [J] . Chemical Geology, 111 (1): 111-129.

Macquaker J H S, Keller M A, 2005.Mudstone sedimentation at high latitudes : Ice as a transport medium for mud and supplier of nutrients [J] . Journal of Sedimentary Research, 75 (4): 696-709.

Mozley P S, Burns S J, 1993.Oxygen and carbon isotopic composition of marine carbonate concretions : an overview[J] . Journal of Sedimentary Research, 63 (1): 73-83.

Paul Gillespie, Judith van Hagen, Scott Wessels, et al, 2015.Hierarchical kink band development in the Appalachian Plateau decollement sheet[J] .AAPG, 99 (1): 51-76.

Piane C D, Bourdet J, Josh M, et al, 2018.Organic matter network in postmature Marcellus Shale : Effects on petrophysical properties[J] . AAPG Bulletin, 102 (11): 2305-2332.

Pollastro R M, Tarvie D M, Hill R J, et al, 2007.Geologic framework of the Mississippian Barnett Shale, Barnett-Paleozoic total petroleum system, Bend arch-FortWorth Basin, Texas [J] .AAPG Bulletin, 91 (4): 405-436.

Potter P E, Maynard J B, Depetris P J, 2005. Mud and mudstones : Introduction and overview [M] . New York : Springer Verlag.

Qin Zhou, Xianming Xiao, Lei Pan, et al, 2014.The relationship between micro-Raman spectral parameters and reflectance of solid bitumen [J] . International Journal of Coal Geology, 121: 19-25.

Ronald W T Wilkins, Roger Boudou, Neil Sherwood, et al, 2014.Thermal maturity evaluation from inertinites by Raman spectroscopy : The 'RaMM' technique [J] . International Journal of Coal Geology, 128–129: 143–152.

Travis J Kinley, Lance W Cook, John A Breyer, et al, 2008. Hydrocarbon potential of the Barnett Shale (Mississippian), Delaware Basin, west Texas and southeastern New Mexico [J] . AAPG, 92 (8): 967–991.

Xu Jin, Xiaoqi Wang, Weipeng Yan, et al, 2019. Exploration and casting of large scale microscopic pathways for shale using electrodeposition [J] .Applied Energy, 32–39.